碳达峰碳中和
政策与制度文件汇编

北京欣国环环境技术发展有限公司　编

清華大學出版社
北　京

图书在版编目（CIP）数据

碳达峰碳中和政策与制度文件汇编 / 北京欣国环环境技术发展有限公司编 . —北京：清华大学出版社，2022.9

ISBN 978-7-302-61770-9

Ⅰ . ①碳…　Ⅱ . ①北…　Ⅲ . ①二氧化碳－节能减排－环境政策－文件－汇编－中国②二氧化碳－节能减排－制度－文件－汇编－中国　Ⅳ . ① X511

中国版本图书馆 CIP 数据核字 (2022) 第 161847 号

责任编辑：刘　晶
封面设计：徐　超
版式设计：方加青
责任校对：宋玉莲
责任印制：沈　露

出版发行：清华大学出版社
网　　址：http://www.tup.com.cn，http://www.wqbook.com
地　　址：北京清华大学学研大厦 A 座　　**邮　　编：**100084
社 总 机：010-83470000　　**邮　　购：**010-62786544
投稿与读者服务：010-62776969，c-service@tup.tsinghua.edu.cn
质 量 反 馈：010-62772015，zhiliang@tup.tsinghua.edu.cn
印 装 者：涿州市京南印刷厂
经　　销：全国新华书店
开　　本：185 mm×260 mm　　**印　　张：**27.25　　**字　　数：**610 千字
版　　次：2022 年 10 月第 1 版　　**印　　次：**2022 年 10 月第 1 次印刷
定　　价：198.00 元

产品编号：098074-01

编写委员会

主　编： 任　杰

副主编： 杨燕妮　梅桂友　任文元

编　委：（以撰写章节为序）

王　娉　李　杰　肖美玲　孔　波

张　帆　邓曼林

前言

20世纪80年代以来，科学界对气候变化问题的认识不断深化，联合国政府间气候变化专门委员会（IPCC）已先后发布6次评估报告，每次均比上一次更加肯定人为活动是造成全球气候变化的主要原因。气候变化是全球挑战，会导致全球生物多样性丧失加剧、粮食减产、海平面上升、自然灾害频发等一系列严重后果。1990年开始，国际社会在联合国框架下进行有关应对气候变化国际制度安排的谈判，并于1992年达成《联合国气候变化框架公约》，1997年达成《京都议定书》，2015年达成《巴黎协定》，成为各国和地区携手应对气候变化的政治和法律基础。

2020年9月22日，习近平主席在第75届联合国大会上宣布，中国力争2030年前二氧化碳排放达到峰值，努力争取2060年前实现碳中和目标。实现碳达峰、碳中和，是以习近平同志为核心的党中央统筹国内国际两个大局作出的重大战略决策，是着力解决资源环境约束突出问题、实现中华民族永续发展的必然选择，是构建人类命运共同体的庄严承诺。

2021年2月，《国务院关于加快建立健全绿色低碳循环发展经济体系的指导意见》（国发〔2021〕4号）印发，首次从全局高度对建立健全绿色低碳循环发展的经济体系作出顶层设计和总体部署，全方位全过程推行绿色规划、绿色设计、绿色投资、绿色建设、绿色生产、绿色流通、绿色生活、绿色消费，完成了绿色发展制度体系的转型。

2021年10月，国家层面先后印发了《中共中央 国务院关于完整准确全面贯彻新发展理念做好碳达峰碳中和工作的意见》（中发〔2021〕36号）和《国务院关于印发2030年前碳达峰行动方案的通知》（国发〔2021〕23号）。《意见》是党中央对碳达峰、碳中和工作进行的系统谋划和总体部署，覆盖碳达峰、碳中和两个阶段，是管总管长远的顶层设计，在碳达峰、碳中和政策体系中发挥统领作用，是“1+N”中的“1”。《方案》是碳达峰阶段的总体部署，是“N”中为首的政策文件，有关部门和单位将根据《方案》部署制定能源、工业、城乡建设、交通运输、农业农村等领域以及具体行业的碳达峰实施方案，各地区也将按照《方案》要求制定本地区碳达峰行动方案。除此之外，“N”还包括科技支撑、碳汇能力、统计核算、督察考核等支撑措施和财政、金融、价格等保障政策。这一系列文件构建起目标明确、分工合理、措施有力、衔接有序的碳达峰、碳中和“1+N”政策体系。

在中发〔2021〕36号、国发〔2021〕23号、国发〔2021〕4号等“双碳”政策的顶层设计和总体部署下，国家、地方、行业等出台了多项关于“双碳”工作实施意见（行动方案）、绿色低碳循环发展、节能减污降碳、应对气候变化、碳排放权交易、碳排放评价、科技支撑、金融支持等方面的政策与制度文件。

为落实“双碳”目标，顺应发展需求，服务于相关领域、行业、地区、集团公司等的双碳实施方案制定，服务于电力、石化、化工、建材、钢铁、有色金属、造纸、民航等“涉碳”企业的碳排放监测、报告、交易、履约，服务于各级行政主管部门的碳排放核查、监管，服务于相关单位（人员）开展碳排放环境影响评价、碳排放管理咨询业务等，北京欣国环环境技术发展有限公司成立碳管理事业部并对碳达峰碳中和相关政策和制度文件进行汇编。

本书收录截止时间至 2022 年 4 月底，收集、归纳国家、地方、行业和团体等颁布的碳达峰碳中和政策与制度文件共 523 项，包括四部分，其中，碳达峰、碳中和政策文件 109 项、碳排放权交易制度体系文件 52 项、温室气体排放核算与报告编制相关标准（指南、规范性文件）323 项、低碳试点绿色发展与探索创新文件 39 项。为便于查找和阅读，汇编时各类政策文件按照印发机关进行汇总，各类标准、指南、管理办法等，依据内容和类别进行归类。

碳达峰、碳中和相关政策和制度文件涵盖范围广、内容信息多、颁布更新快，且基于梳理体系、突出重点等考量，本书中的地方“双碳”政策文件、试点省市的碳市场管理文件、温室气体排放核算与报告编制的相关标准（指南、规范性文件）、国家发改委等部委及地方省市践行低碳绿色发展与探索创新等相关政策文件暂未收录全文，而是通过列表汇总的形式给出，对阅读造成的不便，敬请读者谅解。

在本书编写过程中，得到了北京欣国环环境技术发展有限公司领导及各部门的大力支持、清华大学出版社编辑们的悉心指导，在此表示衷心的感谢！因知识水平和认知能力限制，本书难免存在缺漏和不足，敬请读者批评指正。

北京欣国环环境技术发展有限公司

2022 年 4 月

目录

第一部分

碳达峰碳中和政策文件

一、国家发展和改革委员会

国家发展改革委　国家能源局关于完善能源绿色低碳转型体制机制和政策措施的意见

（发改能源〔2022〕206号）

各省、自治区、直辖市人民政府，新疆生产建设兵团，国务院有关部门，有关中央企业，有关行业协会：

能源生产和消费相关活动是最主要的二氧化碳排放源，大力推动能源领域碳减排是做好碳达峰碳中和工作，以及加快构建现代能源体系的重要举措。党的十八大以来，各地区、各有关部门围绕能源绿色低碳发展制定了一系列政策措施，推动太阳能、风能、水能、生物质能、地热能等清洁能源开发利用取得了明显成效，但现有的体制机制、政策体系、治理方式等仍然面临一些困难和挑战，难以适应新形势下推进能源绿色低碳转型的需要。为深入贯彻落实《中共中央　国务院关于完整准确全面贯彻新发展理念做好碳达峰碳中和工作的意见》和《2030年前碳达峰行动方案》有关要求，经国务院同意，现就完善能源绿色低碳转型的体制机制和政策措施提出以下意见。

一、总体要求

（一）指导思想

以习近平新时代中国特色社会主义思想为指导，全面贯彻党的十九大和十九届历次全会精神，深入贯彻习近平生态文明思想，坚持稳中求进工作总基调，立足新发展阶段，完整、准确、全面贯彻新发展理念，构建新发展格局，深入推动能源消费革命、供给革命、技术革命、体制革命，全方位加强国际合作，从国情实际出发，统筹发展与安全、稳增长和调结构，深化能源领域体制机制改革创新，加快构建清洁低碳、安全高效的能源体系，促进能源高质量发展和经济社会发展全面绿色转型，为科学有序推动如期实现碳达峰、碳中和目标和建设现代化经济体系提供保障。

（二）基本原则

坚持系统观念、统筹推进。加强顶层设计，发挥制度优势，处理好发展和减排、整体和局部、短期和中长期的关系，处理好转型各阶段不同能源品种之间的互补、协调、替代关系，推动煤炭和新能源优化组合，统筹推进全国及各地区能源绿色低碳转型。

坚持保障安全、有序转型。在保障能源安全的前提下有序推进能源绿色低碳转型，先立后破，坚持全国“一盘棋”，加强转型中的风险识别和管控。在加快形成清洁低碳能源可靠供应能力基础上，逐步对化石能源进行安全可靠替代。

坚持创新驱动、集约高效。完善能源领域创新体系和激励机制，提升关键核心技术创新能力。贯彻节约优先方针，着力降低单位产出资源消耗和碳排放，增强能源系统运行和资源配置效率，提高经济社会综合效益。加快形成减污降碳的激励约束机制。

坚持市场主导、政府引导。深化能源领域体制改革，充分发挥市场在资源配置中的决定性作用，构建公平开放、有效竞争的能源市场体系。更好发挥政府作用，在规划引领、政策扶持、市场监管等方面加强引导，营造良好的发展环境。

（三）主要目标

“十四五”时期，基本建立推进能源绿色低碳发展的制度框架，形成比较完善的政策、标准、市场和监管体系，构建以能耗“双控”和非化石能源目标制度为引领的能源绿色低碳转型推进机制。到2030年，基本建立完整的能源绿色低碳发展基本制度和政策体系，形成非化石能源既基本满足能源需求增量又规模化替代化石能源存量、能源安全保障能力得到全面增强的能源生产消费格局。

二、完善国家能源战略和规划实施的协同推进机制

（四）强化能源战略和规划的引导约束作用

以国家能源战略为导向，强化国家能源规划的统领作用，各省（自治区、直辖市）结合国家能源规划部署和当地实际制定本地区能源规划，明确能源绿色低碳转型的目标和任务，在规划编制及实施中加强各能源品种之间、产业链上下游之间、区域之间的协同互济，整体提高能源绿色低碳转型和供应安全保障水平。加强能源规划实施监测评估，健全规划动态调整机制。

（五）建立能源绿色低碳转型监测评价机制

重点监测评价各地区能耗强度、能源消费总量、非化石能源及可再生能源消费比重、能源消费碳排放系数等指标，评估能源绿色低碳转型相关机制、政策的执行情况和实际效果。完善能源绿色低碳发展考核机制，按照国民经济和社会发展规划纲要、年度计划及能源规划等确定的能源相关约束性指标，强化相关考核。鼓励各地区通过区域协作或开展可再生能源电力消纳量交易等方式，满足国家规定的可再生能源消费最低比重等指标要求。

（六）健全能源绿色低碳转型组织协调机制

国家能源委员会统筹协调能源绿色低碳转型相关战略、发展规划、行动方案和政策体系等。建立跨部门、跨区域的能源安全与发展协调机制，协调开展跨省跨区电力、油气等能源输送通道及储备等基础设施和安全体系建设，加强能源领域规划、重大工程与国土空间规划以及生态环境保护等专项规划衔接，及时研究解决实施中的问题。按年度建立能源

绿色低碳转型和安全保障重大政策实施、重大工程建设台账，完善督导协调机制。

三、完善引导绿色能源消费的制度和政策体系

（七）完善能耗“双控”和非化石能源目标制度

坚持把节约能源资源放在首位，强化能耗强度降低约束性指标管理，有效增强能源消费总量管理弹性，新增可再生能源和原料用能不纳入能源消费总量控制，合理确定各地区能耗强度降低目标，加强能耗“双控”政策与碳达峰、碳中和目标任务的衔接。逐步建立能源领域碳排放控制机制。制修订重点用能行业单位产品能耗限额强制性国家标准，组织对重点用能企业落实情况进行监督检查。研究制定重点行业、重点产品碳排放核算方法。统筹考虑各地区可再生能源资源状况、开发利用条件和经济发展水平等，将全国可再生能源开发利用中长期总量及最低比重目标科学分解到各省（自治区、直辖市）实施，完善可再生能源电力消纳保障机制。推动地方建立健全用能预算管理制度，探索开展能耗产出效益评价。加强顶层设计和统筹协调，加快建设全国碳排放权交易市场、用能权交易市场、绿色电力交易市场。

（八）建立健全绿色能源消费促进机制

推进统一的绿色产品认证与标识体系建设，建立绿色能源消费认证机制，推动各类社会组织采信认证结果。建立电能替代推广机制，通过完善相关标准等加强对电能替代的技术指导。完善和推广绿色电力证书交易，促进绿色电力消费。鼓励全社会优先使用绿色能源和采购绿色产品及服务，公共机构应当作出表率。各地区应结合本地实际，采用先进能效和绿色能源消费标准，大力宣传节能及绿色消费理念，深入开展绿色生活创建行动。鼓励有条件的地方开展高水平绿色能源消费示范建设，在全社会倡导节约用能。

（九）完善工业领域绿色能源消费支持政策

引导工业企业开展清洁能源替代，降低单位产品碳排放，鼓励具备条件的企业率先形成低碳、零碳能源消费模式。鼓励建设绿色用能产业园区和企业，发展工业绿色微电网，支持在自有场所开发利用清洁低碳能源，建设分布式清洁能源和智慧能源系统，对余热余压余气等综合利用发电减免交叉补贴和系统备用费，完善支持自发自用分布式清洁能源发电的价格政策。在符合电力规划布局和电网安全运行条件的前提下，鼓励通过创新电力输送及运行方式实现可再生能源电力项目就近向产业园区或企业供电，鼓励产业园区或企业通过电力市场购买绿色电力。鼓励新兴重点用能领域以绿色能源为主满足用能需求并对余热余压余气等进行充分利用。

（十）完善建筑绿色用能和清洁取暖政策

提升建筑节能标准，推动超低能耗建筑、低碳建筑规模化发展，推进和支持既有建筑节能改造，积极推广使用绿色建材，健全建筑能耗限额管理制度。完善建筑可再生能源应

用标准，鼓励光伏建筑一体化应用，支持利用太阳能、地热能和生物质能等建设可再生能源建筑供能系统。在具备条件的地区推进供热计量改革和供热设施智能化建设，鼓励按热量收费，鼓励电供暖企业和用户通过电力市场获得低谷时段低价电力，综合运用峰谷电价、居民阶梯电价和输配电价机制等予以支持。落实好支持北方地区农村冬季清洁取暖的供气价格政策。

（十一）完善交通运输领域能源清洁替代政策

推进交通运输绿色低碳转型，优化交通运输结构，推行绿色低碳交通设施装备。推行大容量电气化公共交通和电动、氢能、先进生物液体燃料、天然气等清洁能源交通工具，完善充换电、加氢、加气（LNG）站点布局及服务设施，降低交通运输领域清洁能源用能成本。对交通供能场站布局和建设在土地空间等方面予以支持，开展多能融合交通供能场站建设，推进新能源汽车与电网能量互动试点示范，推动车桩、船岸协同发展。对利用铁路沿线、高速公路服务区等建设新能源设施的，鼓励对同一省级区域内的项目统一规划、统一实施、统一核准（备案）。

四、建立绿色低碳为导向的能源开发利用新机制

（十二）建立清洁低碳能源资源普查和信息共享机制

结合资源禀赋、土地用途、生态保护、国土空间规划等情况，以市（县）级行政区域为基本单元，全面开展全国清洁低碳能源资源详细勘查和综合评价，精准识别可开发清洁低碳能源资源并进行数据整合，完善并动态更新全国清洁低碳能源资源数据库。加强与国土空间基础信息平台的衔接，及时将各类清洁低碳能源资源分布等空间信息纳入同级国土空间基础信息平台和国土空间规划“一张图”，并以适当方式与地方各级政府、企业、行业协会和研究机构等共享。提高可再生能源相关气象观测、资源评价以及预测预报技术能力，为可再生能源资源普查、项目开发和电力系统运行提供支撑。构建国家能源基础信息及共享平台，整合能源全产业链信息，推动能源领域数字经济发展。

（十三）推动构建以清洁低碳能源为主体的能源供应体系

以沙漠、戈壁、荒漠地区为重点，加快推进大型风电、光伏发电基地建设，对区域内现有煤电机组进行升级改造，探索建立送受两端协同为新能源电力输送提供调节的机制，支持新能源电力能建尽建、能并尽并、能发尽发。各地区按照国家能源战略和规划及分领域规划，统筹考虑本地区能源需求和清洁低碳能源资源等情况，在省级能源规划总体框架下，指导并组织制定市（县）级清洁低碳能源开发利用、区域能源供应相关实施方案。各地区应当统筹考虑本地区能源需求及可开发资源量等，按就近原则优先开发利用本地清洁低碳能源资源，根据需要积极引入区域外的清洁低碳能源，形成优先通过清洁低碳能源满足新增用能需求并逐渐替代存量化石能源的能源生产消费格局。鼓励各地区建设多能互补、就近平衡、以清洁低碳能源为主体的新型能源系统。

（十四）创新农村可再生能源开发利用机制

在农村地区优先支持屋顶分布式光伏发电以及沼气发电等生物质能发电接入电网，电网企业等应当优先收购其发电量。鼓励利用农村地区适宜分散开发风电、光伏发电的土地，探索统一规划、分散布局、农企合作、利益共享的可再生能源项目投资经营模式。鼓励农村集体经济组织依法以土地使用权入股、联营等方式与专业化企业共同投资经营可再生能源发电项目，鼓励金融机构按照市场化、法治化原则为可再生能源发电项目提供融资支持。加大对农村电网建设的支持力度，组织电网企业完善农村电网。加强农村电网技术、运行和电力交易方式创新，支持新能源电力就近交易，为农村公益性和生活用能以及乡村振兴相关产业提供低成本绿色能源。完善规模化沼气、生物天然气、成型燃料等生物质能和地热能开发利用扶持政策和保障机制。

（十五）建立清洁低碳能源开发利用的国土空间管理机制

围绕做好碳达峰碳中和工作，统筹考虑清洁低碳能源开发以及能源输送、储存等基础设施用地用海需求。完善能源项目建设用地分类指导政策，调整优化可再生能源开发用地用海要求，制定利用沙漠、戈壁、荒漠土地建设可再生能源发电工程的土地支持政策，完善核电、抽水蓄能厂（场）址保护制度并在国土空间规划中予以保障，在国土空间规划中统筹考虑输电通道、油气管道走廊用地需求，建立健全土地相关信息共享与协同管理机制。严格依法规范能源开发涉地（涉海）税费征收。符合条件的海上风电等可再生能源项目可按规定申请减免海域使用金。鼓励在风电等新能源开发建设中推广应用节地技术和节地模式。

五、完善新型电力系统建设和运行机制

（十六）加强新型电力系统顶层设计

推动电力来源清洁化和终端能源消费电气化，适应新能源电力发展需要制定新型电力系统发展战略和总体规划，鼓励各类企业等主体积极参与新型电力系统建设。对现有电力系统进行绿色低碳发展适应性评估，在电网架构、电源结构、源网荷储协调、数字化智能化运行控制等方面提升技术和优化系统。加强新型电力系统基础理论研究，推动关键核心技术突破，研究制定新型电力系统相关标准。推动互联网、数字化、智能化技术与电力系统融合发展，推动新技术、新业态、新模式发展，构建智慧能源体系。加强新型电力系统技术体系建设，开展相关技术试点和区域示范。

（十七）完善适应可再生能源局域深度利用和广域输送的电网体系

整体优化输电网络和电力系统运行，提升对可再生能源电力的输送和消纳能力。通过电源配置和运行优化调整尽可能增加存量输电通道输送可再生能源电量，明确最低比重指标并进行考核。统筹布局以送出可再生能源电力为主的大型电力基地，在省级电网及以上范围优化配置调节性资源。完善相关省（自治区、直辖市）政府间协议与电力市场相结合

的可再生能源电力输送和消纳协同机制，加强省际、区域间电网互联互通，进一步完善跨省跨区电价形成机制，促进可再生能源在更大范围消纳。大力推进高比例容纳分布式新能源电力的智能配电网建设，鼓励建设源网荷储一体化、多能互补的智慧能源系统和微电网。电网企业应提升新能源电力接纳能力，动态公布经营区域内可接纳新能源电力的容量信息并提供查询服务，依法依规将符合规划和安全生产条件的新能源发电项目和分布式发电项目接入电网，做到应并尽并。

（十八）健全适应新型电力系统的市场机制

建立全国统一电力市场体系，加快电力辅助服务市场建设，推动重点区域电力现货市场试点运行，完善电力中长期、现货和辅助服务交易有机衔接机制，探索容量市场交易机制，深化输配电等重点领域改革，通过市场化方式促进电力绿色低碳发展。完善有利于可再生能源优先利用的电力交易机制，开展绿色电力交易试点，鼓励新能源发电主体与电力用户或售电公司等签订长期购售电协议。支持微电网、分布式电源、储能和负荷聚合商等新兴市场主体独立参与电力交易。积极推进分布式发电市场化交易，支持分布式发电（含电储能、电动车船等）与同一配电网内的电力用户通过电力交易平台就近进行交易，电网企业（含增量配电网企业）提供输电、计量和交易结算等技术支持，完善支持分布式发电市场化交易的价格政策及市场规则。完善支持储能应用的电价政策。

（十九）完善灵活性电源建设和运行机制

全面实施煤电机组灵活性改造，完善煤电机组最小出力技术标准，科学核定煤电机组深度调峰能力；因地制宜建设既满足电力运行调峰需要、又对天然气消费季节差具有调节作用的天然气“双调峰”电站；积极推动流域控制性调节水库建设和常规水电站扩机增容，加快建设抽水蓄能电站，探索中小型抽水蓄能技术应用，推行梯级水电储能；发挥太阳能热发电的调节作用，开展废弃矿井改造储能等新型储能项目研究示范，逐步扩大新型储能应用。全面推进企业自备电厂参与电力系统调节，鼓励工业企业发挥自备电厂调节能力就近利用新能源。完善支持灵活性煤电机组、天然气调峰机组、水电、太阳能热发电和储能等调节性电源运行的价格补偿机制。鼓励新能源发电基地提升自主调节能力，探索一体化参与电力系统运行。完善抽水蓄能、新型储能参与电力市场的机制，更好发挥相关设施调节作用。

（二十）完善电力需求响应机制

推动电力需求响应市场化建设，推动将需求侧可调节资源纳入电力电量平衡，发挥需求侧资源削峰填谷、促进电力供需平衡和适应新能源电力运行的作用。拓宽电力需求响应实施范围，通过多种方式挖掘各类需求侧资源并组织其参与需求响应，支持用户侧储能、电动汽车充电设施、分布式发电等用户侧可调节资源，以及负荷聚合商、虚拟电厂运营商、综合能源服务商等参与电力市场交易和系统运行调节。明确用户侧储能安全发展的标准要求，加强安全监管。加快推进需求响应市场化建设，探索建立以市场为主的需求响应补偿机制。全面调查评价需求响应资源并建立分级分类清单，形成动态的需求响应资源库。

（二十一）探索建立区域综合能源服务机制

探索同一市场主体运营集供电、供热（供冷）、供气为一体的多能互补、多能联供区域综合能源系统，鼓励地方采取招标等竞争性方式选择区域综合能源服务投资经营主体。鼓励增量配电网通过拓展区域内分布式清洁能源、接纳区域外可再生能源等提高清洁能源比重。公共电网企业、燃气供应企业应为综合能源服务运营企业提供可靠能源供应，并做好配套设施运行衔接。鼓励提升智慧能源协同服务水平，强化共性技术的平台化服务及商业模式创新，充分依托已有设施，在确保能源数据信息安全的前提下，加强数据资源开放共享。

六、完善化石能源清洁高效开发利用机制

（二十二）完善煤炭清洁开发利用政策

立足以煤为主的基本国情，按照能源不同发展阶段，发挥好煤炭在能源供应保障中的基础作用。建立煤矿绿色发展长效机制，优化煤炭产能布局，加大煤矿“上大压小、增优汰劣”力度，大力推动煤炭清洁高效利用。制定矿井优化系统支持政策，完善绿色智能煤矿建设标准体系，健全煤矿智能化技术、装备、人才发展支持政策体系。完善煤矸石、矿井水、煤矿井下抽采瓦斯等资源综合利用及矿区生态治理与修复支持政策，加大力度支持煤矿充填开采技术推广应用，鼓励利用废弃矿区开展新能源及储能项目开发建设。依法依规加快办理绿色智能煤矿等优质产能和保供煤矿的环保、用地、核准、采矿等相关手续。科学评估煤炭企业产量减少和关闭退出的影响，研究完善煤炭企业退出和转型发展以及从业人员安置等扶持政策。

（二十三）完善煤电清洁高效转型政策

在电力安全保供的前提下，统筹协调有序控煤减煤，推动煤电向基础保障性和系统调节性电源并重转型。按照电力系统安全稳定运行和保供需要，加强煤电机组与非化石能源发电、天然气发电及储能的整体协同。推进煤电机组节能提效、超低排放升级改造，根据能源发展和安全保供需要合理建设先进煤电机组。充分挖掘现有大型热电联产企业供热潜力，鼓励在合理供热半径内的存量凝汽式煤电机组实施热电联产改造，在允许燃煤供热的区域鼓励建设燃煤背压供热机组，探索开展煤电机组抽气蓄能改造。有序推动落后煤电机组关停整合，加大燃煤锅炉淘汰力度。原则上不新增企业燃煤自备电厂，推动燃煤自备机组公平承担社会责任，加大燃煤自备机组节能减排力度。支持利用退役火电机组的既有厂址和相关设施建设新型储能设施或改造为同步调相机。完善火电领域二氧化碳捕集利用与封存技术研发和试验示范项目支持政策。

（二十四）完善油气清洁高效利用机制

提升油气田清洁高效开采能力，推动炼化行业转型升级，加大减污降碳协同力度。完善油气与地热能以及风能、太阳能等能源资源协同开发机制，鼓励油气企业利用自有建设

用地发展可再生能源和建设分布式能源设施，在油气田区域内建设多能融合的区域供能系统。持续推动油气管网公平开放并完善接入标准，梳理天然气供气环节并减少供气层级，在满足安全和质量标准等前提下，支持生物燃料乙醇、生物柴油、生物天然气等清洁燃料接入油气管网，探索输气管道掺氢输送、纯氢管道输送、液氢运输等高效输氢方式。鼓励传统加油站、加气站建设油气电氢一体化综合交通能源服务站。加强二氧化碳捕集利用与封存技术推广示范，扩大二氧化碳驱油技术应用，探索利用油气开采形成地下空间封存二氧化碳。

七、健全能源绿色低碳转型安全保供体系

（二十五）健全能源预测预警机制

加强全国以及分级分类的能源生产、供应和消费信息系统建设，建立跨部门跨区域能源安全监测预警机制，各省（自治区、直辖市）要建立区域能源综合监测体系，电网、油气管网及重点能源供应企业要完善经营区域能源供应监测平台并及时向主管部门报送相关信息。加强能源预测预警的监测评估能力建设，建立涵盖能源、应急、气象、水利、地质等部门的极端天气联合应对机制，提高预测预判和灾害防御能力。健全能源供应风险应对机制，完善极端情况下能源供应应急预案和应急状态下的协同调控机制。

（二十六）构建电力系统安全运行和综合防御体系

各类发电机组运行要严格遵守《电网调度管理条例》等法律法规和技术规范，建立煤电机组退出审核机制，承担支持电力系统运行和保供任务的煤电机组未经许可不得退出运行，可根据机组性能和电力系统运行需要经评估后转为应急备用机组。建立各级电力规划安全评估制度，健全各类电源并网技术标准，从源头管控安全风险。完善电力电量平衡管理，制定年度电力系统安全保供方案。建立电力企业与燃料供应企业、管输企业的信息共享与应急联动机制，确保极端情况下能源供应。建立重要输电通道跨部门联防联控机制，提升重要输电通道运行安全保障能力。建立完善负荷中心和特大型城市应急安全保障电源体系。完善电力监控系统安全防控体系，加强电力行业关键信息基础设施安全保护。严格落实地方政府、有关电力企业的电力安全生产和供应保障主体责任，统筹协调推进电力应急体系建设，强化新型储能设施等安全事故防范和处置能力，提升本质安全水平。健全电力应急保障体系，完善电力应急制度、标准和预案。

（二十七）健全能源供应保障和储备应急体系

统筹能源绿色低碳转型和能源供应安全保障，提高适应经济社会发展以及各种极端情况的能源供应保障能力，优化能源储备设施布局，完善煤电油气供应保障协调机制。加快形成政府储备、企业社会责任储备和生产经营库存有机结合、互为补充，实物储备、产能储备和其他储备方式相结合的石油储备体系。健全煤炭产品、产能储备和应急储备制度，完善应急调峰产能、可调节库存和重点电厂煤炭储备机制，建立以企业为主体、市场化运

作的煤炭应急储备体系。建立健全地方政府、供气企业、管输企业、城镇燃气企业各负其责的多层次天然气储气调峰和应急体系。制定煤制油气技术储备支持政策。完善煤炭、石油、天然气产供储销体系，探索建立氢能产供储销体系。按规划积极推动流域龙头水库电站建设，提升水库储能、运行调节和应急调用能力。

八、建立支撑能源绿色低碳转型的科技创新体系

（二十八）建立清洁低碳能源重大科技协同创新体系

建设并发挥好能源领域国家实验室作用，形成以国家战略科技力量为引领、企业为主体、市场为导向、产学研用深度融合的能源技术创新体系，加快突破一批清洁低碳能源关键技术。支持行业龙头企业联合高等院校、科研院所和行业上下游企业共建国家能源领域研发创新平台，推进各类科技力量资源共享和优化配置。围绕能源领域相关基础零部件及元器件、基础软件、基础材料、基础工艺等关键技术开展联合攻关，实施能源重大科技协同创新研究。加强新型储能相关安全技术研发，完善设备设施、规划布局、设计施工、安全运行等方面技术标准规范。

（二十九）建立清洁低碳能源产业链供应链协同创新机制

推动构建以需求端技术进步为导向，产学研用深度融合、上下游协同、供应链协作的清洁低碳能源技术创新促进机制。依托大型新能源基地等重大能源工程，推进上下游企业协同开展先进技术装备研发、制造和应用，通过工程化集成应用形成先进技术及产业化能力。加快纤维素等非粮生物燃料乙醇、生物航空煤油等先进可再生能源燃料关键技术协同攻关及产业化示范。推动能源电子产业高质量发展，促进信息技术及产品与清洁低碳能源融合创新，加快智能光伏创新升级。依托现有基础完善清洁低碳能源技术创新服务平台，推动研发设计、计量测试、检测认证、知识产权服务等科技服务业与清洁低碳能源产业链深度融合。建立清洁低碳能源技术成果评价、转化和推广机制。

（三十）完善能源绿色低碳转型科技创新激励政策

探索以市场化方式吸引社会资本支持资金投入大、研究难度高的战略性清洁低碳能源技术研发和示范项目。采取“揭榜挂帅”等方式组织重大关键技术攻关，完善支持首台（套）先进重大能源技术装备示范应用的政策，推动能源领域重大技术装备推广应用。强化国有能源企业节能低碳相关考核，推动企业加大能源技术创新投入，推广应用新技术，提升技术水平。

九、建立支撑能源绿色低碳转型的财政金融政策保障机制

（三十一）完善支持能源绿色低碳转型的多元化投融资机制

加大对清洁低碳能源项目、能源供应安全保障项目投融资支持力度。通过中央预算内

投资统筹支持能源领域对碳减排贡献度高的项目，将符合条件的重大清洁低碳能源项目纳入地方政府专项债券支持范围。国家绿色发展基金和现有低碳转型相关基金要将清洁低碳能源开发利用、新型电力系统建设、化石能源企业绿色低碳转型等作为重点支持领域。推动清洁低碳能源相关基础设施项目开展市场化投融资，研究将清洁低碳能源项目纳入基础设施领域不动产投资信托基金（REITs）试点范围。中央财政资金进一步向农村能源建设倾斜，利用现有资金渠道支持农村能源供应基础设施建设、北方地区冬季清洁取暖、建筑节能等。

（三十二）完善能源绿色低碳转型的金融支持政策

探索发展清洁低碳能源行业供应链金融。完善清洁低碳能源行业企业贷款审批流程和评级方法，充分考虑相关产业链长期成长性及对碳达峰、碳中和的贡献。创新适应清洁低碳能源特点的绿色金融产品，鼓励符合条件的企业发行碳中和债等绿色债券，引导金融机构加大对具有显著碳减排效益项目的支持；鼓励发行可持续发展挂钩债券等，支持化石能源企业绿色低碳转型。探索推进能源基础信息应用，为金融支持能源绿色低碳转型提供信息服务支撑。鼓励能源企业践行绿色发展理念，充分披露碳排放相关信息。

十、促进能源绿色低碳转型国际合作

（三十三）促进“一带一路”绿色能源合作

鼓励金融产品和服务创新，支持“一带一路”清洁低碳能源开发利用。推进“一带一路”绿色能源务实合作，探索建立清洁低碳能源产业链上下游企业协同发展合作机制。引导企业开展清洁低碳能源领域对外投资，在相关项目开展中注重资源节约、环境保护和安全生产。推动建设能源合作最佳实践项目。依法依规管理碳排放强度高的产品生产、流通和出口。

（三十四）积极推动全球能源治理中绿色低碳转型发展合作

建设和运营好“一带一路”能源合作伙伴关系和国际能源变革论坛等，力争在全球绿色低碳转型进程中发挥更好作用。依托中国—阿盟、中国—非盟、中国—东盟、中国—中东欧、亚太经合组织（APEC）可持续能源中心等合作平台，持续支持可再生能源、电力、核电、氢能等清洁低碳能源相关技术人才合作培养，开展能力建设、政策、规划、标准对接和人才交流。提升与国际能源署（IEA）、国际可再生能源署（IRENA）等国际组织的合作水平，积极参与并引导在联合国、二十国集团（G20）、APEC、金砖国家、上合组织等多边框架下的能源绿色低碳转型合作。

（三十五）充分利用国际要素助力国内能源绿色低碳发展

落实鼓励外商投资产业目录，完善相关支持政策，吸引和引导外资投入清洁低碳能源产业领域。完善鼓励外资融入我国清洁低碳能源产业创新体系的激励机制，严格知识产权保护。加强绿色电力认证国际合作，倡议建立国际绿色电力证书体系，积极引导和参与绿色电力证书核发、计量、交易等国际标准研究制定。推动建立中欧能源技术创新合作平台等清洁低碳能源技术创新国际合作平台，支持跨国企业在华设立清洁低碳能源技术联合研发中心，促进清洁低碳、脱碳无碳领域联合攻关创新与示范应用。

十一、完善能源绿色低碳发展相关治理机制

（三十六）健全能源法律和标准体系

加强能源绿色低碳发展法制建设，修订和完善能源领域法律制度，健全适应碳达峰碳中和工作需要的能源法律制度体系。增强相关法律法规的针对性和有效性，全面清理现行能源领域法律法规中与碳达峰碳中和工作要求不相适应的内容。健全清洁低碳能源相关标准体系，加快研究和制修订清洁高效火电、可再生能源发电、核电、储能、氢能、清洁能源供热以及新型电力系统等领域技术标准和安全标准。推动太阳能发电、风电等领域标准国际化。鼓励各地区和行业协会、企业等依法制定更加严格的地方标准、行业标准和企业标准。制定能源领域绿色低碳产业指导目录，建立和完善能源绿色低碳转型相关技术标准及相应的碳排放量、碳减排量等核算标准。

（三十七）深化能源领域“放管服”改革

持续推动简政放权，继续下放或取消非必要行政许可事项，进一步优化能源领域营商环境，增强市场主体创新活力。破除制约市场竞争的各类障碍和隐性壁垒，落实市场准入负面清单制度，支持各类市场主体依法平等进入负面清单以外的能源领域。优化清洁低碳能源项目核准和备案流程，简化分布式能源投资项目管理程序。创新综合能源服务项目建设管理机制，鼓励各地区依托全国投资项目在线审批监管平台建立综合能源服务项目多部门联审机制，实行一窗受理、并联审批。

（三十八）加强能源领域监管

加强对能源绿色低碳发展相关能源市场交易、清洁低碳能源利用等监管，维护公平公正的能源市场秩序。稳步推进能源领域自然垄断行业改革，加强对有关企业在规划落实、公平开放、运行调度、服务价格、社会责任等方面的监管。健全对电网、油气管网等自然垄断环节企业的考核机制，重点考核有关企业履行能源供应保障、科技创新、生态环保等职责情况。创新对综合能源服务、新型储能、智慧能源等新产业新业态监管方式。

国家发展改革委　国家能源局

2022 年 1 月 30 日

国家发展改革委关于印发《完善能源消费强度和总量双控制度方案》的通知

（发改环资〔2021〕1310号）

各省、自治区、直辖市人民政府和新疆生产建设兵团，国务院各部委、各直属机构：

《完善能源消费强度和总量双控制度方案》已经国务院同意，现印发给你们，请按照有关要求认真组织实施。

国家发展改革委

2021年9月11日

附件：《完善能源消费强度和总量双控制度方案》

附件

完善能源消费强度和总量双控制度方案

实行能源消费强度和总量双控（以下称能耗双控）是落实生态文明建设要求、促进节能降耗、推动高质量发展的一项重要制度性安排。“十三五”以来，各地区各部门认真落实党中央、国务院决策部署，能耗双控工作取得积极成效，但也存在能源消费总量管理缺乏弹性、能耗双控差别化管理措施偏少等问题。为进一步完善能耗双控制度，现提出以下方案。

一、总体要求

（一）指导思想

以习近平新时代中国特色社会主义思想为指导，深入贯彻党的十九大和十九届二中、三中、四中、五中全会精神以及中央经济工作会议精神，增强“四个意识”、坚定“四个自信”、做到“两个维护”，认真落实习近平生态文明思想，按照党中央、国务院决策部署，立足新发展阶段，完整、准确、全面贯彻新发展理念，构建新发展格局，推动高质量发展，以能源资源配置更加合理、利用效率大幅提高为导向，以建立科学管理制度为手段，以提升基础能力为支撑，强化和完善能耗双控制度，深化能源生产和消费革命，推进能源总量管理、科学配置、全面节约，推动能源清洁低碳安全高效利用，倒逼产业结构、能源结构调整，助力实现碳达峰、碳中和目标，促进经济社会发展全面绿色转型和生态文明建设实现新进步。

（二）工作原则

坚持能效优先和保障合理用能相结合。坚持节约优先、效率优先，严格能耗强度控制，倒逼转方式、调结构，引导各地更加注重提高发展的质量和效益；合理控制能源消费总量并适当增加管理弹性，保障经济社会发展和民生改善合理用能。

坚持普遍性要求和差别化管理相结合。把节能贯穿于经济社会发展的全过程和各领域，抑制不合理能源消费，大幅提高能源利用效率；结合地方实际，差别化分解能耗双控目标，鼓励可再生能源使用，重点控制化石能源消费。

坚持政府调控和市场导向相结合。加强宏观指导，完善政策措施，发挥市场配置能源资源的决定性作用，推动用能权有偿使用和交易，引导能源要素合理流动和高效配置，推动各地全面完成节能降耗目标任务。

坚持激励和约束相结合。严格节能目标责任考核及结果运用，强化政策落实，对能源利用效率提升、能源结构优化成效显著的地区加强激励，对能耗双控目标完成不力的地区加大处罚问责力度；完善节能法律法规标准和政策体系，压实用能主体责任，激发内生动力。

坚持全国一盘棋统筹谋划调控。从国之大者出发，克服地方、部门本位主义，防止追求局部利益损害整体利益，干扰国家大局。

（三）总体目标

到 2025 年，能耗双控制度更加健全，能源资源配置更加合理、利用效率大幅提高。到 2030 年，能耗双控制度进一步完善，能耗强度继续大幅下降，能源消费总量得到合理控制，能源结构更加优化。到 2035 年，能源资源优化配置、全面节约制度更加成熟和定型，有力支撑碳排放达峰后稳中有降目标实现。

二、完善指标设置及分解落实机制

（四）合理设置国家和地方能耗双控指标

完善能耗双控指标管理，国家继续将能耗强度降低作为国民经济和社会发展五年规划的约束性指标，合理设置能源消费总量指标，并向各省（自治区、直辖市）分解下达能耗双控五年目标。国家对各省（自治区、直辖市）能耗强度降低实行基本目标和激励目标双目标管理，基本目标为各地区必须确保完成的约束性目标，并按超过基本目标一定幅度设定激励目标。国家层面预留一定总量指标，统筹支持国家重大项目用能需求、可再生能源发展等。各省（自治区、直辖市）根据国家下达的五年目标，结合本地区实际确定年度目标并报国家发展改革委备案。国家发展改革委根据全国和各地区能耗强度下降情况，加强对地方年度目标任务的窗口指导。

（五）优化能耗双控指标分解落实

以能源产出率为重要依据，综合各地区经济社会发展水平、发展定位、产业结构和布局、能源消费现状、节能潜力、能源资源禀赋、环境质量状况、能源基础设施建设和规划布局、上一五年规划目标完成情况等因素，合理确定各省（自治区、直辖市）能耗强度降低和能源消费总量目标。能源消费总量目标分解中，对能源利用效率较高、发展较快的地区适度倾斜。

三、增强能源消费总量管理弹性

（六）对国家重大项目实行能耗统筹

由党中央、国务院批准建设且在五年规划当期投产达产的有关重大项目，经综合考虑全国能耗双控目标，并报国务院备案后，在年度和五年规划当期能耗双控考核中对项目能耗量实行减免。

（七）坚决管控高耗能高排放项目

各省（自治区、直辖市）要建立在建、拟建、存量高耗能高排放项目（以下称“两高”项目）清单，明确处置意见，调整情况及时报送国家发展改革委。对新增能耗 5 万吨标准煤及以上的“两高”项目，国家发展改革委会同有关部门对照能效水平、环保要求、产业政策、相关规划等要求加强窗口指导；对新增能耗 5 万吨标准煤以下的“两高”项目，各地区根据能耗双控目标任务加强管理，严格把关。对不符合要求的“两高”项目，各地区要严把节能审查、环评审批等准入关，金融机构不得提供信贷支持。

（八）鼓励地方增加可再生能源消费

根据各省（自治区、直辖市）可再生能源电力消纳和绿色电力证书交易等情况，对超额完成激励性可再生能源电力消纳责任权重的地区，超出最低可再生能源电力消纳责任权重的消纳量不纳入该地区年度和五年规划当期能源消费总量考核。

（九）鼓励地方超额完成能耗强度降低目标

对能耗强度降低达到国家下达激励目标的省（自治区、直辖市），其能源消费总量在五年规划当期能耗双控考核中免予考核。

（十）推行用能指标市场化交易

进一步完善用能权有偿使用和交易制度，加快建设全国用能权交易市场，推动能源要素向优质项目、企业、产业及经济发展条件好的地区流动和集聚。建立能源消费总量指标跨地区交易机制，总量指标不足、需新布局符合国家产业政策和节能环保等要求项目的省（自治区、直辖市），在确保完成能耗强度降低基本目标的情况下，可向能耗强度降低进展顺利、总量指标富余的省（自治区、直辖市）有偿购买总量指标，国家根据交易结果调整相关地区总量目标并进行考核。

四、健全能耗双控管理制度

（十一）推动地方实行用能预算管理

各省（自治区、直辖市）要结合本地区经济社会发展、产业结构和能源结构、重大项目布局、用能空间等情况，建立用能预算管理体系，编制用能预算管理方案，将能源要素优先保障居民生活、现代服务业、高技术产业和先进制造业，因地制宜、因业施策控制化石能源消费，加快调整优化产业结构、能源结构，体现高质量发展要求。可探索开展能耗产出效益评价，制定区域、行业、企业单位能耗产出效益评价指标及标准，推动能源要素向单位能耗产出效益高的产业和项目倾斜，引导产业布局优化。鼓励各地区依法依规通过汰劣上优、能耗等量减量替代等方式腾出用能空间，纳入本地区用能预算统一管理，统筹支持本地区重点项目新增用能需求。引导居民形成节约用能的生活方式，使用高效节能产品，减少能源浪费。严禁打着居民用电的旗号从事“两高”项目和过剩产能生产经营活动。各省（自治区、直辖市）结合推进能耗双控工作，对本地区用能预算管理方案实施动态调整。

（十二）严格实施节能审查制度

各省（自治区、直辖市）要切实加强对能耗量较大特别是化石能源消费量大的项目的节能审查，与本地区能耗双控目标做好衔接，从源头严控新上项目能效水平，新上高耗能项目必须符合国家产业政策且能效达到行业先进水平。未达到能耗强度降低基本目标进度要求的地区，在节能审查等环节对高耗能项目缓批限批，新上高耗能项目须实行能耗等量减量替代。深化节能审查制度改革，加强节能审查事中事后监管，强化节能管理服务，实行闭环管理。

（十三）完善能耗双控考核制度

增加能耗强度降低指标考核权重，合理设置能源消费总量指标考核权重，研究对化石能源消费进行控制的考核指标，并将各省（自治区、直辖市）能源要素高质量配置、深度挖掘节能潜力等作为重要考核内容。对完成五年规划当期能耗双控进度目标的地区，可视为完成能耗双控年度目标。强化考核结果运用，考核结果经国务院审定后，交由干部主管部门作为对省级人民政府领导班子和领导干部综合考核评价的重要依据。对考核结果为超额完成的地区通报表扬，并给予一定奖励；对未完成能耗强度降低基本目标的地区通报批评，要求限期整改；对进度严重滞后、工作不力的地区，有关方面按规定对其相关负责人实行问责处理。

五、组织实施

（十四）加强组织领导

各地区各部门要充分认识能耗双控对促进高质量发展的重大意义，统筹处理好经济社会发展与能耗双控工作的关系，坚决遏制“两高”项目盲目发展。省级人民政府对本行政区域的能耗双控工作负总责，制定工作方案，抓好组织实施，落实国家下达的能耗双控目标任务。国务院有关部门制定新增用能需求较大的产业规划、布局重大项目建设等要与国家发展改革委、国家能源局做好衔接，加强与能耗双控政策的协调，形成政策合力；国家统计局会同国家能源局做好全国非化石能源消费统计工作，指导各省（自治区、直辖市）完善非化石能源消费统计。国家发展改革委会同工业和信息化部、生态环境部、住房城乡建设部、交通运输部、市场监管总局、国家统计局、国管局、国家能源局等有关部门建立能耗双控工作协调推进机制，做好各省（自治区、直辖市）能耗双控目标分解，开展重大问题会商，有关情况及时向党中央、国务院报告。

（十五）加强预警调控

国家发展改革委会同有关部门，定期调度各省（自治区、直辖市）能耗量较大的项目建设投产情况，完善重点用能单位能源利用状况报告制度，加强重点用能单位能耗在线监测系统建设及应用。加强全国和各省（自治区、直辖市）能耗双控目标完成形势的分析预警，发布能耗双控目标完成情况晴雨表，对高预警等级地区实施窗口指导，对能耗双控目标完成进度滞后的地区，督促制定预警调控方案，合理控制新上高耗能项目投产节奏。定期对全国能耗双控目标完成情况进行评估，确有必要时，按程序对相关目标作出适当调整。

（十六）完善经济政策

指导地方完善并落实好促进节能的能源价格政策，充分发挥价格杠杆作用，推动节能降耗、淘汰落后，促进产业结构、能源结构优化升级。各级人民政府要切实加大资金投入，创新支持方式，实施节能重点工程。落实节能节水环保、资源综合利用、合同能源管理等方面的所得税、增值税等优惠政策。健全绿色金融体系，完善绿色金融标准体系和政策措施，对节能给予多元化支持。加强先进节能技术和产品推广应用，鼓励开展节能技术改造。积极推广综合能源服务、合同能源管理等模式，持续释放节能市场潜力和活力。

（十七）夯实基础建设

加强能源计量和统计能力建设，健全能源计量体系，充实基层能源统计人员力量。进一步完善节能法律法规，强化各类用能主体节能法定责任。健全节能标准体系，扩大节能标准覆盖范围，提高并严格执行各领域、各行业节能标准。强化节能法规标准落实情况监督检查，依法查处违法违规用能行为。加强节能监察能力建设，压实执法主体责任，加大对各级地方政府和用能单位节能管理人员的培训力度。对于能耗双控工作中徇私舞弊、弄虚作假等行为，依规依纪依法对相关单位和人员追究责任。

国家发展改革委等部门关于严格能效约束推动重点领域节能降碳的若干意见

（发改产业〔2021〕1464号）

科技部、财政部、人民银行、证监会，各省、自治区、直辖市及计划单列市、新疆生产建设兵团发展改革委、工业和信息化厅（局）、生态环境厅（局）、市场监管局（厅、委）、能源局：

实现碳达峰、碳中和，是以习近平同志为核心的党中央统筹国内国际两个大局，着眼建设制造强国、推动高质量发展作出的重大战略决策。为推动重点工业领域节能降碳和绿色转型，坚决遏制全国“两高”项目盲目发展，确保如期实现碳达峰目标，提出如下意见。

一、总体要求

（一）指导思想

以习近平新时代中国特色社会主义思想为指导，深入贯彻习近平生态文明思想，全面贯彻党的十九大和十九届二中、三中、四中、五中全会精神，立足新发展阶段，完整、准确、全面贯彻新发展理念，构建新发展格局，科学处理发展和减排、整体和局部、短期和中长期的关系，突出标准引领作用，深挖节能降碳技术改造潜力，强化系统观念，推进综合施策，严格监督管理，加快重点领域节能降碳步伐，带动全行业绿色低碳转型，确保如期实现碳达峰目标。

（二）基本原则

坚持重点突破、分步实施。把握发展规律，抓住主要矛盾，选择综合条件较好的重点行业，率先开展节能降碳技术改造。待重点行业取得实质性进展、相关机制运行成熟后，再研究推广至其他行业和产品领域。

坚持从高定标、分类指导。密切跟踪国内外先进水平，明确重点行业能效标杆水平。根据各行业实际情况及发展预期，科学设定能效基准水平。引导未达到基准水平的企业，对照标杆水平实施改造升级。

坚持对标改造、从严监管。对标国内外领先企业，适时修订节能标准，加强节能降碳工艺技术开发，推动高能耗企业实施技术改造。压实企业主体责任，落实属地监管责任，加强企业能耗和碳排放日常监测，建立健全违规行为监督问责机制。

坚持综合施策、平稳有序。整合已有政策工具，加强财政、金融、投资、价格等政策与产业、环保政策的协调配合，运用市场化法治化方式，稳妥有序推动重点领域节能降碳。避免“一刀切”管理和“运动式”减碳，确保产业链供应链安全和经济社会平稳运行。

（三）主要目标

到2025年，通过实施节能降碳行动，钢铁、电解铝、水泥、平板玻璃、炼油、乙烯、合成氨、电石等重点行业和数据中心达到标杆水平的产能比例超过30%，行业整体能效水平明显提升，碳排放强度明显下降，绿色低碳发展能力显著增强。

到2030年，重点行业能效基准水平和标杆水平进一步提高，达到标杆水平企业比例大幅提升，行业整体能效水平和碳排放强度达到国际先进水平，为如期实现碳达峰目标提供有力支撑。

二、重点任务

（一）突出抓好重点行业

分步实施、有序推进重点行业节能降碳工作，首批聚焦能源消耗占比较高、改造条件相对成熟、示范带动作用明显的钢铁、电解铝、水泥、平板玻璃、炼油、乙烯、合成氨、电石等重点行业和数据中心组织实施。分行业研究制定具体行动方案，明确节能降碳主要目标和重点任务。待上述行业取得阶段性突破、相关机制运行成熟后，再视情况研究选取下一批主攻行业，稳扎稳打，压茬推进。

（二）科学确定能效水平

本着“就高不就低”的原则，对标国内外生产企业先进能效水平，确定各行业能效标杆水平，以此作为企业技术改造的目标方向。在此基础上，参考国家现行节能标准确定的准入值和限定值，根据行业实际情况、发展预期、生产装置整体能效水平等，统筹考虑如期实现碳达峰目标、保持生产供给平稳、便于企业操作实施等因素，科学划定各行业能效基准水平。

（三）严格实施分类管理

各地认真排查在建项目，对能效水平低于本行业能耗限额准入值的，按照有关规定停工整改，推动提升能效水平，力争达到标杆水平。科学评估拟建项目，对产能已经饱和的行业按照“减量置换”原则压减产能，对产能尚未饱和的行业，要对标国际先进水平提高准入门槛，对能耗较大的新兴产业要支持引导企业应用绿色技术、提高能效水平。加快改造升级存量项目，坚决淘汰落后产能、落后工艺、落后产品。

（四）稳妥推进改造升级

推动重点行业存量项目开展节能降碳技术改造，合理设置政策实施过渡期，按照“整体推进、一企一策”的要求，各地分别制定省级节能降碳技术改造总体实施方案和企业具体工作方案，明确推进步骤、改造期限、技术路线、工作节点、预期目标等，确保政策稳妥有序实施。鼓励国有企业、骨干企业发挥引领作用，开展节能降碳示范性改造。改造过程中，在落实产能置换等要求前提下，鼓励企业实施兼并重组。

（五）加强技术攻关应用

系统梳理重点行业改造提升的技术难点和装备短板，充分利用科研院所、行业协会和骨干企业的创新资源，推动绿色低碳共性关键技术、前沿引领技术、颠覆性技术和相关设施装备攻关。借助重点行业节能降碳技术改造有利时机，加快先进成熟绿色低碳技术装备推广应用，提高重点行业技术装备绿色化、智能化水平，促进形成强大国内市场。

（六）强化支撑体系建设

做好产业布局、结构调整、“三线一单”生态环境分区管控、环境准入、节能审查与能耗双控政策的衔接，推动产业集中集约集聚发展，鼓励不同行业和产业链上下游融合发展。组织开展企业技术改造阶段性评估，对照重点行业能效标杆和基准水平，开展相关领域标准的制修订、宣贯和推广应用工作。顺应行业技术装备发展趋势，研究建立动态提高能效标杆水平和基准水平机制。建立健全重点行业能效和碳排放监测与评价体系，健全完善企业能效和碳排放核算、计量、报告、核查和评价机制。

（七）加强数据中心绿色高质量发展

鼓励重点行业利用绿色数据中心等新型基础设施实现节能降耗。新建大型、超大型数据中心电能利用效率不超过 1.3。到 2025 年，数据中心电能利用效率普遍不超过 1.5。加快优化数据中心建设布局，新建大型、超大型数据中心原则上布局在国家枢纽节点数据中心集群范围内。各地要统筹好在建和拟建数据中心项目，设置合理过渡期，确保平稳有序发展。对于在国家枢纽节点之外新建的数据中心，地方政府不得给予土地、财税等方面的优惠政策。

三、保障措施

（一）完善技改支持政策

落实节能专用装备、技术改造、资源综合利用等方面税收优惠政策。积极发展绿色金融，设立碳减排支持工具，支持金融机构在风险可控、商业可持续的前提下，向碳减排效应显著的重点项目提供高质量的金融服务。拓展绿色债券市场的深度和广度，支持符合条件的节能低碳发展企业上市融资和再融资。落实首台（套）重大技术装备示范应用鼓励政策。

（二）加大监督管理力度

加强对重点行业能效水平执行情况的日常监测和现场检查，发挥各地工业和信息化主管部门作用，加大国家工业专项节能监察工作力度，统筹推进重点行业节能监察，确保相关政策标准落实落地。压实属地监管责任，严格工作问责追究，建立健全通报批评、用能预警、约谈问责、整改督办等工作机制，完善重点行业节能降碳监管体系。发挥信用信息共享平台作用，加强对违规企业的失信联合惩戒。

（三）更好发挥政策合力

严格节能降碳相关政策执行，通过绿色电价、节能监察、环保监督执法等手段加大市场调节、督促落实力度。根据实际需要，扩大绿色电价覆盖行业范围，加快相关行业改造升级步伐，提升行业能效水平。严格落实有关产能置换政策，加大闲置产能、僵尸产能处置力度，加速淘汰落后产能。

（四）加强政策宣传解读

充分利用政府部门、行业协会、新闻媒体等渠道，加强政策解读和舆论引导，积极回应社会关切和热点问题，传递以能效水平引领重点领域节能降碳的坚定决心。遴选重点行业能效水平突出企业，发布能效“领跑者”名单，形成一批可借鉴、可复制、可推广的经验，及时进行宣传推介。传播普及绿色生产、低碳环保理念，营造全社会共同推动重点行业节能降碳的良好氛围。

各地方要深刻认识推动重点领域节能降碳工作的重要意义，心存“国之大者”，坚持全国“一盘棋”，尽快组织本地区开展重点领域节能降碳工作，合理把握政策实施时机和节奏，避免行业生产供给大起大落，确保抓实抓好抓出成效。

附件：1. 冶金、建材重点行业严格能效约束推动节能降碳行动方案（2021—2025 年）
2. 石化化工重点行业严格能效约束推动节能降碳行动方案（2021—2025 年）

国家发展改革委　工业和信息化部　生态环境部　市场监管总局　国家能源局

2021 年 10 月 18 日

附件 1

冶金、建材重点行业严格能效约束推动节能降碳行动方案（2021—2025 年）

为贯彻落实党中央、国务院碳达峰碳中和相关工作部署，坚决遏制“两高”项目盲目发展，推动钢铁、电解铝、水泥、平板玻璃等重点行业绿色低碳转型，确保如期实现碳达峰目标，根据《关于严格能效约束推动重点领域节能降碳的若干意见》，制定本行动方案。

一、行动目标

到 2025 年，通过实施节能降碳行动，钢铁、电解铝、水泥、平板玻璃行业能效达到标杆水平的产能比例超过 30%，行业整体能效水平明显提升，碳排放强度明显下降，绿色低碳发展能力显著增强。

基准水平和标杆水平具体指标如下表。

重点行业能效基准水平和标杆水平

序号	产品名称		指标名称	指标单位	基准水平	标杆水平	相关计算等参考标准
1	钢铁	高炉工序	单位产品能耗	千克标准煤 / 吨	435	361	GB 21256
2		转炉工序	单位产品能耗	千克标准煤 / 吨	-10	-30	
3	电解铝		铝液交流电耗	千瓦时 / 吨	13350	13000	GB 21346
4	水泥熟料		可比熟料综合能耗	千克标准煤 / 吨	117	100	GB 16780
5	平板玻璃	≥ 500 ≤ 800 吨 / 天	单位产品能耗	千克标准煤 / 重量箱	13.5	9.5	GB 21340 汽车用平板玻璃能耗修正系数参照此标准
6		>800 吨 / 天	单位产品能耗	千克标准煤 / 重量箱	12	8	

二、重点任务

（一）建立技术改造企业清单

各地组织开展钢铁、电解铝、水泥、平板玻璃企业现有项目能效情况调查，认真排查在建项目，科学评估拟建项目，按照有关法律法规和标准规范，逐一登记造册，经企业申辩和专家评审，建立企业能效清单目录，能效达到标杆水平和低于基准水平的企业，分别列入能效先进和落后清单，并向社会公开，接受监督。有关部门组织申报、评选全国节能降碳或改造提升效果明显的企业，发布行业能效“领跑者”名单，形成一批可借鉴、可复制、可推广的节能典型案例。

（二）制定技术改造实施方案

各地在确保经济平稳运行、社会民生稳定基础上，制定冶金、建材重点行业企业技术改造总体实施方案，选取钢铁、电解铝、水泥、平板玻璃等行业节能先进适用技术，引导能效水平相对落后企业实施技术改造，科学合理制定不同企业节能改造时间表，明确推进步骤、改造期限、技术路线、工作节点、预期目标等。实施方案需科学周密论证，广泛征求意见，特别是要征求相关企业及其所在地方政府意见，并在实施前向社会公示。各技术改造企业据此制定周密细致的具体工作方案，明确落实措施。

（三）稳妥组织企业实施改造

各地根据实施方案，指导企业落实好改造所需资金，制定技术改造措施，加快技术改造进程，积极协助企业解决改造过程中存在的问题。对于能效介于标杆水平和基准水平之间的企业，鼓励结合检修等时机参照标杆水平要求实施改造升级。改造过程中，在落实产能置换等要求前提下，鼓励企业开展兼并重组。对于违规上马、未批先建项目，依法依规严肃查处相关责任人员、单位和企业。

（四）引导低效产能有序退出

综合发挥能耗、排放等约束性指标作用，严格执行有关标准、政策，加强监督检查，引导低效产能有序退出。加大淘汰落后产能工作力度，严格执行《产业结构调整指导目录》等规定，坚决淘汰落后生产工艺、技术、设备。

（五）创新发展绿色低碳技术

深入研究钢铁、电解铝、水泥、平板玻璃等行业节能低碳技术发展路线，加强节能低碳关键共性技术、前沿引领技术、颠覆性技术研发。加快先进适用节能低碳技术产业化应用，进一步提升能源利用效率。基于产品全生命周期绿色发展理念，开展工业产品绿色设计，开发优质、高强、长寿命的钢铁、电解铝、水泥、平板玻璃绿色设计产品，引导下游行业选用绿色产品，建设绿色工厂。

（六）推进产业结构优化调整

做好产业布局、结构调整、节能审查与能耗双控政策的衔接。推动钢铁、电解铝、水泥、平板玻璃等行业集中集聚发展，提高集约化、现代化水平，形成规模效益，降低单位产品能耗。加快推进钢铁、电解铝、水泥、平板玻璃等行业兼并重组。进一步优化产业布局，推动新建钢铁冶炼项目依托现有生产基地集聚发展，鼓励有条件地区的长流程钢厂通过就地改造转型发展电炉短流程炼钢。

（七）修订完善产业政策标准

对照行业能效基准水平和标杆水平，适时修订钢铁、电解铝等行业的国家能耗限额标准。结合钢铁、电解铝、水泥、平板玻璃等行业节能降碳行动以及修订的国家能耗限额标准、污染物排放水平，修订《产业结构调整指导目录》《绿色技术推广目录》。

（八）强化产业政策标准协同

认真落实电解铝行业阶梯电价政策，完善钢铁、水泥、平板玻璃行业绿色电价政策，有效强化电价信号引导作用。按照加强高耗能项目源头防控的政策要求，通过节能审查、环评审查等手段，推动项目高标准建设，加大违法违规问题查处力度。加强钢铁、电解铝、水泥、平板玻璃行业规范条件与能效基准水平、标杆水平的协同。

（九）加大财政金融支持力度

落实节能专用装备、技术改造、资源综合利用等方面税收优惠政策。积极发展绿色金融，设立碳减排支持工具，支持金融机构在风险可控、商业可持续的前提下，向碳减排效应显著的重点项目提供高质量的金融服务。拓展绿色债券市场的深度和广度，支持符合条件的企业上市融资和再融资。落实重点新材料首批次应用鼓励政策。

（十）加大配套监督管理力度

加强源头把控，建立钢铁、电解铝、水泥、平板玻璃等行业企业能耗和碳排放监测与评价体系，稳步推进企业能耗和碳排放核算、报告、核查和评价工作。强化日常监管，组织实施国家工业专项节能监察，加强对企业能效水平执行情况的监督检查，确保相关政策要求执行到位。压实属地监管责任，建立健全通报批评、用能预警、约谈问责等工作机制，完善重点行业节能降碳监管体系。

三、工作要求

发展改革、科技、工业和信息化、财政、生态环境、人民银行、市场监管、证监等部门要加强协同配合，形成工作合力，统筹协调推进各项工作。各地方要高度重视，进一步压实责任，细化工作任务，明确落实举措。有关行业协会要充分发挥桥梁纽带作用，引导行业企业凝聚共识，形成一致行动，协同推进节能降碳工作。有关企业要强化绿色低碳发展意识，落实主体责任，严格按照时间节点要求完成各项任务。

附件 2

石化化工重点行业严格能效约束推动节能降碳行动方案（2021—2025 年）

为贯彻落实党中央、国务院碳达峰碳中和相关工作部署，坚决遏制“两高”项目盲目发展，推动炼油、乙烯、合成氨、电石等重点行业绿色低碳转型，确保如期实现碳达峰目标，根据《关于严格能效约束推动重点领域节能降碳的若干意见》，制定本行动方案。

一、行动目标

到 2025 年，通过实施节能降碳行动，炼油、乙烯、合成氨、电石行业达到标杆水平的产能比例超过 30%，行业整体能效水平明显提升，碳排放强度明显下降，绿色低碳发展能力显著增强。

基准水平和标杆水平具体指标如下表。

重点行业能效基准水平和标杆水平

序号	产品名称		指标名称	指标单位	基准水平	标杆水平	相关计算等参考标准
1	炼油		单位能量因数能耗	千克标准油 / 吨・因数	8.5	7.5	GB 30251
2	乙烯	石脑烃类	单位产品能耗	千克标准油 / 吨	640	590	GB 30250

续表

序号	产品名称		指标名称	指标单位	基准水平	标杆水平	相关计算等参考标准
3	合成氨	优质无烟块煤	单位产品能耗	千克标准煤 / 吨	1350	1100	GB 21344
		非优质无烟块煤、型煤	单位产品能耗	千克标准煤 / 吨	1520	1200	
		粉煤（包括无烟粉煤、烟煤）	单位产品能耗	千克标准煤 / 吨	1550	1350	
		天然气	单位产品能耗	千克标准煤 / 吨	1200	1000	
4	电石		单位产品能耗	千克标准煤 / 吨	940	805	GB 21343

二、重点任务

（一）建立技术改造企业清单

各地组织开展炼油、乙烯、合成氨、电石企业现有项目能效情况调查，认真排查在建项目，科学评估拟建项目，按照有关法律法规和标准规范，逐一登记造册，经企业申辩和专家评审，建立企业装置能效清单目录，能效达到标杆水平和低于基准水平的企业装置，分别列入能效先进和落后装置清单，并向社会公开，接受监督。有关部门组织申报、评选全国节能降碳或改造提升效果明显的企业，发布行业能效“领跑者”名单，形成一批可借鉴、可复制、可推广的节能典型案例。

（二）制定技术改造实施方案

各地在确保经济平稳运行、社会民生稳定基础上，制定石化重点行业企业技术改造总体实施方案，选取炼油、乙烯、合成氨、电石行业节能先进适用技术，引导能效落后企业装置实施技术改造，科学合理制定不同企业节能改造时间表，明确推进步骤、改造期限、技术路线、工作节点、预期目标等。实施方案需科学周密论证，广泛征求意见，特别是要征求相关企业及其所在地方政府意见，并在实施前向社会公示。各技术改造企业据此制定周密细致的具体工作方案，明确落实措施。

（三）稳妥组织企业实施改造

各地根据实施方案，指导企业落实好装置改造所需资金，制定技术改造措施，加快技术改造进程，积极协助企业解决改造过程中存在的问题。对于能效介于标杆水平和基准水平之间的企业装置，鼓励结合检修等时机参照标杆水平要求实施改造升级。改造过程中，在落实产能置换等要求前提下，鼓励企业开展兼并重组。对于违规上马、未批先建项目，依法依规严肃查处相关责任人员、单位和企业。

（四）引导低效产能有序退出

严格执行《产业结构调整指导目录》等规定，推动 200 万吨 / 年及以下炼油装置、天然气常压间歇转化工艺制合成氨、单台炉容量小于12500千伏安的电石炉及开放式电石炉淘汰退出。严禁新建1000万吨/年以下常减压、150万吨/年以下催化裂化、100万吨/年以下连续重整（含芳烃抽提）、150万吨/年以下加氢裂化，80万吨/年以下石脑油裂解制乙烯，固定层间歇气化技术制合成氨装置。新建炼油项目实施产能减量置换，新建电石、尿素（合成氨下游产业链之一）项目实施产能等量或减量置换，推动30万吨/年及以下乙烯、10万吨/年及以下电石装置加快退出，加大闲置产能、僵尸产能处置力度。

（五）推广节能低碳技术装备

开展精馏系统能效提升等绿色低碳技术装备攻关，加强成果转化应用。推广重劣质渣油低碳深加工、合成气一步法制烯烃、原油直接裂解制乙烯等技术，大型加氢裂化反应器、气化炉、乙烯裂解炉、压缩机，高效换热器等设计制造技术，特殊催化剂、助剂制备技术，自主化智能控制系统。鼓励采用热泵、热夹点、热联合等技术，加强工艺余热、余压回收，实现能量梯级利用。探索推动蒸汽驱动向电力驱动转变，开展企业供电系统适应性改造。鼓励石化基地或大型园区开展核电供热、供电示范应用。

（六）推动产业协同集聚发展

坚持炼化一体化、煤化电热一体化和多联产发展方向，构建企业首尾相连、互为供需和生产装置互联互通的产业链，提高资源综合利用水平，减少物流运输能源消耗。推进开展化工园区认定，引导石化化工生产企业向化工园区转移，提高产业集中集聚集约发展水平，形成规模效应，突出能源环境等基础设施共建共享，降低单位产品能耗和碳排放。鼓励不同行业融合发展，提高资源转化效率，实现协同节能降碳。

（七）修订完善产业政策标准

对照行业能效基准水平和标杆水平，适时修订《炼油单位产品能源消耗限额》《乙烯装置单位产品能源消耗限额》《合成氨单位产品能源消耗限额》《电石单位产品能源消耗限额》。结合炼油、乙烯、合成氨、电石行业节能降碳行动以及修订的国家能耗限额标准、污染物排放水平，修订《产业结构调整指导目录》《绿色技术推广目录》。

（八）强化产业政策标准协同

研究完善炼油、乙烯、合成氨、电石行业绿色电价政策，有效强化电价信号引导作用。按照加强高耗能项目源头防控的政策要求，通过环保核查、节能监察等手段，加大管控查处力度。加强炼油等行业项目准入条件与能效基准水平、标杆水平衔接和匹配。

（九）加大财政金融支持力度

落实节能专用装备、技术改造、资源综合利用等方面税收优惠政策。积极发展绿色金融，设立碳减排支持工具，支持金融机构在风险可控、商业可持续的前提下，向碳减排效应显著的重点项目提供高质量的金融服务。拓展绿色债券市场的深度和广度，支持符合条件的节能低碳发展企业上市融资和再融资。落实首台（套）重大技术装备示范应用鼓励政策。

（十）加大配套监督管理力度

加强源头把控，建立炼油、乙烯、合成氨、电石等行业企业能耗和碳排放监测与评价体系，稳步推进企业能耗和碳排放核算、报告、核查和评价工作。强化日常监管，组织实施国家工业专项节能监察，加强对企业能效水平执行情况的监督检查，确保相关政策要求执行到位。压实属地监管责任，建立健全通报批评、用能预警、约谈问责等工作机制，完善重点行业节能降碳监管体系。发挥信用信息共享平台作用，加强对违规企业的失信联合惩戒。

三、工作要求

发展改革、工业和信息化、财政、生态环境、人民银行、市场监管、证监、能源等部门要加强协同配合，形成工作合力，统筹协调推进各项工作。各地方要高度重视，进一步压实责任，细化工作任务，明确落实举措。有关行业协会要充分发挥桥梁纽带作用，引导行业企业凝聚共识，形成一致行动，协同推进节能降碳工作。有关企业要强化绿色低碳发展意识，落实主体责任，严格按照时间节点要求完成各项任务。

国家发展改革委等部门关于发布《高耗能行业重点领域能效标杆水平和基准水平（2021年版）》的通知

（发改产业〔2021〕1609号）

各省、自治区、直辖市及计划单列市、新疆生产建设兵团发展改革委、工业和信息化主管部门、生态环境厅（局）、市场监管局（厅、委）、能源局：

实现碳达峰、碳中和，是党中央、国务院作出的重大战略决策，是推动实现高质量发展的内在要求。高耗能行业是国民经济的重要组成部分，其高耗能属性主要由产品性质和工艺特点决定，合理有序的项目建设实施，对健全产业体系、稳定市场供给、促进经济增长具有重要支撑作用。为落实《关于强化能效约束推动重点领域节能降碳的若干意见》，指导各地科学有序做好高耗能行业节能降碳技术改造，有效遏制“两高”项目盲目发展，经商有关方面，现发布《高耗能行业重点领域能效标杆水平和基准水平（2021年版）》，并就有关事项通知如下。

一、突出标准引领作用

对标国内外生产企业先进能效水平，确定高耗能行业能效标杆水平。参考国家现行单位产品能耗限额标准确定的准入值和限定值，根据行业实际情况、发展预期、生产装置整体能效水平等，统筹考虑如期实现碳达峰目标、保持生产供给平稳、便于企业操作实施等因素，科学划定各行业能效基准水平。重点领域范围和标杆水平、基准水平视行业发展和能耗限额标准制修订情况进行补充完善和动态调整。

二、分类推动项目提效达标

对拟建、在建项目，应对照能效标杆水平建设实施，推动能效水平应提尽提，力争全面达到标杆水平。对能效低于本行业基准水平的存量项目，合理设置政策实施过渡期，引导企业有序开展节能降碳技术改造，提高生产运行能效，坚决依法依规淘汰落后产能、落后工艺、落后产品。加强绿色低碳工艺技术装备推广应用，促进形成强大国内市场。

三、限期分批改造升级和淘汰

依据能效标杆水平和基准水平，限期分批实施改造升级和淘汰。对需开展技术改造的项目，各地要明确改造升级和淘汰时限（一般不超过 3 年）以及年度改造淘汰计划，在规定时限内将能效改造升级到基准水平以上，力争达到能效标杆水平；对于不能按期改造完毕的项目进行淘汰。坚决遏制高耗能项目不合理用能，对于能效低于本行业基准水平且未能按期改造升级的项目，限制用能。

四、完善相关配套支持政策

整合利用已有政策工具，通过阶梯电价、国家工业专项节能监察、环保监督执法等手段，加大节能降碳市场调节和督促落实力度。推动金融机构在风险可控、商业可持续的前提下，向节能减排效应显著的重点项目提供高质量金融服务，落实节能专用装备、技术改造、资源综合利用等税收优惠政策，加快企业改造升级步伐，提升行业整体能效水平。

上述规定自 2022 年 1 月 1 日起执行。各地方要深刻认识、高度重视严格能效约束推动高耗能行业节能降碳工作的重要性，充分立足本地发展实际，坚持系统观念，尊重市场规律，细化工作要求，强化责任落实，稳妥有序推动节能降碳技术改造，切实避免“一刀切”管理和“运动式”减碳，确保产业链供应链稳定和经济社会平稳运行。

附件：高耗能行业重点领域能效标杆水平和基准水平（2021 年版）

国家发展改革委　工业和信息化部　生态环境部　市场监管总局　国家能源局

2021 年 11 月 15 日

附件

高耗能行业重点领域能效标杆水平和基准水平（2021年版）

序号	国民经济行业分类及代码			重点领域		指标名称	指标单位	标杆水平	基准水平	参考标准
	大类	中类	小类							
1	石油、煤炭及其他燃料加工业（25）	精炼石油产品制造（251）	原油加工及石油制品制造（2511）	炼油		单位能量因数综合能耗	千克标准油/吨·能量因数	7.5	8.5	GB 30251
		煤炭加工（252）	炼焦（2521）	煤制焦炭	顶装焦炉	单位产品能耗	千克标准煤/吨	110	135	GB 21342
					捣固焦炉			110	140	
			煤制液体燃料生产（2523）	煤制甲醇	褐煤	单位产品综合能耗	千克标准煤/吨	1550	2000	GB 29436
					烟煤			1400	1800	
					无烟煤			1250	1600	
				煤制烯烃	乙烯和丙烯	单位产品能耗	千克标准煤/吨	2800	3300	GB 30180
				煤制乙二醇	合成气法	单位产品综合能耗	千克标准煤/吨	1000	1350	GB 32048
2	化学原料和化学制品制造业（26）	基础化学原料制造（261）	无机碱制造（2612）	烧碱	离子膜法液碱（质量分数，下同）≥30%	单位产品综合能耗	千克标准煤/吨	315	350	GB 21257
					离子膜法液碱≥45%	单位产品综合能耗	千克标准煤/吨	420	470	GB 21257
					离子膜法固碱≥98%			620	685	
				纯碱	氨碱法（轻质）	单位产品能耗	千克标准煤/吨	320	370	GB 29140
					联碱法（轻质）			160	245	
					氨碱法（重质）			390	420	
					联碱法（重质）			210	295	
			无机盐制造（2613）	电石		单位产品综合能耗	千克标准煤/吨	805	940	GB 21343

续表

序号	国民经济行业分类及代码			重点领域		指标名称	指标单位	标杆水平	基准水平	参考标准
	大类	中类	小类							
2	化学原料和化学制品制造业（26）	基础化学原料制造（261）	有机化学原料制造（2614）	乙烯	石脑烃类	单位产品能耗	千克标准油/吨	590	640	GB 30250
				对二甲苯		单位产品能耗	千克标准油/吨	380	550	GB 31534
			其他基础化学原料制造（2619）	黄磷		单位产品综合能耗	千克标准煤/吨	2300	2800	GB 21345 注：对粉矿采用烧结或焙烧工艺的，能耗数值增加 700 千克标准煤/吨。
		肥料制造（262）	氮肥制造（2621）	合成氨	优质无烟块煤	单位产品综合能耗	千克标准煤/吨	1100	1350	GB 21344
					非优质无烟块煤、型煤			1200	1520	
					粉煤（包括无烟粉煤、烟煤）			1350	1550	
					天然气			1000	1200	
			磷肥制造（2622）	磷酸一铵	传统法（粒状）	单位产品综合能耗	千克标准煤/吨	255	275	GB 29138
					传统法（粉状）			240	260	
					料浆法（粒状）			170	190	
					料浆法（粉状）			165	185	
				磷酸二铵	传统法（粒状）	单位产品综合能耗	千克标准煤/吨	250	275	GB 29139
					料浆法（粒状）			185	200	
3	非金属矿物制品业（30）	水泥、石灰和石膏制造（301）	水泥制造（3011）	水泥熟料		单位产品综合能耗	千克标准煤/吨	100	117	GB 16780
		玻璃制造（304）	平板玻璃制造（3041）	平板玻璃（生产能力＞800 吨/天）		单位产品能耗	千克标准煤/重量箱	8	12	GB 21340 注：汽车用平板玻璃能耗修正系数参照此标准。
				平板玻璃（500 ≤生产能力≤ 800 吨/天）				9.5	13.5	

续表

序号	国民经济行业分类及代码			重点领域		指标名称	指标单位	标杆水平	基准水平	参考标准
	大类	中类	小类							
3	非金属矿物制品业（30）	陶瓷制品制造（307）	建筑陶瓷制品制造（3071）	吸水率≤ 0.5% 的陶瓷砖		单位产品综合能耗	千克标准煤/平方米	4	7	GB 21252
				0.5% ＜吸水率≤ 10% 的陶瓷砖				3.7	4.6	
				吸水率＞ 10% 的陶瓷砖				3.5	4.5	
			卫生陶瓷制品制造（3072）	卫生陶瓷		单位产品综合能耗	千克标准煤 / 吨	300	630	
4	黑色金属冶炼和压延加工业（31）	炼铁（311）	炼铁（3110）	高炉工序		单位产品能耗	千克标准煤 / 吨	361	435	GB 21256
		炼钢（312）	炼钢（3120）	转炉工序		单位产品能耗	千克标准煤 / 吨	-30	-10	
				电弧炉冶炼	30 吨＜公称容量＜ 50 吨	单位产品能耗	千克标准煤 / 吨	67	86	GB 32050 注：电弧炉冶炼全不锈钢单位产品能耗提高 10%。
					公称容量≥ 50 吨	单位产品能耗	千克标准煤 / 吨	61	72	
		铁合金冶炼（314）	铁合金冶炼（3140）	硅铁		单位产品综合能耗	千克标准煤 / 吨	1770	1900	GB 21341
				锰硅合金				860	950	
				高碳铬铁				710	800	
5	有色金属冶炼和压延加工业（32）	常用有色金属冶炼(321）	铜冶炼（3211）	铜冶炼工艺（铜精矿 - 阴极铜）		单位产品综合能耗	千克标准煤 / 吨	260	380	GB 21248
				粗铜工艺（铜精矿 - 粗铜）				140	260	
				阳极铜工艺（铜精矿 - 阳极铜）				180	290	
				电解工序（阳极铜 - 阴极铜）				85	110	
			铅锌冶炼（3212）	铅冶炼	粗铅工艺	单位产品综合能耗	千克标准煤 / 吨	230	300	GB 21250
					铅电解精炼工序			100	120	
					铅冶炼工艺			330	420	

续表

序号	国民经济行业分类及代码			重点领域		指标名称	指标单位	标杆水平	基准水平	参考标准
	大类	中类	小类							
5	有色金属冶炼和压延加工业（32）	常用有色金属冶炼(321)	铅锌冶炼（3212）	锌冶炼	火法炼锌工艺：粗锌（精矿-粗锌）	单位产品综合能耗	千克标准煤/吨	1450	1620	GB 21249
					火法炼锌工艺：锌（精矿-精馏锌）			1800	2020	
					湿法炼锌工艺：电锌锌锭（有浸出渣火法处理工艺）（精矿-电锌锌锭）			1100	1280	
					湿法炼锌工艺：电锌锌锭（无浸出渣火法处理工艺）（精矿-电锌锌锭）			800	950	
					湿法炼锌工艺：电锌锌锭（氧化锌精矿-电锌锌锭）			800	950	
			铝冶炼（3216）	电解铝		铝液交流电耗	千瓦时/吨	13000	13350	GB 21346

注：1. 各领域标杆水平和基准水平主要参考国家现行单位产品能耗限额标准的先进值和准入值、限定值，根据行业实际、发展预期、生产装置整体能效水平等确定。统计范围、计算方法等参考相应标准。

2. 表中的高耗能行业重点领域范围和标杆水平、基准水平，视行业发展和国家现行单位产品能耗限额标准制修订情况进行补充完善和动态调整。

关于发布《高耗能行业重点领域节能降碳改造升级实施指南（2022年版）》的通知

（发改产业〔2022〕200号）

各省、自治区、直辖市及计划单列市、新疆生产建设兵团发展改革委、工业和信息化主管部门、生态环境厅（局）、能源局：

按照《关于严格能效约束推动重点领域节能降碳的若干意见》《关于发布〈高耗能行业重点领域能效标杆水平和基准水平（2021年版）〉的通知》有关部署，为推动各有关方面科学做好重点领域节能降碳改造升级，现发布《高耗能行业重点领域节能降碳改造升级实施指南（2022年版）》，并就有关事项通知如下。

一、引导改造升级

对于能效在标杆水平特别是基准水平以下的企业，积极推广本实施指南、绿色技术推广目录、工业节能技术推荐目录、“能效之星”装备产品目录等提出的先进技术装备，加强能量系统优化、余热余压利用、污染物减排、固体废物综合利用和公辅设施改造，提高生产工艺和技术装备绿色化水平，提升资源能源利用效率，促进形成强大国内市场。

二、加强技术攻关

充分利用高等院校、科研院所、行业协会等单位创新资源，推动节能减污降碳协同增效的绿色共性关键技术、前沿引领技术和相关设施装备攻关。推动能效已经达到或接近标杆水平的骨干企业，采用先进前沿技术装备谋划建设示范项目，引领行业高质量发展。

三、促进集聚发展

引导骨干企业发挥资金、人才、技术等优势，通过上优汰劣、产能置换等方式自愿自主开展本领域兼并重组，集中规划建设规模化、一体化的生产基地，提升工艺装备水平和能源利用效率，构建结构合理、竞争有效、规范有序的发展格局，不得以兼并重组为名盲目扩张产能和低水平重复建设。

四、加快淘汰落后

严格执行节能、环保、质量、安全技术等相关法律法规和《产业结构调整指导目录》等政策，依法依规淘汰不符合绿色低碳转型发展要求的落后工艺技术和生产装置。对能效在基准水平以下，且难以在规定时限通过改造升级达到基准水平以上的产能，通过市场化方式、法治化手段推动其加快退出。

附件：1. 炼油行业节能降碳改造升级实施指南
2. 乙烯行业节能降碳改造升级实施指南
3. 对二甲苯行业节能降碳改造升级实施指南
4. 现代煤化工行业节能降碳改造升级实施指南
5. 合成氨行业节能降碳改造升级实施指南
6. 电石行业节能降碳改造升级实施指南
7. 烧碱行业节能降碳改造升级实施指南
8. 纯碱行业节能降碳改造升级实施指南
9. 磷铵行业节能降碳改造升级实施指南
10. 黄磷行业节能降碳改造升级实施指南
11. 水泥行业节能降碳改造升级实施指南
12. 平板玻璃行业节能降碳改造升级实施指南
13. 建筑、卫生陶瓷行业节能降碳改造升级实施指南
14. 钢铁行业节能降碳改造升级实施指南
15. 焦化行业节能降碳改造升级实施指南
16. 铁合金行业节能降碳改造升级实施指南
17. 有色金属冶炼行业节能降碳改造升级实施指南

国家发展改革委　工业和信息化部　生态环境部　国家能源局

2022 年 2 月 3 日

附件 1

炼油行业节能降碳改造升级实施指南

一、基本情况

炼油行业是石油化学工业的龙头，关系到经济命脉和能源安全。炼油能耗主要由燃料气消耗、催化焦化、蒸汽消耗和电力消耗组成。行业规模化水平差异较大，先进产能与落后产能并存。用能主要存在中小装置规模占比较大、加热炉热效率偏低、能量系统优化不足、耗电设备能耗偏大等问题，节能降碳改造升级潜力较大。

根据《高耗能行业重点领域能效标杆水平和基准水平（2021 年版）》，炼油能效标杆水平为 7.5 千克标准油 /（吨 • 能量因数）、基准水平为 8.5 千克标准油 /（吨 • 能量因数）。截至 2020 年底，我国炼油行业能效优于标杆水平的产能约占 25%，能效低于基准水平的产能约占 20%。

二、工作方向

（一）加强前沿技术开发应用，培育标杆示范企业

推动渣油浆态床加氢等劣质重油原料加工、先进分离、组分炼油及分子炼油、低成本增产烯烃和芳烃、原油直接裂解等深度炼化技术开发应用。

（二）加快成熟工艺普及推广，有序推动改造升级

1. 绿色工艺技术。采用智能优化技术，实现能效优化；采用先进控制技术，实现卡边控制。采用 CO 燃烧控制技术提高加热炉热效率，合理采用变频调速、液力耦合调速、永磁调速等机泵调速技术提高系统效率，采用冷再生剂循环催化裂化技术提高催化裂化反应选择性，降低能耗、催化剂消耗，采用压缩机控制优化与调节技术降低不必要压缩功消耗和不必要停车，采用保温强化节能技术降低散热损失。

2. 重大节能装备。加快节能设备推广应用。采用高效空气预热器，回收烟气余热，降低排烟温度，提高加热炉热效率。开展高效换热器推广应用，通过对不同类型换热器的节能降碳效果及经济效益的分析诊断，合理评估换热设备的替代 / 应用效果及必要性，针对实际生产需求，合理选型高效换热器，加大沸腾传热，提高传热效率。开展高效换热器推广应用，加大沸腾传热。推动采用高效烟机，高效回收催化裂化装置再生烟气的热能和压力能等。推广加氢装置原料泵液力透平应用，回收介质压力能。

3. 能量系统优化。采用装置能量综合优化和热集成方式，减少低温热产生。推动低温热综合利用技术应用，采用低温热制冷、低温热发电和热泵技术实现升级利用。推进蒸汽动力系统诊断与优化，开展考虑炼厂实际情况的蒸汽平衡配置优化，推动蒸汽动力系统、换热网络、低温热利用协同优化，减少减温减压，降低输送损耗。推进精馏系统优化及改

造，采用智能优化控制系统、先进隔板精馏塔、热泵精馏、自回热精馏等技术，优化塔进料温度、塔间热集成等，提高精馏系统能源利用效率。优化循环水系统流程，采取管道泵等方式降低循环水系统压力。新建炼厂应采用最新节能技术、工艺和装备，确保热集成、换热网络和换热效率最优。

4. 氢气系统优化。加强装置间物料直供。推进炼厂氢气网络系统集成优化。采用氢夹点分析技术和数学规划法对炼厂氢气网络系统进行严格模拟、诊断与优化，推进氢气网络与用氢装置协同优化，耦合供氢单元优化、加氢装置用氢管理和氢气轻烃综合回收技术，开展氢气资源的精细管理与综合利用，提高氢气利用效率，降低氢耗、系统能耗和二氧化碳排放。

（三）严格政策约束，淘汰落后低效产能

严格执行节能、环保、质量、安全技术等相关法律法规和《产业结构调整指导目录》等政策，依法依规淘汰 200 万吨 / 年及以下常减压装置、采用明火高温加热方式生产油品的釜式蒸馏装置等。对能效水平在基准值以下，且无法通过改造升级达到基准值以上的炼油产能，按照等量或减量置换的要求，通过上优汰劣、上大压小等方式加快退出。

三、工作目标

到 2025 年，炼油领域能效标杆水平以上产能比例达到 30%，能效基准水平以下产能加快退出，行业节能降碳效果显著，绿色低碳发展能力大幅提高。

附件 2

乙烯行业节能降碳改造升级实施指南

一、基本情况

乙烯是石油化学工业最重要的基础原料，其发展水平是衡量国家石油化学工业发展质量的重要标志。乙烯生产工艺路线主要包括蒸汽裂解、煤 / 甲醇制烯烃、催化裂解等，本实施指南所指乙烯行业主要为采用蒸汽裂解工艺生产乙烯的相关装置。蒸汽裂解制乙烯主要包括裂解、急冷、压缩、分离等工序，能耗主要由燃料气消耗、蒸汽消耗和电力消耗组成。用能主要存在装置规模化水平差距较大、能效水平参差不齐、原料结构有待优化等问题，节能降碳改造升级潜力较大。

根据《高耗能行业重点领域能效标杆水平和基准水平（2021 年版）》，乙烯能效标杆水平为 590 千克标准油 / 吨、基准水平为 640 千克标准油 / 吨。截至 2020 年底，我国蒸汽裂解制乙烯能效优于标杆水平的产能约占 20%，能效低于基准水平的产能约占总产能 30%。

二、工作方向

（一）加强前沿技术开发应用，培育标杆示范企业

推动原油直接裂解技术、电裂解炉技术开发应用。加强装备电气化与绿色能源耦合利用技术应用。

（二）加快成熟工艺普及推广，有序推动改造升级

1. 绿色工艺技术。采用热泵流程，将烯烃精馏塔和制冷压缩相结合，提高精馏过程热效率。采用裂解炉在线烧焦技术，推广先进减粘塔减粘技术，提高超高压蒸汽产量，减少汽提蒸汽用量。

2. 重大节能装备。采用分凝分馏塔，增加气液分离效率。采用扭曲片管等裂解炉管和新型强制通风型烧嘴，降低过剩空气率，提高裂解炉热效率。采用可塑性耐火材料衬里、陶瓷纤维衬里、高温隔热漆等优质保温材料，降低热损失。采用高效吹灰器，清除对流段炉管积灰。采用裂解气压缩机段间低压力降水冷器，降低裂解气压缩机段间冷却压力降，减少压缩机功耗。选用高效转子、冷箱、换热器。推广余热利用热泵集成技术。裂解炉实施节能改造提高热效率，加强应用绿电的裂解炉装备及配套技术开发应用。

3. 能量系统优化。采用先进优化控制技术，推进优化装置换热网络，提高装置整体换热效率。采用急冷油塔中间回流技术，回收急冷油塔的中间热量。采用炉管强化传热技术，提高热效率。增设空气预热器，利用乙烯等装置余热预热助燃空气，减少燃料消耗，合理回收烟道气、急冷水、蒸汽凝液等热源热量。采用低温乙烷、丙烷、液化天然气（LNG）冷能利用技术，降低装置能耗。

4. 公辅设施改造。通过采取对蒸汽动力锅炉、汽轮机和空压机、鼓风机运行参数等蒸汽动力系统，以及循环水泵扬程、凝结水回收系统进行优化改造，对氢气压缩机等动设备进行运行优化，解决低压蒸汽过剩排空、电力消耗大等问题。回收利用蒸汽凝液，集成利用低温热，采取新型材料改进保温、保冷效果。

5. 原料优化调整。采用低碳、轻质、优质裂解原料，提高乙烯产品收率，降低能耗和碳排放强度。推动区域优质裂解原料资源集约集聚和优化利用，提高资源利用效率。

（三）严格政策约束，淘汰落后低效产能

严格执行节能、环保、质量、安全技术等相关法律法规和《产业结构调整指导目录》等政策，加快 30 万吨 / 年以下乙烯装置淘汰退出。对能效水平在基准值以下，且无法通过节能改造达到基准值以上的乙烯装置，加快淘汰退出。

三、工作目标

到 2025 年，乙烯行业规模化水平大幅提升，原料结构轻质化、低碳化、优质化趋势更加明显，乙烯行业标杆产能比例达到 30% 以上，能效基准水平以下产能有序开展改造提升，行业节能降碳效果显著，绿色低碳发展能力大幅提高。

附件3

对二甲苯行业节能降碳改造升级实施指南

一、基本情况

对二甲苯是石油化学工业的重要组成部分，是连接上游石化产业与下游聚酯化纤产业的关键枢纽。对二甲苯生产装置包括预加氢、催化重整、芳烃抽提、歧化及烷基转移、二甲苯异构化、二甲苯分馏、芳烃提纯等工艺过程，能耗主要由燃料气消耗、蒸汽消耗和电力消耗组成。用能主要存在加热炉热效率低、余热利用不足、分馏塔分离效率偏低、塔顶低温热利用率低、耗电设备能效偏低等问题，节能降碳改造升级潜力较大。

根据《高耗能行业重点领域能效标杆水平和基准水平（2021年版）》，对二甲苯能效标杆水平为380千克标准油/吨、基准水平为550千克标准油/吨。截至2020年底，我国对二甲苯能效优于标杆水平的产能约占23%，能效低于基准水平的产能约占18%。

二、工作方向

（一）加强前沿技术开发应用，培育标杆示范企业

加强国产模拟移动床吸附分离成套（SorPX）技术，以及吸附塔格栅、模拟移动床控制系统、大型化二甲苯塔及二甲苯重沸炉等技术装置的开发应用，提高运行效率，降低装置能耗和排放。

（二）加快成熟工艺普及推广，有序推动改造升级

1. 绿色技术工艺。加强重整、歧化、异构化、对二甲苯分离等先进工艺技术的开发应用，优化提升吸附分离工艺并加强新型高效吸附剂研发，加快二甲苯液相异构化技术开发应用。加大两段重浆化结晶工艺技术和络合结晶分离技术研发应用。

2. 重大节能装备。推动重整“四合一”、二甲苯再沸等加热炉及歧化、异构化反应炉优化改造，降低烟气和炉表温度。重整、歧化、异构化进出料换热器采用缠绕管换热器，重沸器和蒸汽发生器采用高通量管换热管等。采用新型高效塔板提高精馏塔分离效率，加大分（间）壁塔技术推广应用，合理选用高效空冷设备。

3. 能量系统优化。优化分馏及精馏工艺参数，开展工艺物流热联合，合理设置精馏塔塔顶蒸汽发生器，塔顶物流用于加热塔底重沸器。利用夹点技术优化装置换热流程，提高能量利用率。

4. 公辅设施改造。采用高效机泵，合理配置变频电机及功率。用蒸汽发生器代替空冷器，发生蒸汽供汽轮机或加热设备使用。用热媒水换热器代替空冷器，将热量供给加热设备使用或作为采暖热源。

（三）严格政策约束，淘汰落后低效产能

严格执行节能、环保、质量、安全技术等相关法律法规和《产业结构调整指导目录》等政策，加快推动单系列 60 万吨 / 年以下规模对二甲苯装置淘汰退出。对能效水平在基准值以下，且无法通过节能改造达到基准值以上的对二甲苯装置，加快淘汰退出。

三、工作目标

到 2025 年，对二甲苯行业装置规模化水平明显提升，能效标杆水平以上产能比例达到 50%，能效基准水平以下产能基本清零，行业节能降碳效果显著，绿色低碳发展能力大幅提高。

附件 4

现代煤化工行业节能降碳改造升级实施指南

一、基本情况

现代煤化工是推动煤炭清洁高效利用的有效途径，对拓展化工原料来源具有积极作用，已成为石油化工行业的重要补充。本实施指南所指现代煤化工行业包括煤制甲醇、煤制烯烃和煤制乙二醇。现代煤化工行业先进与落后产能并存，企业能效差异显著。用能主要存在余热利用不足、过程热集成水平偏低、耗汽 / 耗电设备能效偏低等问题，节能降碳改造升级潜力较大。

根据《高耗能行业重点领域能效标杆水平和基准水平（2021 年版）》，以褐煤为原料的煤制甲醇能效标杆水平为 1550 千克标准煤 / 吨，基准水平为 2000 千克标准煤 / 吨；以烟煤为原料的煤制甲醇能效标杆水平为 1400 千克标准煤 / 吨，基准水平为 1800 千克标准煤 / 吨；以无烟煤为原料的煤制甲醇能效标杆水平为 1250 千克标煤 / 吨，基准水平为 1600 千克标煤 / 吨。煤制烯烃（MTO 路线）能效标杆水平为 2800 千克标煤 / 吨，基准水平为 3300 千克标煤 / 吨。煤制乙二醇能效标杆水平为 1000 千克标煤 / 吨，基准水平为 1350 千克标煤 / 吨。截至 2020 年底，我国煤制甲醇行业能效优于标杆水平的产能约占 15%，能效低于基准水平的产能约占 25%。煤制烯烃行业能效优于标杆水平的产能约占 48%，且全部产能高于基准水平。煤制乙二醇行业能效优于标杆水平的产能约占 20%，能效低于基准水平的产能约占 40%。

二、工作方向

（一）加强前沿技术开发应用，培育标杆示范企业

加快研发高性能复合新型催化剂。推动自主化成套大型空分、大型空压增压机、大

型煤气化炉示范应用。推动合成气一步法制烯烃、绿氢与煤化工项目耦合等前沿技术开发应用。

（二）加快成熟工艺普及推广，有序推动改造升级

1. 绿色技术工艺。加快大型先进煤气化、半 / 全废锅流程气化、合成气联产联供、高效合成气净化、高效甲醇合成、节能型甲醇精馏、新一代甲醇制烯烃、高效草酸酯合成及乙二醇加氢等技术开发应用。推动一氧化碳等温变换技术应用。

2. 重大节能装备。加快高效煤气化炉、合成反应器、高效精馏系统、智能控制系统、高效降膜蒸发技术等装备研发应用。采用高效压缩机、变压器等高效节能设备进行设备更新改造。

3. 能量系统优化。采用热泵、热夹点、热联合等技术，优化全厂热能供需匹配，实现能量梯级利用。

4. 余热余压利用。根据工艺余热品位的不同，在满足工艺装置要求的前提下，分别用于副产蒸汽、加热锅炉给水或预热脱盐水和补充水、有机朗肯循环发电，使能量供需和品位相匹配。

5. 公辅设施改造。根据适用场合选用各种新型、高效、低压降换热器，提高换热效率。选用高效机泵和高效节能电机，提高设备效率。

6. 废物综合利用。依托项目周边二氧化碳利用和封存条件，因地制宜开展变换等重点工艺环节高浓度二氧化碳捕集、利用及封存试点。推动二氧化碳生产甲醇、可降解塑料、碳酸二甲酯等产品。加强灰、渣资源化综合利用。

7. 全过程精细化管控。强化现有工艺和设备运行维护，加强煤化工企业全过程精细化管控，减少非计划启停车，确保连续稳定高效运行。

（三）严格政策约束，淘汰落后低效产能

严格执行节能、环保、质量、安全技术等相关法律法规和《产业结构调整指导目录》等政策，对能效水平在基准值以下，且无法通过节能改造达到基准值以上的煤化工产能，加快淘汰退出。

三、工作目标

到 2025 年，煤制甲醇、煤制烯烃、煤制乙二醇行业达到能效标杆水平以上产能比例分别达到 30%、50%、30%，基准水平以下产能基本清零，行业节能降碳效果显著，绿色低碳发展能力大幅提高。

附件 5

合成氨行业节能降碳改造升级实施指南

一、基本情况

合成氨用途较为广泛，除用于生产氮肥和复合肥料以外，还是无机和有机化学工业的重要基础原料。不同原料的合成氨工艺路线有差异，主要包括原料气制备、原料气净化、CO 变换、氨合成、尾气回收等工序。能耗主要由原料气消耗、燃料气消耗、煤炭消耗、蒸汽消耗和电力消耗组成。合成氨行业规模化水平差异较大，不同企业能效差异显著。用能主要存在能量转换效率偏低、余热利用不足等问题，节能降碳改造升级潜力较大。

根据《高耗能行业重点领域能效标杆水平和基准水平（2021 年版）》，以优质无烟块煤为原料的合成氨能效标杆水平为1100 千克标准煤 / 吨，基准水平为1350 千克标准煤 / 吨；以非优质无烟块煤、型煤为原料的合成氨能效标杆水平为 1200 千克标准煤 / 吨，基准水平为 1520 千克标准煤 / 吨；以粉煤为原料的合成氨能效标杆水平为 1350 千克标煤 / 吨，基准水平为 1550 千克标煤 / 吨；以天然气为原料的合成氨能效标杆水平为 1000 千克标煤 / 吨，基准水平为 1200 千克标煤 / 吨。截至 2020 年底，我国合成氨行业能效优于标杆水平的产能约占 7%，能效低于基准水平的产能约占 19%。

二、工作方向

（一）加强前沿引领技术开发应用，培育标杆示范企业

开展绿色低碳能源制合成氨技术研究和示范。示范 6.5 兆帕及以上的干煤粉气化技术，提高装置气化效率；示范、优化并适时推广废锅或半废锅流程回收高温煤气余热副产蒸汽，替代全激冷流程煤气降温技术，提升煤气化装置热效率。

（二）加快成熟工艺装备普及推广，有序推动改造升级

1. 绿色技术工艺。优化合成氨原料结构，增加绿氢原料比例。选择大型化空分技术和先进流程，配套先进控制系统，降低动力能耗。加大可再生能源生产氨技术研究，降低合成氨生产过程碳排放。

2. 重大节能装备。提高传质传热和能量转换效率，提高一氧化碳变换，用等温变换炉取代绝热变换炉。涂刷反辐射和吸热涂料，提高一段炉的热利用率。采用大型高效压缩机，如空分空压机及增压机、合成气压缩机等，采用蒸汽透平直接驱动，推广采用电驱动，提高压缩效率，避免能量转换损失。

3. 能量系统优化。优化气化炉设计，增设高温煤气余热废热锅炉副产蒸汽系统。优化二氧化碳气提尿素工艺设计，增设中压系统。

4. 余热余压利用。在满足工艺装置要求的前提下，根据工艺余热品位不同，分别用于副产

蒸汽、加热锅炉给水或预热脱盐水和补充水、有机朗肯循环发电，实现能量供需和品位相匹配。

5. 公辅设施改造。根据适用场合选用各种新型、高效、低压降换热器，提高换热效率。选用高效机泵和高效节能电机，提高设备效率。采用性能好的隔热、保冷材料加强设备和管道保温。

（三）严格政策约束，淘汰落后低效产能

严格执行节能、环保、质量、安全技术等相关法律法规和《产业结构调整指导目录》等政策，加快淘汰高温煤气洗涤水在开式冷却塔中与空气直接接触冷却工艺技术，大幅减少含酚氰氨大气污染物排放。

三、工作目标

到 2025 年，合成氨行业能效标杆水平以上产能比例达到 15%，能效基准水平以下产能基本清零，行业节能降碳效果显著，绿色低碳发展能力大幅增强。

附件 6

电石行业节能降碳改造升级实施指南

一、基本情况

电石是重要的基础化工原料，主要用于聚氯乙烯、1,4- 丁二醇、醋酸乙烯、氰氨化钙、氯丁橡胶等领域。电石能耗主要由炭材（焦炭、兰炭）消耗和电力消耗组成。用能主要存在炭材使用量较大、电石炉电耗偏高、资源综合利用水平较低、余热利用不足等问题，节能降碳改造升级潜力较大。

根据《高耗能行业重点领域能效标杆水平和基准水平（2021 年版）》的规定，电石能效标杆水平为 805 千克标准煤 / 吨、基准水平为 940 千克标准煤 / 吨。截至 2020 年底，我国电石行业能效优于标杆水平的产能约占 3%，能效低于基准水平的产能约占 25%。

二、节能降碳的工作方向

（一）加强前沿技术开发应用，培育标杆示范企业

加强电石显热回收及高效利用技术研发和推广应用，降低单位电石产品综合能耗。加快氧热法、电磁法等电石生产新工艺开发，适时建设中试及工业化装置。

（二）加快成熟工艺普及推广，有序推动改造升级

1. 绿色技术工艺。促进热解球团生产电石新工艺推广应用，降低电石冶炼的单位产品工艺电耗和综合能耗。加强电石显热回收利用技术研发应用，加强氧热法、电磁法等电石生

产新工艺开发应用。推进电石炉采用高效保温材料，有效减少电石炉体热损失，降低电炉电耗。

2. 资源综合利用。采用化学合成法制乙二醇、甲醇等技术工艺，推动电石炉气资源综合利用改造。推动电石显热资源利用技术。

3. 余热余压利用。推广先进余热回收技术，使用热管技术回收电石炉气余热用于发电。回收利用石灰窑废气余热作为炭材烘干装置热源，回收电石炉净化灰作为炭材烘干装置补充燃料，提高余热利用水平。

（三）严格政策约束，淘汰落后低效产能

严格执行节能、环保、质量、安全技术等相关法律法规和《产业结构调整指导目录》等政策，淘汰内燃式电石炉，引导长期停产的无效电石产能主动退出。对能效水平在基准值以下，且无法通过节能改造达到基准值以上的生产装置，加快淘汰退出。

三、工作目标

到 2025 年，电石领域能效标杆水平以上产能比例达到 30%，能效基准水平以下产能基本清零，行业节能降碳效果显著，绿色低碳发展能力大幅增强。

附件 7

烧碱行业节能降碳改造升级实施指南

一、基本情况

烧碱广泛应用于石油化工、医药、轻工、纺织、建材、冶金等领域。烧碱能耗主要为电力消耗。用能主要体现在管理运行方面，存在装备水平和原料电耗相似但用能存在较大差异、余热利用不足等问题，节能降碳改造升级潜力较大。

根据《高耗能行业重点领域能效标杆水平和基准水平（2021 年版）》的规定，离子膜法液碱（≥ 30%）能效标杆水平为 315 千克标准煤 / 吨，基准水平为 350 千克标准煤 / 吨；离子膜法液碱（≥ 45%）能效标杆水平为 420 千克标准煤 / 吨，基准水平为 470 千克标准煤 / 吨；离子膜法固碱（≥ 98%）能效标杆水平为 620 千克标准煤 / 吨，基准水平为 685 千克标准煤 / 吨。截至 2020 年底，我国烧碱行业能效优于标杆水平的产能约占 15%，能效低于基准水平的产能约占 25%。

二、工作方向

（一）加强前沿技术开发应用，培育标杆示范企业

加强储氢燃料电池发电集成装置研发和应用，探索氯碱 - 氢能 - 绿电自用新模式。加强烧碱蒸发和固碱加工先进技术研发应用。

（二）加快成熟工艺普及推广，有序推动改造升级

1. 绿色技术工艺。开展膜极距技术改造升级。推动离子膜法烧碱装置进行膜极距离子膜电解槽改造升级。推动以高浓度烧碱和固片碱为主要产品的烧碱企业实施多效蒸发节能改造升级。

2. 资源优化利用。促进可再生能源与氯碱用能相结合，推动副产氢气高值利用技术改造。在满足氯碱生产过程中碱、氯、氢平衡的基础上，采用先进制氢和氢处理技术，优化副产氢气下游产品类别。

3. 余热余压利用。开展氯化氢合成炉升级改造，提高氯化氢合成余热利用水平。开展工艺优化和精细管理，提升水、电、汽管控水平，提高资源利用效率。

4. 公辅设施改造。开展针对蒸汽系统、循环水系统、制冷制暖系统、空压系统、电机系统、输配电系统等公用工程系统能效提升改造，提升用能效率。

三、工作目标

到 2025 年，烧碱领域能效标杆水平以上产能比例达到 40%，能效基准水平以下产能基本清零，行业节能降碳效果显著，绿色低碳发展能力大幅增强。

附件 8

纯碱行业节能降碳改造升级实施指南

一、基本情况

纯碱是重要的基础化工原料，主要用于玻璃、无机盐、洗涤用品、冶金和轻工食品等领域。纯碱用能主要存在原料结构有待优化、节能装备有待更新、余热利用不足等问题，节能降碳改造升级潜力较大。

根据《高耗能行业重点领域能效标杆水平和基准水平（2021 年版）》的规定，氨碱法（轻质）纯碱能效标杆水平为 320 千克标准煤 / 吨，基准水平为 370 千克标准煤 / 吨；联碱法（轻质）纯碱能效标杆水平为 160 千克标准煤 / 吨，基准水平为 245 千克标准煤 / 吨；氨碱法（重质）纯碱能效标杆水平为 390 千克标准煤 / 吨，基准水平为 420 千克标准煤 / 吨；联碱法（重质）纯碱能效标杆水平为 210 千克标准煤 / 吨，基准水平为 295 千克标准煤 / 吨。截至 2020 年底，我国纯碱行业能效优于标杆水平的产能约占 36%，能效低于基准水平的产能约占 10%。

二、工作方向

（一）加强前沿技术开发应用，培育标杆示范企业

加强一步法重灰技术、重碱离心机过滤技术、重碱加压过滤技术、回转干铵炉技术等

开发应用。

（二）加快成熟工艺普及推广，有序推动改造升级

1. 绿色技术工艺。加大热法联碱工艺、湿分解小苏打工艺、井下循环制碱工艺、氯化铵干燥气循环技术、重碱二次分离技术等推广应用。

2. 重大节能装备。采用带式过滤机替代转鼓过滤机，推广粉体流凉碱设备、大型碳化塔、水平带式过滤机、大型冷盐析结晶器、大型煅烧炉、高效尾气吸收塔等设备，推动老旧装置开展节能降碳改造升级。

3. 余热余压利用。采用煅烧炉气余热、蒸汽冷凝水余热利用等节能技术进行改造。推动具备条件的联碱企业采用副产蒸汽的大型水煤浆气化炉进行改造，副产蒸汽用于纯碱生产。

4. 原料优化利用。开展原料优化改造升级，加大天然碱矿藏开发利用，提高天然碱产能占比，降低产品能耗。

三、工作目标

到 2025 年，纯碱领域能效标杆水平以上产能比例达到 50%，基准水平以下产能基本清零，行业节能降碳效果显著，绿色低碳发展能力大幅增强。

附件 9

磷铵行业节能降碳改造升级实施指南

一、基本情况

磷铵是现代农业的重要支撑，对保障国家粮食生产、食品安全等具有重要作用。磷铵能耗主要由燃料气消耗、蒸汽消耗和电力消耗组成。用能主要存在生产工艺落后、余热利用不足、过程热集成水平偏低、耗电设备能耗偏大等问题，节能降碳改造升级潜力较大。

根据《关于发布〈高耗能行业重点领域能效标杆水平和基准水平（2021 年版）〉的通知》，采用传统法（粒状）的磷酸一铵能效标杆水平为 255 千克标准煤 / 吨，基准水平为 275 千克标准煤 / 吨；采用传统法（粉状）的磷酸一铵能效标杆水平为 240 千克标准煤 / 吨，基准水平为 260 千克标准煤 / 吨；采用料浆法（粒状）的磷酸一铵能效标杆水平为 170 千克标准煤 / 吨，基准水平为 190 千克标准煤 / 吨；采用料浆法（粉状）磷酸一铵能效标杆水平为 165 千克标准煤 / 吨，基准水平为 185 千克标准煤 / 吨；采用传统法（粒状）的磷酸二铵能效标杆水平为 250 千克标准煤 / 吨，基准水平为 275 千克标准煤 / 吨；采用料浆法（粒状）的磷酸二铵能效标杆水平为 185 千克标准煤 / 吨，基准水平为 200 千克标准煤 / 吨。截至 2020 年底，我国磷铵行业能效优于标杆水平的产能约占 20%，能效低于基准水平的产能约占 55%。

二、工作方向

（一）加强前沿技术开发应用，培育标杆示范企业

开发硝酸法磷肥、工业磷酸一铵及联产净化磷酸技术，节约硫资源，不产生磷石膏。开发利用中低品位磷矿生产农用聚磷酸铵及其复合肥料技术。开发尾矿和渣酸综合利用技术，制备聚磷酸钙镁、聚磷酸铵钙镁等产品。推动磷肥工艺与废弃生物质资源化利用技术耦合，生产新型有机磷铵产品。

（二）加快成熟工艺普及推广，有序推动改造升级

1. 绿色技术工艺。加强磷铵先进工艺技术的开发和应用。采用半水—二水法 / 半水法湿法磷酸工艺改造现有二水法湿法磷酸生产装置，推进单（双）管式反应器生产工艺改造。开发新型综合选矿技术、选矿工艺及技术装备，研制使用选择性高、专属性强、环境友好的高效浮选药剂。开发新型磷矿酸解工艺，提高磷得率。发展含中微量元素水溶性磷酸一铵、有机无机复合磷酸一铵等新型磷铵产品。

2. 能量系统优化。提升磷酸选矿、萃取、过滤工艺水平，强化过程控制，优化工艺流程和设备配置，降低磷铵单位产品能耗。采用磷铵料浆三效蒸发浓缩工艺改造现有两效蒸发浓缩工艺，提高磷酸浓缩、磷铵料浆浓缩效率，降低蒸汽消耗。

3. 余热余压利用。采用能源回收技术，建设低温位热能回收装置，余热用于副产蒸汽、加热锅炉给水或预热脱盐水和补充水、有机朗肯循环发电。

4. 公辅设施改造。根据不同适用场合选用各种新型、高效、低压降换热器，提高换热效率。选用高效机泵和高效节能电机，提高设备效率。采用性能好的隔热材料加强设备和管道保温。

三、工作目标

到 2025 年，本领域能效标杆水平以上产能比例达到 30%，能效基准水平以下产能低于 30%，行业节能降碳效果显著，绿色低碳发展能力大幅增强。

附件 10

黄磷行业节能降碳改造升级实施指南

一、基本情况

黄磷是磷化工产业（不含磷肥）重要基础产品，主要用于生产磷酸、三氯化磷等磷化物。黄磷能耗主要由电力消耗和焦炭消耗组成。用能主要存在原料品位低导致电耗升高、尾气综合利用不足、热能利用不充分等问题，节能降碳改造升级潜力较大。

根据《高耗能行业重点领域能效标杆水平和基准水平（2021 年版）》的规定，黄磷能效标杆水平为 2300 千克标准煤 / 吨，基准水平 2800 千克标准煤 / 吨。截至 2020 年底，我国黄磷行业能效优于标杆水平的产能约占 25%，能效低于基准水平的产能约占 30%。

二、工作方向

（一）加强前沿技术开发应用，培育标杆示范企业

推动磷化工制黄磷与煤气化耦合创新，对还原反应炉、燃烧器等关键技术装备进行工业化验证，提高中低品位磷矿资源利用率，通过磷—煤联产加快产业创新升级。

（二）加快成熟工艺普及推广，有序推动改造升级

1. 绿色技术工艺。加快推广黄磷尾气烧结中低品位磷矿及粉矿技术，提升入炉原料品位，降低耗电量。加快磷炉气干法除尘及其泥磷连续回收技术应用。推广催化氧化法和变温变压吸附法净化、提纯磷炉尾气，用于生产化工产品。

2. 能量系统优化。采用高绝热性材料优化黄磷炉炉体，减少热量损失。

3. 余热余压利用。磷炉尾气用于原料干燥与泥磷回收，回收尾气燃烧热用于产生蒸汽及发电。

三、工作目标

到 2025 年，黄磷领域能效标杆水平以上产能比例达到 30%，能效基准水平以下产能基本清零，行业节能降碳效果显著，绿色低碳发展能力大幅增强。

附件 11

水泥行业节能降碳改造升级实施指南

一、基本情况

水泥行业是我国国民经济发展的重要基础原材料产业，其产品广泛应用于土木建筑、水利、国防等工程，为改善民生、促进国家经济建设和国防安全起到了重要作用。水泥生产过程中需要消耗电、煤炭等能源。我国水泥生产企业数量众多，因不同水泥企业发展阶段不一样，生产能耗水平和碳排放水平差异较大，节能降碳改造升级潜力较大。

根据《高耗能行业重点领域能效标杆水平和基准水平（2021 年版）》，水泥熟料能效标杆水平为 100 千克标准煤 / 吨，基准水平 117 千克标准煤 / 吨。按照电热当量计算法，截至 2020 年底，水泥行业能效优于标杆水平的产能约占 5%，能效低于基准水平的产能约占 24%。

二、工作方向

（一）加强先进技术攻关，培育标杆示范企业

积极开展水泥行业节能低碳技术发展路线研究，加快研发超低能耗标杆示范新技术、绿色氢能煅烧水泥熟料关键技术、新型固碳胶凝材料制备及窑炉尾气二氧化碳利用关键技术、水泥窑炉烟气二氧化碳捕集与纯化催化转化利用关键技术等重大关键性节能低碳技术，加大技术攻关力度，加快先进适用节能低碳技术产业化应用，促进水泥行业进一步提升能源利用效率。

（二）加快成熟工艺普及推广，有序推动改造升级

1. 推广节能技术应用。推动采用低阻高效预热预分解系统、第四代篦冷机、模块化节能或多层复合窑衬、气凝胶、窑炉专家优化智能控制系统等技术，进一步提升烧成系统能源利用效率。推广大比例替代燃料技术，利用生活垃圾、固体废弃物和生物质燃料等替代煤炭，减少化石燃料的消耗量，提高水泥窑协同处置生产线比例。推广分级分别高效粉磨、立磨 / 辊压机高效料床终粉磨、立磨煤磨等制备系统改造，降低粉磨系统单位产品电耗。推广水泥碳化活性熟料开发及产业化应用技术，推动水泥厂高效节能风机 / 电机、自动化、信息化、智能化系统技术改造，提高生产效率和生产管理水平。

2. 加强清洁能源原燃料替代。建立替代原燃材料供应支撑体系，加大清洁能源使用比例，支持鼓励水泥企业利用自有设施、场地实施余热余压利用、替代燃料、分布式发电等，努力提升企业能源“自给”能力，减少对化石能源及外部电力依赖。

3. 合理降低单位水泥熟料用量。推动以高炉矿渣、粉煤灰等工业固体废物为主要原料的超细粉替代普通混合材，提高水泥粉磨过程中固废资源替代熟料比重，降低水泥产品中熟料系数，减少水泥熟料消耗量，提升固废利用水平。合理推动高贝特水泥、石灰石煅烧黏土低碳水泥等产品的应用。

4. 合理压减水泥工厂排放。推广先进过滤材料、低氮分级分区燃烧和成熟稳定高效的脱硫、脱硝、除尘技术及装备，推动水泥行业全流程、全环节超低排放。

三、工作目标

到 2025 年，水泥行业能效标杆水平以上的熟料产能比例达到 30%，能效基准水平以下熟料产能基本清零，行业节能降碳效果显著，绿色低碳发展能力大幅增强。

附件 12

平板玻璃行业节能降碳改造升级实施指南

一、基本情况

玻璃行业是我国国民经济发展的重要基础原材料产业。玻璃生产过程中需要消耗燃料油、煤炭、天然气等能源。我国不同平板玻璃企业生产能耗水平和碳排放水平差异较大，节能降碳改造升级潜力较大。

根据《高耗能行业重点领域能效标杆水平和基准水平（2021年版）》的规定，平板玻璃（生产能力 >800 吨 / 天）能效标杆水平为 8 千克标准煤 / 重量箱，基准水平为 12 千克标准煤 / 重量箱，平板玻璃（500 ≤生产能力≤ 800 吨 / 天）能效标杆水平为 9.5 千克标准煤 / 重量箱，基准水平为 13.5 千克标准煤 / 重量箱。截至 2020 年底，平板玻璃行业能效优于标杆水平的产能占比小于 5%，能效低于基准水平的产能约占 8%。

二、工作方向

（一）加强先进技术攻关，培育标杆示范企业

研究玻璃行业节能降碳技术发展方向，加快研发玻璃熔窑利用氢能成套技术及装备、浮法玻璃工艺流程再造技术、玻璃熔窑窑外预热工艺及成套技术与装备、大型玻璃熔窑大功率“火—电”复合熔化技术、玻璃窑炉烟气二氧化碳捕集提纯技术、浮法玻璃低温熔化技术等，加大技术攻关力度，加快先进适用节能低碳技术产业化应用，进一步提升玻璃行业能源使用效率。

（二）加快成熟工艺普及推广，有序推动改造升级

1. 推广节能技术应用。采用玻璃熔窑全保温、熔窑用红外高辐射节能涂料等技术，提高玻璃熔窑能源利用效率，提升窑炉的节能效果，减少燃料消耗。采用玻璃熔窑全氧燃烧、纯氧助燃工艺技术及装备，优化玻璃窑炉、锡槽、退火窑结构和燃烧控制技术，提高热效率，节能降耗。采用配合料块化、粒化和预热技术，调整配合料配方，控制配合料的气体率，调整玻璃体氧化物组成，开发低熔化温度的料方，减少玻璃原料中碳酸盐组成，降低熔化温度，减少燃料的用量，降低二氧化碳排放。推广自动化配料、熔窑、锡槽、退火窑三大热工智能化控制，熔化成形数字仿真，冷端优化控制、在线缺陷检测、自动堆垛铺纸、自动切割分片、智能仓储等数字化、智能化技术，推动玻璃生产全流程智能化升级。

2. 加强清洁能源原燃料替代。建立替代原燃材料供应支撑体系，支持有条件的平板玻璃企业实施天然气、电气化改造提升，推动平板玻璃行业能源消费逐步转向清洁能源为主。大力推进能源的节约利用，不断提高能源精益化管理水平。加大绿色能源使用比例，鼓励平板玻璃企业利用自有设施、场地实施余热余压利用、分布式发电等，提升企业能源“自

给”能力，减少对化石能源及外部电力依赖。

3. 合理压减终端排放。研发玻璃生产超低排放工艺及装备，探索推动玻璃行业颗粒物、二氧化硫、氮氧化物全过程达到超低排放。

三、工作目标

到 2025 年，玻璃行业能效标杆水平以上产能比例达到 20%，能效基准水平以下产能基本清零，行业节能降碳效果显著，绿色低碳发展能力大幅增强。

附件 13

建筑、卫生陶瓷行业节能降碳改造升级实施指南

一、基本情况

建筑、卫生陶瓷行业是我国国民经济的重要组成部分，是改善民生、满足人民日益增长的美好生活需要不可或缺的基础制品业。建筑、卫生陶瓷生产过程中需要消耗煤、天然气、电力等能源。我国不同建筑、卫生陶瓷企业生产能耗水平和碳排放水平差异较大，单位产品综合能耗差距较大、能源管控水平参差不齐，节能降碳改造升级潜力较大。

根据《高耗能行业重点领域能效标杆水平和基准水平（2021 年版）》的规定，吸水率≤ 0.5% 的陶瓷砖能效标杆水平为 4 千克标准煤 / 平方米，基准水平为 7 千克标准煤 / 平方米；0.5%< 吸水率≤ 10% 的陶瓷砖能效标杆水平为 3.7 千克标准煤 / 平方米，基准水平为 4.6 千克标准煤 / 平方米；吸水率 >10% 的陶瓷砖能效标杆水平为 3.5 千克标准煤 / 平方米，基准水平为 4.5 千克标准煤 / 平方米；卫生陶瓷能效标杆水平为 300 千克标准煤 / 吨，基准水平为 630 千克标准煤 / 吨。截至 2020 年底，建筑、卫生陶瓷行业能效优于标杆水平的产能占比小于 5%，能效低于基准水平的产能占比小于 5%。

二、工作方向

（一）加强先进技术攻关，培育标杆示范企业

研究建筑、卫生陶瓷应用电能、氢能、富氧燃烧等新型烧成技术及装备，能耗智能监测和节能控制技术及装备。建筑陶瓷研发电烧辊道窑、氢燃料辊道窑烧成技术与装备，微波干燥技术及装备。卫生陶瓷研发 3D 打印母模开发技术和装备。加大技术攻关力度，加快先进适用节能低碳技术产业化应用，促进陶瓷行业进一步提升能源利用效率，减少碳排放。

（二）加快成熟工艺普及推广，有序推动改造升级

1. 推广节能技术应用。建筑陶瓷推广干法制粉工艺技术，连续球磨工艺技术，薄型建

筑陶瓷（包含陶瓷薄板）制造技术，原料标准化管理与制备技术，陶瓷砖（板）低温快烧工艺技术，节能窑炉及高效烧成技术，低能及余热的高效利用技术等绿色低碳功能化建筑陶瓷制备技术。卫生陶瓷推广压力注浆成形技术与装备，智能釉料喷涂技术与装备，高强石膏模具制造技术、高强度微孔塑料模具材料及制作技术，高效节能烧成和微波干燥、少空气干燥技术，窑炉余热综合规划管理应用技术等卫生陶瓷制造关键技术。

2. 加强清洁能源原燃料替代。建立替代原燃材料供应支撑体系，推动建筑、卫生陶瓷行业能源消费结构逐步转向使用天然气等清洁能源，加大绿色能源使用比例，支持鼓励建筑、卫生陶瓷企业利用自有设施、场地实施太阳能利用、余热余压利用、分布式发电等，努力提升企业能源自给能力，减少对化石能源及外部电力依赖。

3. 合理压减终端排放。通过多污染物协同治理技术、低温余热循环回收利用技术等，实现颗粒物、二氧化硫、氮氧化物减排；通过低品位原料、固体废弃物资源化利用技术与环保设备的改造升级，实现与相关产业协同碳减排的目的。

三、工作目标

到 2025 年，建筑、卫生陶瓷行业能效标杆水平以上的产能比例均达到 30%，能效基准水平以下产能基本清零，行业节能降碳效果显著，绿色低碳发展能力大幅增强。

附件 14

钢铁行业节能降碳改造升级实施指南

一、基本情况

钢铁工业是我国国民经济发展不可替代的基础原材料产业，是建设现代化强国不可或缺的重要支撑。我国钢铁工业以高炉—转炉长流程生产为主，一次能源消耗结构主要为煤炭，节能降碳改造升级潜力较大。

根据《高耗能行业重点领域能效标杆水平和基准水平（2021 年版）》的规定，高炉工序能效标杆水平为 361 千克标准煤 / 吨、基准水平为 435 千克标准煤 / 吨；转炉工序能效标杆水平为 −30 千克标准煤 / 吨、基准水平为 −10 千克标准煤 / 吨；电弧炉冶炼（30 吨 < 公称容量 <50 吨）能效标杆水平为 67 千克标准煤 / 吨、基准水平为 86 千克标准煤 / 吨，电弧炉冶炼（公称容量≥ 50 吨）能效标杆水平为 61 千克标准煤 / 吨、基准水平为 72 千克标准煤 / 吨。截至 2020 年底，我国钢铁行业高炉工序能效优于标杆水平的产能约占 4%，能效低于基准水平的产能约占 30%；转炉工序能效优于标杆水平的产能约占 6%，能效低于基准水平的产能约占 30%。

二、工作方向

（一）加强先进技术攻关，培育标杆示范企业

重点围绕副产焦炉煤气或天然气直接还原炼铁、高炉大富氧或富氢冶炼、熔融还原、氢冶炼等低碳前沿技术，加大废钢资源回收利用，加强技术源头整体性的基础理论研究和产业创新发展，开展产业化试点示范。

（二）加快成熟工艺普及推广，有序推动改造升级

1. 绿色技术工艺。推广烧结烟气内循环、高炉炉顶均压煤气回收、转炉烟一次烟气干法除尘等技术改造。推广铁水一罐到底、薄带铸轧、铸坯热装热送、在线热处理等技术，打通、突破钢铁生产流程工序界面技术，推进冶金工艺紧凑化、连续化。加大熔剂性球团生产、高炉大比例球团矿冶炼等应用推广力度。开展绿色化、智能化、高效化电炉短流程炼钢示范，推广废钢高效回收加工、废钢余热回收、节能型电炉、智能化炼钢等技术。推动能效低、清洁生产水平低、污染物排放强度大的步进式烧结机、球团竖炉等装备逐步改造升级为先进工艺装备，研究推动独立烧结（球团）和独立热轧等逐步退出。

2. 余热余能梯级综合利用。进一步加大余热余能的回收利用，重点推动各类低温烟气、冲渣水和循环冷却水等低品位余热回收，推广电炉烟气余热、高参数发电机组提升、低温余热有机朗肯循环（ORC）发电、低温余热多联供等先进技术，通过梯级综合利用实现余热余能资源最大限度回收利用。加大技术创新，鼓励支持电炉、转炉等复杂条件下中高温烟气余热、冶金渣余热高效回收及综合利用工艺技术装备研发应用。

3. 能量系统优化。研究应用加热炉、烘烤钢包、钢水钢坯厂内运输等数字化、智能化管控措施，推动钢铁生产过程的大物质流、大能量流协同优化。全面普及应用能源管控中心，强化能源设备的管理，加强能源计量器具配备和使用，推动企业能源管理数字化、智能化改造。推进各类能源介质系统优化、多流耦合微型分布式能源系统、区域能源利用自平衡等技术研究应用。

4. 能效管理智能化。进一步推进 5G、大数据、人工智能、云计算、互联网等新一代信息技术在能源管理的创新应用，鼓励研究开发能效机理和数据驱动模型，建立设备、系统、工厂三层级能效诊断系统，通过动态可视精细管控实现核心用能设备的智能化管控、生产工艺智能耦合节能降碳、全局层面智能调度优化及管控、能源与环保协同管控，推动能源管理数字化、网络化、智能化发展，提升整体能效水平。

5. 通用公辅设施改造。推广应用高效节能电机、水泵、风机产品，提高使用比例。合理配置电机功率，实现系统节电。提升企业机械化自动化水平。开展压缩空气集中群控智慧节能、液压系统伺服控制节能、势能回收等先进技术研究应用。鼓励企业充分利用大面积优质屋顶资源，以自建或租赁方式投资建设分布式光伏发电项目，提升企业绿电使用比例。

6. 循环经济低碳改造。重点推广钢渣微粉生产应用以及含铁含锌尘泥的综合利用，提升资源化利用水平。鼓励开展钢渣微粉、钢铁渣复合粉技术研发与应用，提高水泥熟料替代率，加大钢渣颗粒透水型高强度沥青路面技术、钢渣固碳技术研发与应用力度，提高钢渣循环经济价值。推动钢化联产，依托钢铁企业副产煤气富含的大量氢气和一氧化碳资源，

生产高附加值化工产品。开展工业炉窑烟气回收及利用二氧化碳技术的示范性应用，推动产业化应用。

三、工作目标

到 2025 年，钢铁行业炼铁、炼钢工序能效标杆水平以上产能比例达到 30%，能效基准水平以下产能基本清零，行业节能降碳效果显著，绿色低碳发展能力大幅提高。

附件 15

焦化行业节能降碳改造升级实施指南

一、基本情况

焦化行业在我国经济建设中不可或缺，其产品焦炭是长流程高炉炼铁必不可少的燃料和还原剂。焦化工序是能源转化工序，消耗的能源主要有洗净煤、高炉煤气、焦炉煤气等。焦化行业面临着能耗高、污染大等问题，节能降碳改造升级潜力较大。

根据《高耗能行业重点领域能效标杆水平和基准水平（2021 年版）》的规定，顶装焦炉工序能效标杆水平为 110 千克标准煤 / 吨、基准水平为 135 千克标准煤 / 吨；捣固焦炉工序能效标杆水平为 110 千克标准煤 / 吨、基准水平为 140 千克标准煤 / 吨。截至 2020 年底，焦化行业能效优于标杆水平的产能约占 2%，能效低于基准水平的产能约占 40%。

二、工作方向

（一）加强先进技术攻关，培育标杆示范企业

发挥焦炉煤气富氢特性，有序推进氢能发展利用，研究开展焦炉煤气重整直接还原炼铁工程示范应用，实现与现代煤化工、冶金、石化等行业的深度产业融合，减少终端排放，促进全产业链节能降碳。

（二）加快成熟工艺普及推广，有序推动改造升级

1. 绿色技术工艺。重点推动高效蒸馏、热泵等先进节能工艺技术应用。加快推进焦炉精准加热自动控制技术普及应用，实现焦炉加热燃烧过程温度优化控制，降低加热用煤气消耗。加大煤调湿技术研究应用力度，降低对生产工艺影响。

2. 余热余能回收。进一步加大余热余能的回收利用，推广应用干熄焦、上升管余热回收、循环氨水及初冷器余热回收、烟道气余热回收等先进适用技术，研究焦化系统多余热耦合优化。

3. 能量系统优化。研究开发焦化工艺流程信息化、智能化技术，建立智能配煤系统，完善能源管控体系，建设能源管控中心，加大自动化、信息化、智能化管控技术在生产组

织、能源管理、经营管理中的应用。

4. 循环经济改造。推广焦炉煤气脱硫废液提盐、制酸等高效资源化利用技术，解决废弃物污染问题。利用现有炼焦装备和产能，研究加强焦炉煤气高效综合利用，延伸焦炉煤气利用产业链条，开拓焦炉煤气应用新领域。

5. 公辅设施改造。提高节能型水泵、永磁电机、永磁调速、开关磁阻电机等高效节能产品使用比例，合理配置电机功率，系统节约电能。鼓励利用焦化行业的低品质热源用于周边城镇供暖。

三、工作目标

到 2025 年，焦化行业能效标杆水平以上产能比例超过 30%，能效基准水平以下产能基本清零，行业节能降碳效果显著，绿色低碳发展能力大幅提高。

附件 16

铁合金行业节能降碳改造升级实施指南

一、基本情况

铁合金行业是我国冶金工业的重要组成部分。铁合金消耗的主要能源为电力、焦炭，铁合金行业总体能耗量较大、企业间能效水平差距较大，行业节能降碳改造升级潜力较大。

根据《高耗能行业重点领域能效标杆水平和基准水平（2021 年版）》的规定，硅铁铁合金单位产品能效标杆水平为 1770 千克标准煤 / 吨、基准水平为 1900 千克标准煤 / 吨；锰硅铁合金单位产品能效标杆水平为 860 千克标准煤 / 吨、基准水平为 950 千克标准煤 / 吨；高碳铬铁铁合金单位产品能效标杆水平为 710 千克标准煤 / 吨、基准水平为 800 千克标准煤 / 吨。截至 2020 年底，我国铁合金行业能效优于标杆水平的产能约占 4%，能效低于基准水平的产能约占 30%。

二、工作方向

（一）加强先进技术攻关，培育标杆示范企业

加大新技术的推广应用，鼓励采用炉料预处理、原料精料入炉，提高炉料热熔性能，减少熔渣能源消耗。推广煤气干法除尘、组合式把持器、无功补偿及电压优化、变频调速等先进适用技术。研究开发熔融还原、等离子炉冶炼、连铸连破等新技术，提升生产效率、降低能耗。

（二）加快成熟工艺普及推广，有序推动改造升级

1. 工艺技术装备升级。加快推进工艺技术装备升级，新（改、扩）建硅铁、工业硅矿

热炉须采用矮烟罩半封闭型，锰硅合金、高碳锰铁、高碳铬铁、镍铁矿热炉采用全封闭型，容量≥ 25000 千伏安，同步配套余热发电和煤气综合利用设施。支持产能集中的地区制定更严格的淘汰落后标准，研究对 25000 千伏安以下的普通铁合金电炉以及不符合安全环保生产标准的半封闭电炉实施升级改造，提高技术装备水平。加强能源管理中心建设，实施电力负荷管理，加大技术改造，推进电炉封闭化、自动化、智能化，提升生产、能源智能管控一体化水平。

2. 节能减排新技术。以节能降耗、综合利用为重点，重点推广应用回转窑窑尾烟气余热发电等技术，推进液态热熔渣直接制备矿渣棉示范应用，实现废渣的余热回收和综合利用。逐步推广冶金工业尾气制燃料乙醇、饲料蛋白技术，实现二氧化碳捕捉利用。开展炉渣、硅微粉生产高附加值产品的综合利用新技术研发。

三、工作目标

到 2025 年，铁合金行业能效标杆水平以上产能比例达到 30%，硅铁、锰硅合金能效基准水平以下产能基本清零，高碳铬铁节能降碳升级改造取得显著成效，行业节能降碳效果显著，绿色低碳发展能力大幅提高。

附件 17

有色金属冶炼行业节能降碳改造升级实施指南

一、基本情况

有色金属工业是国民经济的重要基础产业，是实现制造强国的重要支撑。随着节能降碳技术的推广应用，有色金属行业清洁生产水平和能源利用效率不断提升，但仍然存在不少突出问题。如企业间单位产品综合能耗差距较大、能源管控水平参差不齐、通用设备能效水平差距明显，行业节能降碳改造升级潜力较大。

根据《高耗能行业重点领域能效标杆水平和基准水平（2021 年版）》的规定，铜冶炼工艺（铜精矿—阴极铜）能效标杆水平为 260 千克标准煤 / 吨，基准水平为 380 千克标准煤 / 吨。电解铝铝液交流电耗标杆水平为 13000 千瓦时 / 吨，基准水平为 13350 千瓦时 / 吨。铅冶炼粗铅工艺能效标杆水平为 230 千克标准煤 / 吨，基准水平为 300 千克标准煤 / 吨。锌冶炼湿法炼锌工艺电锌锌锭（有浸出渣火法处理工艺）（精矿—电锌锌锭）能效标杆水平为 1100 千克标准煤 / 吨，基准水平为 1280 千克标准煤 / 吨。截至 2020 年底，铜冶炼行业能效优于标杆水平产能约占 40%，能效低于基准水平的产能约占 10%。电解铝能效优于标杆水平产能约占 10%，能效低于基准水平的产能约占 20%。铅冶炼行业能效优于标杆水平产能约占 40%，能效低于基准水平的产能约占 10%。锌冶炼行业能效优于标杆水平产能约占 30%，能效低于基准水平的产能约占 15%。

二、工作方向

（一）加强先进技术开发，培育标杆示范企业

针对铜、铝、铅、锌等重点品种的关键领域和环节，开展高质量阳极技术、电解槽综合能源优化、数字化智能电解槽、铜冶炼多金属回收及能源高效利用、铅冶炼能源系统优化、锌湿法冶金多金属回收、浸出渣资源化利用新技术等一批共性关键技术的研发应用。探索一批铝电解惰性阳极、新型火法炼锌技术等低碳零碳颠覆性技术，建设一批示范性工程，培育打造一批行业认同、模式先进、技术领先、带动力强的标杆企业，引领行业绿色低碳发展。

（二）稳妥推进改造升级，提升行业能效水平

1. 推广应用先进适用技术。电解铝领域重点推动电解铝新型稳流保温铝电解槽节能改造、铝电解槽大型化、电解槽结构优化与智能控制、铝电解槽能量流优化及余热回收等节能低碳技术改造，鼓励电解铝企业提升清洁能源消纳能力。铜、铅、锌冶炼领域重点推动短流程冶炼、旋浮炼铜、铜阳极纯氧燃烧、液态高铅渣直接还原、高效湿法锌冶炼技术、锌精矿大型化焙烧技术、赤铁矿法除铁炼锌工艺、多孔介质燃烧技术、侧吹还原熔炼粉煤浸没喷吹技术等节能低碳技术改造。建设一批企业能源系统优化控制中心，实现能源合理调度、梯级利用，减少能源浪费；淘汰能耗高的风机、水泵、电机等用能设备，推进通用设备升级换代。

2. 合理压减终端排放。结合电解铝和铜铅锌冶炼工艺特点、实施节能降碳和污染物治理协同控制。围绕赤泥、尾矿，以及铝灰、大修渣、白烟尘、砷滤饼、酸泥等固体废物，积极开展无害化处置利用技术开发和推广。推动实施铝灰资源化、赤泥制备陶粒、锌浸出渣无害化处置、赤泥生产复合材料、赤泥高性能掺合料、电解铝大修渣资源化及无害化处置等先进适用技术改造，提高固废处置利用规模和能力。

3. 创新工艺流程再造。加快推进跨行业的工艺、技术和流程协同发展，形成更多创新低碳制造工艺和流程再造，实现绿色低碳发展。鼓励有色、钢铁和建材等企业间区域流程优化整合，实现流程再造，推进跨行业相融发展，形成跨行业协调降碳新模式。

（三）严格政策约束，淘汰落后低效产能

严格执行节能、环保、质量、安全技术等相关法律法规和《产业结构调整指导目录》等政策，坚决淘汰落后生产工艺、技术、设备。

三、工作目标

到 2025 年，通过实施节能降碳技术改造，铜、铝、铅、锌等重点产品能效水平进一步提升。电解铝能效标杆水平以上产能比例达到 30%，铜、铅、锌冶炼能效标杆水平以上产能比例达到 50%，4 个行业能效基准水平以下产能基本清零，各行业节能降碳效果显著，绿色低碳发展能力大幅提高。

关于引导加大金融支持力度 促进风电和光伏发电等行业健康有序发展的通知

（发改运行〔2021〕266号）

各省、自治区、直辖市、新疆生产建设兵团发展改革委、财政厅（局），人民银行上海总部、各分行、营业管理部、各省会（首府）城市中心支行、副省级城市中心支行，各银保监局，能源局：

近年来，各地和有关企业坚持以习近平新时代中国特色社会主义思想为指导，全面贯彻党的十九大和十九届二中、三中、四中、五中全会精神，认真落实“四个革命、一个合作”能源安全新战略，推动我国风电、光伏发电等行业快速发展。与此同时，部分可再生能源企业受多方面因素影响，现金流紧张，生产经营出现困难。为加大金融支持力度，促进风电和光伏发电等行业健康有序发展，现就有关事项通知如下：

一、充分认识风电和光伏发电等行业健康有序发展的重要意义

大力发展可再生能源是推动绿色低碳发展、加快生态文明建设的重要支撑，是应对气候变化、履行我国国际承诺的重要举措，我国实现2030年前碳排放达峰和努力争取2060年前碳中和的目标任务艰巨，需要进一步加快发展风电、光伏发电、生物质发电等可再生能源。采取措施缓解可再生能源企业困难，促进可再生能源良性发展，是实现应对气候变化目标，更好履行我国对外庄重承诺的必要举措。各地政府主管部门、有关金融机构要充分认识发展可再生能源的重要意义，合力帮助企业渡过难关，支持风电、光伏发电、生物质发电等行业健康有序发展。

二、金融机构按照商业化原则与可再生能源企业协商展期或续贷

对短期偿付压力较大但未来有发展前景的可再生能源企业，金融机构可以按照风险可控原则，在银企双方自主协商的基础上，根据项目实际和预期现金流，予以贷款展期、续贷或调整还款进度、期限等安排。

三、金融机构按照市场化、法治化原则自主发放补贴确权贷款

已纳入补贴清单的可再生能源项目所在企业，对已确权应收未收的财政补贴资金，可

申请补贴确权贷款。金融机构以审核公布的补贴清单和企业应收未收补贴证明材料等为增信手段，按照市场化、法治化原则，以企业已确权应收未收的财政补贴资金为上限自主确定贷款金额。申请贷款时，企业需提供确权证明等材料作为凭证和抵押依据。

四、对补贴确权贷款给予合理支持

各类银行金融机构均可在依法合规前提下向具备条件的可再生能源企业在规定的额度内发放补贴确权贷款，鼓励可再生能源企业优先与既有开户银行沟通合作。相关可再生能源企业结合自身情况和资金压力自行确定是否申请补贴确权贷款，相关银行根据与可再生能源企业沟通情况和风险评估等自行确定是否发放补贴确权贷款。贷款金额、贷款年限、贷款利率等均由双方自主协商。

五、补贴资金在贷款行定点开户管理

充分考虑银行贷款的安全性，降低银行运行风险，建立封闭还贷制度，即企业当年实际获得的补贴资金直接由电网企业拨付给企业还贷专用账户，不经过企业周转。可再生能源企业与银行达成合作意向的，企业需在银行开设补贴确权贷款专户，作为补贴资金封闭还贷的专用账户。

六、通过核发绿色电力证书方式适当弥补企业分担的利息成本

补贴确权贷款的利息由贷款的可再生能源企业自行承担，利率及利息偿还方式由企业和银行自行协商。为缓解企业承担的利息成本压力，国家相关部门研究以企业备案的贷款合同等材料为依据，以已确权应收未收财政补贴、贷款金额、贷款利率等信息为参考，向企业核发相应规模的绿色电力证书，允许企业通过指标交易市场进行买卖。在指标交易市场的收益大于利息支出的部分，作为企业的合理收益留存企业。

七、足额征收可再生能源电价附加

为保证可再生能源补贴资金来源，各相关电力用户需严格按照国家规定承担并足额缴纳依法合规设立的可再生能源电价附加，各级地方政府不得随意减免或选择性征收。各燃煤自备电厂应认真配合相关部门开展可再生能源电价附加拖欠情况核查工作，并限期补缴拖欠的金额。

八、优先发放补贴和进一步加大信贷支持力度

企业结合实际情况自愿选择是否主动转为平价项目，对于自愿转为平价项目的，可优先拨付资金，贷款额度和贷款利率可自主协商确定。

九、试点先行

基础条件好、积极性高的地方，以及资金需求特别迫切的企业可先行开展试点，积极落实国家政策，并在国家确定的总体工作方案基础上探索解决可再生能源补贴问题的有效做法。鼓励开展试点的地方和企业结合自身实际进一步开拓创新，研究新思路和新方法，使政府、银行、企业等有关方面更好地形成合力，提高工作积极性。对于试点地方和企业的好经验好做法，国家将积极向全国推广。

十、增强责任感，防范化解风险

各银行和有关金融机构要充分认识可再生能源行业对我国生态文明建设和履行国际承诺的重要意义，树立大局意识，增强责任感，帮助企业有效化解生产经营和金融安全风险，促进可再生能源行业健康有序发展。

国家发展改革委　财政部　中国人民银行　银保监会　国家能源局

2021 年 2 月 24 日

国家发展改革委　国家能源局关于开展全国煤电机组改造升级的通知

（发改运行〔2021〕1519号）

各省、自治区、直辖市发展改革委、经信委（工信委、工信厅）、能源局，北京市城市管理委员会，国家能源局各派出能源监管机构，国家电网有限公司、中国南方电网有限责任公司，中国华能集团有限公司、中国大唐集团有限公司、中国华电集团有限公司、国家电力投资集团有限公司、国家能源投资集团有限责任公司、国家开发投资集团有限公司、华润集团有限公司：

为认真贯彻落实《中共中央 国务院关于完整准确全面贯彻新发展理念做好碳达峰碳中和工作的意见》精神，推动能源行业结构优化升级，进一步提升煤电机组清洁高效灵活性水平，促进电力行业清洁低碳转型，助力全国碳达峰、碳中和目标如期实现，国家发展改革委、国家能源局会同有关方面制定了《全国煤电机组改造升级实施方案》（以下简称《实施方案》），现印发你们，请遵照执行。现将有关落实事项通知如下：

一、高度重视

我国力争实现2030年前碳达峰和努力争取2060年前碳中和的目标，对优化能源结构和煤炭清洁高效利用提出了更高要求。煤电机组改造升级是提高电煤利用效率、减少电煤消耗、促进清洁能源消纳的重要手段，对推动碳达峰碳中和目标如期实现具有重要意义。各地、各企业要高度重视，将煤电机组改造升级作为一项重要工作抓好抓实抓细，切实提高煤电机组运行水平。

二、扎实推进

各地政府主管部门要会同有关方面，完整、准确、全面贯彻新发展理念，按照《实施方案》要求，科学确定本地煤电机组改造升级目标和实施路径，研究制定本省（区、市）煤电机组改造升级实施方案，于2021年11月底前报送国家发展改革委、国家能源局，经国家发展改革委、国家能源局组织第三方综合评估论证后，于年底前形成操作性实施方案。

三、加强统筹

各地在推进煤电机组改造升级工作过程中，需统筹考虑煤电节能降耗改造、供热改造和灵活性改造制造，实现“三改”联动。同时，要合理安排机组改造时序，保证本地电力安全可靠供应。

四、完善政策

各地要结合本地实际，在财政、金融、价格等方面健全完善相关政策，对煤电机组改造升级工作予以支持，提高企业改造积极性，保证改造工作平稳推进。

五、明确分工

各地要明确牵头部门，与相关部门明确责任分工形成合力，共同推进煤电机组改造升级工作。中央发电企业要与各地政府主管部门做好充分沟通，保证集团煤电机组改造升级工作与地方有效衔接。电网企业要合理安排煤电机组检修方案，保证各地煤电机组改造过程中电网安全平稳运行。

附件：全国煤电机组改造升级实施方案

国家发展改革委　国家能源局

2021 年 10 月 29 日

附件

全国煤电机组改造升级实施方案

为贯彻落实《中共中央 国务院关于完整准确全面贯彻新发展理念　做好碳达峰碳中和工作的意见》精神，进一步降低煤电机组能耗，提升灵活性和调节能力，提高清洁高效水平，促进电力行业清洁低碳转型，助力全国碳达峰、碳中和目标如期实现，制定全国煤电机组改造升级实施方案如下。

一、充分认识煤电机组改造升级的重要意义

电力行业是煤炭消耗的主要行业之一，是国家节能减排工作重点管控行业。“十一五”“十二五”“十三五”期间，电力行业按照国家的要求和部署，深入实施煤电节能减排升级改造，火电供电煤耗持续下降。2020 年全国 6000 千瓦及以上火电厂供电煤耗为 305.5 克标准煤 / 千瓦时，比 2015 年下降 9.9 克 / 千瓦时，比 2010 年下降 27.5 克 / 千瓦时，比 2005 年下降 64.5 克 / 千瓦时。以 2005 年为基准年，2006—2020 年，供电煤耗降低累计减少电力二氧化碳排放 66.7 亿吨，对电力二氧化碳减排贡献率为 36%，有效减缓了电力二氧化碳排放总量的增长。与此同时也要看到，目前我国发电和供热行业二氧化碳排放量占全国排放量的比重超过 40%，是全国二氧化碳排放的重点行业。因此，进一步

推进煤电机组节能降耗是提高能源利用效率的有效手段，对实现电力行业碳排放达峰，乃至全国碳达峰、碳中和目标具有重要意义。

二、总体要求

（一）指导思想

以习近平新时代中国特色社会主义思想为指导，全面贯彻党的十九大和十九届二中、三中、四中、五中全会精神，深入贯彻习近平生态文明思想，完整、准确、全面贯彻新发展理念，处理好发展和减排、整体和局部、短期和中长期的关系，推行更严格能效环保标准，推动煤电行业实施节能降耗改造、供热改造和灵活性改造制造“三改联动”，严控煤电项目，持续优化能源电力结构和布局，深入推进煤电清洁、高效、灵活、低碳、智能化高质量发展，努力实现我国煤电行业碳达峰目标。

（二）基本原则

坚持底线思维，确保电力安全。坚守能源电力安全稳定供应底线，统筹好发展和安全、增量和存量的关系，准确把握并科学发挥煤电的兜底保障作用和灵活调节能力，为加快构建以新能源为主体的新型电力系统作出积极贡献。

坚持统筹联动，实现降耗减碳。统筹推进节能改造、供热改造和灵活性改造，鼓励企业采取先进技术，持续降低碳排放、污染物排放和能耗水平，提供综合服务，实现角色转变，不断提升清洁低碳、高效灵活发展能力。

坚持政策引导，合理把握节奏。进一步完善鼓励企业改造的产业政策、市场机制和配套措施，合理保障煤电企业存续发展条件。坚持分类施策、分企施策、一厂一策、一机一策，指导企业科学编制改造方案，并结合电力供需情况合理把握节奏、稳妥有序实施。

坚持市场导向，经济技术可行。优先推广使用成熟适用技术进行煤电节能减排改造，进一步加强新装备、新技术研发和试验示范工作，推动行业整体节能降耗。充分尊重企业市场主体地位，制定切实可行的改造目标和任务，统筹兼顾安全、技术和经济目标。

（三）主要目标

全面梳理煤电机组供电煤耗水平，结合不同煤耗水平煤电机组实际情况，探索多种技术改造方式，分类提出改造实施方案。统筹考虑大型风电光伏基地项目外送和就近消纳调峰需要，以区域电网为基本单元，在相关地区妥善安排配套煤电调峰电源改造升级，提升煤电机组运行水平和调峰能力。按特定要求新建的煤电机组，除特定需求外，原则上采用超超临界且供电煤耗低于 270 克标准煤 / 千瓦时的机组。设计工况下供电煤耗高于 285 克标准煤 / 千瓦时的湿冷煤电机组和高于 300 克标准煤 / 千瓦时的空冷煤电机组不允许新建。到 2025 年，全国火电平均供电煤耗降至 300 克标准煤 / 千瓦时以下。

节煤降耗改造。对供电煤耗在 300 克标准煤 / 千瓦时以上的煤电机组，应加快创造条件实施节能改造，对无法改造的机组逐步淘汰关停，并视情况将具备条件的转为应急备用电源。“十四五”期间改造规模不低于 3.5 亿千瓦。

供热改造。鼓励现有燃煤发电机组替代供热，积极关停采暖和工业供汽小锅炉，对具备供热条件的纯凝机组开展供热改造，在落实热负荷需求的前提下，“十四五”期间改造规模力争达到5000万千瓦。

灵活性改造制造。存量煤电机组灵活性改造应改尽改，“十四五”期间完成2亿千瓦，增加系统调节能力3000万—4000万千瓦，促进清洁能源消纳。“十四五”期间，实现煤电机组灵活制造规模1.5亿千瓦。

三、推动煤电机组节能提效升级和清洁化利用

（一）开展汽轮机通流改造

进一步提升煤电机组能效水平，重点针对服役时间较长、通流效率低、热耗高的60万千瓦及以下等级亚临界、超临界机组，推广采用汽轮机通流部分改造技术，因厂制宜开展综合性、系统性节能改造，改造后供电煤耗力争达到同类型机组先进水平。

（二）开展锅炉和汽轮机冷端余热深度利用改造

大力推广煤电机组冷端优化和烟气余热深度利用技术。鼓励采取成熟适用的改造措施，提高机组运行真空，提升节能提效水平。鼓励现役机组应用烟气余热深度利用技术。

（三）开展煤电机组能量梯级利用改造

鼓励有条件的机组结合实际情况对锅炉尾部烟气余热利用系统与锅炉本体烟风系统、汽机热力系统等进行综合集成优化。

（四）探索高温亚临界综合升级改造

探索创新煤电机组节能改造技术，及时总结高温亚临界综合升级改造示范项目先进经验，适时向全国推广应用。梳理排查具备改造条件的亚临界煤电机组，统筹衔接上下游设备供应能力和电力电量供需平衡，科学制定改造实施方案，有序推进高温亚临界综合升级改造。

（五）推动煤电机组清洁化利用

新建燃煤发电机组应同步建设先进高效的脱硫、脱硝和除尘设施，确保满足最低技术出力以上全负荷范围达到超低排放要求。支持有条件的发电企业同步开展大气污染物协同脱除，减少三氧化硫、汞、砷等污染物排放。对于环保约束条件较严格的区域，鼓励新建机组实现适度优于超低排放限值的水平。

四、开展煤电机组供热改造

（一）全力拓展集中式供热需求

着力整合供热资源，支持配套热网工程建设和老旧管网改造工程，加快推进供热区域

热网互联互通，尽早实现各类热源联网运行，充分发挥热电联产机组供热能力。鼓励热电联产机组在技术经济合理的前提下，适当发展长输供热项目，吸引工业热负荷企业向存量煤电企业周边发展，扩大供热范围。同步推进小热电机组科学整合，鼓励有条件的地区通过替代建设高效清洁供热热源等方式，逐步淘汰单机容量小、能耗高、污染重的燃煤小热电机组。

（二）推动具备条件的纯凝机组开展热电联产改造

优先对城市或工业园区周边具备改造条件且运行未满 15 年的在役纯凝发电机组实施采暖供热改造。因厂制宜采用打孔抽气、低真空供热、循环水余热利用等成熟适用技术，鼓励具备条件的机组改造为背压热电联产机组，加大力度推广应用工业余热供热、热泵供热等先进供热技术。

（三）优化已投产热电联产机组运行

鼓励对热电联产机组实施技术改造，充分回收利用电厂余热，进一步提高供热能力，满足新增热负荷需求。继续实施煤电机组灵活性制造和灵活性改造，综合考虑技术可行性、经济性和运行安全性，现役机组灵活性改造后，最小发电出力达到 30% 左右额定负荷。

五、加快实施煤电机组灵活性制造灵活性改造

（一）新建机组全部实现灵活性制造

新建煤电机组纯凝工况调峰能力的一般化要求为最小发电出力达到 35% 额定负荷，采暖热电机组在供热期运行时要通过热电解耦力争实现单日 6h 最小发电出力达到 40% 额定负荷的调峰能力，其他类型机组应采取措施尽量降低最小发电出力。鼓励通过技术创新示范，探索进一步降低机组最小发电出力的可靠措施。

（二）现役机组灵活性改造应改尽改

纯凝工况调峰能力的一般要求为最小发电出力达到 35% 额定负荷，采暖热电机组在供热期运行时要通过热电解耦力争实现单日 6h 最小发电出力达到 40% 额定负荷的调峰能力。

六、淘汰关停低参数小火电

（一）加快淘汰煤电落后产能

落实《国家发展改革委国家能源局关于深入推进供给侧结构性改革进一步淘汰煤电落后产能促进煤电行业优化升级的意见》（发改能源〔2019〕431 号）等相关文件要求，加大淘汰煤电落后产能工作力度，倒逼煤电产业结构优化调整。淘汰关停的煤电机组“关而不拆”，原则上全部创造条件转为应急备用和调峰电源，确有必要进行拆除的，需报国家

发展改革委和国家能源局同意。淘汰关停的煤电机组，可用于容量替代新建清洁高效煤电机组。

（二）合理安排关停机组纳入应急备用

符合能效、环保、安全等政策和标准要求的机组，在无需原址重建、“退城进郊”异地建设等情况下，可“关而不拆”，作为应急备用电源发挥作用。科学认定和退出应急备用机组，严格应急备用电源运行调度管理，常态下停机备用，应急状态下启动，顶峰运行后停机，在发挥保供作用的同时为降低整体能耗和排放作出贡献。“十四五”期间，形成并保持1500万千瓦的应急备用能力。

七、规范燃煤自备电厂运行

（一）全面清理违法违规燃煤自备电厂

对违规核准、未核先建、批建不符、擅自变更或超出自备机组配套项目转供电等违法违规问题进行严肃查处。禁止以各种名义将公用电厂转为燃煤自备电厂。健全机制，引导自备电厂与清洁能源开展替代发电。

（二）加大自备煤电机组节能减排力度

加强监管，确保自备电厂严格执行公用燃煤电厂的最新大气污染物排放标准和总量控制要求，污染物排放不符合环保要求的要限产或停产改造。严格按照国家能耗、环保政策和相关标准梳理不达标机组，对于符合淘汰条件的自备机组应限时实施淘汰关停，并做好电源热源衔接，排放和能耗水平偏高的自备机组要加快实施超低排放和节能改造。

八、优化煤电机组运行管理

（一）提升大容量高参数机组负荷利用率

提高电网调度的灵活性和智能化水平，优化机组运行和开机方式，合理利用系统内各类调峰资源，充分发挥60万千瓦及以上大容量高参数机组承担基本负荷时的清洁高效优势。充分发挥负荷侧调节能力，发展各类灵活性用电负荷，通过完善市场机制和价格机制引导用户错峰用电，实现快速灵活的需求侧响应。通过优化整合本地电源侧、电网侧、负荷侧资源，依托“云大物移智”等技术，进一步加强源网荷储多项互动和高度融合。

（二）提升煤电企业管理水平

各发电企业应采用专业化运营模式，提高煤电项目的专业化运行管理水平，确保项目安全高效运行。加强燃煤发电机组综合诊断，积极开展运行优化试验，科学制定优化运行方案，合理确定运行方式和参数，使机组在各种负荷范围内保持最佳运行状态。扎实做好燃煤发电机组设备运行维护，提高机组安全健康水平和设备可用率。鼓励有条件的发电企业积极探索节能降耗路径，提高机组的生产效率和经济效益，进一步提升电厂清洁高效发展水平。

（三）提升电煤煤质

通过优先释放煤矿项目优质产能、保障煤炭跨区运输铁路运力等措施，提高电煤产运需保障水平。同等条件下，优先保障能效水平先进的燃煤发电机组的燃料供应。充分发挥市场作用，平抑电煤价格大幅波动，确保电厂燃用设计煤种，最大限度避免因燃料品质波动造成的机组实际运行能耗增加。

九、严格新增煤电机组节能降耗标准

（一）严格能效准入门槛

加强对新增煤电项目设计煤耗水平的管控，鼓励煤电项目的前期论证、设备选择、工艺设计等各个环节提高标准，设计工况下供电煤耗高于285克标准煤/千瓦时的湿冷煤电机组和高于300克标准煤/千瓦时的空冷煤电机组不允许建设投产。

（二）提高机组参数水平

新建非热电联产燃煤发电项目原则上采用60万千瓦及以上超超临界机组。机组设计供电煤耗结合出力系数、深度调峰、煤质等因素进行修正后，应不高于《常规燃煤发电机组单位产品能源消耗限额》（GB21258）、《热电联产单位产品能源消耗限额》（GB35574）中新（改、扩）建机组能耗准入值，并根据国家标准的最新要求实时调整。

十、加大对节能降耗改造机组政策支持

（一）加强煤电技术攻关

实行“揭榜挂帅”制度，结合行业技术成熟度和应用需求，进一步加大对煤电节能减排重大关键技术和设备研发支持力度，提升技术装备自主化水平。稳步推进650℃等级超超临界燃煤发电技术、低成本超低排放循环流化床锅炉发电技术、智能电厂技术、燃煤电厂大规模二氧化碳捕集利用与封存技术、整体煤气化燃料电池发电集成优化技术、综合能源基地一体化集成技术，以及亚临界机组升级改造等节能减排突出技术的集中攻关和试点示范，条件成熟的适时推广应用。建立发电企业、电网企业、设备制造企业、设计单位和研究机构多方参与的技术创新应用体系，推动产学研联合，鼓励各发电企业充分发挥主观能动性积极提高节能减排水平，加强低碳发展意识和能力建设，积极推进煤电节能减排和绿色低碳转型先进技术集成应用示范项目建设和科研创新成果产业化。积极开展先进技术经验交流，实现技术共享。

（二）加大财政、金融等方面支持力度

统筹运用相关资金，对煤电节能减排综合升级改造重大技术研发和示范项目建设适当给予资金支持。鼓励各地因地制宜制定背压式热电机组支持政策以及燃煤耦合生物质发电项目电量奖补政策等。鼓励社会资本等各类投资主体以多种投融资模式进入煤电节能减排综合升级改造领域。引导金融机构加大对煤电节能减排综合升级改造项目给予优惠信贷等投融资支持力度。拓宽煤电节能减排综合升级改造投融资渠道，为煤电节能减排综合升级改造提供资金支持。支持符合条件的企业发行企业债券，募集资金用于煤电节能减排综合升级改造等领域。鼓励发电企业与有关技术服务机构合作，通过合同能源管理等第三方投资模式推进煤电节能减排综合升级改造。

（三）健全市场化交易机制

在交易组织、合同签订、合同分解执行等环节中，充分考虑煤电机组煤耗水平，引导节能减排指标好的煤电机组多签市场化合同。加强优化运行调度，建立机组发电量与能耗水平挂钩机制，促进供电煤耗低的煤电机组多发电。加快健全完善辅助服务市场机制，使参与灵活性改造制造的调峰机组获得相应收益。

国家发展改革委 国家能源局关于推进电力源网荷储一体化和多能互补发展的指导意见

（发改能源规〔2021〕280号）

各省、自治区、直辖市、新疆生产建设兵团发展改革委、能源局，国家能源局各派出机构：

为实现“二氧化碳排放力争于2030年前达到峰值，努力争取2060年前实现碳中和”的目标，着力构建清洁低碳、安全高效的能源体系，提升能源清洁利用水平和电力系统运行效率，贯彻新发展理念，更好地发挥源网荷储一体化和多能互补在保障能源安全中的作用，积极探索其实施路径，现提出以下意见：

一、重要意义

源网荷储一体化和多能互补发展是电力行业坚持系统观念的内在要求，是实现电力系统高质量发展的客观需要，是提升可再生能源开发消纳水平和非化石能源消费比重的必然选择，对于促进我国能源转型和经济社会发展具有重要意义。

（一）有利于提升电力发展质量和效益

强化源网荷储各环节间协调互动，充分挖掘系统灵活性调节能力和需求侧资源，有利于各类资源的协调开发和科学配置，提升系统运行效率和电源开发综合效益，构建多元供能智慧保障体系。

（二）有利于全面推进生态文明建设

优先利用清洁能源资源、充分发挥常规电站调节性能、适度配置储能设施、调动需求侧灵活响应积极性，有利于加快能源转型，促进能源领域与生态环境协调可持续发展。

（三）有利于促进区域协调发展

发挥跨区源网荷储协调互济作用，扩大电力资源配置规模，有利于推进西部大开发形成新格局，改善东部地区环境质量，提升可再生能源电量消费比重。

二、总体要求

（一）指导思想

以习近平新时代中国特色社会主义思想为指导，全面贯彻党的十九大和十九届二中、三中、四中、五中全会精神，落实“四个革命、一个合作”能源安全新战略，将源网荷储一体化和多能互补作为电力工业高质量发展的重要举措，积极构建清洁低碳安全高效的新型电力系统，促进能源行业转型升级。

（二）基本原则

绿色优先，协调互济。遵循电力系统发展客观规律，坚守安全底线，充分发挥源网荷储协调互济能力，优先可再生能源开发利用，结合需求侧负荷特性、电源结构和电网调节能力，因地制宜确定电源合理规模与配比，促进能源转型和绿色发展。

提升存量，优化增量。通过提高存量电源调节能力、输电通道利用水平、电力需求响应能力，重点提升存量电力设备利用效率；在资源条件较好、互补特性较优、需求市场较大的送受端，合理优化增量规模、结构与布局。

市场驱动，政策支持。使市场在资源配置中起决定性作用，更好发挥政府作用，破除市场壁垒，依靠技术进步、效率提高、成本降低，加强引导扶持，建立健全相关政策体系，不断提升产业竞争力。

（三）源网荷储一体化实施路径

通过优化整合本地电源侧、电网侧、负荷侧资源，以先进技术突破和体制机制创新为支撑，探索构建源网荷储高度融合的新型电力系统发展路径，主要包括区域（省）级、市（县）级、园区（居民区）级“源网荷储一体化”等具体模式。

充分发挥负荷侧的调节能力。依托“云大物移智链”等技术，进一步加强源网荷储多向互动，通过虚拟电厂等一体化聚合模式，参与电力中长期、辅助服务、现货等市场交易，为系统提供调节支撑能力。

实现就地就近、灵活坚强发展。增加本地电源支撑，调动负荷响应能力，降低对大电网的调节支撑需求，提高电力设施利用效率。通过坚强局部电网建设，提升重要负荷中心应急保障和风险防御能力。

激发市场活力，引导市场预期。主要通过完善市场化电价机制，调动市场主体积极性，引导电源侧、电网侧、负荷侧和独立储能等主动作为、合理布局、优化运行，实现科学健康发展。

（四）多能互补实施路径

利用存量常规电源，合理配置储能，统筹各类电源规划、设计、建设、运营，优先发展新能源，积极实施存量“风光水火储一体化”提升，稳妥推进增量“风光水（储）一体化”，探索增量“风光储一体化”，严控增量“风光火（储）一体化”。

强化电源侧灵活调节作用。充分发挥流域梯级水电站、具有较强调节性能水电站、火电机组、储能设施的调节能力，减轻送受端系统的调峰压力，力争各类可再生能源综合利用率保持在合理水平。

优化各类电源规模配比。在确保安全的前提下，最大化利用清洁能源，稳步提升输电通道输送可再生能源电量比重。

确保电源基地送电可持续性。统筹优化近期开发外送规模与远期自用需求，在确保中长期近区电力自足的前提下，明确近期可持续外送规模，超前谋划好远期电力接续。

三、推进源网荷储一体化，提升保障能力和利用效率

（一）区域（省）级源网荷储一体化

依托区域（省）级电力辅助服务、中长期和现货市场等体系建设，公平无歧视引入电源侧、负荷侧、独立电储能等市场主体，全面放开市场化交易，通过价格信号引导各类市场主体灵活调节、多向互动，推动建立市场化交易用户参与承担辅助服务的市场交易机制，培育用户负荷管理能力，提高用户侧调峰积极性。依托5G等现代信息通讯及智能化技术，加强全网统一调度，研究建立源网荷储灵活高效互动的电力运行与市场体系，充分发挥区域电网的调节作用，落实电源、电力用户、储能、虚拟电厂参与市场机制。

（二）市（县）级源网荷储一体化

在重点城市开展源网荷储一体化坚强局部电网建设，梳理城市重要负荷，研究局部电网结构加强方案，提出保障电源以及自备应急电源配置方案。结合清洁取暖和清洁能源消纳工作开展市（县）级源网荷储一体化示范，研究热电联产机组、新能源电站、灵活运行电热负荷一体化运营方案。

（三）园区（居民区）级源网荷储一体化

以现代信息通讯、大数据、人工智能、储能等新技术为依托，运用“互联网＋”新模式，调动负荷侧调节响应能力。在城市商业区、综合体、居民区，依托光伏发电、并网型微电网和充电基础设施等，开展分布式发电与电动汽车（用户储能）灵活充放电相结合的园区（居民区）级源网荷储一体化建设。在工业负荷大、新能源条件好的地区，支持分布式电源开发建设和就近接入消纳，结合增量配电网等工作，开展源网荷储一体化绿色供电园区建设。研究源网荷储综合优化配置方案，提高系统平衡能力。

四、推进多能互补，提升可再生能源消纳水平

（一）风光储一体化

对于存量新能源项目，结合新能源特性、受端系统消纳空间，研究论证增加储能设施的必要性和可行性。对于增量风光储一体化，优化配套储能规模，充分发挥配套储能调峰、调频作用，最小化风光储综合发电成本，提升综合竞争力。

（二）风光水（储）一体化

对于存量水电项目，结合送端水电出力特性、新能源特性、受端系统消纳空间，研究论证优先利用水电调节性能消纳近区风光电力、因地制宜增加储能设施的必要性和可行性，

鼓励通过龙头电站建设优化出力特性，实现就近打捆。对于增量风光水（储）一体化，按照国家及地方相关环保政策、生态红线、水资源利用政策要求，严控中小水电建设规模，以大中型水电为基础，统筹汇集送端新能源电力，优化配套储能规模。

（三）风光火（储）一体化

对于存量煤电项目，优先通过灵活性改造提升调节能力，结合送端近区新能源开发条件和出力特性、受端系统消纳空间，努力扩大就近打捆新能源电力规模。对于增量基地化开发外送项目，基于电网输送能力，合理发挥新能源地域互补优势，优先汇集近区新能源电力，优化配套储能规模；在不影响电力（热力）供应前提下，充分利用近区现役及已纳入国家电力发展规划煤电项目，严控新增煤电需求；外送输电通道可再生能源电量比例原则上不低于 50%，优先规划建设比例更高的通道；落实国家及地方相关环保政策、生态红线、水资源利用等政策要求，按规定取得规划环评和规划水资源论证审查意见。对于增量就地开发消纳项目，在充分评估当地资源条件和消纳能力的基础上，优先利用新能源电力。

五、完善政策措施

（一）加强组织领导

以电力系统安全稳定为基础、以市场消纳为导向，按照局部利益服从整体利益原则，发挥国家能源主管部门的统筹协调作用，加强源网荷储一体化和多能互补项目规划与国家和地方电力发展规划、可再生能源规划等的衔接，推动项目有序实施。在组织评估论证和充分征求国家能源局派出机构、送受端能源主管部门和电力企业意见基础上，按照“试点先行，逐步推广”原则，通过国家电力发展规划编制、年度微调、中期滚动调整，将具备条件的项目优先纳入国家电力发展规划。

（二）落实主体责任

各省级能源主管部门是组织推进源网荷储一体化和多能互补项目的责任主体，应会同国家能源局派出机构积极组织相关电源、电网、用电企业及咨询机构开展项目及实施方案的分类组织、研究论证、评估筛选、编制报送、建设实施等工作。对于跨省区开发消纳项目，相关能源主管部门应在符合国家总体能源格局和电力流向基础上，经充分协商达成初步意向，会同国家能源局派出机构组织开展实施方案研究并行文上报国家能源主管部门。各地必须严格落实国家电力发展规划，坚决防止借机扩张化石电源规模、加剧电力供需和可再生能源消纳矛盾，确保符合绿色低碳发展方向。

（三）建立协调机制

各投资主体应加强源网荷储统筹协调，积极参与相关规划研究，共同推进项目前期工作，实现规划一体化；协调各电力项目建设进度，确保同步建设、同期投运，推动建设实施一体化。国家能源局派出机构负责牵头建立所在区域的源网荷储一体化和多能互补项目协调运营和利益共享机制，进一步深化电力辅助服务市场、中长期交易等市场化机制建设，发挥协同互补效益，充分挖掘常规电源、储能、用户负荷等各方调节能力，提升可再生能源消纳水平，实现项目运行调节和管理规范的一体化。

（四）守住安全底线

坚持底线思维，统筹发展和安全，在推进相关项目过程中，有效防范化解各类安全风险，通过合理配置不同电源类型，研究电力系统源网荷储各环节的安全共治机制，探索新型电力系统安全治理手段，保障新能源安全消纳，为我国全面实现绿色低碳转型构筑坚强的安全屏障。

（五）完善支持政策

源网荷储一体化和多能互补项目中的新能源发电项目应落实国家可再生能源发电项目管理政策，在国家和地方可再生能源规划实施方案中统筹安排；鼓励具备条件地区统一组织推进相关项目建设，支持参与跨省区电力市场化交易、增量配电改革及分布式发电市场化交易。

（六）鼓励社会投资

降低准入门槛，营造权利平等、机会平等、规则平等的投资环境。在符合电力项目相关投资政策和管理办法基础上，鼓励社会资本等各类投资主体投资各类电源、储能及增量配电网项目，或通过资本合作等方式建立联合体参与项目投资开发建设。

（七）加强监督管理

国家能源局派出机构应加强对相关项目事中事后监管，全过程监管项目规划编制、核准、建设、并网和调度运行、市场化交易、电费结算及价格财税扶持政策等，并提出针对性监管意见，推动源网荷储一体化和多能互补项目的有效实施和可持续发展。

本指导意见由国家发展改革委、国家能源局负责解释，自印发之日起施行，有效期5年。

国家发展改革委　国家能源局

2021年2月25日

国家发展改革委　国家能源局关于加快推动新型储能发展的指导意见

（发改能源规〔2021〕1051 号）

各省、自治区、直辖市、新疆生产建设兵团发展改革委、能源局，国家能源局各派出机构：

实现碳达峰碳中和，努力构建清洁低碳、安全高效能源体系，是党中央、国务院作出的重大决策部署。抽水蓄能和新型储能是支撑新型电力系统的重要技术和基础装备，对推动能源绿色转型、应对极端事件、保障能源安全、促进能源高质量发展、支撑应对气候变化目标实现具有重要意义。为推动新型储能快速发展，现提出如下意见。

一、总体要求

（一）指导思想

以习近平新时代中国特色社会主义思想为指导，全面贯彻党的十九大和十九届二中、三中、四中、五中全会精神，落实“四个革命、一个合作”能源安全新战略，以实现碳达峰碳中和为目标，将发展新型储能作为提升能源电力系统调节能力、综合效率和安全保障能力，支撑新型电力系统建设的重要举措，以政策环境为有力保障，以市场机制为根本依托，以技术革新为内生动力，加快构建多轮驱动良好局面，推动储能高质量发展。

（二）基本原则

统筹规划、多元发展。加强顶层设计，统筹储能发展各项工作，强化规划科学引领作用。鼓励结合源、网、荷不同需求探索储能多元化发展模式。

创新引领、规模带动。以“揭榜挂帅”方式加强关键技术装备研发，推动储能技术进步和成本下降。建设产教融合等技术创新平台，加快成果转化，有效促进规模化应用，壮大产业体系。

政策驱动、市场主导。加快完善政策机制，加大政策支持力度，鼓励储能投资建设。明确储能市场主体地位，发挥市场引导作用。

规范管理、保障安全。完善优化储能项目管理程序，健全技术标准和检测认证体系，提升行业建设运行水平。推动建立安全技术标准及管理体系，强化消防安全管理，严守安全底线。

（三）主要目标

到 2025 年，实现新型储能从商业化初期向规模化发展转变。新型储能技术创新能力显著提高，核心技术装备自主可控水平大幅提升，在高安全、低成本、高可靠、长寿命等方面取得长足进步，标准体系基本完善，产业体系日趋完备，市场环境和商业模式基本成熟，装机规模达 3000 万千瓦以上。新型储能在推动能源领域碳达峰碳中和过程中发挥显著作用。到 2030 年，实现新型储能全面市场化发展。新型储能核心技术装备自主可控，技术创新和产业水平稳居全球前列，标准体系、市场机制、商业模式成熟健全，与电力系统各环节深度融合发展，装机规模基本满足新型电力系统相应需求。新型储能成为能源领域碳达峰碳中和的关键支撑之一。

二、强化规划引导，鼓励储能多元发展

（一）统筹开展储能专项规划

研究编制新型储能规划，进一步明确“十四五”及中长期新型储能发展目标及重点任务。省级能源主管部门应开展新型储能专项规划研究，提出各地区规模及项目布局，并做好与相关规划的衔接。相关规划成果应及时报送国家发展改革委、国家能源局。

（二）大力推进电源侧储能项目建设

结合系统实际需求，布局一批配置储能的系统友好型新能源电站项目，通过储能协同优化运行保障新能源高效消纳利用，为电力系统提供容量支撑及一定调峰能力。充分发挥大规模新型储能的作用，推动多能互补发展，规划建设跨区输送的大型清洁能源基地，提升外送通道利用率和通道可再生能源电量占比。探索利用退役火电机组的既有厂址和输变电设施建设储能或风光储设施。

（三）积极推动电网侧储能合理化布局

通过关键节点布局电网侧储能，提升大规模高比例新能源及大容量直流接入后系统灵活调节能力和安全稳定水平。在电网末端及偏远地区，建设电网侧储能或风光储电站，提高电网供电能力。围绕重要负荷用户需求，建设一批移动式或固定式储能，提升应急供电保障能力或延缓输变电升级改造需求。

（四）积极支持用户侧储能多元化发展

鼓励围绕分布式新能源、微电网、大数据中心、5G 基站、充电设施、工业园区等其他终端用户，探索储能融合发展新场景。鼓励聚合利用不间断电源、电动汽车、用户侧储能等分散式储能设施，依托大数据、云计算、人工智能、区块链等技术，结合体制机制综合创新，探索智慧能源、虚拟电厂等多种商业模式。

三、推动技术进步，壮大储能产业体系

（五）提升科技创新能力

开展前瞻性、系统性、战略性储能关键技术研发，以“揭榜挂帅”方式调动企业、高校及科研院所等各方面力量，推动储能理论和关键材料、单元、模块、系统中短板技术攻关，加快实现核心技术自主化，强化电化学储能安全技术研究。坚持储能技术多元化，推动锂离子电池等相对成熟新型储能技术成本持续下降和商业化规模应用，实现压缩空气、液流电池等长时储能技术进入商业化发展初期，加快飞轮储能、钠离子电池等技术开展规模化试验示范，以需求为导向，探索开展储氢、储热及其他创新储能技术的研究和示范应用。

（六）加强产学研用融合

完善储能技术学科专业建设，深化多学科人才交叉培养，打造一批储能技术产教融合创新平台。支持建设国家级储能重点实验室、工程研发中心等。鼓励地方政府、企业、金融机构、技术机构等联合组建新型储能发展基金和创新联盟，优化创新资源分配，推动商业模式创新。

（七）加快创新成果转化

鼓励开展储能技术应用示范、首台（套）重大技术装备示范。加强对新型储能重大示范项目分析评估，为新技术、新产品、新方案实际应用效果提供科学数据支撑，为国家制定产业政策和技术标准提供科学依据。

（八）增强储能产业竞争力

通过重大项目建设引导提升储能核心技术装备自主可控水平，重视上下游协同，依托具有自主知识产权和核心竞争力的骨干企业，积极推动从生产、建设、运营到回收的全产业链发展。支持中国新型储能技术和标准“走出去”。支持结合资源禀赋、技术优势、产业基础、人力资源等条件，推动建设一批国家储能高新技术产业化基地。

四、完善政策机制，营造健康市场环境

（九）明确新型储能独立市场主体地位

研究建立储能参与中长期交易、现货和辅助服务等各类电力市场的准入条件、交易机制和技术标准，加快推动储能进入并允许同时参与各类电力市场。因地制宜建立完善“按效果付费”的电力辅助服务补偿机制，深化电力辅助服务市场机制，鼓励储能作为独立市场主体参与辅助服务市场。鼓励探索建设共享储能。

（十）健全新型储能价格机制

建立电网侧独立储能电站容量电价机制，逐步推动储能电站参与电力市场；研究探索

将电网替代性储能设施成本收益纳入输配电价回收。完善峰谷电价政策，为用户侧储能发展创造更大空间。

（十一）健全“新能源＋储能”项目激励机制

对于配套建设或共享模式落实新型储能的新能源发电项目，动态评估其系统价值和技术水平，可在竞争性配置、项目核准（备案）、并网时序、系统调度运行安排、保障利用小时数、电力辅助服务补偿考核等方面给予适当倾斜。

五、规范行业管理，提升建设运行水平

（十二）完善储能建设运行要求

以电力系统需求为导向，以发挥储能运行效益和功能为目标，建立健全各地方新建电力装机配套储能政策。电网企业应积极优化调度运行机制，研究制定各类型储能设施调度运行规程和调用标准，明确调度关系归属、功能定位和运行方式，充分发挥储能作为灵活性资源的功能和效益。

（十三）明确储能备案并网流程

明确地方政府相关部门新型储能行业管理职能，协调优化储能备案办理流程、出台管理细则。督促电网企业按照“简化手续、提高效率”的原则明确并网流程，及时出具并网接入意见，负责建设接网工程，提供并网调试及验收等服务，鼓励对用户侧储能提供“一站式”服务。

（十四）健全储能技术标准及管理体系

按照储能发展和安全运行需求，发挥储能标准化信息平台作用，统筹研究、完善储能标准体系建设的顶层设计，开展不同应用场景储能标准制修订，建立健全储能全产业链技术标准体系。加强现行能源电力系统相关标准与储能应用的统筹衔接。推动完善新型储能检测和认证体系。推动建立储能设备制造、建设安装、运行监测等环节的安全标准及管理体系。

六、加强组织领导，强化监督保障工作

（十五）加强组织领导工作

国家发展改革委、国家能源局负责牵头构建储能高质量发展体制机制，协调有关部门共同解决重大问题，及时总结成功经验和有效做法；研究完善新型储能价格形成机制；按照“揭榜挂帅”等方式要求，推进国家储能技术产教融合创新平台建设，逐步实现产业技术由跟跑向并跑领跑转变；推动设立储能发展基金，支持主流新型储能技术产业化示范；有效利用现有中央预算内专项等资金渠道，积极支持新型储能关键技术装备产业化及应用

项目。各地区相关部门要结合实际，制定落实方案和完善政策措施，科学有序推进各项任务。国家能源局各派出机构应加强事中事后监管，健全完善新型储能参与市场交易、安全管理等监管机制。

（十六）落实主体发展责任

各省级能源主管部门应分解落实新型储能发展目标，在充分掌握电力系统实际情况、资源条件、建设能力等基础上，按年度编制新型储能发展方案。加大支持新型储能发展的财政、金融、税收、土地等政策力度。

（十七）鼓励地方先行先试

鼓励各地研究出台相关改革举措、开展改革试点，在深入探索储能技术路线、创新商业模式等的基础上，研究建立合理的储能成本分摊和疏导机制。加快新型储能技术和重点区域试点示范，及时总结可复制推广的做法和成功经验，为储能规模化高质量发展奠定坚实基础。

（十八）建立监管长效机制

逐步建立与新型储能发展阶段相适应的闭环监管机制，适时组织开展专项监管工作，引导产业健康发展。推动建设国家级储能大数据平台，建立常态化项目信息上报机制，探索重点项目信息数据接入，提升行业管理信息化水平。

（十九）加强安全风险防范

督促地方政府相关部门明确新型储能产业链各环节安全责任主体，强化消防安全管理。明确新型储能并网运行标准，加强组件和系统运行状态在线监测，有效提升安全运行水平。

国家发展改革委　国家能源局
2021 年 7 月 15 日

国家发展改革委关于印发《污染治理和节能减碳中央预算内投资专项管理办法》的通知

（发改环资规〔2021〕655 号）

国管局，中直管理局，各省、自治区、直辖市及计划单列市、新疆生产建设兵团发展改革委：

为认真贯彻落实党中央、国务院决策部署，加强和规范污染治理和节能减碳专项中央预算内投资管理，提高中央资金使用效益，调动社会资本参与污染治理和节能减碳的积极性，我们制定了《污染治理和节能减碳中央预算内投资专项管理办法》，现予以印发，请认真遵照执行。《中央预算内投资生态文明建设专项管理暂行办法》（发改环资规〔2017〕2135 号）同时废止。

国家发展改革委

2021 年 5 月 9 日

附件：污染治理和节能减碳中央预算内投资专项管理办法

附件

污染治理和节能减碳中央预算内投资专项管理办法

第一章　总　　则

第一条　为加强和规范中央预算内投资污染治理和节能减碳项目管理，保障项目顺利实施，切实发挥中央预算内投资效益，根据《政府投资条例》（国务院令第 712 号）、《中央预算内投资补助和贴息项目管理办法》（国家发展和改革委员会令 2016 年第 45 号）、《中央预算内直接投资项目管理办法》（国家发展和改革委员会令 2014 年第 7 号）、《国家发展改革委关于进一步规范打捆切块项目中央预算内投资计划管理的通知》（发改投资〔2017〕1897 号）、《国家发展改革委关于规范中央预算内投资资金安排方式及项目管理的通知》（发改投资规〔2020〕518 号）等规定，制定本办法。

第二条　国家发展改革委根据党中央、国务院确定的工作重点，按照科学、民主、公正、高效的原则，平等对待各类投资主体，紧紧围绕实现碳达峰、碳中和，在“十一五”以来安排专项资金支持各地资源节约和环境保护基础设施能力建设的基础上，继续统筹安排污染治理和节能减碳中央预算内投资支持资金，坚持“一钱多用”，积极支持国家重大战略实施过程中符合条件的项目。

第三条 本专项安排的中央预算内投资资金，根据实际情况采取直接投资、投资补助、资本金注入等方式。

第四条 本专项中央预算内投资应当用于前期手续齐全、具备开工条件的计划新开工或在建项目，原则上不得用于已完工（含试运行）项目。

第二章 支持范围与标准

第五条 国家发展改革委根据各类项目性质和特点、中央和地方事权划分原则、所在区域经济社会发展水平等，统筹支持各地污染治理和节能减碳项目建设，适度向国家生态文明试验区、能耗双控工作突出的地区和易地扶贫搬迁安置点倾斜。已有其他中央预算内投资专项明确支持的项目不在本专项支持范围。

第六条 本专项重点支持污水垃圾处理等环境基础设施建设、节能减碳、资源节约与高效利用、突出环境污染治理等四个方向（具体支持内容和安排标准详见附件），国家生态文明试验区建设重大事项需安排资金支持，且不属于既有资金支持范围的项目建设，以及围绕落实党中央、国务院交办重大事项需安排支持的项目建设。

第七条 国家发展改革委组织编报年度中央预算内投资计划时，根据党中央、国务院决策部署，结合工作任务需要，确定当年具体支持项目范围和要求。

第三章 投资计划申报与审查

第八条 各省、自治区、直辖市和计划单列市、新疆生产建设兵团发展改革部门（以下简称省级发展改革部门）及相关中央部门、计划单列企业集团、中央管理企业（以下简称中央单位）是本专项的项目汇总申报单位。

第九条 各地区、各部门按照国家发展改革委确定的安排原则、支持范围和申报要求等，组织开展年度中央预算内投资计划申报。项目单位按有关规定向项目汇总申报单位报送资金申请报告。资金申请报告应当包括以下内容：

（一）项目单位的基本情况；

（二）项目的基本情况，包括全国投资项目在线审批监管平台（以下简称“在线平台”）生成的项目代码、建设必要性及可行性、建设内容、总投资及资金来源、建设条件落实情况、项目建成后的经济社会环境效益等；

（三）项目列入政府投资项目库和三年滚动投资计划，并通过在线平台完成审批（核准、备案）情况；

（四）申请投资支持的主要理由和政策依据；

（五）项目建设方案，包括项目建设必要性、选址、建设规模、建设内容、工艺方案、产品方案、设备方案、工程方案等；

（六）项目投资估算，包括主要工程量表、主要设备表、投资估算表等；

（七）项目融资方案，包括项目的融资主体、资金来源渠道和方式等；

（八）相关附件，包括项目城乡规划、用地审批、节能审查、环评等前期手续（如需办理）复印件，以及资金到位情况；

（九）项目单位应当对其提交材料的真实性、合规性负责，并向项目汇总申报单位作出书面承诺。

第十条　省级发展改革部门应当采取行业部门联审、第三方评估等方式对资金申请报告进行审核，并对审核结果和申报材料的真实性、合规性负责。审核重点包括项目是否符合本专项规定的资金投向，主要建设条件是否落实，建设内容是否经济可行，申报投资是否符合安排标准，是否存在重复安排投资，是否已纳入其他中央预算内投资或中央财政资金支持范围，是否已经纳入政府投资项目库、列入三年滚动投资计划、并通过在线平台完成审批（核准、备案），项目单位是否被列入严重失信主体名单等。

第十一条　省级发展改革部门审核通过的备选项目，汇总报送国家发展改革委，同步报送资金申请报告。

第四章　投资计划下达

第十二条　本专项对支持地方项目的中央预算内投资资金采取打捆下达方式，对支持中央单位项目的中央预算内投资资金采取直接下达方式。

第十三条　国家发展改革委按照《国家发展改革委关于印发投资咨询评估管理办法的通知》等文件规定，对经济技术复杂、需要对项目建设规模、建设标准、工艺及方案等进行论证的项目，委托第三方评估机构对资金申请报告进行经济技术性评估，主要评估项目是否经济可行、投资是否合理、配套资金和建设条件是否落实、项目单位是否被纳入严重失信主体名单、是否可能增加地方政府债务负担等。

第十四条　国家发展改革委根据评估结果，综合考虑各领域工作建设任务、各地资金需求评估情况、上年度专项执行情况、监督检查和评估督导情况等，确定各省（区、市）年度中央预算内投资规模和拟支持项目清单，连同备选项目清单一并反馈省级发展改革部门。备选项目清单当年度有效，当年纳入备选项目清单但未予支持的项目，次年度如拟安排资金需重新申报。

第十五条　省级发展改革部门根据国家发展改革委反馈资金额度，核实拟支持项目清单范围的项目建设条件后，以正式文件向国家发展改革委报送年度投资计划请示文件，并附预期分解投资计划到具体项目的绩效目标表，申请下达投资计划。确因项目情况变化，拟支持项目清单中的个别项目无法实施的，在备选项目清单中选择具备条件的项目增补，从严控制增补项目数量。

项目上报时，应明确“捆”中每个项目的项目单位及项目责任人、日常监管直接责任单位及监管责任人，并经日常监管直接责任单位及监管责任人认可后，随投资计划申报文件一并报送。

第十六条　国家发展改革委根据各地上报的投资计划请示，汇总形成污染治理和节能减碳专项年度投资计划，履行相关程序后印发省级发展改革部门。

第十七条　省级发展改革部门应在收到投资计划后 20 个工作日内分解落实到具体项目，通过在线平台（国家重大建设项目库）生成投资计划下达表并下达投资计划，报国家发展改革委备案，并在在线平台（国家重大建设项目库）中相应分解至具体项目。

第十八条　中央单位项目由中央单位直接向国家发展改革委上报资金申请报告或可行性研究报告，国家发展改革委在委托第三方评估机构进行评审或评估的基础上，批复资金申请报告或可行性研究报告后，下达投资计划。

第五章 项目管理

第十九条 获得本专项支持的项目，应当严格执行国家有关法律法规和政策要求，不得擅自改变主要建设内容和建设标准，严禁转移、侵占或者挪用本专项投资。

第二十条 实行信用承诺制度。项目单位在上报资金申请报告时，要向所在地发展改革部门出具承诺意见，承诺所报材料真实有效。各级发展改革部门逐级上报至省级发展改革部门汇总，并共享至全国信用信息共享平台。

第二十一条 省级发展改革部门要会同有关行业管理部门按职责全面加强项目实施监管，并组织项目单位于每月10日前将项目的审批、开工情况、投资完成情况、工程进度、竣工等信息通过在线平台（国家重大建设项目库）及时、准确、完整填报。

第二十二条 实行项目调整制度。项目有以下情形的，应及时调整：

（一）项目在中央预算内投资计划下达后超过一年未开工建设的；

（二）建设严重滞后导致资金长期闲置的；

（三）建设规模、标准和内容发生较大变化，项目既定建设目标不能按期完成的；

（四）其他原因导致项目无法继续实施的。

确需调整的项目，原则上仅限在本专项内调整，应由省级发展改革部门作出调整决定，并报国家发展改革委备案。调出项目不再安排中央预算内投资支持，调入项目原则上要在国家发展改革委反馈的备选项目清单范围内，增加安排后不应超过核定的支持金额和比例上限。直接下达投资的项目，由相关部门以正式文件向国家发展改革委报送项目调整申请，国家发展改革委按照有关规定和程序进行审查后作出调整。调整结果应当及时在在线平台（国家重大建设项目库）中更新报备。

第二十三条 各级发展改革部门要强化项目日常监管。项目直接管理单位或行业主管部门作为项目日常监管直接责任单位，要落实好监管责任，采取组织自查、复核检查和实地查看等方式，对中央预算内投资项目的资金使用、项目建设进展等情况加大监督检查力度。

第二十四条 项目单位应当执行项目法人责任制、招投标制、工程监理制、合同管理制以及中央预算内投资项目管理的有关规定。对于本专项中央预算内投资，要做到独立核算、专款专用，严禁滞留、挪用。

第二十五条 实行项目完工报告制度。项目建设完成后，项目单位要向所在地发展改革部门报送完工报告，及时更新在线平台（国家重大建设项目库）信息并完成销项。补助资金由国家打捆下达到地方的，由省级发展改革部门负责项目完工报告汇总工作；直接下达投资计划的项目，完工报告由相关部门直接向国家发展改革委报送。报告内容包括：项目建设进度情况、资金使用情况、建设方案落实情况、预期效果达成情况等。

第六章 监督检查

第二十六条 国家发展改革委应当按照有关规定对投资支持项目进行监督检查或评估督导，对发现的问题按照有关规定及时作出处理，并将整改落实情况作为安排投资的重要依据。对监督检查或评估督导中存在问题较多、整改不到位的地方和单位，国家发展改革委视情况压缩下年度中央预算内投资安排规模。

第二十七条　各级发展改革部门和项目单位应当自觉接受并配合做好审计、监察和财政等部门依据职能分工进行的监督检查，如实提供项目相关文件资料和情况，不得销毁、隐匿、转移、伪造或者无故拖延、拒绝提供有关资料。

第二十八条　项目单位有下列行为之一的，省级发展改革部门应当责令其限期整改，采取核减、收回或者停止拨付中央预算内投资等措施，将相关信息纳入全国信用信息共享平台和在“信用中国”网站公开，并可以根据情节轻重提请或者移交有关机关依法追究有关责任人的行政或者法律责任：

（一）提供虚假情况、骗取投资资金的；

（二）滞留、挤占、截留或者挪用投资资金的；

（三）擅自改变主要建设内容和降低建设标准的；

（四）拒不接受依法进行的监督检查或评估督导的；

（五）未按要求通过在线平台（国家重大建设项目库）报告相关项目信息的；

（六）其他违反国家相关法律法规和本办法规定的行为。

第七章　附　　则

第二十九条　省级发展改革部门可根据本办法制定管理细则。

第三十条　本办法由国家发展改革委负责解释。

第三十一条　本办法从印发之日起施行，有效期5年，根据情况适时修订调整。《中央预算内投资生态文明建设专项管理暂行办法》同时废止。

附件1

污水垃圾处理等环境基础设施建设方向支持内容与标准

一、重点支持内容

重点支持各地污水处理、污水资源化利用、城镇生活垃圾分类和处理、城镇医疗废物危险废物集中处置等环境基础设施项目建设。

二、安排标准

污水处理、污水资源化利用项目、城镇生活垃圾分类和处理项目，按东、中、西和东北地区分别不超过项目总投资的30%、45%、60%、60%控制，单个项目支持金额原则上不超过5000万元，重大创新示范项目除外。

城镇医疗废物、危险废物集中处置设施项目，按东、中、西和东北地区分别不超过项目总投资的15%、20%、25%、25%控制。其中，县级地区医疗废物集中处置项目按东、中、西和东北地区分别不超过项目总投资的30%、40%、50%、50%控制，单个项目支持金额原则上不超过5000万元，重大创新示范项目除外。

按照国家有关规定享受特殊政策地区的建设项目，安排标准根据相关规定执行。申请享受特殊政策的地区，项目汇总申报单位在申报时应明确提出，并附政策依据及证明材料。其中，西藏及四省涉藏州县、南疆四地州、甘肃临夏州、四川凉山州、云南怒江州等地区污水处理、污水资源化利用、城镇生活垃圾分类和处理设施、城镇医疗废物危险废物集中处置设施项目原则上全额补助。

安排新疆生产建设兵团项目投资支持比例按西部地区标准执行。

附件 2

节能减碳方向支持内容与标准

一、重点支持内容

重点支持电力、钢铁、有色、建材、石化、化工、煤炭、焦化、纺织、造纸、印染、机械等重点行业节能减碳改造，重点用能单位和园区能源梯级利用、能量系统优化等综合能效提升，城镇建筑、交通、照明、供热等基础设施节能升级改造与综合能效提升，公共机构节能减碳，重大绿色低碳零碳负碳技术示范推广应用，煤炭消费减量替代和清洁高效利用，绿色产业示范基地等项目建设。

二、安排标准

节能减碳项目按不超过项目总投资的 15% 控制。

中央和国家机关有关项目原则上全额补助。

附件 3

资源节约与高效利用方向支持内容与标准

一、重点支持内容

支持各地循环经济发展、资源综合利用、水资源节约项目建设。其中：循环经济发展项目重点支持园区循环化改造，资源循环利用基地建设，报废汽车、废旧电子产品、废旧电池、废旧轮胎、废塑料等城市典型废弃物的无害化处理和资源化利用，可降解塑料项目等。

资源综合利用项目重点支持尾矿（共伴生矿）、煤矸石、粉煤灰、冶金渣、工业副产石膏、建筑垃圾等固体废弃物综合利用项目建设；支持秸秆综合利用及收储运体系建设项目，以及农林剩余物为主的农业循环经济项目。

水资源节约项目主要包括节约用水、非常规水资源利用项目建设，支持海水淡化项目建设，包括海水淡化工程，苦咸水浓盐水利用，海水淡化关键材料装备示范工程等。

二、安排标准

资源节约和高效利用项目按不超过项目总投资的15%控制。其中，秸秆（农林剩余物）综合利用项目、海水淡化工程按不超过项目总投资的30%控制。

附件4

突出环境污染治理方向支持内容与标准

一、重点支持内容

重点支持细颗粒物和臭氧污染协同治理、环境污染第三方治理、重点行业清洁生产及重大环保技术示范等。

具体为支持臭氧未达标城市和京津冀及周边地区、长三角、汾渭平原、苏皖鲁豫交接地区等重点区域城市细颗粒物和臭氧污染协同治理项目；支持通过第三方评估的园区环境污染第三方治理项目；支持电力、钢铁、石化、化工、建材、电镀、造纸、印染、食品等重点行业实施清洁生产技术、设备提升改造示范项目。

二、安排标准

突出环境污染治理项目，按不超过项目总投资的15%控制。

国家发展改革委关于印发“十四五”循环经济发展规划的通知

（发改环资〔2021〕969号）

各省、自治区、直辖市人民政府，科技部、工业和信息化部、公安部、财政部、自然资源部、生态环境部、住房城乡建设部、交通运输部、水利部、农业农村部、商务部、国务院国资委、海关总署、税务总局、市场监管总局、国家统计局、银保监会、国家林草局、国家邮政局、供销合作总社：

《“十四五”循环经济发展规划》已经国务院同意，现印发给你们，请结合实际抓好贯彻落实。

国家发展改革委

2021年7月1日

附件：略

国家发展改革委等部门关于印发《“十四五”全国清洁生产推行方案》的通知

（发改环资〔2021〕1524号）

各省、自治区、直辖市人民政府，国务院有关部门：

《“十四五”全国清洁生产推行方案》已经国务院同意，现印发给你们，请结合实际抓好贯彻落实。

国家发展改革委　生态环境部　工业和信息化部　科技部　财政部　住房和城乡建设部
交通运输部　农业农村部　商务部　市场监管总局
2021年10月29日

附件

“十四五”全国清洁生产推行方案

推行清洁生产是贯彻落实节约资源和保护环境基本国策的重要举措，是实现减污降碳协同增效的重要手段，是加快形成绿色生产方式、促进经济社会发展全面绿色转型的有效途径。为贯彻落实清洁生产促进法、“十四五”规划和2035年远景目标纲要，加快推行清洁生产，制定本方案。

一、总体要求

（一）指导思想

以习近平新时代中国特色社会主义思想为指导，全面贯彻党的十九大和十九届二中、三中、四中、五中全会精神，深入贯彻习近平生态文明思想，按照党中央、国务院决策部署，立足新发展阶段，完整、准确、全面贯彻新发展理念，构建新发展格局，推动高质量发展，以节约资源、降低能耗、减污降碳、提质增效为目标，以清洁生产审核为抓手，系统推进工业、农业、建筑业、服务业等领域清洁生产，积极实施清洁生产改造，探索清洁生产区域协同推进模式，培育壮大清洁生产产业，促进实现碳达峰、碳中和目标，助力美丽中国建设。

（二）主要目标

到 2025 年，清洁生产推行制度体系基本建立，工业领域清洁生产全面推行，农业、服务业、建筑业、交通运输业等领域清洁生产进一步深化，清洁生产整体水平大幅提升，能源资源利用效率显著提高，重点行业主要污染物和二氧化碳排放强度明显降低，清洁生产产业不断壮大。

到 2025 年，工业能效、水效较 2020 年大幅提升，新增高效节水灌溉面积 6000 万亩。化学需氧量、氨氮、氮氧化物、挥发性有机物（VOCs）排放总量比 2020 年分别下降 8%、8%、10%、10% 以上。全国废旧农膜回收率达 85%，秸秆综合利用率稳定在 86% 以上，畜禽粪污综合利用率达到 80% 以上。城镇新建建筑全面达到绿色建筑标准。

二、突出抓好工业清洁生产

（三）加强高耗能高排放项目清洁生产评价

对标节能减排和碳达峰、碳中和目标，严格高耗能高排放项目准入，新建、改建、扩建项目应采取先进适用的工艺技术和装备，单位产品能耗、物耗和水耗等达到清洁生产先进水平。钢铁、水泥熟料、平板玻璃、炼油、焦化、电解铝等行业新建项目严格实施产能等量或减量置换。对不符合所在地区能耗强度和总量控制相关要求、不符合煤炭消费减量替代或污染物排放区域削减等要求的高耗能高排放项目予以停批、停建，坚决遏制高耗能高排放项目盲目发展。

（四）推行工业产品绿色设计

健全工业产品绿色设计推行机制。引导企业改进和优化产品和包装物的设计方案，减少产品和包装物在整个生命周期对环境的影响。在生态环境影响大、产品涉及面广、行业关联度高的行业，创建工业产品生态（绿色）设计示范企业，探索行业绿色设计路径。健全绿色设计评价标准体系。鼓励行业协会发布产品绿色设计指南，推广绿色设计案例。

专栏 1　工业产品生态（绿色）设计示范企业工程

重点实施轻量化、无害化、节能降耗、资源节约、易制造、易回收、高可靠性和长寿命等关键绿色设计技术应用示范，培育发展 100 家工业产品生态（绿色）设计示范企业，制修订 100 项绿色设计评价标准，推广万种绿色产品。

（五）加快燃料原材料清洁替代

加大清洁能源推广应用，提高工业领域非化石能源利用比重。对以煤炭、石油焦、重油、渣油、兰炭等为燃料的工业炉窑、自备燃煤电厂及燃煤锅炉，积极推进清洁低碳能源、工业余热等替代。因地制宜推行热电联产“一区一热源”等园区集中供能模式，替代小散工业燃煤锅炉，减少煤炭用量，实现大气污染和二氧化碳排放源头削减。推进原辅材料无害化替代，围绕企业生产所需原辅材料及最终产品，减少优先控制化学品名录所列化学物质及持久性有机污染物等有毒有害物质的使用，促进生产过程中使用低毒低害和无毒无害原料，降低产品中有毒有害物质含量，大力推广低（无）挥发性有机物含量的油墨、涂料、胶粘剂、清洗剂等使用。

（六）大力推进重点行业清洁低碳改造

严格执行质量、环保、能耗、安全等法律法规标准，加快淘汰落后产能。全面开展清洁生产审核和评价认证，推动能源、钢铁、焦化、建材、有色金属、石化化工、印染、造纸、化学原料药、电镀、农副食品加工、工业涂装、包装印刷等重点行业“一行一策”绿色转型升级，加快存量企业及园区实施节能、节水、节材、减污、降碳等系统性清洁生产改造。在国家统一规划的前提下，支持有条件的重点行业二氧化碳排放率先达峰。在钢铁、焦化、建材、有色金属、石化化工等行业选择100家企业实施清洁生产改造工程建设，推动一批重点企业达到国际清洁生产领先水平。

专栏2　重点行业清洁生产改造工程

钢铁行业。大力推进非高炉炼铁技术示范，推进全废钢电炉工艺。推广钢铁工业废水联合再生回用、焦化废水电磁强氧化深度处理工艺。完成5.3亿吨钢铁产能超低排放改造、4.6亿吨焦化产能清洁生产改造。

石化化工行业。开展高效催化、过程强化、高效精馏等工艺技术改造。推进炼油污水集成再生、煤化工浓盐废水深度处理及回用、精细化工微反应、化工废盐无害化制碱等工艺。实施绿氢炼化、二氧化碳耦合制甲醇等降碳工程。

有色金属行业。电解铝行业推广高效低碳铝电解技术。铜冶炼行业推广短流程冶炼、连续熔炼技术。铅冶炼行业推广富氧底吹熔炼、液态铅渣直接还原炼铅工艺。锌冶炼行业推广高效清洁化电解技术、氧压浸出工艺。完成4000台左右有色窑炉清洁生产改造。

建材行业。推动使用粉煤灰、工业废渣、尾矿渣等作为原料或水泥混合材料。推广水泥窑高能效低氮预热预分解先进烧成等技术。完成8.5亿吨水泥熟料清洁生产改造。

三、加快推行农业清洁生产

（七）推动农业生产投入品减量

加强农业投入品生产、经营、使用等各环节的监督管理，科学、高效地使用农药、化肥、农用薄膜和饲料添加剂，消除有害物质的流失和残留，减少农业生产资料的投入。组织农业生产大县大市开展果菜茶病虫全程绿色防控试点，不断提高主要农作物病虫绿色防控覆盖率。

（八）提升农业生产过程清洁化水平

改进农业生产技术，形成高效、清洁的农业生产模式。严格灌溉取水计划管理，大力发展旱作农业，全面推广节水技术，不断提高农业用水效率。深化测土配方施肥，推广水稻侧深施肥等高效施肥方式。全面推广健康养殖技术，推动兽用抗菌药使用减量。加快构建种植业、畜禽养殖业、水产养殖业清洁生产技术体系，大力推广种养加一体化发展模式。

（九）加强农业废弃物资源化利用

完善秸秆收储运服务体系，积极推动秸秆综合利用。加强农膜管理，推广普及标准地膜，推动机械化捡拾、专业化回收和资源化利用，有效防治农田白色污染。因地制宜采取堆沤腐熟还田、生产有机肥、生产沼气和生物天然气等方式，加大畜禽粪污资源化利用力度。在粮食主产区、畜禽水产养殖优势区、设施农业重点区和特色农产品生产区等农业废弃物资源丰富区域，以及洞庭湖、丹江口水库、太湖、乌梁素海等重点流域湖泊水库周边区域，深入推行农业清洁生产，形成一批可推广、可复制的典型案例。

专栏3　农业清洁生产提升工程

实施节水灌溉。以粮食主产区、生态环境脆弱区、水资源开发过度区等地区为重点，推进高效节水灌溉工程建设。

化肥减量替代。集成推广测土配方施肥、水肥一体化、化肥机械深施、增施有机肥等技术。在粮食和蔬菜主产区重点推广堆肥还田、商品有机肥使用、沼渣沼液还田等技术模式。

农药减量增效。支持一批有条件的县，重点推进绿色防控，推广物理、生物等农药减量技术模式。实施农作物病虫害统防统治，培育一批社会化服务组织和专业合作社。

秸秆综合利用。坚持整县推进、农用优先，发挥秸秆还田耕地保育功能、秸秆饲料种养结合功能、秸秆燃料节能减排功能。

农膜回收处理。以西北地区为重点，支持一批用膜大县推进农膜回收处理，探索农膜回收利用有效机制。

四、积极推动其他领域清洁生产

（十）推动建筑业清洁生产

持续提高新建建筑节能标准，加快推进超低能耗、近零能耗、低碳建筑规模化发展，推进城镇既有建筑和市政基础设施节能改造。推广可再生能源建筑，推动建筑用能电气化和低碳化。加强建筑垃圾源头管控，实施工程建设全过程绿色建造。推广使用再生骨料及再生建材，促进建筑垃圾资源化利用。将房屋建筑和市政工程施工工地扬尘污染防治纳入建筑业清洁生产管理范畴。

（十一）推进服务业清洁生产

以清洁生产为重要抓手，着力提升城市服务业绿色化水平。餐饮、娱乐、住宿、仓储、批发、零售等服务性企业要坚持清洁生产理念，应当采用节能、节水和其他有利于环境保护的技术和设备，改善服务规程，减少一次性物品的使用。推进宾馆、酒店等场所一次性塑料用品禁限工作。从严控制洗浴、高尔夫球场、人工滑雪场等高耗水服务业用水，推动高耗水服务业优先利用再生水、雨水等非常规水源，全面推广循环用水技术工艺。推进餐饮油烟治理、厨余垃圾资源化利用。

（十二）加强交通运输领域清洁生产

持续优化运输结构，加快建设综合立体交通网，提高铁路、水路在综合运输中的承运比重，持续降低运输能耗和二氧化碳排放强度。大力发展多式联运、甩挂运输和共同配送等高效运输组织模式，提升交通运输运行效率。推进智慧交通发展，推广低碳出行方式。加大新能源和清洁能源在交通运输领域的应用力度，加快内河船舶绿色升级，以饮用水水源地周边水域为重点，推动使用液化天然气动力、纯电动等新能源和清洁能源船舶。积极推广应用温拌沥青、智能通风、辅助动力替代和节能灯具、隔声屏障等节能环保技术和产品。

五、加强清洁生产科技创新和产业培育

（十三）加强科技创新引领

加强清洁生产领域基础研究和应用技术创新性研究。围绕工业产品绿色设计、能源清洁高效低碳安全利用、污水资源化、农业节水灌溉控制、多污染物协同减排、固体废弃物资源化等方向，突破一批核心关键技术，研制一批重大技术装备。

（十四）推动清洁生产技术装备产业化

积极引导、支持企业开发具有自主知识产权的清洁生产技术和装备，着力提高供给能力。发挥清洁生产相关协会和联盟等平台作用，大力推进源头减量、过程控制、末端治理等清洁生产技术装备应用，加快清洁生产关键共性技术装备的产业化发展。

（十五）大力发展清洁生产服务业

创新清洁生产服务模式，探索构建以绩效为核心的清洁生产服务支付机制。加快建立规范的清洁生产咨询服务市场，鼓励具有竞争力的第三方清洁生产服务企业为用户提供咨询、审核、评价、认证、设计、改造等"一站式"综合服务。探索建立第三方服务机构责任追溯机制，健全清洁生产技术服务体系。

专栏4　清洁生产产业培育工程

支持开展煤炭清洁高效利用、氢能冶金、涉挥发性有机物行业原料替代、聚氯乙烯行业无汞化、磷石膏和电解锰渣资源化利用等领域清洁生产技术集成应用示范。培育一批拥有自主知识产权、掌握清洁生产核心技术装备的企业和一批高水平、专业化的清洁生产服务机构。

六、深化清洁生产推行模式创新

（十六）创新清洁生产审核管理模式

鼓励各地探索推行企业清洁生产审核分级管理模式，对高耗能、高耗水、高排放的企

业以及生产、使用、排放涉及优先控制化学品名录中所列化学物质的企业严格实施清洁生产审核，对其他企业可适当简化审核工作程序。鼓励企业开展自愿性清洁生产评价认证，对通过评价认证且满足清洁生产审核要求的，视同开展清洁生产审核。积极推动清洁生产审核与节能审查、节能监察、环境影响评价和排污许可等管理制度有效衔接。鼓励有条件的地区开展行业、园区和产业集群整体审核试点。研究将碳排放指标纳入清洁生产审核。

专栏 5 清洁生产审核创新试点工程

以钢铁、焦化、建材、有色金属、石化化工、印染、造纸、化学原料药、电镀、农副食品加工、工业涂装、包装印刷等行业为重点，选取 100 个园区或产业集群开展整体清洁生产审核创新试点，探索建立具有引领示范作用的审核新模式，形成可复制、可推广的先进经验和典型案例。

（十七）探索清洁生产区域协同推进

在实施京津冀协同发展等区域发展重大战略中，探索建立清洁生产协同推进机制，统一清洁生产评价认证和审核要求，联合开展技术推广，协同推进重点行业清洁生产改造。京津冀及周边地区、汾渭平原、长三角地区、珠三角地区、成渝地区等区域重点实施钢铁、石化化工、焦化、包装印刷、工业涂装等行业清洁生产改造，推动细颗粒物（$PM_{2.5}$）和臭氧（O_3）协同控制。长江、黄河等流域重点实施造纸、印染、化学原料药、农副食品加工等行业清洁生产改造，减少氨氮和磷污染物排放。

七、组织保障

（十八）加强组织实施

国家发展改革委加强组织协调，充分发挥清洁生产促进工作部门协调机制作用，推动本方案实施，生态环境部、工业和信息化部、科技部、财政部、住房和城乡建设部、交通运输部、农业农村部、商务部、市场监管总局等部门按照职能分工抓好重点任务落实。地方政府要落实主体责任，加大力度鼓励和促进清洁生产，结合实际确定本地区清洁生产重点任务，制定具体实施措施。

（十九）完善法律法规标准

推动修订清洁生产促进法，加强与相关法律法规的衔接协调，强化相关主体权利义务。鼓励各地结合实际制定促进清洁生产的地方性法规。建立健全清洁生产标准体系，组织修订清洁生产评价指标体系编制通则，研究制定清洁生产团体标准管理办法。编制发布清洁生产先进技术目录。

（二十）强化政策激励

各级财政积极探索有效方式，支持清洁生产工作。依法落实和完善节能节水、环境保护、资源综合利用相关税收优惠政策，强化绿色金融支持，引导企业扩大清洁生产投资。加强清洁生产审核和评价认证结果应用，将其作为阶梯电价、用水定额、重污染天气绩效分级管控等差异化政策制定和实施的重要依据。建立健全清洁生产激励制度，按照国家有关规定对工作成效突出的单位和个人依法给予表彰和奖励。

（二十一）加强基础能力建设

推动建设清洁生产信息化公共服务平台。依托省级清洁生产中心或相关社会组织加强地方清洁生产能力建设。鼓励组建清洁生产专家库，开展多层次的清洁生产培训。深入开展清洁生产宣传教育活动，积极营造全社会共同推行清洁生产的良好氛围，推动形成绿色生产生活方式。

国家发展改革委　国家能源局关于印发《“十四五”新型储能发展实施方案》的通知

（发改能源〔2022〕209号）

各省、自治区、直辖市及新疆生产建设兵团发展改革委、能源局，国家能源局各派出机构，有关中央企业：

为深入贯彻落实“四个革命、一个合作”能源安全新战略，实现碳达峰碳中和战略目标，支撑构建新型电力系统，加快推动新型储能高质量规模化发展，根据《中华人民共和国国民经济和社会发展第十四个五年规划和2035年远景目标纲要》《国家发展改革委　国家能源局关于加快推动新型储能发展的指导意见》有关要求，我们组织编制了《“十四五”新型储能发展实施方案》，现印发给你们，请遵照执行。

国家发展改革委　国家能源局

2022年1月29日

附件：略

国家发展改革委等部门关于进一步推进电能替代的指导意见

（发改能源〔2022〕353号）

持续推进电能替代，在终端能源消费环节实施以电代煤、以电代油等，有利于提升终端用能清洁化、低碳化水平，促进清洁能源消纳，助力实现碳达峰、碳中和目标；有利于用户参与电力系统灵活互动，增加新能源消纳能力，促进能源绿色转型；有利于提高我国电气化水平，扩大电力消费，满足人民群众美好生活需要。“十三五”以来，我国全面推进电能替代，并取得显著成效，为能源清洁化发展和打赢蓝天保卫战作出重要贡献。为贯彻落实习近平总书记重要讲话精神和党中央、国务院的决策部署，坚持系统思维、科学谋划，持续提升电能占终端能源消费比重，做好能源行业碳达峰、碳减排工作，巩固生态文明建设成果，确保能源供应，现就进一步推进电能替代提出如下意见。

一、总体要求

（一）指导思想

全面贯彻党的十九大和十九届历次全会精神，深入贯彻落实习近平生态文明思想，遵循“四个革命、一个合作”能源安全新战略，拓宽电能替代领域，发展综合能源服务，提高电能占终端能源消费比重。全面推进终端用能绿色低碳转型，积极消纳可再生能源，系统提升能源利用效率，推动清洁低碳、安全高效的现代能源体系加快建设。

（二）基本原则

坚持规划引领、协同推进。在相关规划中统筹考虑电能替代发展，加强各部门、各单位横向协同与纵向贯通，合力推进各领域电能替代。

坚持市场驱动、改革创新。充分发挥市场在资源配置中的决定性作用，更好发挥政府作用，探索形成多方共赢的商业模式，推动关键技术与设备研发创新。

坚持安全保障、因地制宜。以保障能源安全可靠供应为前提，综合考虑各地资源禀赋、生态环境、基础设施、供电能力、产业结构等因素，明确电能替代发展目标和实施路径。

坚持清洁低碳、绿色高效。优先使用可再生能源电力满足电能替代项目的用电需求，优先推广高效节能的替代技术，依托电能替代发展，不断扩大绿色电力消费市场，促进终端能效水平持续提升。

（三）主要目标

“十四五”期间，进一步拓展电能替代的广度和深度，努力构建政策体系完善、标准体系完备、市场模式成熟、智能化水平高的电能替代发展新格局。到2025年，电能占终端能源消费比重达到30%左右。

二、持续提升重点领域电气化水平

（四）大力推进工业领域电气化

服务国家产业结构调整和制造业转型升级，在钢铁、建材、有色、石化化工等重点行业及其它行业铸造、加热、烘干、蒸汽供应等环节，加快淘汰不达标的燃煤锅炉和以煤、石油焦、渣油、重油等为燃料的工业窑炉，推广电炉钢、电锅炉、电窑炉、电加热等技术，开展高温热泵、大功率电热储能锅炉等电能替代，扩大电气化终端用能设备使用比例。加快工业绿色微电网建设，引导企业和园区加快厂房光伏、分布式风电、多元储能、热泵、余热余压利用、智慧能源管控等一体化系统开发运行，推进多能高效互补利用。推广电动皮带廊替代燃油车辆运输，减少物料转运环节大气污染物和二氧化碳排放。推广电钻井等电动装置，提升采掘业电气化水平。

（五）深入推进交通领域电气化

落实国家综合立体交通规划纲要，推动公路交通、水上交通电气化发展，助力构建绿色低碳的综合立体交通网。加快推进城市公共交通工具电气化，在城市公交、出租、环卫、邮政、物流配送等领域，优先使用新能源汽车。大气污染防治重点区域（以下简称“重点区域”）港口、机场新增和更换车辆设备。优先使用新能源车辆。大力推广家用电动汽车，加快电动汽车充电桩等基础设施建设。积极推进厂矿企业等单位内部作业车辆、机械的电气化更新改造。加大绿色船舶示范应用和推广力度，推进内河短途游船电动化，并配建充电设施；研究探索其他具备条件的内河船舶电动化更新改造的可行性。以长江流域、珠三角流域为重点，加快提升内河港口、船舶的岸电覆盖率和使用率，稳步协同推进沿海港口、船舶岸电使用。优化完善机场岸电设施。提高飞机辅助动力装置（APU）替代设备使用率。推动电动飞机创新应用。

（六）加快推进建筑领域电气化

持续推进清洁取暖，在现有集中供热管网难以覆盖的区域，推广电驱动热泵、蓄热式电锅炉、分散式电暖器等电采暖，同步推进炊事等居民生活领域“煤改电”，助力重点区域平原地区散煤清零。在市政供热管网末端试点电补热。鼓励有条件的地区推广冷热联供技术，采用电气化方式取暖和制冷。鼓励机关、学校、医院等公共机构建筑和办公楼、酒店、商业综合体等大型公共建筑围绕减碳提效，实施电气化改造。充分利用自有屋顶、场地等资源条件，不断扩大自发自用的新能源开发规模，提高终端用能中的绿色电力比重。

（七）积极推进农业农村领域电气化

落实乡村振兴战略，持续提升乡村电气化水平。推广普及农田机井电排灌、高效节能日光温室和集约化育苗，发展生态种植。在种植、粮食存储、农副产品加工等领域，推广电烘干、电加工，提高生产质效。在水果、蔬菜等鲜活农产品主产区和特色农产品优势区，发展田头预冷、贮藏保鲜、冷链物流。在畜牧、水产养殖业推进电能替代，提高养殖环境控制、精准饲喂等智能化水平。

（八）加强科技研发创新

重点推进电能替代相关新材料、新装备等基础技术研究，在关键技术、核心装备上取得突破。推动能源电子产业高质量发展，引导太阳能光伏、新型储能等产业创新升级，加强船用大功率、大容量电池组研发，加快行业特色应用。坚持标准先行，推进电能替代设备、接口、系统集成、运行监测、检验检测等标准体系建设，以及与其他行业标准体系、国际标准体系的衔接。推动产学研用深度融合，鼓励电能替代各类主体共同建设创新基地、联合实验室等合作平台。推动建设一批科技成果应用示范工程。

（九）着力提升电能替代用户灵活互动和新能源消纳能力

在实施电能替代过程中，加强电力系统与工业、交通、建筑、农业农村等领域的深度融合，推广应用多元储能技术，提升负荷侧用电智能化水平和灵活性，促进构建新型电力系统，推动新能源占比逐渐提高。推进“电能替代 + 数字化”，充分利用云计算、大数据、物联网、移动互联网、人工智能等先进信息通信控制技术，为实现电能替代设施智能控制、参与电力系统灵活互动提供技术支撑。

推进“电能替代 + 综合能源服务”，鼓励综合能源服务公司搭建数字化、智能化信息服务平台，推广建筑综合能量管理和工业系统能源综合服务。鼓励电动汽车 V2G、大数据中心、5G 数据通讯基站等利用虚拟电厂参与系统互动。大力培育负荷聚合商，整合分散用户响应资源，释放居民、商业和一般工业负荷的用电弹性，促进用户积极主动参与需求侧响应，更多消费风电、光伏等绿色电力。

三、不断完善电能替代支持政策

（十）加强规划统筹衔接

将电能替代作为做好生态环境保护与碳达峰、碳中和工作的重要举措，推动电能替代与相关规划有效衔接，合理制定电能替代发展目标，协调推进电能替代改造工程，保障电能替代配套电网线路走廊和站址用地等需求。

（十一）增强电力供应与服务保障

在电力供需分析与电力规划建设中，充分考虑电能替代用电需求。鼓励电能替代用户配置储能装置，增强自身电力保障能力。加强配套电网建设，推进电网升级改造，提升配电网运行灵活性、可靠性和智能化水平。优化电力调度，提升电网安全运行管理水平。对新增电能替代项目，电网企业要安排专项资金用于红线外供配电设施的投资建设。不断完善电能替代项目报装接电“绿色通道”服务，持续提升“获得电力”服务水平。鼓励同步推进用户侧具有分时计量条件的计量表计改造。

（十二）加大投融资支持力度

鼓励银行业金融机构在依法合规、风险可控的前提下，加大对电能替代项目的金融支持力度，通过绿色债券、绿色信贷等拓宽电能替代项目融资渠道。利用现有的财政补贴资金渠道，对符合条件的电能替代项目给予支持。鼓励生态保护地区与受益地区在电能替代方面开展资金、技术、项目等方面的合作。

（十三）完善价格和市场机制

深化输配电价改革，将因电能替代引起的电网输配电成本纳入输配电价回收。完善峰谷电价机制，引导具有蓄能特性的电能替代项目参与削峰填谷，根据本地电力供需情况优化清洁取暖峰谷分时电价政策，适当拉大峰谷价差，延长低谷时长。支持具备条件的地区建立采暖用电的市场化竞价采购机制。切实落实电动汽车、船舶使用岸电等电价支持政策。岸电服务可实行地方政府指导价收费，鼓励港口岸电建设运营主体积极实施岸电使用服务费优惠。实现船舶使用岸电综合成本（电费和服务费）原则上不高于燃油发电成本。支持电能替代项目参与电力市场中长期交易、现货交易和电力辅助服务市场，鼓励电能替代项目参与碳市场交易，鼓励以合同能源管理、设备租赁等市场化方式开展电能替代。

（十四）强化节能环保降碳刚性约束

严格生态环境监管执法，完善环境保护、节能减排约束性指标管理。在保障能源供应的前提下，加大生活和冬季取暖散煤治理力度。修订完善各类工业窑（锅）炉环保及能耗标准，依法加大不达标工业窑（锅）炉淘汰整治力度。制定更严格的机动车大气污染物排放标准，出台车辆污染排放强制性约束政策。加速淘汰排放不达标的车辆。

四、切实强化组织实施保障

（十五）加强组织领导

各地、各有关部门要高度重视，分行业、分领域明确电能替代的工作目标、责任分工和重点任务，细化工作方案。主管部门要加强信息统计，强化过程监督和实施情况评估，推动各项支持政策和配套措施落到实处。国家能源局各派出机构要加强电能替代监管，促进工作有序推进。

（十六）深化协同联动

健全协作机制，加强部门沟通交流，协同推进电能替代。统筹社会资源，强化政企合作，引导社会各界广泛参与，提高电能替代成效。

（十七）做好宣传引导

积极开展形式多样的电能替代宣传活动，大力宣传电能替代示范区和典型项目，凝聚社会共识，营造良好发展氛围。

国家发展改革委　国家能源局　工业和信息化部　财政部　生态环境部　住房城乡建设部
交通运输部　农业农村部　国家机关事务管理局　中国民用航空局
2022 年 3 月 4 日

国家发展改革委等部门关于印发《促进绿色消费实施方案》的通知

（发改就业〔2022〕107号）

中央和国家机关有关部门、有关直属机构，全国总工会、全国妇联，各省、自治区、直辖市及计划单列市、新疆生产建设兵团发展改革委、工业和信息化主管部门、住房和城乡建设厅（委、管委、局）、商务主管部门、市场监管局（厅、委）、机关事务管理局：

为深入贯彻落实《中共中央　国务院关于完整准确全面贯彻新发展理念做好碳达峰碳中和工作的意见》和《2030年前碳达峰行动方案》有关要求，根据碳达峰碳中和工作领导小组部署安排，国家发展改革委、工业和信息化部、住房和城乡建设部、商务部、市场监管总局、国管局、中直管理局会同有关部门研究制定了《促进绿色消费实施方案》。现印发给你们，请结合实际，认真抓好贯彻落实。

国家发展改革委　工业和信息化部　住房和城乡建设部　商务部

市场监管总局　国管局　中直管理局

2022年1月18日

附件：促进绿色消费实施方案

附件

促进绿色消费实施方案

绿色消费是各类消费主体在消费活动全过程贯彻绿色低碳理念的消费行为。近年来，我国促进绿色消费工作取得积极进展，绿色消费理念逐步普及，但绿色消费需求仍待激发和释放，一些领域依然存在浪费和不合理消费，促进绿色消费长效机制尚需完善，绿色消费对经济高质量发展的支撑作用有待进一步提升。促进绿色消费是消费领域的一场深刻变革，必须在消费各领域全周期全链条全体系深度融入绿色理念，全面促进消费绿色低碳转型升级，这对贯彻新发展理念、构建新发展格局、推动高质量发展、实现碳达峰碳中和目标具有重要作用，意义十分重大。按照《中共中央　国务院关于完整准确全面贯彻新发展理念做好碳达峰碳中和工作的意见》和《2030年前碳达峰行动方案》有关要求，制定本方案。

一、总体要求

（一）指导思想

以习近平新时代中国特色社会主义思想为指导，全面贯彻党的十九大和十九届历次全会精神，深入贯彻习近平生态文明思想，落实立足新发展阶段、贯彻新发展理念、构建新发展格局的要求，面向碳达峰、碳中和目标，大力发展绿色消费，增强全民节约意识，反对奢侈浪费和过度消费，扩大绿色低碳产品供给和消费，完善有利于促进绿色消费的制度政策体系和体制机制，推进消费结构绿色转型升级，加快形成简约适度、绿色低碳、文明健康的生活方式和消费模式，为推动高质量发展和创造高品质生活提供重要支撑。

（二）工作原则

坚持系统推进。全面推动吃、穿、住、行、用、游等各领域消费绿色转型，统筹兼顾消费与生产、流通、回收、再利用各环节顺畅衔接，强化科技、服务、制度、政策等全方位支撑，实现系统化节约减损和节能降碳。

坚持重点突破。牢牢把握目标导向和问题导向，聚焦消费重点领域、重点产品和主要矛盾、突出问题，加强改革创新、攻坚克难和试点示范，鼓励有条件的地区和行业先行先试、探索经验。

坚持社会共治。充分发挥市场机制作用，更好发挥政府作用，着力调动社会各方面积极性主动性创造性，努力形成政府大力促进、企业积极自律、社会全面协同、公众广泛参与的共治格局，凝聚工作合力，形成全社会共同参与的良好风尚。

坚持激励约束并举。紧扣绿色低碳目标，深化完善消费领域相关法律、标准、统计等制度体系，优化创新财政、金融、价格、信用、监管等政策措施，形成有效激励约束机制。

（三）主要目标

到2025年，绿色消费理念深入人心，奢侈浪费得到有效遏制，绿色低碳产品市场占有率大幅提升，重点领域消费绿色转型取得明显成效，绿色消费方式得到普遍推行，绿色低碳循环发展的消费体系初步形成。

到2030年，绿色消费方式成为公众自觉选择，绿色低碳产品成为市场主流，重点领域消费绿色低碳发展模式基本形成，绿色消费制度政策体系和体制机制基本健全。

二、全面促进重点领域消费绿色转型

（四）加快提升食品消费绿色化水平

完善粮食、蔬菜、水果等农产品生产、储存、运输、加工标准，加强节约减损管理，提升加工转化率。大力推广绿色有机食品、农产品。引导消费者树立文明健康的食品消费观念，合理、适度采购、储存、制作食品和点餐、用餐。建立健全餐饮行业相关标准和服务规范，鼓励“种植基地＋中央厨房”等新模式发展，督促餐饮企业、餐饮外卖平台落实好反食品浪费的法律法规和要求，推动餐饮持续向绿色、健康、安全和规模化、标准化、规范化发展。加强对食品生产经营者反食品浪费情况的监督。推动各类机关、企事业单位、学校等建立健全食堂用餐管理制度，制定实施防止食品浪费措施。加强接待、会议、培训等活动的用餐管理，杜绝用餐浪费，机关事业单位要带头落实。深入开展“光盘”等粮食节约行动。推进厨余垃圾回收处置和资源化利用。加强食品绿色消费领域科学研究和平台支撑。把节粮减损、文明餐桌等要求融入市民公约、村规民约、行业规范等。（国家发展改革委、教育部、工业和信息化部、民政部、农业农村部、商务部、国务院国资委、市场监管总局、国家粮食和储备局等部门按职责分工负责）

（五）鼓励推行绿色衣着消费

推广应用绿色纤维制备、高效节能印染、废旧纤维循环利用等装备和技术，提高循环再利用化学纤维等绿色纤维使用比例，提供更多符合绿色低碳要求的服装。推动各类机关、企事业单位、学校等更多采购具有绿色低碳相关认证标识的制服、校服。倡导消费者理性消费，按照实际需要合理、适度购买衣物。规范旧衣公益捐赠，鼓励企业和居民通过慈善组织向有需要的困难群众依法捐赠合适的旧衣物。鼓励单位、小区、服装店等合理布局旧衣回收点，强化再利用。支持开展废旧纺织品服装综合利用示范基地建设。（国家发展改革委、教育部、工业和信息化部、民政部、住房和城乡建设部、商务部、国务院国资委等部门按职责分工负责）

（六）积极推广绿色居住消费

加快发展绿色建造。推动绿色建筑、低碳建筑规模化发展，将节能环保要求纳入老旧小区改造。推进农房节能改造和绿色农房建设。因地制宜推进清洁取暖设施建设改造。全面推广绿色低碳建材，推动建筑材料循环利用，鼓励有条件的地区开展绿色低碳建材下乡活动。大力发展绿色家装。鼓励使用节能灯具、节能环保灶具、节水马桶等节能节水产品。倡导合理控制室内温度、亮度和电器设备使用。持续推进农村地区清洁取暖，提升农村用能电气化水平，加快生物质能、太阳能等可再生能源在农村生活中的应用。（国家发展改革委、工业和信息化部、自然资源部、住房和城乡建设部、农业农村部、市场监管总局、

国家能源局等部门按职责分工负责）

（七）大力发展绿色交通消费

大力推广新能源汽车，逐步取消各地新能源车辆购买限制，推动落实免限行、路权等支持政策，加强充换电、新型储能、加氢等配套基础设施建设，积极推进车船用LNG发展。推动开展新能源汽车换电模式应用试点工作，有序开展燃料电池汽车示范应用。深入开展新能源汽车下乡活动，鼓励汽车企业研发推广适合农村居民出行需要、质优价廉、先进适用的新能源汽车，推动健全农村运维服务体系。合理引导消费者购买轻量化、小型化、低排放乘用车。大力推动公共领域车辆电动化，提高城市公交、出租（含网约车）、环卫、城市物流配送、邮政快递、民航机场以及党政机关公务领域等新能源汽车应用占比。深入开展公交都市建设，打造高效衔接、快捷舒适的公共交通服务体系，进一步提高城市公共汽电车、轨道交通出行占比。鼓励建设行人友好型城市，加强行人步道和自行车专用道等城市慢行系统建设。鼓励共享单车规范发展。（国家发展改革委、工业和信息化部、住房和城乡建设部、交通运输部、商务部、市场监管总局、国家能源局、国家邮政局等部门按职责分工负责）

（八）全面促进绿色用品消费

加强绿色低碳产品质量和品牌建设。鼓励引导消费者更换或新购绿色节能家电、环保家具等家居产品。大力推广智能家电，通过优化开关时间、错峰启停，减少非必要耗能、参与电网调峰。推动电商平台和商场、超市等流通企业设立绿色低碳产品销售专区，在大型促销活动中设置绿色低碳产品专场，积极推广绿色低碳产品。鼓励有条件的地区开展节能家电、智能家电下乡行动。大力发展高质量、高技术、高附加值的绿色低碳产品贸易，积极扩大绿色低碳产品进口。推进过度包装治理，推动生产经营者遵守限制商品过度包装的强制性标准，实施减色印刷，逐步实现商品包装绿色化、减量化和循环化。建立健全一次性塑料制品使用、回收情况报告制度，督促指导商品零售场所开办单位、电子商务平台企业、快递企业和外卖企业等落实主体责任。（国家发展改革委、工业和信息化部、商务部、市场监管总局、国家邮政局等部门按职责分工负责）

（九）有序引导文化和旅游领域绿色消费

制定大型活动绿色低碳展演指南，引导优先使用绿色环保型展台、展具和展装，加强绿色照明等节能技术在灯光舞美领域应用，大幅降低活动现场声光电和物品的污染、消耗。完善机场、车站、码头等游客集聚区域与重点景区景点交通转换条件，推进骑行专线、登山步道等建设，鼓励引导游客采取步行、自行车和公共交通等低碳出行方式。将绿色设计、节能管理、绿色服务等理念融入景区运营，降低对资源和环境消耗，实现景区资源高效、循环利用。促进乡村旅游消费健康发展，严格限制林区耕地湿地等占用和过度开发，保护自然碳汇。制定发布绿色旅游消费公约或指南，加强公益宣传，规范引导景区、旅行社、游客等践行绿色旅游消费。（国家发展改革委、自然资源部、生态环境部、交通运输部、商务部、文化和旅游部等部门按职责分工负责）

（十）进一步激发全社会绿色电力消费潜力

落实新增可再生能源和原料用能不纳入能源消费总量控制要求，统筹推动绿色电力交易、绿证交易。引导用户签订绿色电力交易合同，并在中长期交易合同中单列。鼓励行业龙头企业、大型国有企业、跨国公司等消费绿色电力，发挥示范带动作用，推动外向型企业较多、经济承受能力较强的地区逐步提升绿色电力消费比例。加强高耗能企业使用绿色电力的刚性约束，各地可根据实际情况制定高耗能企业电力消费中绿色电力最低占比。各地应组织电网企业定期梳理、公布本地绿色电力时段分布，有序引导用户更多消费绿色电力。在电网保供能力许可的范围内，对消费绿色电力比例较高的用户在实施需求侧管理时优先保障。建立绿色电力交易与可再生能源消纳责任权重挂钩机制，市场化用户通过购买绿色电力或绿证完成可再生能源消纳责任权重。加强与碳排放权交易的衔接，结合全国碳市场相关行业核算报告技术规范的修订完善，研究在排放量核算中将绿色电力相关碳排放量予以扣减的可行性。持续推动智能光伏创新发展，大力推广建筑光伏应用，加快提升居民绿色电力消费占比。（国家发展改革委、工业和信息化部、生态环境部、住房和城乡建设部、国务院国资委、国家能源局等部门按职责分工负责）

（十一）大力推进公共机构消费绿色转型

推动国家机关、事业单位、团体组织类公共机构率先采购使用新能源汽车，新建和既有停车场配备电动汽车充电设施或预留充电设施安装条件。积极推行绿色办公，提高办公设备和资产使用效率，鼓励无纸化办公和双面打印，鼓励使用再生制品。严格执行党政机关厉行节约反对浪费条例，确保各类公务活动规范开支，提高视频会议占比，严格公务用车管理。鼓励和推动文明、节俭举办活动。（国家发展改革委、财政部、住房和城乡建设部、国管局等部门按职责分工负责）

三、强化绿色消费科技和服务支撑

（十二）推广应用先进绿色低碳技术

引导企业提升绿色创新水平，积极研发和引进先进适用的绿色低碳技术，大力推行绿色设计和绿色制造，生产更多符合绿色低碳要求、生态环境友好、应用前景广阔的新产品新设备，扩大绿色低碳产品供给。推广低挥发性有机物含量产品生产、使用。加强低碳零碳负碳技术、智能技术、数字技术等研发推广和转化应用，提升餐饮、居住、交通、物流和商品生产等领域智慧化水平和运行效率。（国家发展改革委、科技部、工业和信息化部、生态环境部、住房和城乡建设部、交通运输部、商务部、国家邮政局等部门按职责分工负责）

（十三）推动产供销全链条衔接畅通

推行涵盖上中下游各主体、产供销各环节的全生命周期绿色供应链制度体系，推动电子商务、商贸流通等绿色创新和转型，带动上游供应商和服务商生产领域绿色化改造，鼓励下游企业、商户和居民自觉开展绿色采购，激发全社会生产和消费绿色低碳产品和服务的内生动力。鼓励国有企业率先推进绿色供应链转型。（国家发展改革委、工业和信息化部、商务部、国务院国资委等部门按职责分工负责）

（十四）加快发展绿色物流配送

积极推广绿色快递包装，引导电商企业、快递企业优先选购使用获得绿色认证的快递包装产品，促进快递包装绿色转型。鼓励企业使用商品和物流一体化包装，更多采用原箱发货，大幅减少物流环节二次包装。推广应用低克重高强度快递包装纸箱、免胶纸箱、可循环配送箱等快递包装新产品，鼓励通过包装结构优化减少填充物使用。加快城乡物流配送体系和快递公共末端设施建设，完善农村配送网络，创新绿色低碳、集约高效的配送模式，大力发展集中配送、共同配送、夜间配送。（国家发展改革委、交通运输部、商务部、市场监管总局、国家邮政局等部门按职责分工负责）

（十五）拓宽闲置资源共享利用和二手交易渠道

有序发展出行、住宿、货运等领域共享经济，鼓励闲置物品共享交换。积极发展二手车经销业务，推动落实全面取消二手车限迁政策，进一步扩大二手车流通。积极发展家电、消费电子产品和服装等二手交易，优化交易环境。允许有条件的地区在社区周边空闲土地或划定的特定空间有序发展旧货市场，鼓励社区定期组织二手商品交易活动，促进辖区内居民家庭闲置物品交易和流通。规范开展二手商品在线交易，加强信用和监管体系建设，完善交易纠纷解决规则。鼓励二手检测中心、第三方评测实验室等配套发展。（国家发展改革委、公安部、自然资源部、交通运输部、商务部、市场监管总局等部门按职责分工负责）

（十六）构建废旧物资循环利用体系

将废旧物资回收设施、报废机动车回收拆解经营场地等纳入相关规划，保障合理用地需求，统筹推进废旧物资回收网点与生活垃圾分类网点“两网融合”，合理布局、规范建设回收网络体系。放宽废旧物资回收车辆进城、进小区限制并规范管理，保障合理路权。积极推行“互联网＋回收”模式。加强废旧家电、消费电子等耐用消费品回收处理，鼓励家电生产企业开展回收目标责任制行动。因地制宜完善乡村回收网络，推动城乡废旧物资循环利用体系一体化发展。推动再生资源规模化、规范化、清洁化利用，促进再生资源产业集聚发展。加强废弃电器电子产品、报废机动车、报废船舶、废铅蓄电池等拆解利用企业规范管理和环境监管，依法查处违法违规行为。稳步推进“无废城市”建设。（国家发展改革委、工业和信息化部、公安部、自然资源部、生态环境部、住房和城乡建设部、农业农村部、商务部等部门按职责分工负责）

四、建立健全绿色消费制度保障体系

（十七）加快健全法律制度

研究论证绿色消费相关法律法规，倡导遵循减量化、再利用、资源化三原则，清晰界定围绕绿色消费所进行的采购、制造、流通、使用、回收、处理等各环节要求，明确政府、企业、社会组织、消费者等各主体责任义务。推进修订《招标投标法》和《政府采购法》，完善绿色采购政策。（国家发展改革委、工业和信息化部、司法部、财政部、商务部等部门按职责分工负责）

（十八）优化完善标准认证体系

进一步完善并强化绿色低碳产品和服务标准、认证、标识体系，加强与国际标准衔接，大力提升绿色标识产品和绿色服务市场认可度和质量效益。健全绿色能源消费认证标识制度，引导提高绿色能源在居住、交通、公共机构等终端能源消费中的比重。完善绿色设计和绿色制造标准体系，加快节能标准更新升级，提升重点产品能耗限额要求，大力淘汰低能效产品。制定重点行业和产品温室气体排放标准，探索建立重点产品全生命周期碳足迹标准。制修订工业原辅材料和居民消费品挥发性有机物限量标准。完善并落实好水效等“领跑者”制度和标准，引领带动产品和服务持续提升绿色化水平。（国家发展改革委、工业和信息化部、生态环境部、农业农村部、商务部、市场监管总局、国家能源局等部门按职责分工负责）

（十九）探索建立统计监测评价体系

探索建立绿色消费统计制度，加强对绿色消费的数据收集、统计监测和分析预测。研究建立综合与分类相结合的绿色消费指数和评价指标体系，科学评价不同地区、不同领域绿色消费水平和发展变化情况。（国家发展改革委、国家统计局等部门按职责分工负责）

（二十）推动建立绿色消费信息平台

探索搭建专门性的绿色消费指导机构和全国统一的绿色消费信息平台，统筹指导并定期发布绿色低碳产品清单和购买指南，提高绿色低碳产品生产和消费透明度，引导并便利机构、消费者等选择和采购。（国家发展改革委、商务部、市场监管总局等部门按职责分工负责）

五、完善绿色消费激励约束政策

（二十一）增强财政支持精准性

完善政府绿色采购标准，加大绿色低碳产品采购力度，扩大绿色低碳产品采购范围，提升绿色低碳产品在政府采购中的比例。落实和完善资源综合利用税收优惠政策，更好发挥税收对市场主体绿色低碳发展的促进作用。鼓励有条件的地区对智能家电、绿色建材、节能低碳产品等消费品予以适当补贴或贷款贴息。（国家发展改革委、工业和信息化部、财政部、商务部、税务总局等部门按职责分工负责）

（二十二）加大金融支持力度

引导银行保险机构规范发展绿色消费金融服务，推动消费金融公司绿色业务发展，为生产、销售、购买绿色低碳产品的企业和个人提供金融服务，提升金融服务的覆盖面和便利性。稳步扩大绿色债券发行规模，鼓励金融机构和非金融企业发行绿色债券，更好地为绿色低碳技术产品认证和推广等提供服务支持。鼓励社会资本以市场化方式设立绿色消费相关基金。鼓励开发新能源汽车保险产品，鼓励保险公司为绿色建筑提供保险保障。（国家发展改革委、财政部、人民银行、银保监会、证监会等部门按职责分工负责）

（二十三）充分发挥价格机制作用

进一步完善居民用水、用电、用气阶梯价格制度。完善分时电价政策，有效拉大峰谷价差和浮动幅度，引导用户错峰储能和用电。逐步扩大新能源车和传统燃料车辆使用成本梯度。完善城市公共交通运输价格形成机制，综合考虑城市承载能力、企业运营成本和交通供求状况，建立多层次、差别化的价格体系，增强公共交通吸引力。探索实行有利于缓解城市交通拥堵、有效促进公共交通优先发展的停车收费政策。建立健全餐饮企业厨余垃圾计量收费机制，逐步实行超定额累进加价。建立健全城镇生活垃圾处理收费制度，逐步实行分类计价和计量收费。鼓励有条件的地方建立农村生活污水和生活垃圾处理收费制度。（国家发展改革委牵头，工业和信息化部、生态环境部、住房和城乡建设部、交通运输部、农业农村部、国家能源局等部门按职责分工负责）

（二十四）推广更多市场化激励措施

探索实施全国绿色消费积分制度，鼓励地方结合实际建立本地绿色消费积分制度，以兑换商品、折扣优惠等方式鼓励绿色消费。鼓励各类销售平台制定绿色低碳产品消费激励办法，通过发放绿色消费券、绿色积分、直接补贴、降价降息等方式激励绿色消费。鼓励行业协会、平台企业、制造企业、流通企业等共同发起绿色消费行动计划，推出更丰富的绿色低碳产品和绿色消费场景。鼓励市场主体通过以旧换新、抵押金等方式回收废旧物品。（国家发展改革委、工业和信息化部、商务部、市场监管总局等部门按职责分工负责）

（二十五）强化对违法违规等行为处罚约束

发展针对绿色低碳产品的质量安全责任保障，严厉打击虚标绿色低碳产品行为，有关行政处罚等信息纳入全国信用信息共享平台和国家企业信用信息公示系统。严格依法处罚生产、销售列入淘汰名录的产品、设备行为。完善短视频直播、直播带货等网络直播标准，进一步规范直播行为，严厉打击虚假广告、虚假宣传、数据流量造假等违法违规和不良行为，禁止欺骗、误导消费者消费，遏制诱导消费者过度消费，倡导理性、健康的直播文化。（中央网信办、国家发展改革委、工业和信息化部、商务部、市场监管总局、广电总局等部门按职责分工负责）

六、组织实施

（二十六）加强组织领导

把加强党的全面领导贯穿促进绿色消费各方面和全过程。各地区要切实承担主体责任，结合实际抓紧抓好贯彻落实，不断完善体制机制和政策支持体系。各有关部门要积极按照职能分工加强协同配合，努力形成政策和工作合力，扎实推进各项任务。国家发展改革委要加强统筹协调和督促指导，充分发挥完善促进消费体制机制部际联席会议制度作用，会同相关部门统筹推进本方案组织实施。（国家发展改革委等有关部门按职责分工负责）

（二十七）开展试点示范

组织开展促进绿色消费试点示范工作，鼓励具备条件的重点地区、重点行业、重点企业先行先试、走在前列，积极探索有效模式和有益经验。广泛开展创建节约型机关、绿色家庭、绿色社区、绿色出行等行动。（国家发展改革委、民政部、住房和城乡建设部、交通运输部、国管局、中直管理局、全国妇联等部门按职责分工负责）

（二十八）强化宣传教育

弘扬勤俭节约等中华优秀传统文化，培育全民绿色消费意识和习惯，厚植绿色消费社会文化基础。推进绿色消费宣传教育进机关、进学校、进企业、进社区、进农村、进家庭，引导职工、学生和居民开展节粮、节水、节电、绿色出行、绿色购物等绿色消费实践。综合运用报纸、电视、广播、网络、微博、微信等各类媒介，探索采取群众喜闻乐见的形式，加大绿色消费公益宣传，及时、准确、生动地向社会公众和企业做好政策宣传解读，切实提高政策知晓度。（中央宣传部、国家发展改革委、教育部、民政部、农业农村部、商务部、国务院国资委、市场监管总局、广电总局、国管局、中直管理局、全国总工会、全国妇联等部门按职责分工负责）

（二十九）注重经验推广

及时总结推广各地区各有关部门和市场主体促进绿色消费的好经验、好做法，探索编制绿色消费发展年度报告。持续开展全国节能宣传周、全国低碳日、六五环境日等活动，鼓励地方政府和社会机构组织举办以绿色消费为主题的论坛、展览等活动，助力绿色消费理念、经验、政策等的研讨、交流与传播，促进绿色低碳产品和服务推广使用。（国家发展改革委、生态环境部等部门按职责分工负责）

国家发展改革委等部门关于推进共建“一带一路”绿色发展的意见

（发改开放〔2022〕408号）

各省、自治区、直辖市及计划单列市、新疆生产建设兵团推进“一带一路”建设工作领导小组，推进“一带一路”建设工作领导小组成员单位，银保监会、证监会、铁路局、民航局：

推进共建“一带一路”绿色发展，是践行绿色发展理念、推进生态文明建设的内在要求，是积极应对气候变化、维护全球生态安全的重大举措，是推进共建“一带一路”高质量发展、构建人与自然生命共同体的重要载体。共建“一带一路”倡议提出以来，特别是习近平总书记提出建设绿色丝绸之路5年来，共建“一带一路”绿色发展取得积极进展，理念引领不断增强，交流机制不断完善，务实合作不断深化，我国成为全球生态文明建设的重要参与者、贡献者、引领者。同时，共建“一带一路”绿色发展面临的风险挑战依然突出，生态环保国际合作水平有待提升，应对气候变化约束条件更为严格。为进一步推进共建“一带一路”绿色发展，让绿色切实成为共建“一带一路”的底色，经推进“一带一路”建设工作领导小组同意，现提出如下意见。

一、总体要求

（一）指导思想

以习近平新时代中国特色社会主义思想为指导，全面贯彻党的十九大和十九届历次全会精神，深入贯彻习近平生态文明思想和习近平总书记关于共建“一带一路”的系列重要讲话精神，坚持稳中求进工作总基调，立足新发展阶段，完整、准确、全面贯彻新发展理念，构建新发展格局，坚持稳字当头、稳中求进，按照第三次“一带一路”建设座谈会会议要求，践行共商共建共享原则，以高标准、可持续、惠民生为目标，坚持绿水青山就是金山银山，坚持人与自然和谐共生，建设更紧密的绿色发展伙伴关系，推动构建人与自然生命共同体。

（二）基本原则

绿色引领，互利共赢。以绿色发展理念为引领，注重经济社会发展与生态环境保护相协调，不断充实完善绿色丝绸之路思想内涵和理念体系。坚持多边主义，坚持共同但有区别的责任原则和各自能力原则，充分尊重共建“一带一路”国家实际，互学互鉴，携手合作，促进经济社会发展与生态环境保护相协调，共享绿色发展成果。

政府引导，企业主体。积极发挥政府引导作用，完善绿色发展政策支撑，搭建绿色交流合作平台，建立环境风险防控体系。更好发挥企业主体作用，压实企业生态环境保护主体责任，健全市场机制，调动企业参与共建“一带一路”绿色发展的积极性，鼓励全社会共同参与。

统筹推进，示范带动。坚持系统观念，加强部门、地方、企业联动，完善共建“一带一路”绿色发展顶层设计和标准体系，统筹推进绿色基建、绿色能源、绿色交通、绿色金融等领域合作。完善绿色发展合作平台，扎实开展绿色领域重点项目，形成示范带动效应。

依法依规，防范风险。严格遵守东道国生态环保法律法规和规则标准，高度重视当地民众绿色发展和生态环保诉求。坚持危地不往、乱地不去，严防严控企业海外无序竞争。强化境外项目环境风险防控，加强企业能力建设，切实保障生态安全。

（三）主要目标

到2025年，共建“一带一路”生态环保与气候变化国际交流合作不断深化，绿色丝绸之路理念得到各方认可，绿色基建、绿色能源、绿色交通、绿色金融等领域务实合作扎实推进，绿色示范项目引领作用更加明显，境外项目环境风险防范能力显著提升，共建“一带一路”绿色发展取得明显成效。

到2030年，共建“一带一路”绿色发展理念更加深入人心，绿色发展伙伴关系更加紧密，“走出去”企业绿色发展能力显著增强，境外项目环境风险防控体系更加完善，共建“一带一路”绿色发展格局基本形成。

二、统筹推进绿色发展重点领域合作

（四）加强绿色基础设施互联互通

引导企业推广基础设施绿色环保标准和最佳实践，在设计阶段合理选址选线，降低对各类保护区和生态敏感脆弱区的影响，做好环境影响评价工作，在建设期和运行期实施切实可行的生态环境保护措施，不断提升基础设施运营、管理和维护过程中的绿色低碳发展水平。引导企业在建设境外基础设施过程中采用节能节水标准，减少材料、能源和水资源浪费，提高资源利用率，降低废弃物排放，加强废弃物处理。

（五）加强绿色能源合作

深化绿色清洁能源合作，推动能源国际合作绿色低碳转型发展。鼓励太阳能发电、风电等企业“走出去”，推动建成一批绿色能源最佳实践项目。深化能源技术装备领域合作，重点围绕高效低成本可再生能源发电、先进核电、智能电网、氢能、储能、二氧化碳捕集利用与封存等开展联合研究及交流培训。

（六）加强绿色交通合作

加强绿色交通领域国际合作，助力共建“一带一路”国家发展绿色交通。积极推动国际海运和国际航空低碳发展。推广新能源和清洁能源车船等节能低碳型交通工具，推广智能交通中国方案。鼓励企业参与境外铁路电气化升级改造项目，巩固稳定提升中欧班列良好发展态势，发展多式联运和绿色物流。

（七）加强绿色产业合作

鼓励企业开展新能源产业、新能源汽车制造等领域投资合作，推动“走出去”企业绿色低碳发展。鼓励企业赴境外设立聚焦绿色低碳领域的股权投资基金，通过多种方式灵活开展绿色产业投资合作。

（八）加强绿色贸易合作

持续优化贸易结构，大力发展高质量、高技术、高附加值的绿色产品贸易。加强节能环保产品和服务进出口。

（九）加强绿色金融合作

在联合国、二十国集团等多边合作框架下，推广与绿色投融资相关的自愿准则和最佳经验，促进绿色金融领域的能力建设。用好国际金融机构贷款，撬动民间绿色投资。鼓励金融机构落实《“一带一路”绿色投资原则》。

（十）加强绿色科技合作

加强绿色技术科技攻关和推广应用，强化基础研究和前沿技术布局，加快先进适用技术研发和推广，鼓励企业优先采用低碳、节能、节水、环保的材料与技术工艺。发挥“一带一路”科技创新行动计划等机制作用，支持在绿色技术领域开展人文交流、联合研究、平台建设等合作，实施面向可持续发展的技术转移专项行动，建设“一带一路”绿色技术储备库，推动绿色科技合作网络与基地建设。

（十一）加强绿色标准合作

积极参与国际绿色标准制定，加强与共建“一带一路”国家绿色标准对接。鼓励行业协会等机构制定发布与国际接轨的行业绿色标准、规范及指南。

（十二）加强应对气候变化合作

推动各方全面履行《联合国气候变化框架公约》及其《巴黎协定》，积极寻求与共建“一带一路”国家应对气候变化“最大公约数”，加强与有关国家对话交流合作，推动建立公平合理、合作共赢的全球气候治理体系。继续实施“一带一路”应对气候变化南南合作计划，推进低碳示范区建设和减缓、适应气候变化项目实施，提供绿色低碳和节能环保等应对气候变化相关物资援助，帮助共建“一带一路”国家提升应对气候变化能力。

三、统筹推进境外项目绿色发展

（十三）规范企业境外环境行为

压实企业境外环境行为主体责任，指导企业严格遵守东道国生态环保相关法律法规和标准规范，鼓励企业参照国际通行标准或中国更高标准开展环境保护工作。加强企业依法合规经营能力建设，鼓励企业定期发布环境报告。指导有关行业协会、商会建立企业境外投资环境行为准则，通过行业自律引导企业规范环境行为。

（十四）促进煤电等项目绿色低碳发展

全面停止新建境外煤电项目，稳慎推进在建境外煤电项目。推动建成境外煤电项目绿色低碳发展，鼓励相关企业加强煤炭清洁高效利用，采用高效脱硫、脱硝、除尘以及二氧化碳捕集利用与封存等先进技术，升级节能环保设施。研究推动钢铁等行业国际合作绿色低碳发展。

四、统筹完善绿色发展支撑保障体系

（十五）完善资金支撑保障

有序推进绿色金融市场双向开放，鼓励金融机构和相关企业在国际市场开展绿色融资，支持国际金融组织和跨国公司在境内发行绿色债券、开展绿色投资。

（十六）完善绿色发展合作平台支撑保障

进一步完善“一带一路”绿色发展国际联盟，积极搭建“一带一路”绿色发展政策对话和沟通平台，不断提升国际影响力。加强“一带一路”生态环保大数据服务平台建设，加强生态环境及应对气候变化相关信息共享、技术交流合作，强化生态环保法律法规和国际通行规则研究。发挥“一带一路”能源合作伙伴关系、“一带一路”可持续城市联盟等合作平台作用，建立多元交流与合作平台。

（十七）完善绿色发展能力建设支撑保障

支持环境技术交流与转移基地、绿色技术示范推广基地和绿色科技园区等平台建设，强化科技创新能力保障，加强“一带一路”环境技术交流与转移中心（深圳）示范作用。实施绿色丝路使者计划，加强环境管理人员和专业技术人才互动交流，提升共建“一带一路”国家环保能力和水平。开展共建“一带一路”绿色发展专题培训，提高对共建“一带一路”绿色发展的人才支持力度。建设绿色丝绸之路新型智库，构建共建“一带一路”绿色发展智力支撑体系。

（十八）完善境外项目环境风险防控支撑保障

指导企业提高环境风险意识，加强境外项目环境管理，做好境外项目投资建设前的环境影响评价，及时识别和防范环境风险，采取有效的生态环保措施。组织编制重点行业绿色可持续发展指南，引导企业切实做好境外项目环境影响管理工作。通过正面引导、跟踪服务等多种措施，加强项目建设运营期环境指导和服务。

五、统筹加强组织实施

（十九）加强组织领导

加强党对共建“一带一路”绿色发展工作的集中统一领导。推进“一带一路”建设工作领导小组办公室要加强对共建“一带一路”绿色发展工作的统筹协调和系统推进。各地方和有关部门要把共建“一带一路”绿色发展工作摆上重要位置，加强领导、统一部署，确保相关重点任务及时落地见效。

（二十）加强宣传引导

加强和改进“一带一路”国际传播工作，及时澄清、批驳负面声音和不实炒作；强化正面舆论引导，讲好共建“一带一路”绿色发展“中国故事”。

（二十一）加强跟踪评估

推进“一带一路”建设工作领导小组办公室要加强共建“一带一路”绿色发展各项任务的指导规范，及时掌握进展情况，适时组织开展评估。各地方和有关部门贯彻落实情况要及时报送推进“一带一路”建设工作领导小组办公室。

国家发展改革委　外交部　生态环境部　商务部

2022年3月16日

国家发展改革委办公厅　国家能源局综合司关于做好新能源配套送出工程投资建设有关事项的通知

（发改办运行〔2021〕445号）

各省、自治区、直辖市发展改革委、经信委（工信委、工信厅、经信厅、工信局）、能源局，国家电网有限公司、中国南方电网有限责任公司、中国华能集团有限公司、中国大唐集团有限公司、中国华电集团有限公司、国家电力投资集团有限公司、中国长江三峡集团有限公司、国家能源投资集团有限责任公司、国家开发投资集团有限公司：

在碳达峰、碳中和目标背景下，风电、光伏发电装机将快速增长，并网消纳成为越来越重要的条件。为更好推动我国能源转型，满足新能源快速增长需求，避免风电、光伏发电等电源送出工程成为制约新能源发展的因素，现就有关事项通知如下：

一、高度重视电源配套送出工程对新能源并网的影响

为努力实现碳达峰、碳中和目标，需要进一步加快发展风电、光伏发电等非化石能源。新能源机组和配套送出工程建设的不同步将影响新能源并网消纳，各地和有关企业要高度重视新能源配套工程建设，采取切实行动，尽快解决并网消纳矛盾，满足快速增长的并网消纳需求。

二、加强电网和电源规划统筹协调

统筹资源开发条件和电源送出通道，科学合理选取新能源布点，做好新能源与配套送出工程的统一规划；考虑规划整体性和运行需要，优先电网企业承建新能源配套送出工程，满足新能源并网需求，确保送出工程与电源建设的进度相匹配；结合不同工程特点和建设周期，衔接好网源建设进度，保障风电、光伏发电等电源项目和配套送出工程同步规划、同步核准、同步建设、同步投运，做到电源与电网协同发展。

三、允许新能源配套送出工程由发电企业建设

对电网企业建设有困难或规划建设时序不匹配的新能源配套送出工程，允许发电企业投资建设，缓解新能源快速发展并网消纳压力。发电企业建设配套送出工程应充分进行论证，并完全自愿，可以多家企业联合建设，也可以一家企业建设，多家企业共享。

四、做好配套工程回购工作

发电企业建设的新能源配套工程，经电网企业与发电企业双方协商同意，可在适当时机由电网企业依法依规进行回购。

五、确保新能源并网消纳安全

投资建设承建主体转变仅涉及产权变化，调度运行模式保持不变。各投资主体应做好配套送出工程的运行维护工作，确保系统安全运行。

请各地高度重视新能源并网消纳工作，会同相关电网、发电企业，科学规划，加强监管，简化核准或备案手续，规范程序，合理确定承建主体，尽量缩短时间，以满足新能源高质量发展需要。

国家发展改革委办公厅　国家能源局综合司

2021 年 5 月 31 日

国家发展改革委办公厅　工业和信息化部办公厅关于做好“十四五”园区循环化改造工作有关事项的通知

（发改办环资〔2021〕1004号）

省、自治区、直辖市及计划单列市、新疆生产建设兵团发展改革委、工信厅（经信委）：

为贯彻落实《2030年前碳达峰行动方案》《“十四五”循环经济发展规划》，加快推动产业园区绿色低碳循环发展，提高资源能源利用效率，助力实现碳达峰碳中和目标，现就做好“十四五”园区循环化改造工作有关事项通知如下：

一、“十四五”园区循环化改造工作目标

到2025年底，具备条件的省级以上园区（包括经济技术开发区、高新技术产业开发区、出口加工区等各类产业园区）全部实施循环化改造，显著提升园区绿色低碳循环发展水平。通过循环化改造，实现园区的能源、水、土地等资源利用效率大幅提升，二氧化碳、固体废物、废水、主要大气污染物排放量大幅降低。

二、园区循环化改造的主要任务

（一）优化产业空间布局

根据物质流和产业关联性，优化园区内的企业、产业和基础设施的空间布局，体现产业集聚和循环链接效应，积极推广集中供气供热供水，实现土地的节约集约高效利用。

（二）促进产业循环链接

按照“横向耦合、纵向延伸、循环链接”原则，建设和引进关键项目，合理延伸产业链，推动产业循环式组合、企业循环式生产，促进项目间、企业间、产业间物料闭路循环、物尽其用，切实提高资源产出率。

（三）推动节能降碳

开展节能降碳改造，推动企业产品结构、生产工艺、技术装备优化升级，推进能源梯级利用和余热余压回收利用。因地制宜发展利用可再生能源，开展清洁能源替代改造，提

高清洁能源消费占比。提高能源利用管理水平。

（四）推进资源高效利用、综合利用

园区重点企业全面推行清洁生产，促进原材料和废弃物源头减量。加强资源深度加工、伴生产品加工利用、副产物综合利用，推动产业废弃物回收及资源化利用。加强水资源高效利用、循环利用，推进中水回用和废水资源化利用。因地制宜开展海水淡化等非常规水利用。

（五）加强污染集中治理

加强废水、废气、废渣等污染物集中治理设施建设及升级改造，实行污染治理的专业化、集中化和产业化。强化园区的环境综合管理，构建园区、企业和产品等不同层次的环境治理和管理体系，最大限度地降低污染物排放。

三、组织实施

（一）明确责任单位

各省、自治区、直辖市、计划单列市、新疆生产建设兵团发展改革委、工信厅（经信委）对本地区"十四五"园区循环化改造工作负总责，要充分发挥发展循环经济工作部门联席会议作用，会同有关部门加强统筹谋划、协调指导，认真组织实施。各园区管委会（或相应管理单位）是循环化改造的责任主体，负责编制本园区循环化改造实施方案并组织实施，园区内有关企业负责实施本企业的循环化改造项目。

（二）确定园区清单

各省、自治区、直辖市、计划单列市、新疆生产建设兵团发展改革委、工信厅（经信委）应系统梳理本地区省级以上园区发展现状和循环化改造工作基础，提出开展循环化改造的原则、条件等，因地制宜、实事求是研究提出本地区"十四五"具备条件进行循环化改造的园区清单，督促指导相关园区按照"一园一策"原则编制循环化改造实施方案，并于2022年6月底前将本地区"十四五"园区循环化改造园区清单和每个园区循环化改造的预期成效报送国家发展改革委（环资司）、工业和信息化部（节能司）。

（三）编制实施方案并组织实施

清单内园区的管委会（或相应管理单位）应根据园区特点和实际情况编制实施方案，报各省、自治区、直辖市、计划单列市、新疆生产建设兵团发展改革委、工信厅（经信委）审核同意后实施，并从2022年起每年底前将本年度园区循环化改造工作进展、成效、经验、困难等情况报送省级及计划单列市发展改革委、工信厅（经信委）。

实施方案包括园区的基本情况、改造的主要任务、实施的主要项目（包括每个项目的建设内容、资金投入等）、预期成效、组织实施和保障措施等。其中，预期成效包括节能

量，节水量，二氧化碳减排量，固体废物、废水、主要大气污染物减排量，园区单位生产总值能耗、用水量，固体废物综合利用率等资源环境指标。

（四）加大政策支持

园区所属地方政府要加大对园区循环化改造工作的土地、资金等要素支持，帮助协调解决园区循环化改造过程中面临的困难和问题。各省、自治区、直辖市、计划单列市、新疆生产建设兵团发展改革委、工信厅（经信委）要会同有关部门，统筹现有政策资源，加大对园区循环化改造相关项目的财税金融政策支持。国家发展改革委、工业和信息化部将统筹利用现有政策资金对园区循环化改造中的重大项目择优予以支持。

（五）加强督促指导

各省、自治区、直辖市、计划单列市、新疆生产建设兵团发展改革委、工信厅（经信委）负责督促指导园区落实实施方案，及时组织开展园区循环化改造成效评估和验收工作，确保园区循环化改造质量和效益，并从2023年起每年初将前一年度本地区园区循环化改造工作总体进展情况报送国家发展改革委（环资司）、工业和信息化部（节能司），于2026年初报送“十四五”本地区园区循环化改造工作总结报告。

（六）做好经验总结和宣传推广

各省、自治区、直辖市、计划单列市、新疆生产建设兵团发展改革委、工信厅（经信委）应及时总结园区循环化改造的好经验好做法，通过召开现场会等方式组织相关方面交流经验、互学互鉴、共同发展。国家发展改革委将会同工业和信息化部等部门宣传推广典型经验做法。

国家发展改革委办公厅　工业和信息化部办公厅

2021年12月15日

二、生态环境部

关于统筹和加强应对气候变化与生态环境保护相关工作的指导意见

（环综合〔2021〕4号）

各省、自治区、直辖市生态环境厅（局），新疆生产建设兵团生态环境局：

气候变化是当今人类面临的重大全球性挑战。积极应对气候变化是我国实现可持续发展的内在要求，是加强生态文明建设、实现美丽中国目标的重要抓手，是我国履行负责任大国责任、推动构建人类命运共同体的重大历史担当。习近平总书记在第七十五届联合国大会一般性辩论上宣布我国力争于2030年前二氧化碳排放达到峰值的目标与努力争取于2060年前实现碳中和的愿景，并在气候雄心峰会上进一步宣布国家自主贡献最新举措。为坚决贯彻落实习近平总书记重大宣示，坚定不移实施积极应对气候变化国家战略，更好履行应对气候变化牵头部门职责，加快补齐认知水平、政策工具、手段措施、基础能力等方面短板，促进应对气候变化与环境治理、生态保护修复等协同增效，现就统筹和加强应对气候变化与生态环境保护相关工作提出如下意见。

一、总体要求

（一）指导思想

以习近平新时代中国特色社会主义思想为指导，全面贯彻党的十九大和十九届二中、三中、四中、五中全会精神，深入贯彻习近平生态文明思想，坚定不移贯彻新发展理念，以推动高质量发展为主题，以二氧化碳排放达峰目标与碳中和愿景为牵引，以协同增效为着力点，坚持系统观念，全面加强应对气候变化与生态环境保护相关工作统筹融合，增强应对气候变化整体合力，推进生态环境治理体系和治理能力现代化，推动生态文明建设实现新进步，为建设美丽中国、共建美丽世界作出积极贡献。

（二）基本原则

坚持目标导向。围绕落实二氧化碳排放达峰目标与碳中和愿景，统筹推进应对气候变化与生态环境保护相关工作，加强顶层设计，着力解决与新形势新任务新要求不相适应的问题，协同推动经济高质量发展和生态环境高水平保护。

强化统筹协调。应对气候变化与生态环境保护相关工作统一谋划、统一布置、统一实施、统一检查，建立健全统筹融合的战略、规划、政策和行动体系。

突出协同增效。把降碳作为源头治理的“牛鼻子”，协同控制温室气体与污染物排放，协同推进适应气候变化与生态保护修复等工作，支撑深入打好污染防治攻坚战和二氧化碳排放达峰行动。

（三）主要目标

“十四五”期间，应对气候变化与生态环境保护相关工作统筹融合的格局总体形成，协同优化高效的工作体系基本建立，在统一政策规划标准制定、统一监测评估、统一监督执法、统一督察问责等方面取得关键进展，气候治理能力明显提升。

到2030年前，应对气候变化与生态环境保护相关工作整体合力充分发挥，生态环境治理体系和治理能力稳步提升，为实现二氧化碳排放达峰目标与碳中和愿景提供支撑，助力美丽中国建设。

二、注重系统谋划，推动战略规划统筹融合

（四）加强宏观战略统筹

将应对气候变化作为美丽中国建设重要组成部分，作为环保参与宏观经济治理的重要抓手。充分衔接能源生产和消费革命等重大战略和规划，统筹做好《建设美丽中国长期规划》和《国家适应气候变化战略2035》编制等相关工作，系统谋划中长期生态环境保护重大战略。

（五）加强规划有机衔接

科学编制应对气候变化专项规划，将应对气候变化目标任务全面融入生态环境保护规划，统筹谋划有利于推动经济、能源、产业等绿色低碳转型发展的政策举措和重大工程，在有关省份实施二氧化碳排放强度和总量“双控”。污染防治、生态保护、核安全等专项规划要体现绿色发展和气候友好理念，协同推进结构调整和布局优化、温室气体排放控制以及适应气候变化能力提升等相关目标任务。推动将应对气候变化要求融入国民经济和社会发展规划，以及能源、产业、基础设施等重点领域规划。

（六）全力推进达峰行动

抓紧制定2030年前二氧化碳排放达峰行动方案，综合运用相关政策工具和手段措施，持续推动实施。各地要结合实际提出积极明确的达峰目标，制定达峰实施方案和配套措施。鼓励能源、工业、交通、建筑等重点领域制定达峰专项方案。推动钢铁、建材、有色、化工、石化、电力、煤炭等重点行业提出明确的达峰目标并制定达峰行动方案。加快全国碳排放权交易市场制度建设、系统建设和基础能力建设，以发电行业为突破口率先在全国上线交易，逐步扩大市场覆盖范围，推动区域碳排放权交易试点向全国碳市场过渡，充分利用市场机制控制和减少温室气体排放。

三、突出协同增效，推动政策法规统筹融合

（七）协调推动有关法律法规制修订

把应对气候变化作为生态环境保护法治建设的重点领域，加快推动应对气候变化相关立法，推动碳排放权交易管理条例出台与实施。在生态环境保护、资源能源利用、国土空间开发、城乡规划建设等领域法律法规制修订过程中，推动增加应对气候变化相关内容。鼓励有条件的地方在应对气候变化领域制定地方性法规。

（八）推动标准体系统筹融合

加强应对气候变化标准制修订，构建由碳减排量评估与绩效评价标准、低碳评价标准、排放核算报告与核查等管理技术规范，以及相关生态环境基础标准等组成的应对气候变化标准体系框架，完善和拓展生态环境标准体系。探索开展移动源大气污染物和温室气体排放协同控制相关标准研究。

（九）推动环境经济政策统筹融合

加快形成积极应对气候变化的环境经济政策框架体系，以应对气候变化效益为重要衡量指标，推动气候投融资与绿色金融政策协调配合，加快推进气候投融资发展，建设国家自主贡献重点项目库，开展气候投融资地方试点，引导和支持气候投融资地方实践。推动将全国碳排放权交易市场重点排放单位数据报送、配额清缴履约等实施情况作为企业环境信息依法披露内容，有关违法违规信息记入企业环保信用信息。

（十）推动实现减污降碳协同效应

优先选择化石能源替代、原料工艺优化、产业结构升级等源头治理措施，严格控制高耗能、高排放项目建设。加大交通运输结构优化调整力度，推动“公转铁”“公转水”和多式联运，推广节能和新能源车辆。加强畜禽养殖废弃物污染治理和综合利用，强化污水、垃圾等集中处置设施环境管理，协同控制甲烷、氧化亚氮等温室气体。鼓励各地积极探索协同控制温室气体和污染物排放的创新举措和有效机制。

（十一）协同推动适应气候变化与生态保护修复

重视运用基于自然的解决方案减缓和适应气候变化，协同推进生物多样性保护、山水林田湖草系统治理等相关工作，增强适应气候变化能力，提升生态系统质量和稳定性。积极推进陆地生态系统、水资源、海洋及海岸带等生态保护修复与适应气候变化协同增效，协调推动农业、林业、水利等领域以及城市、沿海、生态脆弱地区开展气候变化影响风险评估，实施适应气候变化行动，提升重点领域和地区的气候韧性。

四、打牢基础支撑，推动制度体系统筹融合

（十二）推动统计调查统筹融合

在环境统计工作中协同开展温室气体排放相关调查，完善应对气候变化统计报表制度，加强消耗臭氧层物质与含氟气体生产、使用及进出口专项统计调查。健全国家及地方温室气体清单编制工作机制，完善国家、地方、企业、项目碳排放核算及核查体系。研究将应对气候变化有关管理指标作为生态环境管理统计调查内容。推动建立常态化的应对气候变化基础数据获取渠道和部门会商机制，加强与能源消费统计工作的协调，提高数据时效性。加强高耗能、高排放项目信息共享。生态环境状况公报进一步扩展应对气候变化内容，探索建立国家应对气候变化公报制度。

（十三）推动评价管理统筹融合

将应对气候变化要求纳入“三线一单”（生态保护红线、环境质量底线、资源利用上线和生态环境准入清单）生态环境分区管控体系，通过规划环评、项目环评推动区域、行业和企业落实煤炭消费削减替代、温室气体排放控制等政策要求，推动将气候变化影响纳入环境影响评价。组织开展重点行业温室气体排放与排污许可管理相关试点研究，加快全国排污许可证管理信息平台功能改造升级，推进企事业单位污染物和温室气体排放相关数据的统一采集、相互补充、交叉校核。

（十四）推动监测体系统筹融合

加强温室气体监测，逐步纳入生态环境监测体系统筹实施。在重点排放点源层面，试点开展石油天然气、煤炭开采等重点行业甲烷排放监测。在区域层面，探索大尺度区域甲烷、氢氟碳化物、六氟化硫、全氟化碳等非二氧化碳温室气体排放监测。在全国层面，探索通过卫星遥感等手段，监测土地利用类型、分布与变化情况和土地覆盖（植被）类型与分布，支撑国家温室气体清单编制工作。

（十五）推动监管执法统筹融合

加强全国碳排放权交易市场重点排放单位数据报送、核查和配额清缴履约等监督管理工作，依法依规统一组织实施生态环境监管执法。鼓励企业公开温室气体排放相关信息，支持部分地区率先探索企业碳排放信息公开制度。加强自然保护地、生态保护红线等重点区域生态保护监管，开展生态系统保护和修复成效监测评估，增强生态系统固碳功能和适应气候变化能力。

（十六）推动督察考核统筹融合

推动将应对气候变化相关工作存在的突出问题、碳达峰目标任务落实情况等纳入生态环境保护督察范畴，紧盯督察问题整改。强化控制温室气体排放目标责任制，作为生态环境相关考核体系的重要内容，加大应对气候变化工作考核力度。按规定对未完成目标任务

的地方人民政府及其相关部门负责人进行约谈，压紧压实应对气候变化工作责任。

五、强化创新引领，推动试点示范统筹融合

（十七）积极推进现有试点示范融合创新

修订完善生态示范创建、低碳试点等有关建设规范、评估标准和配套政策，将协同控制温室气体排放和改善生态环境质量作为试点示范的重要内容。逐步推进生态示范创建、低碳试点、适应气候变化试点等生态环境领域试点示范工作的融合与整合，形成政策合力和集成效应。

（十八）积极推动部分地区和行业先行先试

支持有条件的地方和行业率先达到碳排放峰值，推动已经达峰的地方进一步降低碳排放，支持基础较好的地方探索开展近零碳排放与碳中和试点示范。选择典型城市和区域，开展空气质量达标与碳排放达峰“双达”试点示范。在钢铁、建材、有色等行业，开展大气污染物和温室气体协同控制试点示范。

（十九）积极推动重大科技创新和工程示范

将应对气候变化作为生态环境科技发展重点领域，积极协调国家重点研发计划加大支持力度。鼓励地方设立专项资金支持应对气候变化科技创新。积极推动应对气候变化领域国家重点实验室、国家重大科技基础设施以及省部级重点实验室、工程技术中心等科技创新平台建设。发布国家重点推广的低碳技术目录，利用国家生态环境科技成果转化综合服务平台等，积极推广先进适用技术。有序推动规模化、全链条二氧化碳捕集、利用和封存示范工程建设。鼓励开展温室气体与污染物协同减排相关技术研发、示范与推广。

六、担当大国责任，推动国际合作统筹融合

（二十）统筹开展国际合作与交流

积极参与和引领应对气候变化等生态环保国际合作，加快推进现有机制衔接、平台共建共享，形成工作合力。统筹推进与重点国家和地区之间的战略对话与务实合作。加强与联合国等多边机构合作，建立长期性、机制性的环境与气候合作伙伴关系。统筹推进“一带一路”、南南合作等区域环境与气候合作。继续实施“中国—东盟应对气候变化与空气质量改善协同行动”。

（二十一）统筹做好国际公约谈判与履约

统筹推进全球应对气候变化、生物多样性保护、臭氧层保护、海洋保护、核安全等方面的国际谈判工作，统筹实施《巴黎协定》《蒙特利尔议定书》《生物多样性公约》等相关公约国内履约工作。

七、保障措施

（二十二）加强组织领导

生态环境部建立统筹和加强应对气候变化与生态环境保护相关工作协调机制，定期调度落实进展，加强跟踪评估和督促检查，协调解决实施中遇到的重大问题。加强与国家应对气候变化及节能减排工作领导小组成员单位沟通协作，协同推进应对气候变化与节能减排重点工作。各地要高度重视、周密部署，健全统筹和加强应对气候变化与生态环境保护相关工作的机制，确保落地见效。

（二十三）加强能力建设

着力提升地方各级党政领导干部和生态环境系统积极应对气候变化的意识。加强应对气候变化人员队伍和技术支撑能力建设。加大对应对气候变化相关技术研发、统计核算、宣传培训、项目实施等方面的资金支持力度。各地将应对气候变化经费纳入同级政府财政预算，落实相关经费保障政策。协调推动设立应对气候变化有关专项资金。充分发挥国家生态环境保护专家委员会、国家气候变化专家委员会等专业智库的决策支持作用。

（二十四）加强宣传引导

持续开展“六五环境日”“全国低碳日”主题宣传活动，充分利用例行新闻发布、政务新媒体矩阵等，统筹开展应对气候变化与生态环境保护宣传教育，组织形式多样的科普活动，弘扬绿色低碳、勤俭节约之风。鼓励和推动大型活动实施碳中和，对典型案例进行宣传推广。积极向国际社会宣介生态文明理念，大力宣传绿色低碳发展和应对气候变化工作成效，讲好生态文明建设“中国故事”。

生态环境部

2021年1月9日

（此件社会公开）

生态环境部办公厅2021年1月11日印发

关于加强高耗能、高排放建设项目生态环境源头防控的指导意见

（环环评〔2021〕45号）

各省、自治区、直辖市生态环境厅（局），新疆生产建设兵团生态环境局：

为全面落实党的十九届五中全会关于加快推动绿色低碳发展的决策部署，坚决遏制高耗能、高排放（以下简称“两高”）项目盲目发展，推动绿色转型和高质量发展，现就加强“两高”项目生态环境源头防控提出如下指导意见。

一、加强生态环境分区管控和规划约束

（一）深入实施“三线一单”

各级生态环境部门应加快推进“三线一单”成果在“两高”行业产业布局和结构调整、重大项目选址中的应用。地方生态环境部门组织“三线一单”地市落地细化及后续更新调整时，应在生态环境准入清单中深化“两高”项目环境准入及管控要求；承接钢铁、电解铝等产业转移地区应严格落实生态环境分区管控要求，将环境质量底线作为硬约束。

（二）强化规划环评效力

各级生态环境部门应严格审查涉“两高”行业的有关综合性规划和工业、能源等专项规划环评，特别对为上马“两高”项目而修编的规划，在环评审查中应严格控制“两高”行业发展规模，优化规划布局、产业结构与实施时序。以“两高”行业为主导产业的园区规划环评应增加碳排放情况与减排潜力分析，推动园区绿色低碳发展。推动煤电能源基地、现代煤化工示范区、石化产业基地等开展规划环境影响跟踪评价，完善生态环境保护措施并适时优化调整规划。

二、严格“两高”项目环评审批

（三）严把建设项目环境准入关

新建、改建、扩建“两高”项目须符合生态环境保护法律法规和相关法定规划，满足重点污染物排放总量控制、碳排放达峰目标、生态环境准入清单、相关规划环评和相应行业建设项目环境准入条件、环评文件审批原则要求。石化、现代煤化工项目应纳入国家产

业规划。新建、扩建石化、化工、焦化、有色金属冶炼、平板玻璃项目应布设在依法合规设立并经规划环评的产业园区。各级生态环境部门和行政审批部门要严格把关，对于不符合相关法律法规的，依法不予审批。

（四）落实区域削减要求

新建“两高”项目应按照《关于加强重点行业建设项目区域削减措施监督管理的通知》要求，依据区域环境质量改善目标，制定配套区域污染物削减方案，采取有效的污染物区域削减措施，腾出足够的环境容量。国家大气污染防治重点区域（以下称重点区域）内新建耗煤项目还应严格按规定采取煤炭消费减量替代措施，不得使用高污染燃料作为煤炭减量替代措施。

（五）合理划分事权

省级生态环境部门应加强对基层“两高”项目环评审批程序、审批结果的监督与评估，对审批能力不适应的依法调整上收。对炼油、乙烯、钢铁、焦化、煤化工、燃煤发电、电解铝、水泥熟料、平板玻璃、铜铅锌硅冶炼等环境影响大或环境风险高的项目类别，不得以改革试点名义随意下放环评审批权限或降低审批要求。

三、推进“两高”行业减污降碳协同控制

（六）提升清洁生产和污染防治水平

新建、扩建“两高”项目应采用先进适用的工艺技术和装备，单位产品物耗、能耗、水耗等达到清洁生产先进水平，依法制定并严格落实防治土壤与地下水污染的措施。国家或地方已出台超低排放要求的“两高”行业建设项目应满足超低排放要求。鼓励使用清洁燃料，重点区域建设项目原则上不新建燃煤自备锅炉。鼓励重点区域高炉—转炉长流程钢铁企业转型为电炉短流程企业。大宗物料优先采用铁路、管道或水路运输，短途接驳优先使用新能源车辆运输。

（七）将碳排放影响评价纳入环境影响评价体系

各级生态环境部门和行政审批部门应积极推进“两高”项目环评开展试点工作，衔接落实有关区域和行业碳达峰行动方案、清洁能源替代、清洁运输、煤炭消费总量控制等政策要求。在环评工作中，统筹开展污染物和碳排放的源项识别、源强核算、减污降碳措施可行性论证及方案比选，提出协同控制最优方案。鼓励有条件的地区、企业探索实施减污降碳协同治理和碳捕集、封存、综合利用工程试点、示范。

四、依排污许可证强化监管执法

（八）加强排污许可证管理

地方生态环境部门和行政审批部门在“两高”企业排污许可证核发审查过程中，应全

面核实环评及批复文件中各项生态环境保护措施及区域削减措施落实情况，对实行排污许可重点管理的“两高”企业加强现场核查，对不符合条件的依法不予许可。加强“两高”企业排污许可证质量和执行报告提交情况检查，督促企业做好台账记录、执行报告、自行监测、环境信息公开等工作。对于持有排污限期整改通知书或排污许可证中存在整改事项的“两高”企业，密切跟踪整改落实情况，发现未按期完成整改、存在无证排污行为的，依法从严查处。

（九）强化以排污许可证为主要依据的执法监管

各地生态环境部门应将“两高”企业纳入“双随机、一公开”监管。加大“两高”企业依证排污以及环境信息依法公开情况检查力度，特别对实行排污许可重点管理的“两高”企业，应及时核查排污许可证许可事项落实情况，重点核查污染物排放浓度及排放量、无组织排放控制、特殊时段排放控制等要求的落实情况。严厉打击“两高”企业无证排污、不按证排污等各类违法行为，及时曝光违反排污许可制度的典型案例。

五、保障政策落地见效

（十）建立管理台账

各级生态环境部门和行政审批部门应建立“两高”项目管理台账，将自2021年起受理、审批环评文件以及有关部门列入计划的“两高”项目纳入台账，记录项目名称、建设地点、所属行业、建设状态、环评文件受理时间、审批部门、审批时间、审批文号等基本信息，涉及产能置换的还应记录置换产能退出装备、产能等信息。既有“两高”项目按有关要求开展复核。“两高”项目暂按煤电、石化、化工、钢铁、有色金属冶炼、建材等六个行业类别统计，后续对“两高”范围国家如有明确规定的，从其规定。省级生态环境部门应统筹调度行政区域内“两高”项目情况，于2021年10月底前报送生态环境部，后续每半年更新。

（十一）加强监督检查

各地生态环境部门应建立“两高”项目环评与排污许可监督检查工作机制。对基层生态环境部门和行政审批部门已批复环评文件的“两高”项目，省级生态环境部门应开展复核。对已开工在建的，要重点检查生态环境保护措施是否同时实施，是否存在重大变动。对已经投入生产或者使用的，还要重点检查环评文件及批复提出的生态环境保护措施和重点污染物区域削减替代等要求落实情况、排污许可证申领和执行情况。各地生态环境部门应将监督检查中发现的问题及时记入“两高”项目管理台账。生态环境部将进一步加强督促指导。

（十二）强化责任追究

“两高”项目建设单位应认真履行生态环境保护主体责任。对未依法报批环评文件即擅自开工建设的“两高”项目，或未依法重新报批环评文件擅自发生重大变动的，地方生态环境部门应责令立即停止建设，依法严肃查处；对不满足生态环境准入条件的，依法责令恢复原状。对不落实环评及“三同时”要求的“两高”项目，应责令按要求整改；造成重大环境污染或生态破坏的，依法责令停止生产或使用，或依法报经有批准权的人民政府责令关闭。对审批及监管部门工作人员不依法履职、把关不严的，依法给予处分，造成重大损失或影响的，依法追究相关责任人责任。地方政府落实“两高”项目生态环境防控措施不力问题突出的，依法实施区域限批，纳入中央和省级生态环境保护督察。

生态环境部

2021 年 5 月 30 日

（此件社会公开）

抄送：生态环境部环境工程评估中心。

生态环境部办公厅 2021 年 5 月 31 日印发

关于印发《环境影响评价与排污许可领域协同推进碳减排工作方案》的通知

（环办环评函〔2021〕277号）

综合司、海洋司、大气司、气候司、核三司、环评司，环境发展中心，环境规划院，环境工程评估中心：

为贯彻落实《关于统筹和加强应对气候变化与生态环境保护相关工作的指导意见》（环综合〔2021〕4号），充分发挥环境影响评价和排污许可制度在源头控制、过程管理中的基础性作用，推动实现减污降碳协同效应，我部制定了《环境影响评价与排污许可领域协同推进碳减排工作方案》，业经部长专题会审议通过。现印发给你们，请认真组织实施。

生态环境部办公厅

2021年6月7日

环境影响评价与排污许可领域协同推进碳减排工作方案

为贯彻落实《关于统筹和加强应对气候变化与生态环境保护相关工作的指导意见》（环综合〔2021〕4号，以下简称《指导意见》）要求，充分发挥环境影响评价和排污许可制度在源头控制、过程管理中的基础性作用，积极落实碳排放达峰目标与要求，推动实现生态环境保护工作与应对气候变化的统一谋划、统一布置、统一实施，制定本方案。

一、总体要求

（一）指导思想

以习近平生态文明思想为指导，全面贯彻党的十九大和十九届二中、三中、四中、五中全会精神，以二氧化碳达峰目标与碳中和愿景为牵引，按照《指导意见》提出的“打牢基础支撑，推动制度体系统筹融合”要求，以减污降碳、协同增效为着力点，充分发挥环境影响评价事前准入约束、排污许可事中监管优势，在重点行业排放源层面落实碳减排要求，做好排污许可制度与碳排放权交易制度衔接，推动将温室气体管理协同纳入环境影响评价。

（二）工作目标

到 2022 年，搭建与碳达峰目标相适应的环境影响评价技术体系，开展重点区域、重点行业污染与碳排放协同环境影响评价、排污许可试点，充分利用规划环评、项目环评和排污许可数据，对地方碳达峰工作开展评估，推动碳排放控制目标落实。到 2025 年，基本形成与碳达峰、碳中和目标相适应的环境影响评价制度，建立污染物与温室气体协同管理的排污许可制度，以增强协同效应、提升管理效能为原则建立系统化管理机制，推动形成覆盖环境准入、排放许可、监测统计、核算核查、监督执法等建设项目全生命周期的污染防治与应对气候变化综合管理体系。

二、加快“三线一单”生态环境分区管控体系落地实施，积极应对气候变化

（一）加快推进“三线一单”成果落地实施应用

生态环境部指导各地做好“三线一单”落地实施应用工作。各地“三线一单”实施应用中，结合国家对电力、石化、化工、钢铁、建材、有色等重点领域的碳减排政策，充分落实“三线一单”相关准入要求，严格重点领域建设项目生态环境准入管理，遏制“两高”行业盲目发展，充分发挥减污降碳协同作用。

（二）推动在“三线一单”工作中积极落实碳达峰管控要求

生态环境部加快技术研究，组织开展试点，强化“三线一单”与碳达峰方案等应对气候变化工作要求相统筹，突出减污降碳、协同管控的思路。各地在“三线一单”工作中，综合考虑环境空气质量改善协同效益，在“三线”目标分析及管控单元优化、生态环境准入清单完善等方面，积极落实碳达峰相关要求。

三、探索建立政策生态环境影响论证、规划环评层面应对气候变化的工作机制

（一）组织开展试点，探索推进以绿色低碳为导向的政策生态环境影响论证工作机制

结合重大经济、技术政策生态环境影响论证试点，组织选取碳排放强度高的重点行业或区域开展试点工作，将绿色低碳作为试点工作重要内容。探索政策生态环境影响论证中以绿色低碳为导向的评价指标和评价方法，形成可复制、可推广的经验。到 2025 年初步建立以绿色低碳为导向的重大经济、技术政策生态环境影响论证工作机制。

（二）组织开展试点，探索在规划环评中开展碳排放环境影响评价

在现有规划环评工作框架下，选取工作基础较好的区域，组织开展国家和省级产业园

区、能源基地等规划环评试点工作。通过强化规划替代方案研究，以降低二氧化碳等温室气体排放为重要评价内容，探索将气候变化因素纳入规划环评的路径。

（三）逐步建立将气候变化因素纳入规划环评的技术规范，强化减污降碳协同管控和准入

总结试点工作经验和评价方法，探索将气候变化因素纳入规划环评技术方法体系，推动形成减污降碳协同管控的规划环评技术规范。按照国家统一部署确定碳排放控制目标，探索从规划空间布局、结构调整、总量管控等方面构建规划环评约束指标，推动形成区域、行业相关规划的减污降碳协同管控，助力碳达峰。

四、完善建设项目环境影响评价制度

（一）组织开展试点，探索将碳排放纳入建设项目环境影响评价

印发《关于开展重点行业建设项目碳排放环境影响评价试点的通知》，2021—2022 年，率先针对电力、石化、化工、钢铁、建材、有色等行业建设项目开展碳排放量核算和控制试点。分析确定建设项目二氧化碳产生的关键环节和主要类别，测算评估排放水平，结合能耗、工艺技术分析减排潜力，在环评文件中提出单位原料、产品或燃料碳排放强度或排放总量控制要求；根据国家制定的行业碳达峰方案，分别从原燃料清洁替代、节能降耗技术、余热余能利用、清洁运输方式等方面提出针对性的降碳措施与控制要求。有条件的地区可针对以甲烷（CH_4）、氧化亚氮（N_2O）、氢氟碳化物（HFCs）、全氟碳化物（PFCs）、六氟化硫（SF_6）、三氟化氮（NF_3）等温室气体排放为主的建设项目开展环境影响评价试点。

（二）推动实现碳排放作为建设项目环评管理的约束指标

协同考虑建设项目环境影响、碳排放量、碳排放强度，完善建设项目环评分类管理体系，推进《建设项目环境影响评价分类管理名录》修订，探索根据环境影响和温室气体排放确定管理类别。研究制定重点行业建设项目碳排放量核算与管理等相关技术文件，完善重点行业建设项目环评管理规定，修订《大气环境影响评价技术导则》，严格相关行业建设项目环评审批，落实清洁能源替代、煤炭等量或减量替代等要求，完善有关行业环评审批规定，明确碳排放要求。

五、完善排污许可制度

发挥排污许可制在碳排放管理中的载体与平台作用。建设全国环境信息管理平台，实现全国建设项目环评统一申报和审批系统、全国排污许可证管理信息平台、全国温室气体排放数据报送系统的集成统一，动态更新和跟踪掌握污染物与温室气体排放、交易状况，实现污染物和温室气体排放数据的统一采集、相互补充、交叉校核，为全国污染物与碳排放的监测、核查、执法提供数据支撑和管理工具。协同考虑温室气体与污染物排放，完善排放许可管理行业范围及分类管理要求。

六、保障措施

（一）完善法规标准体系

推进环评法修改，将温室气体排放纳入环境影响评价。修订完善企业温室气体排放核算方法与报告国家标准。在清洁生产评价指标体系有关标准中增加单位产品二氧化碳排放指标。修订大气环境影响评价技术导则体系，修改“三线一单”技术指南，完善重点行业环评与排污许可技术规范，明确碳排放控制相关要求。

（二）加快推进试点

鼓励有条件的地方、产业园区、企业积极参与试点工作，摸索碳排放量核算、评价、监管的方法体系及工作机制，强化企业碳排放监测、记录、核算、报告等能力建设，加快形成系统完善的技术方法与实施路径。探索通过现有环境监测体系实现对全国碳市场重点排放单位生产管理系统的在线监测。

（三）加强组织领导

各级生态环境部门要把环境影响评价与排污许可制度落实碳达峰工作摆在突出位置，按照《关于开展重点行业建设项目碳排放环境影响评价试点的通知》要求，提出重点任务和时间表，推动各项措施落地见效。省级生态环境部门应及时将试点方案和工作成果报生态环境部。

（四）加强能力建设

提升各级生态环境部门环评、排污许可领域工作人员积极落实碳达峰的意识和认知水平，组织开展碳排放环境影响评价的技术培训，加强碳排放管理能力建设。

（五）加强统筹协调

加强环评、排污许可和应对气候变化职能部门之间的协调联动、密切协作，解决好跨部门、跨领域的问题，实时跟进碳达峰工作总体要求和相关进展，形成合力，确保各项工作高效有序开展。

（六）加强宣传引导

组织开展应对气候变化与环评、排污许可融合的主题论坛、研讨、交流等，充分利用例行新闻发布、政务新媒体等加强宣传引导；对工作推进力度大、实施效果好的典型地方和企业进行宣传推广。

抄送：各省、自治区、直辖市生态环境厅（局），新疆生产建设兵团生态环境局。

关于开展重点行业建设项目碳排放环境影响评价试点的通知

（环办环评函〔2021〕346号）

河北省、吉林省、浙江省、山东省、广东省、重庆市、陕西省生态环境厅（局）：

实施碳排放环境影响评价，推动污染物和碳排放评价管理统筹融合，是促进应对气候变化与环境治理协同增效，实现固定污染源减污降碳源头管控的重要抓手和有效途径。为贯彻落实习近平总书记重要指示批示，加快实施积极应对气候变化国家战略，推动《关于统筹和加强应对气候变化与生态环境保护相关工作的指导意见》和《环境影响评价与排污许可领域协同推进碳减排工作方案》落地，我部组织部分省份开展重点行业建设项目碳排放环境影响评价试点。现将有关事项通知如下。

一、工作目标

2021年12月底前，试点地区发布建设项目碳排放环境影响评价相关文件，研究制定建设项目碳排放量核算方法和环境影响报告书编制规范，基本建立重点行业建设项目碳排放环境影响评价的工作机制。

2022年6月底前，基本摸清重点行业碳排放水平和减排潜力，探索形成建设项目污染物和碳排放协同管控评价技术方法，打通污染源与碳排放管理统筹融合路径，从源头实现减污降碳协同作用。

二、试点范围

（一）试点地区

在河北、吉林、浙江、山东、广东、重庆、陕西等地开展试点工作，鼓励其他有条件的省（区、市）根据实际需求划定试点范围，并向生态环境部申请开展试点。

（二）试点行业

试点行业为电力、钢铁、建材、有色、石化和化工等重点行业，试点地区根据各地实际选取试点行业和建设项目（详细名单见附件1）。除上述重点行业外，试点地区还可根据本地碳排放源构成特点，结合地区碳达峰行动方案和路径安排，同步开展其他碳排放强度高的行业试点。

（三）试点项目

试点地区应合理选择开展碳排放环境影响评价的建设项目，原则上选取《建设项目环境影响评价分类管理名录》规定需要编制环境影响报告书的建设项目，试点项目应具有代表性。

（四）评价因子

本次试点主要开展建设项目二氧化碳（CO_2）排放环境影响评价，有条件的地区还可开展以甲烷（CH_4）、氧化亚氮（N_2O）、氢氟碳化物（HFCs）、全氟碳化物（PFCs）、六氟化硫（SF_6）、三氟化氮（NF_3）等其他温室气体排放为主的建设项目环境影响评价试点。

三、工作任务

（一）建立方法体系

根据试点地区重点行业碳排放特点，因地制宜开展建设项目碳排放环境影响评价技术体系建设。研究制定基于碳排放节点的建设项目能源活动、工艺过程碳排放量测算方法；加快摸清试点行业碳排放水平与减排潜力现状，建立试点行业碳排放水平评价标准和方法；研究构建减污降碳措施比选方法与评价标准。

（二）测算碳排放水平

开展建设项目全过程分析，识别碳排放节点，重点预测碳排放主要工序或节点排放水平。内容包括核算建设项目生产运行阶段能源活动与工艺过程以及因使用外购的电力和热力导致的二氧化碳产生量、排放量，碳排放绩效情况，以及碳减排潜力分析等。

（三）提出碳减排措施

根据碳排放水平测算结果，分别从能源利用、原料使用、工艺优化、节能降碳技术、运输方式等方面提出碳减排措施。在环境影响报告书中明确碳排放主要工序的生产工艺、生产设施规模、资源能源消耗及综合利用情况、能效标准、节能降耗技术、减污降碳协同技术、清洁运输方式等内容，提出能源消费替代要求、碳排放量削减方案。

（四）完善环评管理要求

地方生态环境部门应按照相关环境保护法律法规、标准、技术规范等要求审批试点建设项目环评文件，明确减污降碳措施、自行监测、管理台账要求，落实地方政府煤炭总量控制、碳排放量削减替代等要求。

四、保障措施

（一）加强组织领导

省级生态环境部门负责本行政区域内建设项目碳排放影响评价试点的组织实施，突出重点，大胆创新，结合地区实际，确定本行政区域的具体试点范围、目标任务和实施计划，加强统筹协调，建立工作机制，保障人员经费，定期跟踪调度实施进度，及时梳理总结试点工作问题和工作成果。

（二）强化技术支持

生态环境部负责相关法律法规、标准和技术规范制修订工作，组建专家团队，对试点地区帮扶指导，组织开展技术交流培训。鼓励试点地区探索创新碳排放量核算和评价方法，出台相关地方标准和技术规范，先行先试。试点地区也可参考《重点行业建设项目碳排放环境影响评价试点技术指南（试行）》开展建设项目碳排放环境影响评价工作，详见附件2。

（三）做好宣传引导

相关地方各级生态环境部门要加强本行政区域内相关部门和企业的培训，通过多种渠道向企业、社会公众宣传碳排放环境影响评价的重要意义和具体要求，充分发挥企业的积极性和主动性。

请各试点地区生态环境厅（局）于2021年7月31日前将试点方案和试点建设项目名单报备我部，并分别于2021年12月15日和2022年6月15日前分别向我部报送试点工作总结。

附件：1. 试点地区和行业名单

2. 重点行业建设项目碳排放环境影响评价试点技术指南（试行）

生态环境部办公厅

2021年7月21日

（此件社会公开）

抄送：其他省（区、市）生态环境厅（局），新疆生产建设兵团生态环境局，环境发展中心、环境规划院、环境工程评估中心、气候中心。

部内抄送：气候司。

附件 1

试点地区和行业名单

试点地区	试点行业
河北省	钢铁
吉林省	电力、化工
浙江省	电力、钢铁、建材、有色、石化、化工
山东省	钢铁、化工
广东省	石化
重庆市	电力、钢铁、建材、有色、石化、化工
陕西省	煤化工

附件 2

重点行业建设项目碳排放环境影响评价试点技术指南（试行）

1. 适用范围

本指南适用于电力、钢铁、建材、有色、石化和化工等六大重点行业中需编制环境影响报告书的建设项目二氧化碳排放环境影响评价。适用的具体行业范围见附录 1。其他行业的建设项目碳排放环境影响评价可参照使用。

本指南规定了上述六大重点行业环境影响报告书中开展碳排放环境影响评价的一般原则、工作流程及工作内容。

2. 规范性及管理性引用文件

本指南引用了下列文件或其中的条款。凡是不注日期的引用文件，其有效版本适用于本指南。

HJ 2.1　建设项目环境影响评价技术导则　总纲

HJ 2.2　环境影响评价技术导则　大气环境

HJ 2.3　环境影响评价技术导则　地表水环境

GB/T 32150　工业企业温室气体排放核算和报告通则

GB/T 32151.1　温室气体排放核算与报告要求 第 1 部分：发电企业

GB/T 32151.4　温室气体排放核算与报告要求 第 4 部分：铝冶炼企业

GB/T 32151.5　温室气体排放核算与报告要求 第 5 部分：钢铁生产企业

GB/T 32151.7　温室气体排放核算与报告要求 第 7 部分：平板玻璃生产企业

GB/T 32151.8　温室气体排放核算与报告要求 第 8 部分：水泥生产企业

GB/T 32151.10　温室气体排放核算与报告要求 第 10 部分：化工生产企业

中国石油化工企业温室气体排放核算方法与报告指南（试行）（发改办气候〔2014〕2920 号　附件 2）

其他有色金属冶炼和压延加工业企业温室气体排放核算方法与报告指南（试行）（发

改办气候）〔2015〕1722 号　附件 2）

关于加强高耗能、高排放建设项目生态环境源头防控的指导意见（环环评〔2021〕45 号）

3. 术语和定义

以下术语定义适用于本指南。

3.1　碳排放（Carbon emission）

指建设项目在秤运行阶段煤炭、石油、天然气等化石燃料（包括自产和外购）燃烧活动和工业生产过程等活动产生的二氧化碳排放，以及因使用外购的电力和热力等所导致的二氧化碳排放。

3.2　碳排放量（Carbon emission amount）

指建设项目在生产运行阶段煤炭、石油、天然气等化石燃料（包括自产和外购）燃烧活动和工业生产过程等活动，以及因使用外购的电力和热力等所导致的二氧化碳排放量，包括建设项目正常和非正常工况，以及有组织和无组织的二氧化碳排放量，计量单位为“吨/年”。

3.3　碳排放绩效（Carbon emission efficieney）

指建设项目在生产运行阶段单位原料、产品（或主产品）或工业产值碳排放量。

4. 碳排放环境影响评价工作程序

在环境影响报告书中增加碳排放环境影响评价专章，按照环环评〔2021〕45 号要求，分析建设项目碳排放是否满足相关政策要求，明确建设项目二氧化碳产生节点，开展碳减排及二氧化碳与污染物协同控制措施可行性论证，核算二氧化碳产生和排放量，分析建设项目二氧化碳排放水平，提出建设项目碳排放环境影响评价结论（见下图）。

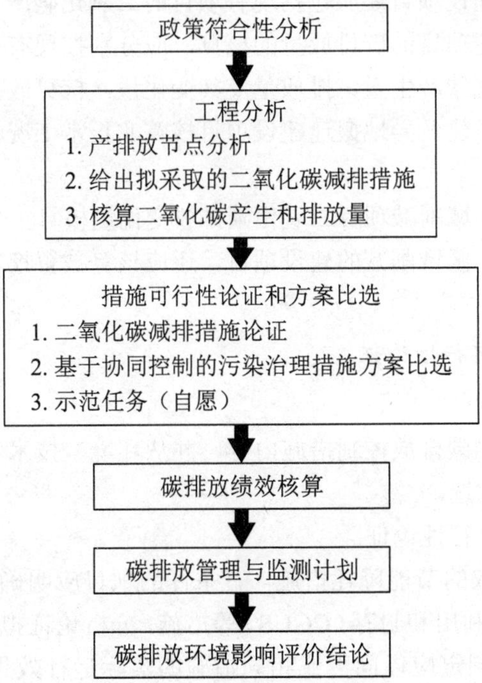

建设项目碳排放环境影响评价工作程序图

5. 评价内容

5.1　建设项目碳排放政策符合分析

分析建设项目碳排放与国家、地方和行业碳达峰行动方案，生态环境分区管控方案和生态环境准入清单，相关法律、法规、政策，相关规划和规划环境影响评价等的相符性。

5.2　建设项目碳排放分析

5.2.1　碳排放影响因素分析

全面分析建设项目二氧化碳产排节点，在工艺流程图中增加二氧化碳产生、排放情况（包括正常工况、开停工及维修等非正常工况）和排放形式。明确建设项目化石燃料燃烧源中的燃料种类、消费量、含碳量、低位发热量和燃烧效率等，涉及碳排放的工业生产环节原料、辅料及其他物料种类、使用量和含碳量，烧焦过程中的烧焦量、烧焦效率、残渣量及烧焦时间等，火炬燃烧环节、火炬气流量、组成及碳氧化率等参数以及净购入电力和热力量等数据。说明二氧化碳源头防控、过程控制、末端治理、回收利用等减排措施状况。

5.2.2　二氧化碳源强核算

根据二氧化碳产生环节、产生方式和治理措施，可参照GB/T32150、GB/T 32151.1、GB/T 32151.4、GB/T 32151.5、GB/T 32151.7、GB/T 32151.8、GB/T 32151.0、发改办气候〔2014〕2920号文和发改办气候〔2015〕1722号文中二氧化碳排放量核算方法，亦可参照附录2中的方法，开展钢铁、水泥和煤制合成气建设项目工艺过程生产运行阶段二氧化碳产生和排放量的核算。各地方还可结合行业特点，不断完善重点行业建设项目二氧化碳源强核算方法。此外，鼓励有条件的建设项目核算非正常工况及无组织二氧化碳产生和排放量。在附录3中给出二氧化碳排放的方式、数量等排放情况。

改扩建及异地搬迁建设项目还应包括现有项目的二氧化碳产生量、排放量和碳减排潜力分析等内容。对改扩建项目的碳排放量的核算，应分别按现有、在建、改扩建项目实施后等几种情形汇总二氧化碳产生量、排放量及其变化量，核算改扩建项目建成后最终碳排放量，鼓励有条件的改扩建及异地搬迁建设项目核算非正常工况及无组织二氧化碳产生和排放量。

5.2.3　产能置换和区域削减项目二氧化碳排放变化量核算

对于涉及产能置换、区域削减的建设项目，还应核算被置换项目及污染物减排量出让方碳排放量变化情况。

5.3　减污降碳措施及其可行性论证

5.3.1　总体原则

环境保护措施中增加碳排放控制措施内容，并从环境、技术等方面统筹开展减污降碳措施可行性论证和方案比选。

5.3.2　碳减排措施可行性论证

给出建设项目拟采取的节能降耗措施。有条件的项目应明确拟采取的能源结构优化，工艺产品优化，碳捕集、利用和封存（CCUS）等措施，分析论证拟采取措施的技术可行性、经济合理性，其有效性判定应以同类或相同措施的实际运行效果为依据，没有实际运行经验的，可提供工程实验数据。采用碳捕集和利用的，还应明确所捕集二氧化碳的利用去向。

5.3.3　污染治理措施比选

在满足 HJ 2.1、HJ 2.2 和 HJ 2.3 关于污染治理措施方案选择要求前提下，在环境影响报告书环境保护措施论证及可行性分析章节，开展基于碳排放量最小的废气和废水污染治理设施和预防措施的多方案比选，即对于环境质量达标区，在保证污染物能够达标排放，并使环境影响可接受前提下，优先选择碳排放量最小的污染防治措施方案。对于环境质量不达标区（环境质量细颗粒物 $PM_{2.5}$ 因子对应污染源因子二氧化硫 SO_2、氮氧化物 NO_X、颗粒物 PM 和挥发性有机物 VOCs，环境质量臭氧 O_3 因子对应污染源因子 NO_X 和 VOCs），在保证环境质量达标因子能够达标排放，并使环境影响可接受前提下，优先选择碳排放量最小的针对达标因子的污染防治措施方案。

5.3.4　示范任务

建设项目可在清洁能源开发、二氧化碳回收利用及减污降碳协同治理工艺技术等方面承担示范任务。

5.4　碳排放绩效水平核算

5.4.1　参照附录 4，核算建设项目的二氧化碳排放绩效。

5.4.2　改扩建、异地搬迁项目，还应核算现有工程二氧化碳排放绩效，并核算建设项目整体二氧化碳排放绩效水平。

5.4.3　在附录 3 中明确建设项目和改扩建、异地搬迁项目的二氧化碳排放绩效水平。

5.5　碳排放管理与监测计划

5.5.1　编制建设项目二氧化碳排放清单，明确其排放的管理要求。

5.5.2　提出建立碳排放量核算所需参数的相关监测和管理台账的要求，按照核算方法中所需参数，明确监测、记录信息和频次。

5.6　碳排放环境影响评价结论

对建设项目碳排放政策符合性、碳排放情况、减污降碳措施及可行性、碳排放水平、碳排放管理与监测计划等内容进行概括总结。

附录 1

重点行业及代码
（规范性附录）

行业	国民经济行业分类代码（GB/T 4754-2017）	类别名称
电力	44	电力、热力生产和供应业
	4411	火力发电
	4412	热电联产

续表

行业	国民经济行业分类代码（GB/T 4754-2017）		类别名称
钢铁	31		黑色金属冶炼和压延加工业
		3110	炼铁
		3120	炼钢
		3130	钢压延加工
建材	30		非金属矿物制品业
		3011	水泥制造
		3041	平板玻璃制造
有色	32		有色金属冶炼和压延加工业
		3216	铝冶炼
		3211	铜冶炼
石化	25		石油、煤炭及其他燃料加工业
		2511	原油加工及石油制品制造
		2522	煤制合成气生产
		2523	煤制液体燃料生产
化工	26		化学原料和化学制品制造业
		2614	有机化学原料制造

附录 2

钢铁、水泥和煤制合成气项目工艺过程二氧化碳源强核算推荐方法（资料性附录）

（一）钢铁高炉使用焦炭产生的二氧化碳排放量可按能源作为原材料（还原剂）进行计算，公式如下：

$$E_{原材料}=AD_{还原剂}\times EF_{还原剂}$$

式中：

$E_{原材料}$——能源作为原材料用途导致的二氧化碳排放量，t_{CO_2}；

$EF_{还原剂}$——能源作为还原剂用途的二氧化碳排放因子，推荐值为 2.862，无量纲；

$AD_{还原剂}$——活动水平，却能源作为还原剂的消耗量，t。

（二）水泥熟料窑的二氧化碳排放量可按物料衡算法计算，公式如下：

$$D=\left[\sum_{i=1}^{n}\left(m_i\times\frac{s_{m_i}}{100}\right)+\sum_{i=1}^{n}\left(f_i\times\frac{s_{f_i}}{100}\right)+\sum_{i=1}^{n}(g_i\times s_{g_i}\times10^{-5})-\sum_{i=1}^{n}\left(p_i\times\frac{s_{p_i}}{100}\right)\right]\times44/12$$

式中：

D——核算时段内二氧化碳排放量，t_{CO_2}；

m_i——核算时段内第 i 种入窑物料使用量，t；

s_{m_i}——核算时段内第 i 种入窑物料含碳率，%；

f_i——核算时段内第 i 种固体燃料使用量，t；

s_{f_i}——核算时段内第 i 种固体燃料含碳率，%；

g_i——核算时段内第 i 种入炉气体燃料使用量，10^4m^3；

s_{gi}——核算时段内第 i 种入炉气体燃料碳含量，mg/m^3；

p_i——核算时段内第 i 种产物产生量，t；

s_{p_i}——核算时段内第 i 种产物含碳率，%。

（三）煤制合成气建设项目二氧化碳排放量可按物料衡算法计算，公式如下：

$$E_{CO_2煤制合成气}=\left(Q_{煤}\times CC_{煤}+Q_{燃料气}\times CC_{燃料气}\times 10^{-9}-Q_{净化气}\times CC_{净化气}\times 10^{-9}-Q_{气化渣}\times CC_{气化渣}-Q_{低价排放气}\times CC_{低价排放气\text{-}CO}\times 28/12\right)\times 44/12$$

式中：

$E_{CO_2煤制合成气}$为煤制合成气工段产生的 CO_2 排放，t_{CO_2}；

$Q_{煤}$为煤炭使用量，t；

$CC_{煤}$为煤炭中含碳质量分数，t_c/t；

$Q_{燃料气}$为粉煤气化、硫回收等装置燃料气用量，Nm^3；

$CC_{燃料气}$为燃料气碳含量，mg/Nm^3；

$Q_{净化气}$为净化气流量，Nm^3；

$CC_{净化气}$为净化气碳含量，mg/Nm^3；

$Q_{气化渣}$为气化灰渣设计产生量，t；

$CC_{气化渣}$为气化灰渣中碳的质量分数，t_c/t；

$Q_{低价排放气}$为低温甲醇洗尾气流量，Nm^3；

$CC_{低价排放气\text{-}CO}$为低温甲醇洗尾气的 CO 含量，mg/Nm^3。

附录 3

二氧化碳排放情况汇总表
（资料性附录）

序号	排放口[1]编号	排放形式[2]	二氧化碳排放浓度[3]（mg/m^3）	碳排放量[4]（t/a）	碳排放绩效[5]（t/t 原料）	碳排放绩效[56]（t/t 产品）	碳排放绩效[5]（t/ 万元工业产值）	碳排放绩效[5]（t 万元工业增加值）
					—	—	—	—
					—	—	—	—
排放口合计								

[1] 同时排放二氧化碳和污染物的排放口统一编号，只排放二氧化碳的排放口按照相应规则另行编号。

[2] 有组织或无组织。

[3] 无组织排放源不需要填写。

[4] 各排放口和排放口合计都需要填写。

[5] 填写排放口合计，排放绩效具体填报类型参见附录 4。

[6] 电力行业建设项目为 t/kw·h。

附录 4

重点行业碳排放绩效类型选取表（资料性附录）

重点行业		排放绩效（吨/吨原料[1]）	排放绩效（吨/吨产品）	排放绩效（吨/万元工业产值）	排放绩效（吨/万元工业增加值）
电力	燃煤发电、燃气发电	√		√	√
钢铁	炼铁		√[2]	√	√
	炼钢		√[3]	√	√
	钢压延加工		√[4]	√	√
建材	水泥制造		√[5]	√	√
	平板玻璃制造		√[6]	√	√
有色	铝冶炼		√	√	√
	铜冶炼		√	√	√
石化	原油加工及石油制品制造	√	√	√	√
	煤制合成气生产	√	√	√	√
	煤制液体燃料生产	√	√	√	√
化工	有机化学原料制造[7]		√	√	√

[1] 原料按折标计算。
[2] 吨产品为烧结矿、球团矿、生铁。
[3] 吨产品为石灰、粗钢。
[4] 吨产品为钢材。
[5] 吨产品为吨熟料。
[6] 吨产品为吨玻璃水。
[7] 环氧乙烷产品按当量计算。

关于在产业园区规划环评中开展碳排放评价试点的通知

（环办环评函〔2021〕471号）

山西转型综合改革示范区晋中开发区、南京江宁经济技术开发区、常熟经济技术开发区、宁波石化经济技术开发区、万州经济技术开发区、重庆铜梁高新技术产业开发区、陕西靖边经济技术开发区管理委员会：

为贯彻落实《关于统筹和加强应对气候变化与生态环境保护相关工作的指导意见》（环综合〔2021〕4号）、《环境影响评价与排污许可领域协同推进碳减排工作方案》要求，充分发挥规划环评效能，我部选取具备条件的产业园区，在规划环评中开展碳排放评价试点工作。现将有关事项通知如下。

一、工作目标

坚持以生态环境质量改善为核心，落实减污降碳协同增效目标要求，按照《规划环境影响评价技术导则 产业园区》，探索在产业园区规划环评中开展碳排放评价的技术方法和工作路径，推动形成将气候变化因素纳入环境管理的机制，助力区域产业绿色转型和高质量发展。通过试点工作形成一批可复制、可推广的案例经验，为碳排放评价纳入环评体系提供工作基础。

二、试点对象

具备碳排放评价工作基础的国家级和省级产业园区，优先选择涉及碳排放重点行业或正在开展规划环评工作的产业园区。试点产业园区名单（第一批）见附件1。

三、工作任务

（一）探索规划环评中开展碳排放评价的技术方法

以生态环境质量改善为核心，推进减污降碳协同增效，在《规划环境影响评价技术导则　产业园区》的基础上，结合产业园区规划环评中开展碳排放评价试点工作要点（见附件2），采取定性与定量相结合的方式，探索开展不同行业、区域尺度上碳排放评价的技术方法，包括碳排放现状核算方法研究、碳排放评价指标体系构建、碳排放源识别与监控方法、低碳排放与污染物排放协同控制方法等方面。

（二）完善将碳排放评价纳入规划环评的环境管理机制

结合碳排放评价结果，进一步衔接区域“三线一单”生态环境分区管控要求、国土空间规划和行业发展规划内容，细化考虑气候变化因素的生态环境准入清单，为区域建设项目准入、企业排污许可证申领、执法检查等环境管理提供基础。

（三）形成一批可复制、可推广的案例经验

通过试点工作，重点从碳排放评价技术方法、减污降碳协同治理、考虑气候变化因素的规划优化调整方式和环境管理机制等方面总结经验，形成一批可复制、可推广的案例，为碳排放评价纳入环评体系提供工作基础。

四、保障措施

（一）做好组织实施

产业园区管理机构应按照报送我部的试点工作方案推进工作，做好人员保障和经费支持，及时总结经验，沟通解决发现的问题，按月报送工作进展，完成试点工作后编写试点工作报告，梳理提炼工作亮点和创新点。产业园区所属省、市生态环境部门应及时跟踪试点工作进展，在规划环评审查中充分考虑试点工作提出的意见建议，将减污降碳协同增效的具体要求落实到规划优化调整中。试点工作应结合规划环评工作统筹推进，完成一个报送一个，整体在 2022 年 11 月底前完成。

（二）强化能力建设

生态环境部组织碳排放评价试点工作专家团队，对试点工作进行指导，并适时组织专题研讨和培训，加强能力建设。鼓励各省级生态环境部门在我部产业园区规划环评碳排放评价试点经验的基础上，进一步拓展试点范围，探索针对不同行业、区域、园区特征的碳排放评价技术方法。有意向开展相关试点工作的省级生态环境部门应商我部环评司确定试点范围和工作方案后，组织实施。

（三）加强宣传引导

我部将组织对试点成果进一步总结和筛选，形成不同类型的产业园区碳排放评价案例。广泛宣传推广试点好经验、好做法，对成效突出的给予表扬，充分发挥试点示范效应，并不断完善其他类型规划的碳排放评价案例库、方法库，适时予以宣传指导。

附件：1. 试点产业园区名单（第一批）

2. 产业园区规划环评中开展碳排放评价试点工作要点

生态环境部办公厅

2021 年 10 月 17 日

（此件社会公开）

抄送：各省、自治区、直辖市生态环境厅（局），新疆生产建设兵团生态环境局。

附件 1

试点产业园区名单（第一批）

序号	所在省（市）	园区名称	园区设立级别
1	江苏	江宁经济技术开发区	国家级
2	江苏	常熟经济技术开发区	国家级
3	浙江	宁波石化经济技术开发区	国家级
4	重庆	万州经济技术开发区	国家级
5	山西	山西转型综合改革示范区晋中开发区	省级
6	重庆	重庆铜梁高新技术产业开发区	省级
7	陕西	陕西靖边经济技术开发区	省级

附件 2

产业园区规划环评中开展碳排放评价试点工作要点

一、总体思路和定位

坚持以现有规划环境影响评价制度为基础，将碳排放评价纳入评价工作全流程，鼓励在碳排放评价内容、指标、方法等方面大胆创新，探索形成产业园区减污降碳协同增效的技术方法和工作路径，促进产业园区低碳绿色发展。

二、评价重点

（一）应结合园区产业特点和类型确定碳排放评价范围和评价因子

涉及电力、钢铁、建材、有色、石化和化工等“两高”行业项目的园区可重点关注能源消耗、企业生产和废弃物处理等与污染物排放相关的碳排放；涉及大数据、云计算等高耗电的园区可重点关注调入电力的碳排放。重点以二氧化碳（CO_2）为主，根据园区主导产业能源消耗和工艺过程，可纳入甲烷（CH_4）、氧化亚氮（N_2O）、氢氟碳化物（HFCs）、全氟碳化物（PFCs）、六氟化硫（SF_6）与三氟化氮（NF_3）等其他温室气体评价。

（二）在充分利用已有碳排放统计资料的基础上摸清园区碳排放底数并开展规划分析

园区可根据碳排放清单、重点企业碳排放核查报告等现有资料分析碳排放现状；园区自行测算的，应按照国家有关指南，重点测算评价范围内的碳排放量。涉及电力、钢铁、建材、有色、石化和化工等“两高”行业项目的园区应重点评价主导产业碳排放水平，分析降碳潜力。分析规划实施后园区碳排放强度、结构等方面的变化，重点关注规划方案中产业发展、重点项目和涉及碳排放的配套基础设施等内容，分析与碳排放政策的符合性。

（三）根据区域和行业“双碳”目标，设定合理且符合区域特点的碳排放评价指标

立足园区现状碳排放水平和产业发展水平，从碳排放强度优化、资源利用效率提升等方面提出指标要求。

（四）以减污降碳协同增效为出发点提出规划优化调整建议和管控措施

重点关注园区内具有减污降碳协同效应的领域和环节，从规划产业结构、能源结构、运输结构、基础设施建设要求等方面对规划方案提出具有可操作性的优化调整建议和减污降碳协同管控措施建议。

关于印发《碳监测评估试点工作方案》的通知

（环办监测函〔2021〕435 号）

河北省、山西省、内蒙古自治区、辽宁省、上海市、江苏省、浙江省、山东省、河南省、广东省、重庆市、四川省、陕西省生态环境厅（局），中国环境科学研究院，中国环境监测总站，卫星环境应用中心，国家应对气候变化战略研究和国际合作中心，国家海洋环境监测中心，中国航天科工集团有限公司，中国石油天然气集团有限公司，中国石油化工集团有限公司，中国华电集团有限公司，国家能源投资集团有限责任公司，中国宝武钢铁集团有限公司，中国光大环境（集团）有限公司，首钢集团有限公司，北控水务（中国）投资有限公司，上海电力股份有限公司，山东能源集团有限公司：

为贯彻 2021 年全国生态环境保护工作会议精神，落实“减污降碳”总要求，支撑应对气候变化工作成效评估，指导做好碳监测评估试点工作，我部组织编制了《碳监测评估试点工作方案》。现印发给你们，请遵照执行。

生态环境部办公厅

2021 年 9 月 12 日

附件：略

关于推进国家生态工业示范园区碳达峰碳中和相关工作的通知

（科财函〔2021〕159号）

各国家生态工业示范园区：

为深入贯彻习近平生态文明思想，积极应对气候变化，推动实现碳达峰碳中和目标，进一步落实《关于统筹和加强应对气候变化与生态环境保护相关工作的指导意见》《关于在国家生态工业示范园区中加强发展低碳经济的通知》等有关要求，充分体现国家生态工业示范园区（以下简称“示范园区”）在促进减污降碳协同增效、推动区域绿色发展中的示范引领作用，现将有关事项通知如下。

一、总体要求

以习近平生态文明思想为指引，将碳达峰、碳中和作为示范园区建设的重要内容，通过践行绿色低碳理念、强化减污降碳协同增效、培育低碳新业态、提升绿色影响力等措施，以产业优化、技术创新、平台建设、宣传推广、项目示范为抓手，在“一园一特色，一园一主题”的基础上，形成碳达峰碳中和工作方案和实施路径，分阶段、有步骤地推动示范园区先于全社会在2030年前实现碳达峰，2060年前实现碳中和。

二、重点任务

（一）优化能源结构和产业结构

积极推动示范园区产业结构向低碳新业态发展。按照增加碳汇、减少碳源的原则，限制和淘汰落后的高能耗、高污染产业，开展技术革新、管理创新，实现生产过程节能减排，促进能源结构的调整改善，同时积极引入以低能耗、低污染、低排放为主要特点的低碳产业、节能环保产业、清洁生产产业，使区域产业结构不断优化升级。

（二）推动低碳技术创新应用转化

充分利用示范园区中高新技术企业和科研院所的研发能力，开展能源替代技术、碳捕集、利用与封存技术、工艺降碳技术、低碳管理技术等有利于促进碳达峰关键技术的研究和开发。在示范园区层面建立低碳技术企业孵化器，推动低碳技术的产业化。

（三）构建双碳目标管理平台

在示范园区管理平台的基础上，充分利用智慧化和大数据技术，增加和完善碳达峰、碳中和管理功能，按照减污降碳协同控制理念，对示范园区开展清洁能源替代、提高能源利用效率，持续调整改善示范园区能源结构所产生的减污降碳协同效应进行有效的跟踪和评估，提高管理的科学性和精准性。

（四）强化绿色低碳理念宣传教育

加强示范园区内企业员工、居民碳达峰碳中和理念的教育和宣传，促使公众在生产、生活和消费行为模式中向减碳降碳方向转变，力行低碳出行、使用低碳产品。

三、现阶段工作安排

（一）强化碳达峰碳中和目标要求

1. 在示范园区建设过程中，所有示范园区均应将实现碳达峰碳中和作为重要目标，并制定相应的实施路径举措。

2. 上述碳达峰碳中和目标和举措落实情况作为示范园区创建、验收和复查评估的重点考核评价内容。

3. 在各示范园区年度报告中，应认真总结碳达峰碳中和工作经验和取得的成效，并提出下一年度的具体目标和落实举措。

（二）摸清底数，开展示范园区碳排放现状调查

开展示范园区碳达峰现状摸查，请创建园区和命名园区于 2021 年 9 月 30 日前报送 2016—2020 年的《园区年度碳排放基础数据表》（模板见附件 1，每年度填一张表）及必要的文字说明。

（三）编制《园区碳达峰碳中和实施路径专项报告》

充分响应“3060”双碳目标要求，请创建园区和命名园区于 2022 年报送年度评价报告时一并提交《园区碳达峰碳中和实施路径专项报告》（编制大纲见附件 2），回顾“十三五”时期示范园区建设过程中碳达峰碳中和相关工作，分析碳排放和碳汇现状，评估与碳达峰碳中和的差距，科学制定碳达峰碳中和目标和路径，提出重点任务和保障措施。拟开展示范园区创建工作的工业园区，提交的示范园区创建申请材料应包括《园区碳达峰碳中和实施路径专项报告》。

四、材料报送要求

上述材料均报送至国家生态工业示范园区建设协调领导小组办公室（科技与财务司），纸质版材料一式三份加盖园区管委会公章，同时将电子版材料发送至电子邮箱，科技与财

务司将组织对报送材料质量开展评估审查。材料编制过程中如有疑问，可咨询技术支撑单位中国环境科学研究院、生态环境部南京环境科学研究所。

附件：1.《园区年度碳排放基础数据表》模板

2.《园区碳达峰碳中和实施路径专项报告》编制大纲

国家生态工业示范园区建设协调领导小组办公室

（生态环境部科技与财务司代章）

2021 年 8 月 27 日

（此件社会公开）

抄送：商务部外国投资管理司、科技部成果转化与区域创新司，相关园区所在省（区、市）生态环境厅（局），环科院、南京所。

附件 1

《园区年度碳排放基础数据表》模板

填写说明：表内数据应以经济统计和环境统计数据为准。

一、园区基本信息

园区名称		数据年份	
联系人		通讯地址	
联系电话		电子邮箱	
工业总产值（亿元）		工业增加值（亿元）	
园区面积（平方公里）		园区所在城市	

二、各行业能耗（根据国民经济行业分类 [GB/T 4754-2017] 自行添加园区内行业代码，如：食品制造业，行业代码 14）

燃料消耗量		无烟煤	烟煤	褐煤	洗精煤	其他洗煤	其他煤制品	石油焦	焦炭	原油	燃料油	汽油	柴油	一般煤油	液化天然气	液化石油气	焦油	粗苯	焦炉煤气	高炉煤气	转炉煤气	其他煤气	天然气	炼厂干气
单位		吨	吨	吨	吨	吨	吨	吨	吨	吨	吨	吨	吨	吨	吨	吨	吨	吨	万立方米	万立方米	万立方米	万立方米	万立方米	万立方米
合计																								
行业	行业代码	-	-	-	-	-	-	-	-	-	-	-	-	-	-	-	-	-	-	-	-	-	-	-

三、净购入的生产用电力、热力（如蒸汽）数据

能源种类	购入量	外销量
电量（兆瓦时）		
热量（吉焦）		

四、固体废弃物处理处置活动水平数据

固体废弃物	数值
填埋量（万吨 / 年）	
城市生活垃圾焚烧量（万吨 / 年）	
危险废弃物焚烧量（万吨 / 年）	
污水污泥焚烧量（万吨 / 年）	

五、污水处理甲烷排放活动水平数据

活动水平	数值
排入环境中的化学需氧量（千克 COD/ 年）	
甲烷回收量（千克甲烷 / 年）	

填报说明（必要的文字说明）：

附件 2

《园区碳达峰碳中和实施路径专项报告》编制大纲

一、背景介绍

（一）园区概况（历史沿革，地理位置，四至范围，社会经济环境现状，土地利用现状，自然资源禀赋等）

（二）国家、省、市碳达峰碳中和工作要求

（三）“十三五”及之前园区推动碳达峰碳中和开展的相关工作和取得的成效回顾

二、现状评估

（一）园区碳排放和碳汇现状测算

（二）园区碳达峰现状评估（是否已达峰，达峰差距分析）

（三）园区碳达峰实现的基础、优势和问题分析

三、目标预测

（一）碳达峰碳中和目标分析

（二）主要目标及指标（达峰中和年限、碳排放总量、碳排放强度等）

四、实施路径

（一）碳达峰碳中和总体实施计划

（二）重点任务（含责任主体和时间进度节点）

五、保障措施

（一）组织保障

（二）政策保障

关于报送2021年国家生态工业示范园区建设评价报告的通知

（科财函〔2022〕32号）

有关省、自治区、直辖市生态环境厅（局）：

生态文明示范创建是贯彻落实习近平生态文明思想的重要平台，国家生态工业示范园区是生态文明示范创建的重要内容之一，在我国工业园区绿色发展中起到积极的示范和引领作用。为推进相关工作，按照《国家生态工业示范园区管理办法》有关规定，请督促指导你省份获得命名和获批开展示范创建的园区按要求提交年度相关报告。具体事项通知如下。

一、编写2021年度园区评价报告（大纲见附件1），在评价报告中总结园区在减污降碳方面的工作基础和取得成效。2021年度通过复查评估的园区，须在年度评价报告中说明复查评估意见的落实情况。

二、按照《关于推进国家生态工业示范园区碳达峰碳中和相关工作的通知》要求，编写《园区碳达峰碳中和实施路径专项报告》（大纲见附件2）。

请汇总本省份相关园区年度评价报告、园区碳达峰碳中和实施路径专项报告（均需加盖园区管理机构公章），并于2022年5月31日前报送至国家生态工业示范园区建设协调领导小组办公室，电子版发联系人邮箱。

附件：1. 国家生态工业示范园区建设年度评价报告大纲

2.《园区碳达峰碳中和实施路径专项报告》编制大纲

生态环境部科技与财务司

2022年3月22日

（此件社会公开）

抄送：商务部外国投资管理司、科技部成果转化与区域创新司。

附件 1

国家生态工业示范园区建设年度评价报告大纲

一、国家生态工业示范园区建设主要工作回顾

对 2021 年国家生态工业示范园区建设开展的主要工作加以回顾总结，主要包括：（1）回顾政府、企业、第三方机构以及公众在生态工业园区建设中发挥的作用和具体的行为；（2）总结国家生态工业示范园区建设规划完成情况，包括生态工业链网构建与完善、主要污染物控制、生态工业关键项目引进和实施以及园区管理机制的完善等；（3）园区在碳达峰、碳中和方面的主要做法和取得的成效。

2021 年度接受复查评估的园区，应在年度评价报告中说明复查评估专家意见的落实情况。

近期中央生态环境保护督察整改落实情况，写明是否涉及园区，如涉及应提供整改情况说明。

二、建设主要成果

从资源能源利用效率和生态效率提升、环境质量改善以及园区整体发展等方面，总结国家生态工业示范园区建设取得的主要成果，并填写对照考核表。考核表数据需全部填报，注明其中自选指标是否为考核指标，格式见附表。

三、建设中存在的问题和制约因素

园区在发展过程中遇到的问题和当前限制园区发展的主要制约因素。对于未验收园区应根据目前园区与国家生态工业示范园区标准要求之间存在的差距，分析存在差距的主要原因。

四、下一阶段工作计划

根据园区发展现状和存在的问题，提出下一年度国家生态工业示范园区建设的目标、任务和工作内容。

如国家生态工业园区建设规划已超出规划期应提出规划修编或编制下一轮规划的工作方案。如建设规划在规划期内有重大调整，报备调整内容。

附表

对照考核表

表内指标数据需全部填报，选择为考核指标的将考核其达标情况，数据基准年为2021年。

园区名称：　　　　　　　　　　　　　　　　　　填报时间：　年　月　日

分类	序号	指标	单位	要求	是否选为考核指标	数值
经济发展	1	高新技术企业工业总产值	万元	—	—	
		园区工业总产值	万元	—	—	
		高新技术企业工业总产值占园区工业总产值比例	%	≥ 30	是 / 否	
	2	年末从业人口	人	—	—	
		工业增加值	万元	—	—	
		人均工业增加值	万元 / 人	≥ 15	是 / 否	
	3	规划基准年工业增加值	万元	—	—	
		2018 年工业增加值	万元	—	—	
		园区工业增加值三年年均增长率	%	≥ 15	是 / 否	
	4	资源再生利用产业增加值	万元	—	—	
		资源再生利用产业增加值占园区工业增加值比例	%	≥ 30	是 / 否	
产业共生	5	建设规划实施后新增构建生态工业链项目数量	个	≥ 6	必选	
	6	工业固体废物综合利用量	吨	—	—	
		工业固体废物总产生量	吨	—	—	
		综合利用往年贮存量	吨	—	—	
		工业固体废物综合利用率[a]	%	≥ 70	是 / 否	
	7	再生产业再生资源循环利用量	吨	—	—	
		再生资源收集量	吨	—	—	
		再生资源循环利用率[b]	%	≥ 80	是 / 否	
资源节约	8	工业用地面积	平方公里	—	—	
		单位工业用地面积工业增加值	亿元 / 平方公里	≥ 9	是 / 否	
	9	2018 年工业用地面积	平方公里	—	—	
		单位工业用地面积工业增加值三年年均增长率	%	≥ 6	是 / 否	
	10	综合能耗总量	吨标煤	—	—	
		规划基准年综合能耗总量	吨标煤	—	—	
		综合能耗弹性系数	-	当园区工业增加值建设期年均增长率 >0，≤ 0.6 当园区工业增加值建设期年均增长率 <0，≥ 0.6	必选	

续表

<table>
<tr><th>分类</th><th>序号</th><th>指标</th><th>单位</th><th>要求</th><th>是否选为考核指标</th><th>数值</th></tr>
<tr><td rowspan="14">资源节约</td><td>11</td><td>单位工业增加值综合能耗[a]</td><td>吨标煤 / 万元</td><td>≤0.5</td><td>是 / 否</td><td></td></tr>
<tr><td rowspan="2">12</td><td>可再生能源使用量</td><td>吨标煤</td><td>—</td><td>—</td><td></td></tr>
<tr><td>可再生能源使用比例</td><td>%</td><td>≥9</td><td>是 / 否</td><td></td></tr>
<tr><td rowspan="4">13</td><td>新鲜水资源消耗量</td><td>万立方米</td><td>—</td><td>—</td><td></td></tr>
<tr><td>规划基准年新鲜水资源消耗量</td><td>万立方米</td><td>—</td><td>—</td><td></td></tr>
<tr><td rowspan="2">新鲜水耗弹性系数</td><td rowspan="2">-</td><td>当园区工业增加值建设期年均增长率>0，≤0.55</td><td rowspan="2">必选</td><td rowspan="2"></td></tr>
<tr><td>当园区工业增加值建设期年均增长率<0，≥0.55</td></tr>
<tr><td>14</td><td>单位工业增加值新鲜水耗[a]</td><td>立方米 / 万元</td><td>≤8</td><td>是 / 否</td><td></td></tr>
<tr><td rowspan="2">15</td><td>工业重复用水量</td><td>立方米</td><td>—</td><td>—</td><td></td></tr>
<tr><td>工业用水重复利用率</td><td>%</td><td>≥75</td><td>是 / 否</td><td></td></tr>
<tr><td rowspan="5">16</td><td>园区再生水（中水）回用量</td><td>万吨</td><td>—</td><td>—</td><td></td></tr>
<tr><td>园区污水处理厂排放总量</td><td>万吨</td><td>—</td><td>—</td><td></td></tr>
<tr><td rowspan="3">再生水（中水）回用率</td><td rowspan="3">%</td><td>缺水城市达到20% 以上</td><td rowspan="3">是 / 否</td><td rowspan="2"></td></tr>
<tr><td>京津冀区域达到30% 以上</td></tr>
<tr><td>其他地区达到10% 以上</td><td></td></tr>
<tr><td rowspan="8">环境保护</td><td>17</td><td>工业园区重点污染源稳定排放达标情况</td><td>%</td><td>达标</td><td>必选</td><td></td></tr>
<tr><td>18</td><td>工业园区国家重点污染物排放总量控制指标及地方特征污染物排放总量控制指标完成情况</td><td>-</td><td>全部完成</td><td>必选</td><td></td></tr>
<tr><td>19</td><td>工业园区内企事业单位发生特别重大、重大突发环境事件数量</td><td>-</td><td>0</td><td>必选</td><td></td></tr>
<tr><td>20</td><td>环境管理能力完善度</td><td>%</td><td>100</td><td>必选</td><td></td></tr>
<tr><td>21</td><td>工业园区重点企业清洁生产审核实施率</td><td>%</td><td>100</td><td>必选</td><td></td></tr>
<tr><td>22</td><td>污水集中处理设施</td><td>–</td><td>具备</td><td>必选</td><td></td></tr>
<tr><td>23</td><td>园区环境风险防控体系建设完善度</td><td>%</td><td>100</td><td>必选</td><td></td></tr>
<tr><td>24</td><td>工业固体废物（含危险废物）处置利用率</td><td>–</td><td>100</td><td>必选</td><td></td></tr>
</table>

续表

分类	序号	指标	单位	要求	是否选为考核指标	数值
环境保护	25	COD 排放量	吨	—	—	
		氨氮排放量	吨	—	—	
		SO_2 排放量	吨	—	—	
		氮氧化物排放量	吨	—	—	
		规划基准年 COD 排放量	吨	—	—	
		规划基准年氨氮排放量	吨	—	—	
		规划基准年 SO_2 排放量	吨	—	—	
		规划基准年氮氧化物排放量	吨	—	—	
		主要污染物排放弹性系数	-	当园区工业增加值建设期年均增长率 >0，≤ 0.3	必选	
				当园区工业增加值建设期年均增长率 <0，≥ 0.3		
	26	二氧化碳排放量	吨	—	—	
		规划基准年二氧化碳排放量	吨	—	—	
		单位工业增加值二氧化碳排放量年均削减率[a]	%	≥ 3	必选	
	27	废水排放量	吨	—	—	
		单位工业增加值废水排放量[a]	吨 / 万元	≤ 7		
	28	固废产生量	吨	—	—	
		单位工业增加值固废产生量[a]	吨 / 万元	≤0.1	是/否	
	29	绿化覆盖率	%	≥15	必选	
信息公开	30	重点企业环境信息公开率	%	100	必选	
	31	生态工业信息平台完善程度	%	100	必选	
	32	生态工业主题宣传活动	次 / 年	≥2	必选	

注：a. 园区中某一工业行业产值占园区工业总产值比例大于 70% 时，该指标的指标值为达到该行业清洁生产评价指标体系一级水平或公认国际先进水平。

b.“指标 4”无法达标的园区不能选择此项指标作为考核指标。

附件 2

《园区碳达峰碳中和实施路径专项报告》编制大纲

一、背景介绍

（一）园区概况（历史沿革，地理位置，四至范围，社会经济环境现状，土地利用现状，自然资源禀赋等）

（二）国家、省、市碳达峰碳中和工作要求

（三）“十三五”及之前园区推动碳达峰碳中和开展的相关工作和取得的成效回顾

二、现状评估

（一）园区碳排放和碳汇现状测算

（二）园区碳达峰现状评估（是否已达峰，达峰差距分析）

（三）园区碳达峰实现的基础、优势和问题分析

三、目标预测

（一）碳达峰碳中和目标分析

（二）主要目标及指标（达峰中和年限、碳排放总量、碳排放强度等）

四、实施路径

（一）碳达峰碳中和总体实施计划

（二）重点任务（含责任主体和时间进度节点）

五、保障措施

（一）组织保障

（二）政策保障

关于促进应对气候变化投融资的指导意见

（环气候〔2020〕57 号）

各省、自治区、直辖市生态环境厅（局）、发展改革委，新疆生产建设兵团生态环境局、发展改革委；中国人民银行上海总部，各分行、营业管理部，各省会（首府）城市中心支行，各副省级城市中心支行；各银保监局；各证监局；各政策性银行、大型银行、股份制银行：

为全面贯彻落实党中央、国务院关于积极应对气候变化的一系列重大决策部署，更好发挥投融资对应对气候变化的支撑作用，对落实国家自主贡献目标的促进作用，对绿色低碳发展的助推作用，现提出如下意见。

一、总体要求

（一）指导思想

以习近平新时代中国特色社会主义思想为指导，全面贯彻党的十九大和十九届二中、三中、四中全会精神，深入贯彻习近平生态文明思想和全国生态环境保护大会精神，坚持新发展理念，统筹推进“五位一体”总体布局和协调推进“四个全面”战略布局，坚定不移实施积极应对气候变化国家战略。以实现国家自主贡献目标和低碳发展目标为导向，以政策标准体系为支撑，以模式创新和地方实践为路径，大力推进应对气候变化投融资（以下简称气候投融资）发展，引导和撬动更多社会资金进入应对气候变化领域，进一步激发潜力、开拓市场，推动形成减缓和适应气候变化的能源结构、产业结构、生产方式和生活方式。

（二）基本原则

坚持目标引领。紧扣国家自主贡献目标和低碳发展目标，促进投融资活动更好地为碳排放强度下降、碳排放达峰、提高非化石能源占比、增加森林蓄积量等目标、政策和行动服务。

坚持市场导向。充分发挥市场在气候投融资中的决定性作用，更好发挥政府引导作用，有效发挥金融机构和企业在模式、机制、金融工具等方面的创新主体作用。

坚持分类施策。充分考虑地方实际情况，实施差异化的气候投融资发展路径和模式。积极营造有利于气候投融资发展的政策环境，推动形成可复制、可推广的气候投融资的先进经验和最佳实践。

坚持开放合作。以开放促发展、以合作促协同，推动气候投融资积极融入“一带一路”建设，积极参与气候投融资国际标准的制订和修订，推动中国标准在境外投资建设中的应用。

（三）主要目标

到2022年，营造有利于气候投融资发展的政策环境，气候投融资相关标准建设有序推进，气候投融资地方试点启动并初见成效，气候投融资专业研究机构不断壮大，对外合作务实深入，资金、人才、技术等各类要素资源向气候投融资领域初步聚集。

到2025年，促进应对气候变化政策与投资、金融、产业、能源和环境等各领域政策协同高效推进，气候投融资政策和标准体系逐步完善，基本形成气候投融资地方试点、综合示范、项目开发、机构响应、广泛参与的系统布局，引领构建具有国际影响力的气候投融资合作平台，投入应对气候变化领域的资金规模明显增加。

（四）定义和支持范围

气候投融资是指为实现国家自主贡献目标和低碳发展目标，引导和促进更多资金投向应对气候变化领域的投资和融资活动，是绿色金融的重要组成部分。支持范围包括减缓和适应两个方面。

1. 减缓气候变化。包括调整产业结构，积极发展战略性新兴产业；优化能源结构，大力发展非化石能源；开展碳捕集、利用与封存试点示范；控制工业、农业、废弃物处理等非能源活动温室气体排放；增加森林、草原及其他碳汇等。

2. 适应气候变化。包括提高农业、水资源、林业和生态系统、海洋、气象、防灾减灾救灾等重点领域适应能力；加强适应基础能力建设，加快基础设施建设、提高科技能力等。

二、加快构建气候投融资政策体系

（一）强化环境经济政策引导

推动形成积极应对气候变化的环境经济政策框架体系，充分发挥环境经济政策对于应对气候变化工作的引导作用。加快建立国家气候投融资项目库，挖掘高质量的低碳项目。推动建立低碳项目资金需求方和供给方的对接平台，加强低碳领域的产融合作。研究制定符合低碳发展要求的产品和服务需求标准指引，推动低碳采购和消费，不断培育市场和扩大需求。

（二）强化金融政策支持

完善金融监管政策，推动金融市场发展，支持和激励各类金融机构开发气候友好型的绿色金融产品。鼓励金融机构结合自身职能定位、发展战略、风险偏好等因素，在风险可控、商业可持续的前提下，对重大气候项目提供有效的金融支持。支持符合条件的气候友好型企业通过资本市场进行融资和再融资。鼓励通过市场化方式推动小微企业和社会公众参与应对气候变化行动。有效防范和化解气候投融资风险。

（三）强化各类政策协同

明确主管部门责权，完善部门协调机制，将气候变化因素纳入宏观和行业部门产业政策制定，形成政策合力。加快推动气候投融资相关政策与实现国家应对气候变化和低碳发展中长期战略目标及国家自主贡献间的系统性响应，加强气候投融资与绿色金融的政策协调配合。

三、逐步完善气候投融资标准体系

（一）统筹推进标准体系建设

充分发挥标准对气候投融资活动的预期引导和倒逼促进作用，加快构建需求引领、创新驱动、统筹协调、注重实效的气候投融资标准体系。气候投融资标准与绿色金融标准要协调一致，便利标准使用与推广。推动气候投融资标准国际化。

（二）制订气候项目标准

以应对气候变化效益为衡量指标，与现有相关技术标准体系和《绿色产业指导目录（2019 年版）》等相衔接，研究探索通过制订气候项目技术标准、发布重点支持气候项目目录等方式支持气候项目投融资。推动建立气候项目界定的第三方认证体系，鼓励对相关金融产品和服务开展第三方认证。

（三）完善气候信息披露标准

加快制订气候投融资项目、主体和资金的信息披露标准，推动建立企业公开承诺、信息依法公示、社会广泛监督的气候信息披露制度。明确气候投融资相关政策边界，推动气候投融资统计指标研究，鼓励建立气候投融资统计监测平台，集中管理和使用相关信息。

（四）建立气候绩效评价标准

鼓励信用评级机构将环境、社会和治理等因素纳入评级方法，以引导资本流向应对气候变化等可持续发展领域。鼓励对金融机构、企业和各地区的应对气候变化表现进行科学评价和社会监督。

四、鼓励和引导民间投资与外资进入气候投融资领域

（一）激发社会资本的动力和活力

强化对撬动市场资金投向气候领域的引导机制和模式设计，支持在气候投融资中通过多种形式有效拉动和撬动社会资本，鼓励“政银担”“政银保”“银行贷款 + 风险保障补偿金”“税融通”等合作模式，依法建立损失分担、风险补偿、担保增信等机制，规范推进政府和社会资本合作（PPP）项目。

（二）充分发挥碳排放权交易机制的激励和约束作用

稳步推进碳排放权交易市场机制建设，不断完善碳资产的会计确认和计量，建立健全碳排放权交易市场风险管控机制，逐步扩大交易主体范围，适时增加符合交易规则的投资机构和个人参与碳排放权交易。在风险可控的前提下，支持机构及资本积极开发与碳排放权相关的金融产品和服务，有序探索运营碳期货等衍生产品和业务。探索设立以碳减排量为项目效益量化标准的市场化碳金融投资基金。鼓励企业和机构在投资活动中充分考量未来市场碳价格带来的影响。

（三）引进国际资金和境外投资者

进一步加强与国际金融机构和外资企业在气候投融资领域的务实合作，积极借鉴国际良好实践和金融创新。支持境内符合条件的绿色金融资产跨境转让，支持离岸市场不断丰富人民币绿色金融产品及交易，不断促进气候投融资便利化。支持我国金融机构和企业到境外进行气候融资，积极探索通过主权担保为境外融资增信，支持建立人民币绿色海外投贷基金。支持和引导合格的境外机构投资者参与中国境内的气候投融资活动，鼓励境外机构到境内发行绿色金融债券，鼓励境外投资者更多投资持有境内人民币绿色金融资产，鼓励使用人民币作为相关活动的跨境结算货币。

五、引导和支持气候投融资地方实践

（一）开展气候投融资地方试点

按照国务院关于区域金融改革工作的部署，积极支持绿色金融区域试点工作。选择实施意愿强、基础条件较优、具有带动作用和典型性的地方，开展以投资政策指导、强化金融支持为重点的气候投融资试点。

（二）营造有利的地方政策环境

鼓励地方加强财政投入支持，不断完善气候投融资配套政策。支持地方制定投资负面清单抑制高碳投资，创新激励约束机制推动企业减排，发挥碳排放标准预期引领和倒逼促进作用，指导各地做好气候项目的储备，进一步完善资金安排的联动机制，为利用多种渠道融资提供良好条件，带动低碳产业发展。

（三）鼓励地方开展模式和工具创新

鼓励地方围绕应对气候变化工作目标和重点任务，结合本地实际，探索差异化的投融资模式、组织形式、服务方式和管理制度创新。鼓励银行业金融机构和保险公司设立特色支行（部门），或将气候投融资作为绿色支行（部门）的重要内容。鼓励地方建立区域性气候投融资产业促进中心。支持地方与国际金融机构和外资机构开展气候投融资合作。

六、深化气候投融资国际合作

积极推动双边和多边的气候投融资务实合作，在重点国家和地区开展第三方市场合作。鼓励金融机构支持“一带一路”和“南南合作”的低碳化建设，推动气候减缓和适应项目在境外落地。规范金融机构和企业在境外的投融资活动，推动其积极履行社会责任，有效防范和化解气候风险。积极开展气候投融资标准的研究和国际合作，推动中国标准在境外投资建设中的应用。

七、强化组织实施

各地有关部门要高度重视气候投融资工作，加强沟通协调，形成工作合力。生态环境部会同发展改革委、人民银行、银保监会、证监会等部门建立工作协调机制，密切合作、协同推进气候投融资工作。有关部门要依据职责明确分工，进一步细化目标任务和政策措施，确保本意见确定的各项任务及时落地见效。

生态环境部　国家发展和改革委员会　中国人民银行
中国银行保险监督管理委员会　中国证券监督管理委员会
2020 年 10 月 20 日

（此件社会公开）
生态环境部办公厅 2020 年 10 月 21 日印发

关于开展气候投融资试点工作的通知

（环办气候〔2021〕27 号）

各省、自治区、直辖市及新疆生产建设兵团生态环境厅（局）、发展改革委、工业和信息化主管部门、住房和城乡建设厅（委、管委、局）；中国人民银行上海总部，各分行、营业管理部，各省会（首府）城市中心支行，各副省级城市中心支行；各省、自治区、直辖市及新疆生产建设兵团国资委、机关事务管理部门；各银保监局、证监局：

为深入贯彻落实党中央、国务院关于碳达峰、碳中和的重大战略决策，探索差异化的气候投融资体制机制、组织形式、服务方式和管理制度，根据《国务院办公厅关于支持国家级新区深化改革创新加快推动高质量发展的指导意见》（国办发〔2019〕58 号）和《关于促进应对气候变化投融资的指导意见》（环气候〔2020〕57 号）有关工作部署，生态环境部、国家发展改革委、工业和信息化部、住房和城乡建设部、人民银行、国务院国资委、国管局、银保监会、证监会决定开展气候投融资试点工作，组织编制了《气候投融资试点工作方案》（见附件）。现印发给你们，请组织有意愿、基础好、代表性强的地方申报，做好试点工作方案和试点实施方案编制工作，申报材料经省级人民政府同意后，于 2022 年 1 月 18 日前报送生态环境部应对气候变化司，前期已提交申报材料的地方不再重复申报。生态环境部将会同有关部门根据各地申报情况，确定气候投融资试点名单。

附件：气候投融资试点工作方案（略）

生态环境部办公厅　国家发展改革委办公厅　工业和信息化部办公厅
住房和城乡建设部办公厅　中国人民银行办公厅　国务院国资委办公厅
国管局办公室　中国银保监会办公厅　中国证监会办公厅
2021 年 12 月 21 日

（此件社会公开）

生态环境部办公厅 2021 年 12 月 23 日印发

三、国务院其他部门、直属机构及部门管理的国家局

科技部关于印发《国家高新区绿色发展专项行动实施方案》的通知

（国科发火〔2021〕28号）

各省、自治区、直辖市及计划单列市科技厅（委、局），新疆生产建设兵团科技局，各国家高新区管委会：

为深入贯彻落实习近平新时代中国特色社会主义思想和《国务院关于促进国家高新技术产业开发区高质量发展的若干意见》（国发〔2020〕7号），推动国家高新区绿色发展，科技部将组织实施“国家高新区绿色发展专项行动”，现将《国家高新区绿色发展专项行动实施方案》印发给你们，请认真贯彻落实。

科技部

2021年1月29日

（此件主动公开）

国家高新区绿色发展专项行动实施方案

国家高新区建设三十多年来，坚持走创新、协调、绿色发展的新型工业化道路，实现了从科技价值到经济价值，再到社会价值的转变。为统筹推进“五位一体”总体布局、协调推进“四个全面”战略布局，坚持新发展理念，贯彻落实《国务院关于促进国家高新技术产业开发区高质量发展的若干意见》（国发〔2020〕7号）有关精神，科技部决定在国家高新区组织开展“国家高新区绿色发展专项行动”，特制订实施方案如下。

一、行动背景

当今世界正经历百年未有之大变局，新一轮科技革命和产业变革深入发展，绿色低碳循环发展成为大势所趋，一系列深层次挑战和不确定性在加大。党的十九大开启了全面建设社会主义现代化国家新征程，确立了高质量发展的重大命题，并再次强调了“创新、协调、绿色、开放、共享”的新发展理念。绿色发展作为新发展理念之一，是高质量发展的重要标志和底线，是引导经济发展方式转变，构建人与经济、自然、社会、生态、文化协

调发展新格局的重要战略部署。中国应对气候变化承诺二氧化碳排放力争于2030年前达到峰值，努力争取2060年前实现碳中和。加快形成绿色发展方式和生活方式，做好碳达峰、碳中和成为经济社会发展的新课题。

国家高新区作为高质量发展先行区，理应在绿色发展方面走在前列，作出表率。国家高新区建设三十多年来，通过完善环境管理体系认证，创新环境保护和绿色发展政策，积极推动构建现代环境治理体系，生态环境质量改善取得积极成效，绿色发展理念不断深入，绿色发展成效日益突出，一批国家高新区已经成为所在城市能耗最低、生态最优、环境最美的区域。据统计，2019年国家高新区工业企业万元增加值能耗为0.464吨标准煤，优于国家生态工业示范园区标准相关指标值和全国平均水平；136家国家高新区全年$PM_{2.5}$浓度低于50μg/m^{3}的天数达到200天以上；86家国家高新区森林覆盖率超过25%。但是从全面提升绿色发展和高质量发展的要求来看，国家高新区还存在绿色技术创新能力不强、绿色产业竞争力较弱、部分国家高新区重工业和高能耗产业比重偏大等问题。面对新形势、新要求，国家高新区作为我国发展高新技术产业和推进自主创新的核心载体，更要深入践行绿色发展理念，巩固提升绿色发展优势，探索生态文明与科技创新、经济繁荣相协调相统一的可持续发展新路径，为引领我国经济、科技、社会、生态全面高质量发展作出新的贡献。

二、指导思想

以习近平新时代中国特色社会主义思想为指导，全面贯彻党的十九大和十九届二中、三中、四中、五中全会精神，认真落实习近平总书记关于绿色发展的重要讲话精神，统筹推进“五位一体”总体布局、协调推进“四个全面”战略布局，立足新发展阶段，坚持新发展理念，落实创新驱动发展战略和可持续发展战略，做好碳达峰、碳中和工作，围绕把国家高新区建设成为“创新驱动发展示范区和高质量发展先行区”的目标定位，强化底线思维，把绿色发展理念贯彻到一切工作之中，推动国家高新区加强绿色技术供给、构建绿色产业体系、实施绿色制造工程、提升绿色生态环境、健全绿色发展机制，进一步探索和形成科技创新引领绿色崛起的高质量发展路径，将国家高新区打造成为引领科技创新、经济发展与绿色生态深度融合、协调发展，全面支撑生态文明建设和美丽中国建设的示范区。

三、基本原则

1. 创新驱动，产业优先。构建国家重大需求和双循环导向的绿色技术创新体系，以关键核心技术转化与产业化带动技术创新体系工程化，培育发展具有国际竞争力、自主可控的绿色技术和产业体系。

2. 改造存量，优化增量。加快传统制造业绿色技术改造升级，鼓励使用绿色低碳能源，提高资源利用效率，淘汰落后设备工艺，从源头减少污染物产生。积极引领新兴产业高起点绿色发展，强化绿色设计，加快开发绿色产品，大力发展节能环保产业和清洁生产产业。

3. 分类推进，试点示范。结合各高新区经济社会发展水平、创新能力、产业特色、地域特点和资源禀赋，指导各园区编制绿色创新发展规划，建立绿色发展机制，组织有条件的园区和企业开展试点示范，发布绿色发展报告。

4. 加强引导，重点突破。以评价导向、标准设定等方式优化完善国家高新区评价指标体系，着力解决重点园区、企业发展中的资源环境问题，引导国家高新区切实贯彻绿色发展理念，加大绿色发展投入，推动体制机制改革和园区绿色发展。

四、主要目标

在国家高新区内全面深入践行绿色发展理念、执行绿色政策法规标准、创新绿色发展机制，实现园区污染物排放和能耗大幅下降，绿色技术创新能力不断增强，绿色制造体系进一步完善，绿色产业不断壮大，自然生态和谐、环境友好和绿色低碳生活方式不断强化，可持续的绿色生态发展体系基本形成，培育一批具有全国乃至全球影响力的绿色发展示范园区和一批绿色技术领先企业，在国家高新区率先实现联合国 2030 年可持续发展议程、工业废水近零排放、碳达峰、园区绿色发展治理能力现代化等目标，部分高新区率先实现碳中和。到 2025 年，国家高新区单位工业增加值综合能耗降至 0.4 吨标准煤 / 万元以下，其中 50% 的国家高新区单位工业增加值综合能耗低于 0.3 吨标准煤 / 万元；单位工业增加值二氧化碳排放量年均削减率 4% 以上，部分高新区实现碳达峰。

五、重点任务

（一）推动国家高新区节能减排，优化绿色生态环境

1. 降低园区污染物产生量。以绿色技术驱动源头降低污染物产生量为核心，深化生产全过程和园区系统化污染防治，推动联防联控和区域共治，切实改善环境质量，降低环境风险。结合国家高新区高新技术产业聚集的特点，高度重视新兴污染物和有毒有害污染物排放，加大对电子信息、生物医药、新材料等产业污染物排放的全过程防控和治理。引导传统重污染行业的绿色技术进步和产业结构优化升级，加大清洁能源使用，推进能源梯级利用；持续削减化学需氧量、氨氮、二氧化硫、氮氧化物、挥发性有机化合物、细颗粒物等主要污染物和温室气体等的产生量和排放量。完善国家高新区能源、环境基础设施升级及配套管网建设，持续推动高新区内重点行业的清洁生产审核工作，深入开展园区用排水全过程的精细化、智能化和可持续水管理，实施水污染源的排放闭环和循环利用技术改造。

2. 降低园区化石能源消耗。鼓励国家高新区推行资源能源环境数字化管理，实现智能化管控，加强生产制造过程精细化管控，减少生产过程中资源消耗。园区建立统一的能源申报管理平台，做好园区二氧化碳排放量核算，实施碳达峰年度报告制度。支持有条件的国家高新区创新市场化的节能减排手段，搭建碳排放权交易平台。鼓励各国家高新区加快推进智能交通基础设施、智慧能源基础设施建设。鼓励高新区倡导绿色低碳生活方式和全面节能降耗，引导企业积极践行绿色生产方式，探索建设“碳中和”示范园区。

3. 构建绿色发展新模式。按照“一区一主导产业”的原则，在国家高新区现有产业基

础上，推动园区绿色、低碳、循环、智慧化改造，以增量优化带动存量提升，促进产业向智能化、高端化、绿色化融合发展。鼓励园区编制绿色发展规划，开展国家生态工业示范园区、绿色园区等示范试点创建；加快产业转型升级，着力发展环境友好型产业，严格控制高污染、高耗能、高排放企业入驻。对重点行业企业用地加强督查评估，提高土地集约利用水平，土地开发利用应符合土壤环境质量要求。

（二）引导国家高新区加强绿色技术供给，构建绿色技术创新体系

1. 加强绿色技术研发攻关。支持国家高新区围绕产业绿色发展、生态环境治理等领域，加快培育绿色技术创新主体与绿色技术成果，全面增强绿色创新发展的引领支撑能力。开展高新区工业废水近零排放科技创新行动，做好管网及污水处理设施建设及有毒有害污染物监测，以企业内废水处理和园区污水厂综合处理为基础，形成国家高新区污水近零排放整体方案。围绕节能环保、清洁生产、清洁能源、生态保护与修复、臭氧污染治理、资源回收利用、城市绿色治理等重点领域实施一批绿色技术重点研发项目，培育一批绿色技术创新龙头企业和绿色技术创新企业，支持企业创建绿色技术工程研究中心、绿色企业技术中心、绿色技术创新中心等。

2. 构建绿色技术标准及服务体系。支持国家高新区建立绿色技术创新发展标准体系和服务体系，加速绿色技术和产品的创新开发和推广应用。引导国家高新区强化绿色标准贯彻实施，引导企业运用绿色技术进行升级改造，推进标准实施效果评价和成果应用。支持国家高新区强化绿色技术创新服务体系建设，加快专利转化和技术交易，提供节能环保技术装备发布展示、清洁生产审核服务、园区循环化改造咨询、第三方合同能源管理、“环保管家”服务、企业需求发布对接等服务。

3. 实施绿色制造试点示范。鼓励国家高新区按照用地集约化、生产清洁化、能源低碳化、废物资源化原则，开展绿色产品、绿色工艺、绿色建筑等改造。支持企业推行资源能源环境数字化、智能化管控系统，加强生产制造精细化、智能化管理，优化过程控制，减少生产过程中资源消耗和环境影响。建立覆盖采购、生产、物流、销售、回收等环节的绿色供应链管理体系，支持企业申报绿色供应链管理示范企业。推动工业绿色低碳循环发展，开展工业节能监察，推进节能技术改造和应用，促进落后产能依法依规退出。

（三）支持国家高新区发展绿色产业，构建绿色产业体系

1. 进一步优化产业结构、完善产业布局。鼓励国家高新区更多采用清洁生产技术，采用环境友好的新工艺、新技术，实现投入少、产出高、污染低，尽可能把污染物排放消除在生产过程。选择若干国家高新区开展“绿色产业补链强链行动”，找准产业链创新链短板与关键风险点、着力点开展科技攻关。推进智能化、信息化、绿色化等有关产业类项目的融通发展，着力培育绿色产业集群，持续引导有条件的国家高新区重点布局国家急需的战略性新兴产业、未来产业和重大前沿性领域，积极稳妥推进落后产能、过剩产能的腾退与升级改造。国家高新区要积极融入所在区域的产业发展重点领域、产业定位及产业链的上下游配套，制定出台产业转移、整合、协作的推进机制和考核机制，推动形成优势互补、协调统筹、高质量发展的绿色发展整体布局。

2. 建立绿色产业专业孵化与服务机构。积极引导各国家高新区、科技型绿色示范企业、投融资机构加快建设绿色产业专业孵化器、众创空间，支持综合型孵化器、众创空间面向绿色发展实施精准孵化。支持孵化机构围绕企业需求加强绿色技术创新服务体系建设，搭建公共技术研发、检验检测、外包定制等服务平台，提供绿色产业专业化服务。

3. 举办绿色产业专业赛事。聚焦绿色产业领域，支持开展专项创新创业大赛、创新挑战赛、科技成果直通车等活动，搭建核心技术攻关交流平台。鼓励行业有影响力的领军企业或者研发实力较强的企业参与核心关键技术攻关，进一步联合高校、科研院所、企业技术中心等共同开展重大科技项目研发攻关，提升企业自主研发能力和水平。加大政策支持和服务保障，进一步培育壮大绿色技术研发和产业化的主体力量。

4. 搭建绿色产业创新联盟。以绿色产业示范集群为依托，有效整合并共享联盟资源，重点围绕绿色产业补短板、强弱项、延链条。组建以企业为核心，高校、科研院所、新型研发机构、双创载体等深度参与的园区绿色发展创新联盟，强化产业链前端的技术供给，通过技术转移机构搭建大学和企业之间的桥梁。支持举办现代绿色发展项目资本对接会，进一步打通科技、资本等要素对接绿色产业的通道。

5. 构建绿色产业发展促进长效机制。搭建国家高新区绿色发展信息交流平台，鼓励专业机构开展国家高新区绿色发展专题研究，支持有条件的国家高新区举办绿色技术学术论坛和会议，鼓励有条件的高新区发布年度绿色发展报告。引导高新区通过完善绿色发展政策制度，对企业绿色产业发展进行鼓励和规范，支持节能环保等绿色产业做大做强。引导国家高新区建立绿色技术创新成果转化平台，促进绿色科技成果转化应用。结合市场导向和政府人才引进的双向需求，统筹推进绿色发展产业人才引进工作，进一步打通人才服务绿色发展的通道。

6. 健全绿色产业金融体系。支持国家高新区构建绿色产业金融体系，通过创新性金融制度安排，引导和激励绿色技术银行及更多社会资本投入绿色产业领域，推动高新区创新水平整体提升。鼓励国家高新区政府引导基金和社会资本优先支持绿色、低碳、循环经济的产业项目，探索建立绿色项目储备库和限制进入名单库，建立起贯穿生产、销售、结算、投融资的“全链条”绿色金融服务体系，扩大绿色金融服务的覆盖面。

六、保障措施

1. 加强组织领导。国家高新区绿色发展专项行动在科技部统一领导下，由火炬中心成立专项办公室具体组织推动。各国家高新区管委会紧密结合工作实际，加强组织领导和工作协同，制定切实可行的实施方案，制定出台促进绿色发展的产业、投资、财税、服务、保障等政策措施，建立推动绿色发展的制度体系，做好试点示范和推广应用，确保各项工作落实到位。

2. 开展“十百千”示范工程。围绕绿色发展的总体要求，以关键领域绿色技术创新、节能减排绿色技术和发展绿色产业为核心，在国家高新区组织开展绿色发展“十百千”示范工程，推动数十家园区开展“国家高新区绿色发展示范园区”建设，培育数百家绿色技术和节能减排技术领先企业，服务数千家企业切实实现污染物排放或能耗大幅降低。支持国家高新区创建国家生态工业示范园区、国家生态文明建设示范区。支持国家高新区与国家可持续发展议程创新示范区加强合作，交流经验，促进产业绿色转型升级。

3. 加大项目支持和成果转化力度。支持国家高新区相关单位承担科技重大专项、重点研发计划中有关绿色发展的科技计划项目，相关成果以成果包形式，在中国创新挑战赛、科技成果直通车等活动中予以推广。鼓励科研院所加强绿色发展成果转化，提高重大创新成果在园区落地转化并实现产业化的效率。加大对绿色发展技术研发的投入，加强产业链、创新链各环节的衔接，促进企业进行长期专注的科技创新投入。各国家高新区要建立健全对绿色发展有关项目的激励、支持和保障制度，探索通过贷款贴息、风险补偿、税收优惠等方式，促进资金投向绿色发展项目，加快政府采购、生态补偿等助力绿色发展的快速有效方法的实施。

4. 强化监督评价。在国家高新区发展评价指标体系中加大绿色发展的指标权重，强化评价的引导和促进作用，对出现重特大环境污染事故的园区，在评价排名工作中进行扣分降档处理。

5. 加强宣传引导。加强舆论宣传引导，开展多层次、多形式的宣传教育，积极开展公益性宣传活动，大力传播绿色发展理念。充分发挥媒体、公益组织、行业协会、产业联盟的积极作用，引导企业践行绿色创新理念。鼓励国家高新区组织开展绿色生产、低碳生活、绿色出行、节能节水、废物循环利用等多种形式的绿色实践，为国家高新区绿色发展营造良好社会氛围。

工业和信息化部关于印发《“十四五”工业绿色发展规划》的通知

（工信部规〔2021〕178号）

各省、自治区、直辖市及计划单列市、新疆生产建设兵团工业和信息化主管部门，各省、自治区、直辖市通信管理局，有关中央企业，部属有关单位，部机关各司局：

现将《“十四五”工业绿色发展规划》印发给你们，请结合实际，认真贯彻实施。

工业和信息化部

2021年11月15日

附件：“十四五”工业绿色发展规划

附件

“十四五”工业绿色发展规划

一、面临形势

（一）发展基础

“十三五”以来，工业领域以传统行业绿色化改造为重点，以绿色科技创新为支撑，以法规标准制度建设为保障，大力实施绿色制造工程，工业绿色发展取得明显成效。

产业结构不断优化。初步建立落后产能退出长效机制，钢铁行业提前完成1.5亿吨去产能目标，电解铝、水泥行业落后产能已基本退出。高技术制造业、装备制造业增加值占规模以上工业增加值比重分别达到15.1%、33.7%，分别提高了3.3和1.9个百分点。

能源资源利用效率显著提升。规模以上工业单位增加值能耗降低约16%，单位工业增加值用水量降低约40%。重点大中型企业吨钢综合能耗水耗、原铝综合交流电耗等已达到世界先进水平。2020年，十种主要品种再生资源回收利用量达到3.8亿吨，工业固废综合利用量约20亿吨。

清洁生产水平明显提高。燃煤机组全面完成超低排放改造，6.2亿吨粗钢产能开展超低排放改造。重点行业主要污染物排放强度降低 20% 以上。

绿色低碳产业初具规模。截至 2020 年底，我国节能环保产业产值约 7.5 万亿元。新能源汽车累计推广量超过 550 万辆，连续多年位居全球第一。太阳能电池组件在全球市场份额占比达 71%。

绿色制造体系基本构建。研究制定 468 项节能与绿色发展行业标准，建设 2121 家绿色工厂、171 家绿色工业园区、189 家绿色供应链企业，推广近 2 万种绿色产品，绿色制造体系建设已成为绿色转型的重要支撑。

（二）发展环境

我国力争 2030 年前实现碳达峰、2060 年前实现碳中和，是以习近平同志为核心的党中央经过深思熟虑作出的重大战略决策。“十四五”时期，是我国应对气候变化、实现碳达峰目标的关键期和窗口期，也是工业实现绿色低碳转型的关键五年。

当前，我国仍处于工业化、城镇化深入发展的历史阶段，传统行业所占比重依然较高，战略性新兴产业、高技术产业尚未成为经济增长的主导力量，能源结构偏煤、能源效率偏低的状况没有得到根本性改变，重点区域、重点行业污染问题没有得到根本解决，资源环境约束加剧，碳达峰、碳中和时间窗口偏紧，技术储备不足，推动工业绿色低碳转型任务艰巨。同时，绿色低碳发展是当今时代科技革命和产业变革的方向，绿色经济已成为全球产业竞争重点。一些发达经济体正在谋划或推行碳边境调节机制等绿色贸易制度，提高技术要求，实施优惠贷款、补贴关税等鼓励政策，对经贸合作和产业竞争提出新的挑战，增加了我国绿色低碳转型的成本和难度。

面对新形势、新任务、新要求，要提高政治站位，迎难而上，攻坚克难，坚定不移走生态优先、绿色低碳的高质量发展道路。

二、总体思路

（一）指导思想

以习近平新时代中国特色社会主义思想为指导，全面贯彻党的十九大和十九届二中、三中、四中、五中、六中全会精神，深入贯彻习近平生态文明思想，立足新发展阶段，完整、准确、全面贯彻新发展理念，构建新发展格局，落实制造强国、网络强国战略，以推动高质量发展为主题，以供给侧结构性改革为主线，以碳达峰碳中和目标为引领，以减污降碳协同增效为总抓手，统筹发展与绿色低碳转型，深入实施绿色制造，加快产业结构优化升级，大力推进工业节能降碳，全面提高资源利用效率，积极推行清洁生产改造，提升绿色低碳技术、绿色产品、服务供给能力，构建工业绿色低碳转型与工业赋能绿色发展相互促进、深度融合的现代化产业格局，支撑碳达峰碳中和目标任务如期实现。

（二）基本原则

目标导向。坚持把推动碳达峰碳中和目标如期实现作为产业结构调整、促进工业全面绿色低碳转型的总体导向，全面统领减污降碳和能源资源高效利用。

效率优先。坚持把提高能源资源利用效率放在首位，推进能源资源科学配置、高效利用，优化生产流程和工艺，提高单位能源资源产出效率，促进节能降耗、提质增效。

创新驱动。坚持把创新作为第一驱动力，强化科技创新和制度创新，优化创新体系，激发创新活力，加快绿色低碳科技革命，培育壮大工业绿色发展新动能。

市场主导。坚持有效市场和有为政府相结合，发挥企业主体作用，发挥市场机制配置资源的决定性作用，以高质量的绿色供给激发绿色新需求，引导绿色新消费。

系统推进。坚持把绿色低碳发展作为一项多维、立体、系统工程，统筹工业经济增长和低碳转型、绿色生产和绿色消费的关系，协同推进各行业、各地区绿色发展。

（三）主要目标

到 2025 年，工业产业结构、生产方式绿色低碳转型取得显著成效，绿色低碳技术装备广泛应用，能源资源利用效率大幅提高，绿色制造水平全面提升，为 2030 年工业领域碳达峰奠定坚实基础。

碳排放强度持续下降。单位工业增加值二氧化碳排放降低 18%，钢铁、有色金属、建材等重点行业碳排放总量控制取得阶段性成果。

污染物排放强度显著下降。有害物质源头管控能力持续加强，清洁生产水平显著提高，重点行业主要污染物排放强度降低 10%。

能源效率稳步提升。规模以上工业单位增加值能耗降低 13.5%，粗钢、水泥、乙烯等重点工业产品单耗达到世界先进水平。

资源利用水平明显提高。重点行业资源产出率持续提升，大宗工业固废综合利用率达到 57%，主要再生资源回收利用量达到 4.8 亿吨。单位工业增加值用水量降低 16%。

绿色制造体系日趋完善。重点行业和重点区域绿色制造体系基本建成，完善工业绿色低碳标准体系，推广万种绿色产品，绿色环保产业产值达到 11 万亿元。布局建设一批标准、技术公共服务平台。

三、主要任务

（一）实施工业领域碳达峰行动

加强工业领域碳达峰顶层设计，提出工业整体和重点行业碳达峰路线图、时间表，明确实施路径，推进各行业落实碳达峰目标任务、实行梯次达峰。

制定工业碳达峰路线图。深入落实《2030 年前碳达峰行动方案》，制定工业领域和钢铁、石化化工、有色金属、建材等重点行业碳达峰实施方案，统筹谋划碳达峰路线图和时间表。强化标准、统计、核算和信息系统建设，提升降碳基础能力。结合不同行业技术现状和发展趋势，力争有条件的行业率先实现碳达峰。

明确工业降碳实施路径。基于流程型、离散型制造的不同特点，明确钢铁、石化化工、有色金属、建材等行业的主要碳排放生产工序或子行业，提出降碳和碳达峰实施路径。推动煤炭等化石能源清洁高效利用，提高可再生能源应用比重。加快氢能技术创新和基础设施建设，推动氢能多元利用。支持企业实施燃料替代，加快推进工业煤改电、煤改气。对以煤、石油焦、渣油、重油等为燃料的锅炉和工业窑炉，采用清洁低碳能源替代。通过流程降碳、工艺降碳、原料替代，实现生产过程降碳。发展绿色低碳材料，推动产品全生命周期减碳。探索低成本二氧化碳捕集、资源化转化利用、封存等主动降碳路径。

开展降碳重大工程示范。发挥中央企业、大型企业集团示范引领作用，在主要碳排放行业以及绿色氢能与可再生能源应用、新型储能、碳捕集利用与封存等领域，实施一批降碳效果突出、带动性强的重大工程。推动低碳工艺革新，实施降碳升级改造，支持取得突破的低碳零碳负碳关键技术开展产业化示范应用，形成一批可复制、可推广的技术和经验。

加强非二氧化碳温室气体管控。有序开展对氧化亚氮、氢氟碳化物、全氟化碳、六氟化硫等其他温室气体排放的管控。落实《〈蒙特利尔议定书〉基加利修正案》，启动聚氨酯泡沫、挤出基苯乙烯泡沫、工商制冷空调等重点领域含氢氯氟烃淘汰管理计划，加强生产线改造、替代技术研究和替代路线选择，推动含氢氯氟烃削减。

专栏 1 工业碳达峰推进工程

降碳重大工程示范。开展非高炉炼铁、水泥窑高比例燃料替代、二氧化碳耦合制化学品、可再生能源电解制氢、百万吨级二氧化碳捕集利用与封存等重大降碳工程示范。

绿色低碳材料推广。推广低碳胶凝、节能门窗、环保涂料、全铝家具等绿色建材和生活用品，发展聚乳酸、聚丁二酸丁二醇酯、聚羟基烷酸、聚有机酸复合材料、椰油酰氨基酸等生物基材料。

降碳基础能力建设。制修订重点行业碳排放核算标准，推动建立工业碳排放核算体系，加强碳排放数据统计分析，建立碳排放管理信息系统，培育一批碳排放核算专业化机构。

（二）推进产业结构高端化转型

加快推进产业结构调整，坚决遏制“两高”项目盲目发展，依法依规推动落后产能退出，发展战略性新兴产业、高技术产业，持续优化重点区域、流域产业布局，全面推进产业绿色低碳转型。

推动传统行业绿色低碳发展。加快钢铁、有色金属、石化化工、建材、纺织、轻工、机械等行业实施绿色化升级改造，推进城镇人口密集区危险化学品生产企业搬迁改造。落实能耗“双控”目标和碳排放强度控制要求，推动重化工业减量化、集约化、绿色化发展。对于市场已饱和的“两高”项目，主要产品设计能效水平要对标行业能耗限额先进值或国际先进水平。严格执行钢铁、水泥、平板玻璃、电解铝等行业产能置换政策，严控尿素、磷铵、电石、烧碱、黄磷等行业新增产能，新建项目应实施产能等量或减量置换。强化环保、能耗、水耗等要素约束，依法依规推动落后产能退出。

壮大绿色环保战略性新兴产业。着力打造能源资源消耗低、环境污染少、附加值高、市场需求旺盛的产业发展新引擎，加快发展新能源、新材料、新能源汽车、绿色智能船舶、绿色环保、高端装备、能源电子等战略性新兴产业，带动整个经济社会的绿色低碳发展。

推动绿色制造领域战略性新兴产业融合化、集群化、生态化发展，做大做强一批龙头骨干企业，培育一批专精特新“小巨人”企业和制造业单项冠军企业。

优化重点区域绿色低碳布局。在严格保护生态环境前提下，提升能源资源富集地区能源资源的绿色供给能力，推动重点开发地区提高清洁能源利用比重和资源循环利用水平，引导生态脆弱地区发展与资源环境相适宜的特色产业和生态产业，鼓励生态产品资源丰富地区实现生态优势向产业优势转化。加快打造以京津冀、长三角、粤港澳大湾区等区域为重点的绿色低碳发展高地，积极推动长江经济带成为我国生态优先绿色发展主战场，扎实推进黄河流域生态保护和高质量发展。

专栏2　重点区域绿色转型升级工程

京津冀地区。推动区域资源综合利用协同发展，建设大规模尾矿和废石生产砂石骨料等项目。加强高耗水行业废水、海水和再生水等非常规水高效利用。鼓励龙头企业开展绿色伙伴供应商管理，整合优化区域绿色产业链。

长三角。推进生态环境共保联治，统筹区域产业结构调整，促进传统行业绿色升级改造、产业转移、产业链跨地区协同、产业高效聚集，推进区域能源资源优化配置，高水平建设长三角生态绿色一体化发展示范区。

粤港澳大湾区。推动粤港澳大湾区炼化、造纸、建材等传统行业绿色改造，实施大湾区“清洁生产伙伴计划”，加大再生资源回收利用。推动建设绿色发展示范区，开展绿色低碳发展评价，加强绿色低碳技术交流合作。

长江经济带。加强化工园区整治提升和污染治理，长江干支流1公里范围内严禁新建扩建化工项目，开展沿江工业节水减污。中上游地区加强磷石膏、冶炼渣、粉煤灰、废旧金属、废塑料、废轮胎等资源综合利用。

黄河流域。按照以水定产原则，严控煤化工、有色金属、钢铁等行业盲目扩张。引导新型煤化工产业与石化化工、钢铁、建材等产业耦合发展。推动钢铁、煤化工等行业水资源循环利用，充分利用市政污水和再生水等。

（三）加快能源消费低碳化转型

着力提高能源利用效率，构建清洁高效低碳的工业用能结构，将节能降碳增效作为控制工业领域二氧化碳排放的关键措施，持续提升能源消费低碳化水平。

提升清洁能源消费比重。鼓励氢能、生物燃料、垃圾衍生燃料等替代能源在钢铁、水泥、化工等行业的应用。严格控制钢铁、煤化工、水泥等主要用煤行业煤炭消费，鼓励有条件地区新建、改扩建项目实行用煤减量替代。提升工业终端用能电气化水平，在具备条件的行业和地区加快推广应用电窑炉、电锅炉、电动力设备。鼓励工厂、园区开展工业绿色低碳微电网建设，发展屋顶光伏、分散式风电、多元储能、高效热泵等，推进多能高效互补利用。

提高能源利用效率。加快重点用能行业的节能技术装备创新和应用，持续推进典型流程工业能量系统优化。推动工业窑炉、锅炉、电机、泵、风机、压缩机等重点用能设备系统的节能改造。加强高温散料与液态熔渣余热、含尘废气余热、低品位余能等的回收利用，对重点工艺流程、用能设备实施信息化数字化改造升级。鼓励企业、园区建设能源综合管理系统，实现能效优化调控。积极推进网络和通信等新型基础设施绿色升级，降低数据中心、移动基站功耗。

完善能源管理和服务机制。加快节能标准更新，强化新建项目能源评估审查。依据节能法律法规和强制性节能标准，定期对各类项目特别是“两高”项目进行监督检查。规范节能监察执法、创新监察方式、强化结果应用，探索开展跨地区节能监察，实现重点用能行业企业、重点用能设备节能监察全覆盖。强化以电为核心的能源需求侧管理，引导企业提高用能效率和需求响应能力。开展节能诊断，为企业节能管理提供服务。

专栏3 工业节能与能效提升工程

先进工艺流程节能。重点推广钢铁行业铁水一罐到底、近终形连铸直接轧制，石化化工行业原油直接生产化学品、先进煤气化，建材行业水泥流化床悬浮煅烧与流程再造技术、玻璃熔窑全氧燃烧，有色金属行业高电流效率低能耗铝电解、钛合金等离子冷床炉半连续铸造等先进节能工艺流程。

重点用能设备节能。重点推广特大功率高压变频变压器、可控热管式节能热处理炉、三角形立体卷铁芯结构变压器、稀土永磁无铁芯电机、变频无极变速风机、磁悬浮离心风机、电缸抽油机、新一代高效内燃机、高效蓄热式烧嘴等新型节能设备。

数据中心和基站节能。推动数据中心建设全模块化、预制化，加快发展液冷系统、高密度集成IT设备，提升间接式蒸发冷却系统、列间空调等高效制冷系统应用水平。强化数据中心运维与环境调控，通过智能化手段实现机械制冷与自然制冷协同。探索依托河湖、海洋、地热等优势资源建设全时自然冷数据中心。构建基站设备、站点和网络三级节能体系，结合人工智能、深度休眠、下行功率优化、错峰用电等技术，实现基站节能。

（四）促进资源利用循环化转型

坚持总量控制、科学配置、全面节约、循环利用原则，强化资源在生产过程的高效利用，削减工业固废、废水产生量，加强工业资源综合利用，促进生产与生活系统绿色循环链接，大幅提高资源利用效率。

推进原生资源高效化协同利用。统筹国际国内两大资源来源，加强资源跨区域跨产业优化配置，全面合理开发铁矿石、磷矿石、有色金属等矿产资源，加强钒钛磁铁矿中钒钛资源、磷矿石中氟资源等共伴生矿产资源的开发。加强钢铁、有色金属、建材、化工企业间原材料供需结构匹配，促进有效、协同供给，强化企业、园区、产业集群之间的循环链接，提高资源利用水平。

推进再生资源高值化循环利用。培育废钢铁、废有色金属、废塑料、废旧轮胎、废纸、废弃电器电子产品、废旧动力电池、废油、废旧纺织品等主要再生资源循环利用龙头骨干企业，推动资源要素向优势企业集聚，依托优势企业技术装备，推动再生资源高值化利用。统筹用好国内国际两种资源，依托互联网、区块链、大数据等信息化技术，构建国内国际双轨、线上线下并行的再生资源供应链。鼓励建设再生资源高值化利用产业园区，推动企业聚集化、资源循环化、产业高端化发展。统筹布局退役光伏、风力发电装置、海洋工程装备等新兴固废综合利用。积极推广再制造产品，大力发展高端智能再制造。

推进工业固废规模化综合利用。推进尾矿、粉煤灰、煤矸石、冶炼渣、工业副产石膏、赤泥、化工渣等大宗工业固废规模化综合利用。推动钢铁窑炉、水泥窑、化工装置等协同处置固废。以工业资源综合利用基地为依托，在固废集中产生区、煤炭主产区、基础原材料产业集聚区探索建立基于区域特点的工业固废综合利用产业发展模式。鼓励有条件的园区和企业加强资源耦合和循环利用，创建“无废园区”和“无废企业”。实施工业固体废物资源综合利用评价，通过以评促用，推动有条件的地区率先实现新增工业固废能用尽用、存量工业固废有序减少。

专栏 4　资源高效利用促进工程

再生资源回收利用。建设一批大型一体化废钢铁、废有色金属、废纸等绿色分拣加工配送中心。提升再生铜、铝、钴、锂等战略金属资源回收利用比例，推动多种有价组分综合回收。落实塑料污染治理要求，实施废塑料综合利用行业规范条件，鼓励开展废塑料化学循环利用。到 2025 年，力争废钢、废纸、废有色金属回收利用量分别达到 3.2 亿吨、6000 万吨、2000 万吨，其中，再生铜、再生铝、再生铅产量达到 400 万吨、1150 万吨、290 万吨。

工业固废综合利用。推动大宗工业固废在建筑材料生产、基础设施建设、地下采空区充填等领域的规模化应用。提取固废中有价元素，生产纤维材料、白炭黑、微晶玻璃、超细填料、节能建材等。到 2025 年，冶炼渣（不含赤泥）、工业副产石膏综合利用率分别达到 73%、73%。

废旧动力电池回收利用。完善动力电池回收利用法规制度，探索推广“互联网 + 回收”等新型商业模式，强化溯源管理，鼓励产业链上下游企业共建共用回收渠道，建设一批集中型回收服务网点。推动废旧动力电池在储能、备电、充换电等领域的规模化梯次应用，建设一批梯次利用和再生利用项目。到 2025 年，建成较为完善的动力电池回收利用体系。

高端智能再制造。修订再制造产品认定管理办法，建立自愿认证和自我声明相结合的产品合格评定制度，规范发展再制造产业。推动在国家自由贸易试验区开展境外高技术含量、高附加值产品的再制造。

培育行业标杆。遴选发布一批符合行业规范条件的再生资源回收利用企业名单，建设 50 个工业资源综合利用基地，培育一批工业资源综合利用“领跑者”企业。推进电器电子、汽车等产品生产者责任延伸试点，强化示范引领。

推进水资源节约利用。按照以水定产的原则，加强对高耗水行业的定额管理，开展水效对标达标。推进企业、园区用水系统集成优化，实现串联用水、分质用水、一水多用和梯级利用。鼓励重点行业加大对市政污水及再生水、海水、雨水、矿井水等非常规水的利用，减少新水取用量。推动企业建立完善节水管理制度，建立智慧用水管理平台，实现水资源高效利用。开展工业废水循环利用试点示范，引导重点行业、重点地区加强工业废水处理后回用。

专栏 5 工业节水增效工程

优化取水结构。引导企业、园区与市政开展合作，加大应用市政生活污水、再生水。鼓励沿海地区直接利用海水作为循环冷却水，建设海水淡化设施。鼓励建设雨水收集、储存和综合利用设施。鼓励宁东、蒙西、陕北、晋西等能源基地煤炭矿井水分级处理、分质利用。

强化过程管理。鼓励年用水量超过 10 万立方米的企业或园区设立水务经理，定期接受节水技术、标准、管理规范等方面培训。开展工业节水诊断，培育一批专业第三方工业节水及水处理服务机构。在重点行业建设一批智慧用水管理云平台。

加大废水循环利用。推动炼油污水集成再生回用、钢铁废水和市政污水联合再生回用、焦化废水电磁强氧化深度处理，煤化工浓盐废水深度处理和回用，纺织印染废水深度处理和回用，食品发酵有机废水生物处理和回用。在严重缺水地区创建产城融合废水高效循环利用试点。建设一批废水循环利用示范企业和园区。

开展节水评价。加强工业节水标准制修订，开展水效对标达标，树立工业节水典范。到 2025 年，在钢铁、炼化、煤化工、造纸、食品、纺织印染等高耗水行业，遴选 50 家水效“领跑者”企业，创建节水标杆。

（五）推动生产过程清洁化转型

强化源头减量、过程控制和末端高效治理相结合的系统减污理念，大力推行绿色设计，引领增量企业高起点打造更清洁的生产方式，推动存量企业持续实施清洁生产技术改造，引导企业主动提升清洁生产水平。

健全绿色设计推行机制。强化全生命周期理念，全方位全过程推行工业产品绿色设计。在生态环境影响大、产品涉及面广、产业关联度高的行业，创建绿色设计示范企业，探索行业绿色设计路径，带动产业链、供应链绿色协同提升。构建基于大数据和云计算等技术的绿色设计平台，强化绿色设计与绿色制造协同关键技术供给，加大绿色设计应用。聚焦绿色属性突出、消费量大的工业产品，制定绿色设计评价标准，完善标准采信机制。引导企业采取自我声明或自愿认证的方式，开展绿色设计评价。

减少有害物质源头使用。严格落实电器电子、汽车、船舶等产品有害物质限制使用管控要求，减少铅、汞、镉、六价铬、多溴联苯、多溴二苯醚等使用。研究制定道路机动车辆有害物质限制使用管理办法，更新电器电子产品管控范围的目录，制修订电器电子、汽车产品有害物质含量限值强制性标准，编制船舶有害物质清单及检验指南，持续推进有害物质管控要求与国际接轨。强化强制性标准约束作用，大力推广低（无）挥发性有机物含量的涂料、油墨、胶黏剂、清洗剂等产品。推动建立部门联动的监管机制，建立覆盖产业链上下游的有害物质数据库，充分发挥电商平台作用，创新开展大数据监管。

削减生产过程污染排放。针对重点行业、重点污染物排放量大的工艺环节，研发推广过程减污工艺和设备，开展应用示范。聚焦京津冀及周边地区、汾渭平原、长三角地区等重点区域，加大氮氧化物、挥发性有机物排放重点行业清洁生产改造力度，实现细颗粒物（$PM_{2.5}$）和臭氧协同控制。聚焦长江、黄河等重点流域以及涉重金属行业集聚区，实施清洁生产水平提升工程，削减化学需氧量、氨氮、重金属等污染物排放。严格履行国际环境公约和有关标准要求，推动重点行业减少持久性有机污染物、有毒有害化学物质等新污染物产生和排放。制定限期淘汰产生严重环境污染的工业固体废物的落后生产工艺设备名录。

升级改造末端治理设施。在重点行业推广先进适用环保治理装备，推动形成稳定、高效的治理能力。在大气污染防治领域，聚焦烟气排放量大、成分复杂、治理难度大的重点行业，开展多污染物协同治理应用示范。深入推进钢铁行业超低排放改造，稳步实施水泥、焦化等行业超低排放改造。加快推进有机废气（VOCs）回收和处理，鼓励选取低耗高效组合工艺进行治理。在水污染防治重点领域，聚焦涉重金属、高盐、高有机物等高难度废水，开展深度高效治理应用示范，逐步提升印染、造纸、化学原料药、煤化工、有色金属等行业废水治理水平。

专栏6　重点行业清洁生产改造工程

钢铁行业。实施焦炉煤气精脱硫、高比例球团冶炼、焦化负压蒸馏、焦化全流程优化等技术和装备改造。到2025年，完成5.3亿吨钢铁产能超低排放改造、4.6亿吨焦化产能清洁生产改造。

石化化工行业。实施高效催化、过程强化、高效精馏等工艺技术改造，以及废盐焚烧精制、废硫酸高温裂解、高级氧化、微反应、煤气化等装备改造。

有色金属行业。实施氧化铝行业高效溶出及降低赤泥技术，铜冶炼行业短流程冶炼、连续熔炼，锌冶炼行业高效清洁化电解、氧压浸出，镁冶炼行业竖式还原炼镁等技术和装备改造。到2025年，完成4000台左右有色金属窑炉清洁生产改造。

建材行业。实施水泥行业脱硫脱硝除尘超低排放、玻璃行业熔窑烟气除尘、脱硫脱硝、余热利用（发电）“一体化”工艺技术和成套设备改造。

纺织行业。实施小浴比染色、无聚乙烯醇上浆织造、再生纤维素纤维绿色制浆、超临界二氧化碳流体染色、针织物平幅染色、涤纶织物少水连续式染色等技术和装备改造。

轻工行业。实施短流程低水耗离型纸节约型合成革制造、皮革浸灰与铬鞣废液封闭循环、生物制革、大宗发酵制品高效生产菌种和绿色提取精制等技术和装备改造。

机械行业。持续推进基础制造工艺绿色优化升级，实施绿色工艺材料制备，清洁铸造、精密锻造、绿色热处理、先进焊接、低碳减污表面工程、高效切削加工等工艺技术和装备改造。

（六）引导产品供给绿色化转型

增加绿色低碳产品、绿色环保装备供给，引导绿色消费，创造新需求，培育新模式，构建绿色增长新引擎，为经济社会各领域绿色低碳转型提供坚实保障。

加大绿色低碳产品供给。构建工业领域从基础原材料到终端消费品全链条的绿色产品供给体系，鼓励企业运用绿色设计方法与工具，开发推广一批高性能、高质量、轻量化、低碳环保产品。打造绿色消费场景，扩大新能源汽车、光伏光热产品、绿色消费类电器电子产品、绿色建材等消费。倡导绿色生活方式，继续推广节能、节水、高效、安全的绿色智能家电产品。推动电商平台设立绿色低碳产品销售专区，建立销售激励约束机制，支持绿色积分等“消费即生产”新业态。

大力发展绿色环保装备。研发和推广应用高效加热、节能动力、余热余压回收利用等工业节能装备，低能耗、模块化、智能化污水、烟气、固废处理等工业环保装备，源头分类、过程管控、末端治理等工艺技术装备。加快农作物秸秆、畜禽粪污等生物质供气、供电及农膜污染治理等农村节能环保装备推广应用。发展新型墙体材料一体化成型、铜铝废碎料等工业固废智能化破碎分选及综合利用成套装备，退役动力电池智能化拆解及高值化回收利用装备。发展工程机械、重型机床、内燃机等再制造装备。

创新绿色服务供给模式。打造一批重点行业碳达峰碳中和公共服务平台，面向企业、园区提供低碳规划和低碳方案设计、低碳技术验证和碳排放、碳足迹核算等服务。建立重点工业产品碳排放基础数据库，完善碳排放数据计量、收集、监测、分析体系。推广合同能源管理、合同节水管理、环境污染第三方治理等服务模式。积极培育绿色制造系统解决方案、第三方评价、城市环境服务等专业化绿色服务机构，提供绿色诊断、研发设计、集成应用、运营管理、评价认证、培训等服务，积极参与绿色服务国际标准体系和服务贸易规则制定。

专栏7　绿色产品和节能环保装备供给工程

绿色产品。大力发展和推广新能源汽车，促进甲醇汽车等替代燃料汽车推广。利用“以旧换新”等方式，继续推广高效照明、节能空调、节能冰箱、节水洗衣机等绿色智能家电产品。鼓励使用低挥发性有机物含量的涂料、清洗剂，加快发展生物质、木制、石膏等新型建材。提高再生材料消费占比。到2025年，开发推广万种绿色产品。

绿色环保装备。重点发展污染治理机器人、基于机器视觉的智能垃圾分选技术装备、干式厌氧有机废物处理技术装备、高效低耗难处理废水资源化技术装备、非电领域烟气多污染物协同深度治理技术装备、高效连续的挥发性有机物吸附—脱附、蓄热式热氧化/催化燃烧技术装备。

新能源装备。发展大尺寸高效光伏组件、大功率海上风电装备、氢燃料燃气轮机、超高压氢气压缩机、高效氢燃料电池、一体化商用小型反应堆等新能源装备。推动智能光伏创新升级和行业特色应用。

（七）加速生产方式数字化转型

以数字化转型驱动生产方式变革，采用工业互联网、大数据、5G等新一代信息技术提升能源、资源、环境管理水平，深化生产制造过程的数字化应用，赋能绿色制造。

建立绿色低碳基础数据平台。加快制定涵盖能源、资源、碳排放、污染物排放等数据信息的绿色低碳基础数据标准。分行业建立产品全生命周期绿色低碳基础数据平台，统筹绿色低碳基础数据和工业大数据资源，建立数据共享机制，推动数据汇聚、共享和应用。基于平台数据，开展碳足迹、水足迹、环境影响分析评价。

推动数字化智能化绿色化融合发展。深化产品研发设计、生产制造、应用服役、回收利用等环节的数字化应用，加快人工智能、物联网、云计算、数字孪生、区块链等信息技术在绿色制造领域的应用，提高绿色转型发展效率和效益。推动制造过程的关键工艺装备智能感知和控制系统、过程多目标优化、经营决策优化等，实现生产过程物质流、能量流等信息采集监控、智能分析和精细管理。打造面向产品全生命周期的数字孪生系统，以数据为驱动提升行业绿色低碳技术创新、绿色制造和运维服务水平。推进绿色技术软件化封装，推动成熟绿色制造技术的创新应用。

实施“工业互联网 + 绿色制造”。鼓励企业、园区开展能源资源信息化管控、污染物排放在线监测、地下管网漏水检测等系统建设，实现动态监测、精准控制和优化管理。加强对再生资源全生命周期数据的智能化采集、管理与应用。推动主要用能设备、工序等数字化改造和上云用云。支持采用物联网、大数据等信息化手段开展信息采集、数据分析、流向监测、财务管理，推广“工业互联网 + 再生资源回收利用”新模式。

（八）构建绿色低碳技术体系

推动新技术快速大规模应用和迭代升级，抓紧部署前沿技术研究，完善产业技术创新体系，强化科技创新对工业绿色低碳转型的支撑作用。

加快关键共性技术攻关突破。针对基础元器件和零部件、基础工艺、关键基础材料等实施一批节能减碳研究项目。集中优势资源开展减碳零碳负碳技术、碳捕集利用与封存技术、零碳工业流程再造技术、复杂难用固废无害化利用技术、新型节能及新能源材料技术、高效储能材料技术等关键核心技术攻关，形成一批原创性科技成果。开展化石能源清洁高效利用技术、再生资源分质分级利用技术、高端智能装备再制造技术、高效节能环保装备技术等共性技术研发，强化绿色低碳技术供给。

加强产业基础研究和前沿技术布局。加强基础理论、基础方法、前沿颠覆性技术布局，推进碳中和、二氧化碳移除与低成本利用等前沿绿色低碳技术研究。开展智能光伏、钙钛矿太阳能电池、绿氢开发利用、一氧化碳发酵制酒精、二氧化碳负排放技术以及臭氧污染、持久性有机污染物、微塑料、游离态污染物等新型污染物治理技术装备基础研究，稳步推进团聚、微波除尘等技术集成创新。

加大先进适用技术推广应用。定期编制发布低碳、节能、节水、清洁生产和资源综合利用等绿色技术、装备、产品目录，遴选一批水平先进、经济性好、推广潜力大、市场亟需的工艺装备技术，鼓励企业加强设备更新和新产品规模化应用。重点推广全废钢电弧炉短流程炼钢、高选择性催化、余热高效回收利用、多污染物协同治理超低排放、加热炉低氮燃烧、干法粒化除尘、工业废水深度治理回用、高效提取分离、高效膜分离等工艺装备技术。组织制定重大技术推广方案和供需对接指南。优化完善首台（套）重大技术装备、重点新材料首批次应用保险补偿机制，支持符合条件的绿色低碳技术装备、绿色材料应用。鼓励各地方、各行业探索绿色低碳技术推广新机制。

专栏 8　绿色低碳技术推广应用工程

降碳技术。推进低碳冶金、洁净钢冶炼、绿氢炼化、新型低碳胶凝材料、二氧化碳耦合制甲醇、高效低碳铝电解、高参数煤气发电、二氧化碳驱油、超低氮多孔介质无焰燃烧等技术的推广应用。

减污技术。推进离子交换法脱硫脱硝、无磷水处理剂循环冷却水处理、纳米陶瓷膜污水处理、工业窑炉协同处置、原位热脱附土壤修复、污泥低温真空干化处理、高盐废水催化氧化处理等技术的推广应用。

节能技术。推进铸轧一体化无头轧制、中低温余热利用、清洁高效水煤浆气化、高热值固体废物燃料替代、微电网储能、间接冷凝蒸发（数据中心）、铁合金冶炼专用炭电极替代电极糊等技术推广应用。

节水技术。推进循环冷却水空冷节水、高含盐水淡化管式膜、余能低温多效海水淡化、焦化废水高级催化氧化深度处理回用、固碱蒸发碱性冷凝水处理回用、MBR+反渗透印染废水回用等技术推广应用。

资源高效利用技术。推进全固废免烧胶凝材料、全固废生产绿色混凝土、钢渣高效蒸汽粉磨、赤泥无害化制环保砖、工业副产石膏生产高强石膏粉及其制品、低值废塑料热裂解、退役动力电池精细化自动拆解等技术推广应用。

激发各类市场主体创新活力。以市场为导向，鼓励绿色低碳技术研发，实施绿色技术创新攻关行动，在绿色低碳领域培育建设一批制造业创新中心、产业创新中心、工程研究中心、技术创新中心等创新平台，着力解决跨行业、跨领域关键共性技术问题。强化企业创新主体地位，支持企业整合科研院所、高校、产业园区等力量建立市场化运行的绿色技术创新联合体。加速科技成果转化，支持建立绿色技术创新项目孵化器、创新创业基地。加快绿色低碳技术工程化产业化突破，发挥大企业支撑引领作用，培育制造业绿色竞争新优势。支持创新型中小微企业成长为创新重要发源地。

（九）完善绿色制造支撑体系

健全绿色低碳标准体系，完善绿色评价和公共服务体系，强化绿色服务保障，构建完整贯通的绿色供应链，全面提升绿色发展基础能力。

健全绿色低碳标准体系。立足产业结构调整、绿色低碳技术发展需求，完善绿色产品、绿色工厂、绿色工业园区和绿色供应链评价标准体系，制修订一批低碳、节能、节水、资源综合利用等重点领域标准及关键工艺技术装备标准。鼓励制定高于现行标准的地方标准、团体标准和企业标准。强化先进适用标准的贯彻落实，扩大标准有效供给。推动建立绿色低碳标准采信机制，推进重点标准技术水平评价和实施效果评估，畅通迭代优化渠道。推进绿色设计、产品碳足迹、绿色制造、新能源、新能源汽车等重点领域标准国际化工作。

打造绿色公共服务平台。优化自我评价、社会评价与政府引导相结合的绿色制造评价机制，强化对社会评价机构的监督管理。培育一批绿色制造服务供应商，提供产品绿色设计与制造一体化、工厂数字化绿色提升、服务其他产业绿色化等系统解决方案。完善绿色制造公共服务平台，创新服务模式，面向重点领域提供咨询、检测、评估、认定、审计、培训等一揽子服务。

强化绿色制造标杆引领。围绕重点行业和重要领域，持续推进绿色产品、绿色工厂、绿色工业园区和绿色供应链管理企业建设，遴选发布绿色制造名单。鼓励地方、行业创建本区域、本行业的绿色制造标杆企业名单。实施对绿色制造名单的动态化管理，探索开展绿色认证和星级评价，强化效果评估，建立有进有出的动态调整机制。将环境信息强制性披露纳入绿色制造评价体系，鼓励绿色制造企业编制绿色低碳发展年度报告。

贯通绿色供应链管理。鼓励工业企业开展绿色制造承诺机制，倡导供应商生产绿色产品，创建绿色工厂，打造绿色制造工艺、推行绿色包装、开展绿色运输、做好废弃产品回收处理，形成绿色供应链。推动绿色产业链与绿色供应链协同发展，鼓励汽车、家电、机械等生产企业构建数据支撑、网络共享、智能协作的绿色供应链管理体系，提升资源利用效率及供应链绿色化水平。

打造绿色低碳人才队伍。推进相关专业学科与产业学院建设，强化专业型和跨领域复合型人才培养。充分发挥企业、科研机构、高校、行业协会、培训机构等各方作用，建立完善多层次人才合作培养模式。依托各类引知引智计划，构筑集聚国内外科技领军人才和创新团队的绿色低碳科研创新高地。建立多元化人才评价和激励机制。推动国家人才发展重大项目对绿色低碳人才队伍建设支持。

完善绿色政策和市场机制。建立与绿色低碳发展相适应的投融资政策，严格控制“两高”项目投资，加大对节能环保、新能源、碳捕集利用与封存等的投融资支持力度。发挥国家产融合作平台作用，建设工业绿色发展项目库，推动绿色金融产品服务创新。推动运用定向降准、专项再贷款、抵押补充贷款等政策工具，引导金融机构扩大绿色信贷投放。健全政府绿色采购政策，加大绿色低碳产品采购力度。进一步完善惩罚性电价、差别电价、差别水价等政策。推进全国碳排放权和全国用能权交易市场建设，加强碳排放权和用能权交易的统筹衔接。

四、保障措施

（一）加强规划组织实施

强化部际、部省、央地间协同合作，建立责任明确、协调有序、监管有力的工作体系。加强沟通协调，强化跨部门、跨区域协作，各地要结合实际制定出台配套政策，落实规划总体要求、目标和任务，打好政策“组合拳”。开展规划实施情况的动态监测和评估，推进规划落实。发挥行业协会、智库、第三方机构等的桥梁纽带作用，助力重点行业和重要领域绿色低碳发展。组织开展全国节能宣传周、全国低碳日、中国水周等活动，加强各类媒体、公益组织舆论引导，宣传工业绿色发展政策法规、典型案例、先进技术。

（二）健全法律法规政策

推动修订《节约能源法》《循环经济促进法》《清洁生产促进法》等法律法规。贯彻落实《固体废物污染环境防治法》，健全配套政策。制定工业节能监察、工业资源综合利用、新能源汽车动力电池回收利用、绿色制造体系建设等管理办法。完善节能减排约束性指标管理。建立企业绿色信用等级评定机制，加大评定结果在财政、信贷、试点示范等方面的应用。完善企业信息披露制度，促进企业更好履行节能节水、减污降碳和职工责任关怀等社会责任。

（三）加大财税金融支持

鼓励地方财政加大对绿色低碳产业发展、技术研发等的支持力度，创新支持方式，引导更多社会资源投入工业绿色发展项目。扩大环境保护、节能节水等企业所得税优惠目录范围。开展绿色金融产品和工具创新，完善绿色金融激励机制，有序推进绿色保险。加强产融合作，出台推动工业绿色发展的产融合作专项政策，推动完善支持工业绿色发展的绿色金融标准体系和信息披露机制，支持绿色企业上市融资和再融资，降低融资费用，研究建立绿色科创属性判定机制。

（四）深化绿色国际合作

推动建立绿色制造国际伙伴关系，进一步拓展多边和双边合作机制建设，加强与有关国际组织在绿色制造领域的合作交流。鼓励有条件的地方建设中外合作绿色工业园区，推动绿色技术创新成果在国内转化落地。大力建设绿色“一带一路”，扩大绿色贸易，共建一批绿色工厂和绿色供应链，加快绿色产品标准、认证、标识国际化步伐。依托重点科研院所、高校、企业，探索建立国际绿色低碳技术创新合作平台和培训基地。鼓励以绿色低碳技术装备为依托进行境外工程承包和劳务输出。

工业和信息化部　人民银行　银保监会　证监会
关于加强产融合作推动工业绿色发展的指导意见

（工信部联财〔2021〕159号）

各省、自治区、直辖市及计划单列市、新疆生产建设兵团工业和信息化主管部门，中国人民银行各分行、营业管理部、各省会（首府）城市中心支行、各副省级城市中心支行，各银保监局，各证监局：

加强产融合作推动工业绿色发展，是贯彻习近平总书记关于金融服务实体经济系列重要指示精神的具体举措，也是落实党中央、国务院关于碳达峰、碳中和重大决策部署的具体内容。为构建产融合作有效支持工业绿色发展机制，根据《国务院关于加快建立健全绿色低碳循环发展经济体系的指导意见》（国发〔2021〕4号），现提出如下意见。

一、总体要求

（一）指导思想

以习近平新时代中国特色社会主义思想为指导，全面贯彻党的十九大和十九届二中、三中、四中、五中全会精神，把握新发展阶段，完整、准确、全面贯彻新发展理念，构建新发展格局，推动建设工业绿色低碳转型与工业赋能绿色发展相互促进、深度融合的产业体系。统筹经济、社会和环境效益，建立商业可持续的产融合作推动工业绿色发展路径，引导金融资源为工业绿色发展提供精准支撑，助力制造强国和网络强国建设，不断提升中国工业绿色发展的影响力，为建设全球气候治理新体系贡献力量。

（二）基本原则

政府推动、示范引领。依托产融合作部际协调机制，加强产业政策与金融政策协同。突出地方政府作用，坚持试点先行，不断总结经验，发挥示范带动效应。

市场导向、增进效益。发挥企业和金融机构的市场主体作用，加快标准体系建设，完善信息披露机制，构建互利共赢的产融合作生态，让企业在绿色转型中增效益。

创新驱动、重点突破。推动科技创新、管理创新和商业模式创新，在依法合规、风险可控的前提下加强金融创新，支持重点绿色新技术新场景培育应用。

相互促进、系统发展。以工业高端化、智能化支撑绿色化，以工业绿色化引领高端化、智能化，推动工业全方位、全区域、全周期绿色发展。

（三）总体目标

到2025年，推动工业绿色发展的产融合作机制基本成熟，符合工业特色和需求的绿色金融标准体系更加完善，工业企业绿色信息披露机制更加健全，产融合作平台服务进一步优化，支持工业绿色发展的金融产品和服务更加丰富，各类要素资源向绿色低碳领域不断聚集，力争金融重点支持的工业企业成为碳减排标杆，有力支撑实现碳达峰、碳中和目标，保障产业与金融共享绿色发展成果、人民共享工业文明与生态文明和谐共生的美好生活。

二、工业绿色发展重点方向

（一）加强绿色低碳技术创新应用

加快绿色核心技术攻关，打造绿色制造领域制造业创新中心，加强低碳、节能、节水、环保、清洁生产、资源综合利用等领域共性技术研发，开展减碳、零碳和负碳技术综合性示范。支持新能源、新材料、新能源汽车、新能源航空器、绿色船舶、绿色农机、新能源动力、高效储能、碳捕集利用与封存、零碳工业流程再造、农林渔碳增汇、有害物质替代与减量化、工业废水资源化利用等关键技术突破及产业化发展。加快电子信息技术与清洁能源产业融合创新，推动新型储能电池产业突破，引导智能光伏产业高质量发展。支持绿色低碳装备装置、仪器仪表和控制系统研发创新，在国土绿化、生态修复、海绵城市与美丽乡村建设等领域提升装备化、智能化供给水平。

（二）加快工业企业绿色化改造提升

全面推行绿色制造、共享制造、智能制造，支持企业创建绿色工厂。加快实施钢铁、石化、化工、有色、建材、轻工、纺织等行业绿色化改造。引导企业加大可再生能源使用，加强电力需求侧管理，推动电能、氢能、生物质能替代化石燃料。推动企业利用海水、废污水、雨水等非常规水，开展节水减污技术改造，创建一批节水标杆企业。鼓励企业采用先进的清洁生产技术和高效末端治理装备，推动水、气、固体污染物资源化、无害化利用。加快推进水泥窑协同处置生活垃圾，提升工业窑炉协同处置城市废弃物水平。对企业开展全要素、全流程绿色化及智能化改造，建设绿色数据中心。支持建设能源、水资源管控中心，提升管理信息化水平。

（三）支持工业园区和先进制造业集群绿色发展

依托国家新型工业化产业示范基地等优势产业集聚区，打造一批绿色工业园区和先进制造业集群，支持共建共享公共设施、优化能源消费结构、开展能源梯级利用、推进资源循环利用和污染物集中安全处置，鼓励建设智能微电网。推进园区内企业间用水系统集成优化，实现串联用水、分质用水、一水多用和梯级利用，建设一批工业节水标杆园区。推广工业资源综合利用先进适用工艺技术设备，建设一批工业资源综合利用基地。开展工业领域电力需求侧管理示范园区建设。鼓励钢铁、有色、建材、化工等企业积极参与矿山修复，加快盘活废弃矿山、工业遗址等搁浅资产，丰富工业的文化、旅游、教育、科普、“双创”等功能，健全生态循环价值链。

（四）优化调整产业结构和布局

实施产业基础再造工程，提升产业基础能力，提高自主创新产品的一致性、可靠性和稳定性。加快发展战略性新兴产业，提升新能源汽车和智能网联汽车关键零部件、汽车芯片、基础材料、软件系统等产业链水平，推动提高产业集中度，加快充电桩、换电站、加氢站等基础设施建设运营，推动新能源汽车动力电池回收利用体系建设。加快内河与沿海老旧船舶电动化、绿色化更新改造和港区新能源基础设施建设。引导高耗能、高排放企业搬迁改造和退城入园，支持危险化学品生产企业搬迁改造，推进科学有序兼并重组。落实《产业发展与转移指导目录》，支持产业向符合资源禀赋、区位优势、环保升级、总体降耗等条件的地区转移。

（五）构建完善绿色供应链

推动绿色产业链与绿色供应链协同发展，引导企业构建数据支撑、网络共享、智能协作的绿色供应链管理体系，提升资源利用效率及供应链绿色化水平。鼓励企业实施绿色采购、打造绿色制造工艺、推行绿色包装、开展绿色运输、做好废弃产品回收处理。在汽车、家电、机械等重点行业打造一批绿色供应链，开发推广“易包装、易运输、易拆解、易重构、易回收”的绿色产品谱系。

（六）培育绿色制造服务体系

大力发展能源计量、监测、诊断、评估、技术改造、咨询以及工业节水与水处理系统集成服务、环境污染第三方治理、环境综合治理托管等专业化节能环保服务。针对汽车、纺织、家电等产品的生产消费、周转更新、回收处理与再利用，大力发展基于“互联网+”“智能+”的回收利用与共享服务新模式。培育一批绿色制造服务供应商，提供产品绿色设计与制造一体化、工厂数字化绿色提升、服务其他产业绿色化等系统解决方案。

（七）促进绿色低碳产品消费升级

鼓励企业按照全生命周期理念开展产品绿色设计，扩大高质量绿色产品有效供给。设立电商平台绿色低碳产品销售激励约束机制，扩大新能源汽车、光伏光热产品、绿色消费类电器电子产品、绿色建材等消费。加快发展面向冰雪运动、海洋休闲、郊野经济等场景的设施装备产业。推动超高清视频、新型显示等技术突破，拓展数字绿色消费场景。发展具有文化传承意义和资源盘活效益的传统技法工艺，推广环境影响小、资源消耗低、易循环利用的生物质取材制品，支持苗绣、桑蚕丝绸等生态产品价值实现机制试点示范。

（八）推进绿色低碳国际合作

以碳中和为导向，制定重点行业碳达峰目标任务及路线图，支持智能光伏、新能源汽车等产业发挥示范引领作用。鼓励有条件的地方建设中外合作绿色工业园区，推动绿色技术创新成果在国内转化落地。共建绿色“一带一路”，加强煤电行业联控，促进产业产能优化升级。建设绿色综合服务平台和共性技术平台，推动中国新型绿色技术装备“走出去”和标准国际化。

三、主要任务

（一）建立健全碳核算和绿色金融标准体系

构建工业碳核算方法、算法和数据库体系，推动碳核算信息在金融系统应用，强化碳核算产融合作。鼓励运用数字技术开展碳核算，率先对绿色化改造重点行业、绿色工业园区、先进制造业集群等进行核算。规范统一绿色金融标准，完善绿色债券等评估认证标准，健全支持工业绿色发展的绿色金融标准体系。推动国内外绿色金融标准相互融合、市场互联互通，加强国际成熟经验的国内运用和国内有益经验的国际推广，吸引境外资金参与我国工业绿色发展。

（二）完善工业绿色发展信息共享机制

组织遴选符合绿色发展要求的产品、工艺技术装备、解决方案、企业、项目、园区等，建立工业绿色发展指导目录和项目库。探索建立工业企业温室气体排放信息平台，鼓励企业参照成熟经验主动披露相关信息。推进高耗能、高污染企业和相关上市公司强制披露环境信息，支持信用评级机构将环境、社会和治理（ESG）因素纳入企业信用评级。完善《绿色债券支持项目目录》中涉及工业绿色发展的分类，为工业企业信息服务平台和项目库建设提供支撑。

（三）加强产融合作平台建设

将国家产融合作平台作为金融支持工业绿色发展的重要载体，增设“工业绿色发展”专区。推动建立跨部门、多维度、高价值绿色数据对接机制，整合企业排放信息等“非财务”数据，对接动产融资统一登记公示系统，保障融资交易安全。探索构建系统直连、算法自建、模型优选、智能对接、资金直达的平台生态，推动金融资源精准对接企业融资需求，提高平台服务质效。

（四）加大绿色融资支持力度

运用多种货币政策工具，引导金融机构扩大绿色信贷投放，合理降低企业融资综合成本。鼓励银行业金融机构完善信贷管理政策，优化信贷审批流程，通过调整内部资金转移定价等方式引导信贷资源配置，积极发展绿色信贷、能效信贷，推动“两高”项目绿色化改造，对工业绿色发展项目给予重点支持。研究有序扩大绿色债券发行规模，鼓励符合条件的企业发行中长期绿色债券。支持符合条件的绿色企业上市融资和再融资，降低融资费用。依托科创属性评价，研究建立绿色科创企业培育引导机制，支持“硬科技”企业在科创板上市。鼓励推广《“一带一路”绿色投资原则》（GIP），进一步发展跨境绿色投融资，支持开展“一带一路”低碳投资。

（五）创新绿色金融产品和服务

支持在绿色低碳园区审慎稳妥推动基础设施领域不动产投资信托基金（基础设施REITs）试点。鼓励金融机构开发针对钢铁石化等重点行业绿色化改造、绿色建材与新能源汽车生产应用、老旧船舶电动化改造、绿色产品推广等方面的金融产品；综合利用并购贷款、资产管理等一揽子金融工具，支持产能有序转移、危化品生产企业搬迁、先进制造业集群建设等。积极探索发展专业化的政府性绿色融资担保业务，促进投资、信贷、担保等业务协同。鼓励金融机构开发气候友好型金融产品，支持广州期货交易所建设碳期货市场，规范发展碳金融服务。

（六）提高绿色保险服务水平

鼓励保险机构结合企业绿色发展水平和环境风险变化情况，科学厘定保险费率，提高保险理赔效率和服务水平。加强绿色保险产品和服务创新，鼓励企业投保环保技术装备保险、绿色科技保险、绿色低碳产品质量安全责任保险等产品。发挥首台（套）重大技术装备、首批次材料和首版次软件保险补偿机制作用，加快新产品市场化应用。鼓励将保险资金投向绿色企业和项目。

（七）加快发展绿色基金

做强做优现有绿色产业发展基金，鼓励国家集成电路产业投资基金、国家制造业转型升级基金、国家中小企业发展基金等国家级基金加大对工业绿色发展重点领域的投资力度。鼓励社会资本设立工业绿色发展基金，推动绿色产业合理布局。引导天使投资、创业投资、私募股权投资基金投向绿色关键核心技术攻关等领域。

（八）发挥金融科技对绿色金融推动作用

鼓励金融机构加快金融科技应用，对工业企业、项目进行绿色数字画像和自动化评估，提升个性化服务能力。根据产业链数字图谱和重点行业碳达峰路线图，创新发展供应链金融，以绿色低碳效益明显的产业链领航企业、制造业单项冠军企业和专精特新“小巨人”企业为核心，加强对上下游小微企业的金融服务。不断探索新技术在金融领域的新场景、新应用，开展碳核算、碳足迹认证业务，提供基于行为数据的保险（UBI）等金融解决方案。

（九）支持绿色金融改革创新试点

推动金融改革创新试验区和产融合作试点城市探索绿色金融发展和改革创新路径，率先开展碳核算和绿色金融标准先行先试工作。适时扩大试验试点范围，将工业绿色发展较好地区优先打造成绿色金融示范区。支持金融改革创新试验区和产融合作试点城市建立工业绿色发展项目库，引导金融机构创新符合工业绿色发展需求的金融产品和服务，实现项目库互联互通。鼓励产融合作试点城市积极申报绿色金融改革创新试验区。

四、保障措施

（一）完善工作机制

工业和信息化部、人民银行、银保监会、证监会建立定期会商机制，共同推动完善支持工业绿色发展的配套政策措施。各地要完善工作机制和政策保障体系，研究提出本地区的实施方案，确保政策措施落到实处。工业和信息化部要会同相关部门加强工作统筹，总结推广创新做法，对取得明显实效的地方、金融机构和企业给予表扬激励。

（二）加强能力建设

工业和信息化部会同有关部门健全信息共享机制，为金融机构获取工业绿色发展指导目录和项目信息提供便利，帮助金融机构准确把握工业绿色发展重点方向，提升服务能力。鼓励各地发展工业绿色低碳研究评价第三方机构，实施工业资源综合利用评价，支撑金融机构更好地开展绿色金融业务。推进相关专业学科与产业学院建设，加强跨领域复合型人才培养，强化产融合作推动工业绿色发展的人才保障。

（三）凝聚发展共识

坚持“算大账、算长远账、算整体账、算综合账”的观念，在全社会倡导可持续发展理念，提高地方、企业和公众对工业绿色发展的认可度。推行低碳主义、节俭主义，塑造和引导绿色消费新风尚。开展绿色工业、绿色产品、绿色金融科普宣传，营造绿色金融发展良好氛围，不断开拓金融支持工业绿色发展的新局面。

工业和信息化部　中国人民银行

中国银行保险监督管理委员会　中国证券监督管理委员会

2021 年 9 月 3 日

关于印发《碳排放权交易有关会计处理暂行规定》的通知

（财会〔2019〕22号）

国务院有关部委、有关直属机构，各省、自治区、直辖市、计划单列市财政厅（局），新疆生产建设兵团财政局，财政部各地监管局，有关单位：

为配合我国碳排放权交易的开展，规范碳排放权交易相关的会计处理，根据《中华人民共和国会计法》和企业会计准则等相关规定，我们制定了《碳排放权交易有关会计处理暂行规定》，现予印发。

执行中有何问题，请及时反馈我部。

附件：碳排放权交易有关会计处理暂行规定（略）

财政部

2019年12月16日

住房和城乡建设部等部门关于印发绿色社区创建行动方案的通知

（建城〔2020〕68号）

各省、自治区、直辖市住房和城乡建设厅（委、管委）、发展改革委、民政厅（局）、公安厅（局）、生态环境厅（局）、市场监管局（厅、委），北京市城市管理委、园林绿化局、水务局，天津市城市管理委、水务局，上海市绿化和市容管理局、水务局，重庆市城市管理局，新疆生产建设兵团住房和城乡建设局、发展改革委、民政局、公安局、生态环境局、市场监管局：

按照《国家发展改革委关于印发〈绿色生活创建行动总体方案〉的通知》（发改环资〔2019〕1696号）部署要求，住房和城乡建设部、国家发展改革委等6部门共同研究制定了《绿色社区创建行动方案》，现印发实施。

中华人民共和国住房和城乡建设部　中华人民共和国国家发展和改革委员会
中华人民共和国民政部　中华人民共和国公安部
中华人民共和国生态环境部　国家市场监督管理总局
2020年7月22日

（此件主动公开）

附件：绿色社区创建行动方案

附件

绿色社区创建行动方案

为深入贯彻习近平生态文明思想，贯彻落实党的十九大和十九届二中、三中、四中全会精神，按照《绿色生活创建行动总体方案》部署要求，开展绿色社区创建行动，现制定具体方案如下。

一、创建目标

绿色社区创建行动以广大城市社区为创建对象，即各城市社区居民委员会所辖空间区域。开展绿色社区创建行动，要将绿色发展理念贯穿社区设计、建设、管理和服务等活动的全过程，以简约适度、绿色低碳的方式，推进社区人居环境建设和整治，不断满足人民群众对美好环境与幸福生活的向往。通过绿色社区创建行动，使生态文明理念在社区进一步深入人心，推动社区最大限度地节约资源、保护环境。

到 2022 年，绿色社区创建行动取得显著成效，力争全国 60% 以上的城市社区参与创建行动并达到创建要求，基本实现社区人居环境整洁、舒适、安全、美丽的目标。

二、创建内容

（一）建立健全社区人居环境建设和整治机制

绿色社区创建要与加强基层党组织建设、居民自治机制建设、社区服务体系建设有机结合。坚持美好环境与幸福生活共同缔造理念，充分发挥社区党组织领导作用和社区居民委员会主体作用，统筹协调业主委员会、社区内的机关和企事业单位等，共同参与绿色社区创建。搭建沟通议事平台，利用“互联网 + 共建共治共享”等线上线下手段，开展多种形式基层协商，实现决策共谋、发展共建、建设共管、效果共评、成果共享。推动城市管理进社区。推动设计师、工程师进社区，辅导居民谋划社区人居环境建设和整治方案，有效参与城镇老旧小区改造、生活垃圾分类、节能节水、环境绿化等工作。

（二）推进社区基础设施绿色化

结合城市更新和存量住房改造提升，以城镇老旧小区改造、市政基础设施和公共服务设施维护等工作为抓手，积极改造提升社区供水、排水、供电、弱电、道路、供气、消防、生活垃圾分类等基础设施，在改造中采用节能照明、节水器具等绿色产品、材料。综合治理社区道路，消除路面坑洼破损等安全隐患，畅通消防、救护等生命通道。加大既有建筑节能改造力度，提高既有建筑绿色化水平。实施生活垃圾分类，完善分类投放、分类收集、分类运输设施。综合采取“渗滞蓄净用排”等举措推进海绵化改造和建设，结合本地区地形地貌进行竖向设计，逐步减少硬质铺装场地，避免和解决内涝积水问题。

（三）营造社区宜居环境

因地制宜开展社区人居环境建设和整治。整治小区及周边绿化、照明等环境，推动适老化改造和无障碍设施建设。合理布局和建设各类社区绿地，增加荫下公共活动场所、小型运动场地和健身设施。合理配建停车及充电设施，优化停车管理。进一步规范管线设置，实施架空线规整（入地），加强噪声治理，提升社区宜居水平。针对新型冠状病毒肺炎疫情暴露出的问题，加快社区服务设施建设，补齐在卫生防疫、社区服务等方面的短板，打通服务群众的“最后一公里”。结合绿色社区创建，探索建设安全健康、设施完善、管理有序的完整居住社区。

（四）提高社区信息化智能化水平

推进社区市政基础设施智能化改造和安防系统智能化建设。搭建社区公共服务综合信息平台，集成不同部门各类业务信息系统。整合社区安保、车辆、公共设施管理、生活垃圾排放登记等数据信息。推动门禁管理、停车管理、公共活动区域监测、公共服务设施监管等领域智能化升级。鼓励物业服务企业大力发展线上线下社区服务。

（五）培育社区绿色文化

建立健全社区宣传教育制度，加强培训，完善宣传场所及设施设置。运用社区论坛和“两微一端”等信息化媒介，定期发布绿色社区创建活动信息，开展绿色生活主题宣传教育，使生态文明理念扎根社区。依托社区内的中小学校和幼儿园，开展“小手拉大手”等生态环保知识普及和社会实践活动，带动社区居民积极参与。贯彻共建共治共享理念，编制发布社区绿色生活行为公约，倡导居民选择绿色生活方式，节约资源、开展绿色消费和绿色出行，形成富有特色的社区绿色文化。加强社区相关文物古迹、历史建筑、古树名木等历史文化保护，展现社区特色，延续历史文脉。

三、组织实施

（一）建立工作机制

绿色社区创建行动由住房和城乡建设部牵头，国家发展改革委、民政部、公安部、生态环境部、市场监管总局等单位参与。全国层面加强部门协调配合，及时沟通相关工作情况。各地有关部门要把绿色社区创建工作摆上重要议事日程，在当地人民政府的统一领导下，建立部门协作机制，形成工作合力，共同破解难题，统筹推进绿色社区创建。

（二）明确工作职责

各级住房和城乡建设部门要做好绿色社区创建行动的牵头协调工作，会同有关部门扎实开展调查研究，按照统筹规划、分步推进、尽力而为、量力而行的原则，合理安排创建目标和时序，科学制定本地区绿色社区创建行动实施方案。各省（区、市）制定的实施方案，要于 2020 年 8 月底前报住房和城乡建设部。市县住房和城乡建设部门会同有关部门指导城市社区结合创建行动，开展人居环境建设和整治，推动基础设施绿色化，营造宜居环境、培育绿色文化。省级住房和城乡建设部门要会同有关部门加强对市县绿色社区创建工作的指导。

（三）抓好示范引领

各地要建立激励先进机制，优先安排居民创建意愿强、积极性高、有工作基础的社区开展创建，发挥示范引领作用，探索可复制可推广的经验做法。要及时总结和推广绿色社区创建行动中的经验做法，建设一批绿色社区创建行动示范教育基地，以点带面，逐步推开创建活动。结合城镇老旧小区改造，同步开展绿色社区创建。

（四）做好评估总结

省级住房和城乡建设部门要会同有关部门，对本地区绿色社区创建行动开展情况和实施效果进行年度评估，总结创建进展成效，于每年 11 月 30 日前将年度总结评估报告报住房和城乡建设部。

四、保障措施

（一）统筹相关政策予以支持

各地住房和城乡建设部门要加强与财政部门沟通，争取资金支持。各地应统筹用好城镇老旧小区改造、绿色建筑、既有建筑绿色化改造、海绵城市建设、智慧城市建设等涉及住宅小区的各类资金，推进绿色社区创建，提高资金使用效率。鼓励和引导政策性银行、开发性银行和商业银行加大产品和服务创新力度，在风险可控前提下，对参与绿色社区创建的企业和项目提供信贷支持。通过政府采购、新增设施有偿使用、落实资产权益等方式，吸引各类专业机构等社会力量，投资参与绿色社区创建中各类设施的设计、改造、运营。

（二）强化技术支撑

各地在社区人居环境建设和整治中，应积极选用经济适用、绿色环保的技术、工艺、材料、产品。要因地制宜加强绿色环保工艺技术的集成和创新，加大绿色环保材料产品的研发和推广应用力度。根据创建工作需要，立足当地实际，制订绿色社区建设标准和指标体系。

（三）加强宣传动员

各地要加大绿色社区创建行动的宣传力度，注重典型引路、正面引导，宣传绿色社区创建行动及其成效，营造良好舆论氛围。要动员志愿者、企事业单位、社会组织广泛参与绿色社区创建行动，形成各具特色的绿色社区创建模式。对绿色社区创建行动中涌现的优秀单位、个人和做法，要通过多种方式予以表扬鼓励。

住房和城乡建设部等15部门关于加强县城绿色低碳建设的意见

（建村〔2021〕45号）

各省、自治区、直辖市住房和城乡建设厅（委、管委）、科技厅（委、局）、工业和信息化厅（经信厅、经信局、工信局、经信委）、民政厅（局）、生态环境厅（局）、交通运输厅（委、局）、水利（水务）厅（局）、文化和旅游厅（局）、应急管理厅（局）、市场监管局（厅、委）、体育局、能源局、林草局、文物局、乡村振兴（扶贫）部门，新疆生产建设兵团住房和城乡建设局、科技局、工业和信息化局、民政局、生态环境局、交通运输局、水利局、文化和旅游局、应急管理局、市场监管局、体育局、能源局、林草局、文物局、扶贫办：

县城是县域经济社会发展的中心和城乡融合发展的关键节点，是推进城乡绿色发展的重要载体。为深入贯彻落实党的十九届五中全会精神和“十四五”规划纲要部署要求，推进县城绿色低碳建设，现提出如下意见。

一、充分认识推动县城绿色低碳建设的重要意义

以县城为载体的就地城镇化是我国城镇化的重要特色。县域农业转移人口和返乡农民工在县城安家定居的需求日益增加，提高县城建设质量，增强对县域的综合服务能力，对于推进以人为核心的新型城镇化和乡村振兴具有十分重要的作用。改革开放以来，我国县城建设取得显著成就，县城面貌发生巨大变化，但在县城规模布局、密度强度、基础设施和公共服务能力、人居环境质量等方面仍存在不少问题和短板，迫切需要转变照搬城市的开发建设方式，推进县城建设绿色低碳发展。加强县城绿色低碳建设，是贯彻新发展理念、推动县城高质量发展的必然要求，是推进以县城为重要载体的新型城镇化建设、统筹城乡融合发展的重要内容，是补齐县城建设短板、满足人民群众日益增长的美好生活需要的重要举措。各地要立足新发展阶段，贯彻新发展理念，推动构建新发展格局，坚持以人民为中心的发展思想，统筹县城建设发展的经济需要、生活需要、生态需要、安全需要，推动县城提质增效，提升县城承载力和公共服务水平，增强县城综合服务能力，以绿色低碳理念引领县城高质量发展，推动形成绿色生产方式和生活方式，促进实现碳达峰、碳中和目标。

二、严格落实县城绿色低碳建设的有关要求

（一）严守县城建设安全底线

县城建设要坚持系统观念，统筹发展与安全，明确县城建设安全底线要求。县城新建建筑应选择在安全、适宜的地段进行建设，避开地震活动断层、洪涝、滑坡、泥石流等自然灾害易发的区域以及矿山采空区等，并做好防灾安全论证。加强防洪排涝减灾工程建设，畅通行洪通道，留足蓄滞洪空间，完善非工程措施体系，提高洪涝风险防控能力。

（二）控制县城建设密度和强度

县城建设应疏密有度、错落有致、合理布局，既要防止盲目进行高密度高强度开发，又要防止摊大饼式无序蔓延。县城建成区人口密度应控制在每平方公里 0.6 万至 1 万人，县城建成区的建筑总面积与建设用地面积的比值应控制在 0.6 至 0.8。

（三）限制县城民用建筑高度

县城民用建筑高度要与消防救援能力相匹配。县城新建住宅以 6 层为主，6 层及以下住宅建筑面积占比应不低于 70%。鼓励新建多层住宅安装电梯。县城新建住宅最高不超过 18 层。确需建设 18 层以上居住建筑的，应严格充分论证，并确保消防应急、市政配套设施等建设到位。加强 50 米以上公共建筑消防安全管理。建筑物的耐火等级、防火间距、平面设计等要符合消防技术标准强制性要求。

（四）县城建设要与自然环境相协调

县城建设应融入自然，顺应原有地形地貌，不挖山，不填河湖，不破坏原有的山水环境，保持山水脉络和自然风貌。保护修复河湖缓冲带和河流自然弯曲度，不得以风雨廊桥等名义开发建设房屋。县城绿化美化主要采用乡土植物，实现县城风貌与周边山水林田湖草沙自然生态系统、农林牧业景观有机融合。充分借助自然条件，推进县城内生态绿道和绿色游憩空间等建设。

（五）大力发展绿色建筑和建筑节能

县城新建建筑要落实基本级绿色建筑要求，鼓励发展星级绿色建筑。加快推行绿色建筑和建筑节能节水标准，加强设计、施工和运行管理，不断提高新建建筑中绿色建筑的比例。推进老旧小区节能节水改造和功能提升。新建公共建筑必须安装节水器具。加快推进绿色建材产品认证，推广应用绿色建材。发展装配式钢结构等新型建造方式。全面推行绿色施工。提升县城能源使用效率，大力发展适应当地资源禀赋和需求的可再生能源，因地制宜开发利用地热能、生物质能、空气源和水源热泵等，推动区域清洁供热和北方县城清洁取暖，通过提升新建厂房、公共建筑等屋顶光伏比例和实施光伏建筑一体化开发等方式，降低传统化石能源在建筑用能中的比例。

（六）建设绿色节约型基础设施

县城基础设施建设要适合本地特点，以小型化、分散化、生态化方式为主，降低建设和运营维护成本。倡导大分散与小区域集中相结合的基础设施布局方式，统筹县城水电气热通信等设施布局，因地制宜布置分布式能源、生活垃圾和污水处理等设施，减少输配管线建设和运行成本，并与周边自然生态环境有机融合。加强生活垃圾分类和废旧物资回收利用。构建县城绿色低碳能源体系，推广分散式风电、分布式光伏、智能光伏等清洁能源应用，提高生产生活用能清洁化水平，推广综合智慧能源服务，加强配电网、储能、电动汽车充电桩等能源基础设施建设。

（七）加强县城历史文化保护传承

保护传承县城历史文化和风貌，保存传统街区整体格局和原有街巷网络。不拆历史建筑、不破坏历史环境，保护好古树名木。加快推进历史文化街区划定和历史建筑、历史水系确定工作，及时认定公布具有保护价值的老城片区、建筑和水利工程，实施挂牌测绘建档，明确保护管理要求，确保有效保护、合理利用。及时核定公布文物保护单位，做好文物保护单位“四有”工作和登记不可移动文物挂牌保护，加大文物保护修缮力度，促进文物开放利用。落实文物消防安全责任，加强消防供水、消防设施和器材的配备和维护。县城建设发展应注意避让大型古遗址古墓葬。

（八）建设绿色低碳交通系统

打造适宜步行的县城交通体系，建设连续通畅的步行道网络。打通步行道断头道路，连接中断节点，优化过街设施，清理违法占道行为，提高道路通达性。完善安全措施，加强管理养护，确保步行道通行安全。鼓励县城建设连续安全的自行车道。优先发展公共交通，引导绿色低碳出行方式。

（九）营造人性化公共环境

严格控制县城广场规模，县城广场的集中硬地面积不应超过 2 公顷。鼓励在行政中心、商业区、文化设施、居住区等建设便于居民就近使用的公共空间。推行“窄马路、密路网、小街区”，打造县城宜人的空间尺度。控制县城道路宽度，县城内部道路红线宽度应不超过 40 米。合理确定建筑物与交通干线的防噪声距离，因地制宜采取防噪声措施。

（十）推行以街区为单元的统筹建设方式

要合理确定县城居住区规模，加强市政基础设施和基本公共服务设施配套，因地制宜配置生活污水和垃圾处理等设施。探索以街区为单元统筹建设公共服务、商业服务、文化体育等设施，加强社区绿化、体育公园、健身步道、公共活动空间场所建设，打造尺度适宜、配套完善、邻里和谐的生活街区。

三、切实抓好组织实施

（一）细化落实措施

省级住房和城乡建设部门要会同科技、工业和信息化、民政、生态环境、交通运输、水利、文化和旅游、应急管理、市场监管、体育、能源、林业和草原、文物、乡村振兴等有关部门按照本意见要求，根据本地区县城常住人口规模、地理位置、自然条件、功能定位等因素明确适用范围，特别是位于生态功能区、农产品主产区的县城要严格按照有关要求开展绿色低碳建设。各地要根据本地实际情况提出具体措施，细化有关要求，可进一步提高标准，但不能降低底线要求。

（二）加强组织领导

各地要充分认识加强县城绿色低碳建设的重要性和紧迫性，将其作为落实“十四五”规划纲要、推动城乡建设绿色发展的重要内容，加强对本地区县城绿色低碳建设的督促指导，发挥科技创新引领作用，建立激励机制，强化政策支持。指导各县切实做好组织实施，压实工作责任，确保各项措施落实落地。各级住房和城乡建设等部门要在当地党委政府领导下，加强部门合作，形成工作合力，扎实推进实施工作。要加大宣传引导力度，发动各方力量参与县城绿色低碳建设，营造良好氛围。

（三）积极开展试点

各地要根据本地实际，选择有代表性的县城开展试点，探索可复制可推广的经验做法。要对本地区县城绿色低碳建设情况进行评估，总结工作进展成效，及时推广好的经验模式。住房和城乡建设部将会同有关部门在乡村建设评价中对县城绿色低碳建设实施情况进行评估，针对存在的问题提出改进措施，指导各地加大工作力度，持续提升县城绿色低碳建设水平。

住房和城乡建设部　科技部　工业和信息化部　民政部
生态环境部　交通运输部　水利部　文化和旅游部　应急部
市场监管总局　体育总局　能源局　林草局　文物局　乡村振兴局
2021 年 5 月 25 日

（此件公开发布）

住房和城乡建设部关于印发“十四五”建筑节能与绿色建筑发展规划的通知

（建标〔2022〕24号）

各省、自治区住房和城乡建设厅，直辖市住房和城乡建设（管）委，新疆生产建设兵团住房和城乡建设局：

现将《“十四五”建筑节能与绿色建筑发展规划》印发给你们，请认真贯彻落实。

住房和城乡建设部

2022年3月1日

（此件公开发布）

“十四五”建筑节能与绿色建筑发展规划

为进一步提高“十四五”时期建筑节能水平，推动绿色建筑高质量发展，依据《中华人民共和国国民经济和社会发展第十四个五年规划和2035年远景目标纲要》《中共中央 国务院关于完整准确全面贯彻新发展理念做好碳达峰碳中和工作的意见》《中共中央办公厅 国务院办公厅关于推动城乡建设绿色发展的意见》等文件，制定本规划。

一、发展环境

（一）发展基础

“十三五”期间，我国建筑节能与绿色建筑发展取得重大进展。绿色建筑实现跨越式发展，法规标准不断完善，标识认定管理逐步规范，建设规模增长迅速。城镇新建建筑节能标准进一步提高，超低能耗建筑建设规模持续增长，近零能耗建筑实现零的突破。公共建筑能效提升持续推进，重点城市建设取得新进展，合同能源管理等市场化机制建设取得初步成效。既有居住建筑节能改造稳步实施，农房节能改造研究不断深入。可再生能源应用规模持续扩大，太阳能光伏装机容量不断提升，可再生能源替代率逐步提高。装配式建筑快速发展，政策不断完善，示范城市和产业基地带动作用明显。绿色建材评价认证和推广应用稳步推进，政府采购支持绿色建筑和绿色建材应用试点持续深化。

“十三五”期间，严寒寒冷地区城镇新建居住建筑节能达到75%，累计建设完成超低、近零能耗建筑面积近 0.1 亿平方米，完成既有居住建筑节能改造面积 5.14 亿平方米、公共建筑节能改造面积 1.85 亿平方米，城镇建筑可再生能源替代率达到 6%。截至 2020 年底，全国城镇新建绿色建筑占当年新建建筑面积比例达到 77%，累计建成绿色建筑面积超过 66 亿平方米，累计建成节能建筑面积超过 238 亿平方米，节能建筑占城镇民用建筑面积比例超过 63%，全国新开工装配式建筑占城镇当年新建建筑面积比例为 20.5%。国务院确定的各项工作任务和“十三五”建筑节能与绿色建筑发展规划目标圆满完成。

（二）发展形势

“十四五”时期是开启全面建设社会主义现代化国家新征程的第一个五年，是落实 2030 年前碳达峰、2060 年前碳中和目标的关键时期，建筑节能与绿色建筑发展面临更大挑战，同时也迎来重要发展机遇。

碳达峰碳中和目标愿景提出新要求。习近平总书记提出我国二氧化碳排放力争于 2030 年前达到峰值，努力争取 2060 年前实现碳中和。《中共中央 国务院关于完整准确全面贯彻新发展理念做好碳达峰碳中和工作的意见》和国务院《2030 年前碳达峰行动方案》，明确了减少城乡建设领域降低碳排放的任务要求。建筑碳排放是城乡建设领域碳排放的重点，通过提高建筑节能标准，实施既有建筑节能改造，优化建筑用能结构，推动建筑碳排放尽早达峰，将为实现我国碳达峰碳中和做出积极贡献。

城乡建设绿色发展带来新机遇。《中共中央办公厅 国务院办公厅关于推动城乡建设绿色发展的意见》明确了城乡建设绿色发展蓝图。通过加快绿色建筑建设，转变建造方式，积极推广绿色建材，推动建筑运行管理高效低碳，实现建筑全寿命期的绿色低碳发展，将极大促进城乡建设绿色发展。

人民对美好生活的向往注入新动力。随着经济社会发展水平的提高，人民群众对美好居住环境的需求也越来越高。通过推进建筑节能与绿色建筑发展，以更少的能源资源消耗，为人民群众提供更加优良的公共服务、更加优美的工作生活空间、更加完善的建筑使用功能，将在减少碳排放的同时，不断增强人民群众的获得感、幸福感和安全感。

二、总体要求

（一）指导思想

以习近平新时代中国特色社会主义思想为指导，深入贯彻党的十九大和十九届历次全会精神，立足新发展阶段，完整、准确、全面贯彻新发展理念，构建新发展格局，坚持以人民为中心，坚持高质量发展，围绕落实我国 2030 年前碳达峰与 2060 年前碳中和目标，立足城乡建设绿色发展，提高建筑绿色低碳发展质量，降低建筑能源资源消耗，转变城乡建设发展方式，为 2030 年实现城乡建设领域碳达峰奠定坚实基础。

（二）基本原则

绿色发展，和谐共生。坚持人与自然和谐共生的理念，建设高品质绿色建筑，提高建筑安全、健康、宜居、便利、节约性能，增进民生福祉。

聚焦达峰，降低排放。聚焦2030年前城乡建设领域碳达峰目标，提高建筑能效水平，优化建筑用能结构，合理控制建筑领域能源消费总量和碳排放总量。

因地制宜，统筹兼顾。根据区域发展战略和各地发展目标，确定建筑节能与绿色建筑发展总体要求和任务，以城市和乡村为单元，兼顾新建建筑和既有建筑，形成具有地区特色的发展格局。

双轮驱动，两手发力。完善政府引导、市场参与机制，加大规划、标准、金融等政策引导，激励市场主体参与，规范市场主体行为，让市场成为推动建筑绿色低碳发展的重要力量，进一步提升建筑节能与绿色建筑发展质量和效益。

科技引领，创新驱动。聚焦绿色低碳发展需求，构建市场为导向、企业为主体、产学研深度融合的技术创新体系，加强技术攻关，补齐技术短板，注重国际技术合作，促进我国建筑节能与绿色建筑创新发展。

（三）发展目标

1. 总体目标。到2025年，城镇新建建筑全面建成绿色建筑，建筑能源利用效率稳步提升，建筑用能结构逐步优化，建筑能耗和碳排放增长趋势得到有效控制，基本形成绿色、低碳、循环的建设发展方式，为城乡建设领域2030年前碳达峰奠定坚实基础。

专栏1 “十四五”时期建筑节能和绿色建筑发展总体指标

主要指标	2025年
建筑运行一次二次能源消费总量（亿吨标准煤）	11.5
城镇新建居住建筑能效水平提升	30%
城镇新建公共建筑能效水平提升	20%

（注：表中指标均为预期性指标）

2. 具体目标。到2025年，完成既有建筑节能改造面积3.5亿平方米以上，建设超低能耗、近零能耗建筑0.5亿平方米以上，装配式建筑占当年城镇新建建筑的比例达到30%，全国新增建筑太阳能光伏装机容量0.5亿千瓦以上，地热能建筑应用面积1亿平方米以上，城镇建筑可再生能源替代率达到8%，建筑能耗中电力消费比例超过55%。

专栏2 “十四五”时期建筑节能和绿色建筑发展具体指标

主要指标	2025年
既有建筑节能改造面积（亿平方米）	3.5
建设超低能耗、近零能耗建筑面积（亿平方米）	0.5
城镇新建建筑中装配式建筑比例	30%
新增建筑太阳能光伏装机容量（亿千瓦）	0.5
新增地热能建筑应用面积（亿平方米）	1.0
城镇建筑可再生能源替代率	8%
建筑能耗中电力消费比例	55%

（注：表中指标均为预期性指标）

三、重点任务

（一）提升绿色建筑发展质量

1. 加强高品质绿色建筑建设。推进绿色建筑标准实施，加强规划、设计、施工和运行管理。倡导建筑绿色低碳设计理念，充分利用自然通风、天然采光等，降低住宅用能强度，提高住宅健康性能。推动有条件地区政府投资公益性建筑、大型公共建筑等新建建筑全部建成星级绿色建筑。引导地方制定支持政策，推动绿色建筑规模化发展，鼓励建设高星级绿色建筑。降低工程质量通病发生率，提高绿色建筑工程质量。开展绿色农房建设试点。

2. 完善绿色建筑运行管理制度。加强绿色建筑运行管理，提高绿色建筑设施、设备运行效率，将绿色建筑日常运行要求纳入物业管理内容。建立绿色建筑用户评价和反馈机制，定期开展绿色建筑运营评估和用户满意度调查，不断优化提升绿色建筑运营水平。鼓励建设绿色建筑智能化运行管理平台，充分利用现代信息技术，实现建筑能耗和资源消耗、室内空气品质等指标的实时监测与统计分析。

专栏 3 高品质绿色建筑发展重点工程

绿色建筑创建行动。以城镇民用建筑作为创建对象，引导新建建筑、改扩建建筑、既有建筑按照绿色建筑标准设计、施工、运行及改造。到 2025 年，城镇新建建筑全面执行绿色建筑标准，建成一批高质量绿色建筑项目，人民群众体验感、获得感明显增强。

星级绿色建筑推广计划。采取“强制 + 自愿”推广模式，适当提高政府投资公益性建筑、大型公共建筑以及重点功能区内新建建筑中星级绿色建筑建设比例。引导地方制定绿色金融、容积率奖励、优先评奖等政策，支持星级绿色建筑发展。

（二）提高新建建筑节能水平

以《建筑节能与可再生能源利用通用规范》确定的节能指标要求为基线，启动实施我国新建民用建筑能效“小步快跑”提升计划，分阶段、分类型、分气候区提高城镇新建民用建筑节能强制性标准，重点提高建筑门窗等关键部品节能性能要求，推广地区适应性强、防火等级高、保温隔热性能好的建筑保温隔热系统。推动政府投资公益性建筑和大型公共建筑提高节能标准，严格管控高耗能公共建筑建设。引导京津冀、长三角等重点区域制定更高水平节能标准，开展超低能耗建筑规模化建设，推动零碳建筑、零碳社区建设试点。在其他地区开展超低能耗建筑、近零能耗建筑、零碳建筑建设示范。推动农房和农村公共建筑执行有关标准，推广适宜节能技术，建成一批超低能耗农房试点示范项目，提升农村建筑能源利用效率，改善室内热舒适环境。

专栏 4 新建建筑节能标准提升重点工程

超低能耗建筑推广工程。在京津冀及周边地区、长三角等有条件地区全面推广超低能耗建筑，鼓励政府投资公益性建筑、大型公共建筑、重点功能区内新建建筑执行超低能耗建筑、近零能耗建筑标准。到 2025 年，建设超低能耗、近零能耗建筑示范项目 0.5 亿平方米以上。

高性能门窗推广工程。根据我国门窗技术现状、技术发展方向，提出不同气候地区门窗节能性能提升目标，推动高性能门窗应用。因地制宜增设遮阳设施，提升遮阳设施安全性、适用性、耐久性。

（三）加强既有建筑节能绿色改造

1. 提高既有居住建筑节能水平。除违法建筑和经鉴定为危房且无修缮保留价值的建筑外，不大规模、成片集中拆除现状建筑。在严寒及寒冷地区，结合北方地区冬季清洁取暖工作，持续推进建筑用户侧能效提升改造、供热管网保温及智能调控改造。在夏热冬冷地区，适应居民采暖、空调、通风等需求，积极开展既有居住建筑节能改造，提高建筑用能效率和室内舒适度。在城镇老旧小区改造中，鼓励加强建筑节能改造，形成与小区公共环境整治、适老设施改造、基础设施和建筑使用功能提升改造统筹推进的节能、低碳、宜居综合改造模式。引导居民在更换门窗、空调、壁挂炉等部品及设备时，采购高能效产品。

2. 推动既有公共建筑节能绿色化改造。强化公共建筑运行监管体系建设，统筹分析应用能耗统计、能源审计、能耗监测等数据信息，开展能耗信息公示及披露试点，普遍提升公共建筑节能运行水平。引导各地分类制定公共建筑用能（用电）限额指标，开展建筑能耗比对和能效评价，逐步实施公共建筑用能管理。持续推进公共建筑能效提升重点城市建设，加强用能系统和围护结构改造。推广应用建筑设施设备优化控制策略，提高采暖空调系统和电气系统效率，加快 LED 照明灯具普及，采用电梯智能群控等技术提升电梯能效。建立公共建筑运行调适制度，推动公共建筑定期开展用能设备运行调适，提高能效水平。

专栏 5　既有建筑节能改造重点工程

既有居住建筑节能改造。落实北方地区清洁采暖要求，适应夏热冬冷地区新增采暖需求，持续推动建筑能效提升改造，积极推动农房节能改造，推广适用、经济改造技术；结合老旧小区改造，开展建筑节能低碳改造，与小区公共环境整治、多层加装电梯、小区市政基础设施改造等统筹推进。力争到 2025 年，全国完成既有居住建筑节能改造面积超过 1 亿平方米。

公共建筑能效提升重点城市建设。做好第一批公共建筑能效提升重点城市建设绩效评价及经验总结，启动实施第二批公共建筑能效提升重点城市建设，建立节能低碳技术体系，探索多元化融资支持政策及融资模式，推广合同能源管理、用电需求侧管理等市场机制。“十四五”期间，累计完成既有公共建筑节能改造 2.5 亿平方米以上。

（四）推动可再生能源应用

1. 推动太阳能建筑应用。根据太阳能资源条件、建筑利用条件和用能需求，统筹太阳能光伏和太阳能光热系统建筑应用，宜电则电，宜热则热。推进新建建筑太阳能光伏一体化设计、施工、安装，鼓励政府投资公益性建筑加强太阳能光伏应用。加装建筑光伏的，应保证建筑或设施结构安全、防火安全，并应事先评估建筑屋顶、墙体、附属设施及市政公用设施上安装太阳能光伏系统的潜力。建筑太阳能光伏系统应具备即时断电并进入无危险状态的能力，且应与建筑本体牢固连接，保证不漏水不渗水。不符合安全要求的光伏系统应立即停用，弃用的建筑太阳能光伏系统必须及时拆除。开展以智能光伏系统为核心，以储能、建筑电力需求响应等新技术为载体的区域级光伏分布式应用示范。在城市酒店、学校和医院等有稳定热水需求的公共建筑中积极推广太阳能光热技术。在农村地区积极推广被动式太阳能房等适宜技术。

2. 加强地热能等可再生能源利用。推广应用地热能、空气热能、生物质能等解决建筑采暖、生活热水、炊事等用能需求。鼓励各地根据地热能资源及建筑需求，因地制宜推广使用地源热泵技术。对地表水资源丰富的长江流域等地区，积极发展地表水源热泵，在确保 100% 回灌的前提下稳妥推广地下水源热泵。在满足土壤冷热平衡及不影响地下空间开发利用的情况下，推广浅层土壤源热泵技术。在进行资源评估、环境影响评价基础上，采用梯级利用方式开展中深层地热能开发利用。在寒冷地区、夏热冬冷地区积极推广空气热能热泵技术应用，在严寒地区开展超低温空气源热泵技术及产品应用。合理发展生物质能供暖。

3. 加强可再生能源项目建设管理。鼓励各地开展可再生能源资源条件勘察和建筑利用条件调查，编制可再生能源建筑应用实施方案，确定本地区可再生能源应用目标、项目布局、适宜推广技术和实施计划。建立对可再生能源建筑应用项目的常态化监督检查机制和后评估制度，根据评估结果不断调整优化可再生能源建筑应用项目运行策略，实现可再生能源高效应用。对较大规模可再生能源应用项目持续进行环境影响监测，保障可再生能源的可持续开发和利用。

专栏 6　可再生能源应用重点工程

建筑光伏行动。积极推广太阳能光伏在城乡建筑及市政公用设施中分布式、一体化应用，鼓励太阳能光伏系统与建筑同步设计、施工；鼓励光伏制造企业、投资运营企业、发电企业、建筑产权人加强合作，探索屋顶租赁、分布式发电市场化交易等光伏应用商业模式。“十四五”期间，累计新增建筑太阳能光伏装机容量 0.5 亿千瓦，逐步完善太阳能光伏建筑应用政策体系、标准体系、技术体系。

（五）实施建筑电气化工程

充分发挥电力在建筑终端消费清洁性、可获得性、便利性等优势，建立以电力消费为核心的建筑能源消费体系。夏热冬冷地区积极采用热泵等电采暖方式解决新增采暖需求。开展新建公共建筑全电气化设计试点示范。在城市大型商场、办公楼、酒店、机场航站楼等建筑中推广应用热泵、电蓄冷空调、蓄热电锅炉。引导生活热水、炊事用能向电气化发展，促进高效电气化技术与设备研发应用。鼓励建设以“光储直柔”为特征的新型建筑电力系统，发展柔性用电建筑。

专栏7 建筑电气化重点工程

建筑用能电力替代行动。以减少建筑温室气体直接排放为目标，扩大建筑终端用能清洁电力替代，积极推动以电代气、以电代油，推进炊事、生活热水与采暖等建筑用能电气化，推广高能效建筑用电设备、产品。到2025年，建筑用能中电力消费比例超过55%。

新型建筑电力系统建设。新型建筑电力系统以“光储直柔”为主要特征，“光”是在建筑场地内建设分布式、一体化太阳能光伏系统，“储”是在供配电系统中配置储电装置，“直”是低压直流配电系统，“柔”是建筑用电具有可调节、可中断特性。新型建筑电力系统可以实现用电需求灵活可调，适应光伏发电大比例接入，使建筑供配电系统简单化、高效化。“十四五”期间积极开展新型建筑电力系统建设试点，逐步完善相关政策、技术、标准，以及产业生态。

（六）推广新型绿色建造方式

大力发展钢结构建筑，鼓励医院、学校等公共建筑优先采用钢结构建筑，积极推进钢结构住宅和农房建设，完善钢结构建筑防火、防腐等性能与技术措施。在商品住宅和保障性住房中积极推广装配式混凝土建筑，完善适用于不同建筑类型的装配式混凝土建筑结构体系，加大高性能混凝土、高强钢筋和消能减震、预应力技术的集成应用。因地制宜发展木结构建筑。推广成熟可靠的新型绿色建造技术。完善装配式建筑标准化设计和生产体系，推行设计选型和一体化集成设计，推广少规格、多组合设计方法，推动构件和部品部件标准化，扩大标准化构件和部品部件使用规模，满足标准化设计选型要求。积极发展装配化装修，推广管线分离、一体化装修技术，提高装修品质。

专栏8 标准化设计和生产体系重点工程

“1+3”标准化设计和生产体系。实施《装配式住宅设计选型标准》和《钢结构住宅主要构件尺寸指南》《装配式混凝土结构住宅主要构件尺寸指南》《住宅装配化装修主要部品部件尺寸指南》，引领设计单位实施标准化正向设计，重点解决如何采用标准化部品部件进行集成设计，指导生产单位开展标准化批量生产，逐步降低生产成本，推进新型建筑工业化可持续发展。

（七）促进绿色建材推广应用

加大绿色建材产品和关键技术研发投入，推广高强钢筋、高性能混凝土、高性能砌体材料、结构保温一体化墙板等，鼓励发展性能优良的预制构件和部品部件。在政府投资工程率先采用绿色建材，显著提高城镇新建建筑中绿色建材应用比例。优化选材提升建筑健康性能，开展面向提升建筑使用功能的绿色建材产品集成选材技术研究，推广新型功能环保建材产品与配套应用技术。

（八）推进区域建筑能源协同

推动建筑用能与能源供应、输配响应互动，提升建筑用能链条整体效率。开展城市低品位余热综合利用试点示范，统筹调配热电联产余热、工业余热、核电余热、城市中垃圾焚烧与再生水余热及数据中心余热等资源，满足城市及周边地区建筑新增供热需求。在城市新区、功能区开发建设中，充分考虑区域周边能源供应条件、可再生能源资源情况、建筑能源需求，开展区域建筑能源系统规划、设计和建设，以需定供，提高能源综合利用效率和能源基础设施投资效益。开展建筑群整体参与的电力需求响应试点，积极参与调峰填谷，培育智慧用能新模式，实现建筑用能与电力供给的智慧响应。推进源－网－荷－储－用协同运行，增强系统调峰能力。加快电动汽车充换电基础设施建设。

专栏9　区域建筑能源协同重点工程

区域建筑虚拟电厂建设试点。以城市新区、功能园区、校园园区等各类园区及公共建筑群为对象，对其建筑用能数据进行精准统计、监测、分析，利用建筑用电设备智能群控等技术，在满足用户用电需求的前提下，打包可调、可控用电负荷，形成区域建筑虚拟电厂，整体参与电力需求响应及电力市场化交易，提高建筑用电效率，降低用电成本。

（九）推动绿色城市建设

开展绿色低碳城市建设，树立建筑绿色低碳发展标杆。在对城市建筑能源资源消耗、碳排放现状充分摸底评估基础上，结合建筑节能与绿色建筑工作情况，制定绿色低碳城市建设实施方案和绿色建筑专项规划，明确绿色低碳城市发展目标和主要任务，确定新建民用建筑的绿色建筑等级及布局要求。推动开展绿色低碳城区建设，实现高星级绿色建筑规模化发展，推动超低能耗建筑、零碳建筑、既有建筑节能及绿色化改造、可再生能源建筑应用、装配式建筑、区域建筑能效提升等项目落地实施，全面提升建筑节能与绿色建筑发展水平。

四、保障措施

（一）健全法规标准体系

以城乡建设绿色发展和碳达峰碳中和为目标，推动完善建筑节能与绿色建筑法律法规，落实各方主体责任，规范引导建筑节能与绿色建筑健康发展。引导地方结合本地实际制（修）订相关地方性法规、地方政府规章。完善建筑节能与绿色建筑标准体系，制（修）订零碳建筑标准、绿色建筑设计标准、绿色建筑工程施工质量验收规范、建筑碳排放核算等标准，将《绿色建筑评价标准》基本级要求纳入住房和城乡建设领域全文强制性工程建设规范，做好《建筑节能与可再生能源利用通用规范》等标准的贯彻实施。鼓励各地制定更高水平的建筑节能与绿色建筑地方标准。

（二）落实激励政策保障

各级住房和城乡建设部门要加强与发展改革、财政、税务等部门沟通，争取落实财政资金、价格、税收等方面支持政策，对高星级绿色建筑、超低能耗建筑、零碳建筑、既有建筑节能改造项目、建筑可再生能源应用项目、绿色农房等给予政策扶持。会同有关部门推动绿色金融与绿色建筑协同发展，创新信贷等绿色金融产品，强化绿色保险支持。完善绿色建筑和绿色建材政府采购需求标准，在政府采购领域推广绿色建筑和绿色建材应用。探索大型建筑碳排放交易路径。

（三）加强制度建设

按照《绿色建筑标识管理办法》，由住房和城乡建设部授予三星绿色建筑标识，由省级住房和城乡建设部门确定二星、一星绿色建筑标识认定和授予方式。完善全国绿色建筑标识认定管理系统，提高绿色建筑标识认定和备案效率。开展建筑能效测评标识试点，逐步建立能效测评标识制度。定期修订民用建筑能源资源消耗统计报表制度，增强统计数据的准确性、适用性和可靠性。加强与供水、供电、供气、供热等相关行业数据共享，鼓励利用城市信息模型（CIM）基础平台，建立城市智慧能源管理服务系统。逐步建立完善合同能源管理市场机制，提供节能咨询、诊断、设计、融资、改造、托管等“一站式”综合服务。加快开展绿色建材产品认证，建立健全绿色建材采信机制，推动建材产品质量提升。

（四）突出科技创新驱动

构建市场导向的建筑节能与绿色建筑技术创新体系，组织重点领域关键环节的科研攻关和项目研发，推动互联网、大数据、人工智能、先进制造与建筑节能和绿色建筑的深度融合。充分发挥住房和城乡建设部科技计划项目平台的作用，不断优化项目布局，引领绿色建筑创新发展方向。加速建筑节能与绿色建筑科技创新成果转化，推进产学研用相结合，打造协同创新平台，大幅提高技术创新对产业发展的贡献率。支持引导企业开发建筑节能与绿色建筑设备和产品，培育建筑节能、绿色建筑、装配式建筑产业链，推动可靠技术工艺及产品设备的集成应用。

（五）创新工程质量监管模式

在规划、设计、施工、竣工验收阶段，加强新建建筑执行建筑节能与绿色建筑标准的监管，鼓励采用“互联网＋监管”方式，提高监管效能。推行可视化技术交底，通过在施工现场设立实体样板方式，统一工艺标准，规范施工行为。开展建筑节能及绿色建筑性能责任保险试点，运用保险手段防控外墙外保温、室内空气品质等重要节点质量风险。

五、组织实施

（一）加强组织领导

地方各级住房和城乡建设部门要高度重视建筑节能与绿色建筑发展工作，在地方党委、政府领导下，健全工作协调机制，制定政策措施，加强与发展改革、财政、金融等部门沟通协调，形成合力，共同推进。各省（区、市）住房和城乡建设部门要编制本地区建筑节能与绿色建筑发展专项规划，制定重点项目计划，并于2022年9月底前将专项规划报住房和城乡建设部。

（二）严格绩效考核

将各地建筑节能与绿色建筑目标任务落实情况，纳入住房和城乡建设部年度督查检查考核，将部分规划目标任务完成情况纳入城乡建设领域碳达峰碳中和、“能耗”双控、城乡建设绿色发展等考核评价。住房和城乡建设部适时组织规划实施情况评估。各省（区、市）住房和城乡建设部门应在每年11月底前上报本地区建筑节能与绿色建筑发展情况报告。

（三）强化宣传培训

各地要动员社会各方力量，开展形式多样的建筑节能与绿色建筑宣传活动，面向社会公众广泛开展建筑节能与绿色建筑发展新闻宣传、政策解读和教育普及，逐步形成全社会的普遍共识。结合节能宣传周等活动，积极倡导简约适度、绿色低碳的生活方式。实施建筑节能与绿色建筑培训计划，将相关知识纳入专业技术人员继续教育重点内容，鼓励高等学校增设建筑节能与绿色建筑相关课程，培养专业化人才队伍。

交通运输部关于印发《绿色交通“十四五”发展规划》的通知

（交规划发〔2021〕104 号）

各省、自治区、直辖市、新疆生产建设兵团交通运输厅（局、委），部管各社团，部属各单位，部内各司局：

现将《绿色交通“十四五”发展规划》印发给你们，请认真贯彻落实。

交通运输部

2021 年 10 月 29 日

（此件公开发布）

附件：绿色交通“十四五”发展规划

绿色交通“十四五”发展规划

为贯彻党的十九届五中全会精神，落实《中华人民共和国国民经济和社会发展第十四个五年规划和 2035 年远景目标纲要》要求，按照《交通强国建设纲要》《国家综合立体交通网规划纲要》相关战略部署，制定本规划。

一、规划基础

（一）发展成效

“十三五”以来，交通运输行业认真贯彻习近平生态文明思想，全面深入推进交通运输绿色发展，取得了积极成效。

加快推进节能降碳。持续加快新能源和清洁能源应用，新能源城市公交、出租和城市物流配送汽车总数达到 100 余万辆，现有 LNG 动力船舶 290 余艘，全国港口岸电设施覆盖泊位约 7500 个，高速公路服务区充电桩超过 1 万个。与 2015 年相比，营运货车、营运船舶二氧化碳排放强度分别下降 8.4% 和 7.1%，港口生产二氧化碳排放强度下降 10.2%。

优化调整运输结构。深入推进大宗货物及中长距离货物运输“公转铁”“公转水”，加快集疏港铁路和铁路专用线建设，2020 年重点地区沿海主要港口矿石疏港采用铁路、水运和皮带运输的比例比 2017 年提高约 20%，2017—2020 年全国港口集装箱铁水联运量年均增长 25.8%。先后组织实施三批共 70 个多式联运示范工程，两批共 46 个城市绿色货运配送示范工程，三批共 87 个城市的国家公交都市建设示范工程。

深入推进污染防治。扩大船舶排放控制区范围并加严排放控制要求，2020 年，京津冀、长三角、珠三角等区域船舶硫氧化物、颗粒物年排放总量比 2015 年分别下降 80% 和 75%。沿海和内河港口完成船舶污染物接收设施建设任务，并与城市公共转运、处置设施衔接。会同相关部门推动建立汽车排放检验与维护（I/M）制度，在京津冀及周边和汾渭平原地区逐步淘汰国三及以下营运柴油货车。

加强生态保护修复。建成了 20 条绿色公路主题性试点工程，开展了 33 条绿色公路典型示范工程，公路建设与生态环境更加融合协调。建成了 11 个绿色港口主题性试点工程、荆江生态航道和长江南京以下 12.5 米深水航道等一批绿色航道工程，在泰州、岳阳等地开展了长江航道疏浚砂综合利用工作。支持完善交通服务设施旅游服务功能，各地建设了一批特色突出的旅游公路、旅游航道和旅游服务区。

完善支撑保障能力。出台《港口和船舶岸电管理办法》等规章，在节能降碳、生态保护、污染防治等领域制定了 62 项绿色交通相关标准规范。发布两批交通运输行业重点节能低碳技术推广目录，其中 12 项被纳入国家重点节能低碳技术目录，30 多项实现规模化应用。强化绿色交通国际交流合作，发布《中国交通的可持续发展》白皮书，积极参与航运温室气体减排谈判。

虽然交通运输行业绿色发展已取得积极成效，但仍存在一些困难和问题，交通运输结构尚需进一步优化，行业污染防治和碳减排面临一些瓶颈制约，绿色交通推进手段尚不完善。

（二）形势要求

“十四五”时期，我国生态文明建设进入以降碳为重点战略方向、推动减污降碳协同增效、促进经济社会发展全面绿色转型，实现生态环境质量改善由量变到质变的关键时期。交通运输进入加快建设交通强国、推动交通运输高质量发展的新阶段，服务国家碳达峰碳中和目标，深入打好污染防治攻坚战，必须完整、准确、全面贯彻新发展理念，统筹污染治理、生态保护、应对气候变化，采取更加强有力的措施，大幅提升交通运输绿色发展水平，不断降低二氧化碳排放强度、削减主要污染物排放总量，加快形成绿色低碳运输方式。

二、总体要求

（一）指导思想

以习近平新时代中国特色社会主义思想为指导，全面贯彻党的十九大和十九届二中、三中、四中、五中全会精神，深入贯彻习近平生态文明思想，紧紧围绕统筹推进“五位一体”总体布局和协调推进“四个全面”战略布局，立足新发展阶段，完整、准确、全面贯彻新发展理念，构建新发展格局，牢牢把握减污降碳协同增效总要求，处理好发展和减排、整体和局部、短期和中长期的关系，以推动交通运输节能降碳为重点，协同推进交通运输高质量发展和生态环境高水平保护，加快形成绿色低碳运输方式，促进交通与自然和谐发展，为加快建设交通强国提供有力支撑。

（二）基本原则

生态优先，绿色发展。坚持尊重自然、顺应自然、保护自然，把资源能源节约和生态环境保护摆在行业发展更加突出的位置，严格落实生态环境保护制度，推动交通运输领域加快形成绿色生产生活方式。

系统推进，重点突破。全方位、全地域、全过程推进交通运输行业绿色发展，在重点区域、领域和关键环节集中发力，以点带面实现突破性进展，着力解决突出生态环境问题，切实推动交通运输减污降碳。

创新驱动，优化结构。努力推动理念创新、技术创新、管理创新和制度创新，充分挖掘新模式、新技术的巨大减排潜力。注重发挥各种运输方式的比较优势和组合效率，着力优化交通运输结构和用能结构，促进行业绿色低碳转型。

多方参与，协同共治。强化企业节能环保主体责任，发挥公众参与和监督作用，健全法规制度，推动形成政府、企业、公众共治的绿色交通行动体系。推进交通运输能源消耗、温室气体和常规污染物协同控制，提升绿色交通治理效果。

（三）发展目标

到2025年，交通运输领域绿色低碳生产方式初步形成，基本实现基础设施环境友好、运输装备清洁低碳、运输组织集约高效，重点领域取得突破性进展，绿色发展水平总体适应交通强国建设阶段性要求。

生态保护取得显著成效，交通基础设施与生态环境协调发展水平进一步提升，全生命周期资源消耗水平有效降低；

营运车辆及船舶能耗和碳排放强度进一步下降，新能源和清洁能源应用比例显著提升；

交通运输污染防治取得新成效，营运车船污染物排放强度不断降低，排放总量进一步下降；

客货运输结构更趋合理，运输组织效率进一步提升，绿色出行体系初步形成；

绿色交通推进手段进一步丰富，行业绿色发展法规制度标准体系逐步完善，科技支撑能力进一步提高，绿色交通监管能力明显提升。

“十四五”期具体发展目标如下表。

绿色交通“十四五”发展具体目标

序号	指标类型	指标名称	2025年目标值	指标属性
1	减污降碳	营运车辆单位运输周转量二氧化碳（CO_2）排放较2020年下降率（%）	5	预期性
2		营运船舶单位运输周转量二氧化碳（CO_2）排放较2020年下降率（%）	3.5	预期性
3		营运船舶氮氧化物（NO_x）排放总量较2020年下降率（%）	7	预期性

续表

序号	指标类型	指标名称	2025 年目标值	指标属性
4	用能结构	全国城市公交、出租汽车（含网约车）、城市物流配送领域新能源汽车占比（%）	72、35、20	预期性
5		国际集装箱枢纽海港[1]新能源清洁能源集卡占比（%）	60	预期性
6	运输结构	长江经济带港口和水上服务区当年使用岸电电量较2020 年增长率（%）	100	预期性
7		集装箱铁水联运量年均增长率（%）	15	预期性
8		城区常住人口 100 万以上城市中绿色出行[2]比例超过70% 的城市数量（个）	60	预期性

备注：1. 国际集装箱枢纽海港指上海港、大连港、天津港、青岛港、连云港港、宁波舟山港、厦门港、深圳港、广州港、北部湾港、洋浦港 11 个港口。

2. 绿色出行包括城市公共交通以及自行车、步行等慢行交通。

三、主要任务

（一）优化空间布局，建设绿色交通基础设施

优化交通基础设施空间布局。强化国土空间规划对交通基础设施规划建设的指导约束作用，推动形成与生态保护红线相协调、与资源环境承载力相适应的综合立体交通网。进一步加强交通基础设施规划和建设项目环境影响评价，保障规划实施与生态保护要求相统一。强化交通建设项目生态选线选址，将生态环保理念贯穿交通基础设施规划、建设、运营和维护全过程，合理避让具有重要生态功能的国土空间。建设集约化、一体化绿色综合交通枢纽。合理有序开发港口岸线资源，发展集约化和专业化港区，促进区域航道、锚地和引航等资源共享共用。

深化绿色公路建设。因地制宜推进新开工的高速公路全面落实绿色公路建设要求，鼓励普通国省干线公路按照绿色公路要求建设，引导有条件的农村公路参照绿色公路要求协同推进“四好农村路”建设。强化公路生态环境保护工作，做好原生植被保护和近自然生态恢复、动物通道建设、湿地水系连通等工作，降低新改（扩）建项目对重要生态系统和保护物种的影响。推动交通基础设施标准化、智能化、工业化建造，强化永临结合施工，推进建养一体化，降低全生命周期资源消耗。完善生态环境敏感路段跨河桥梁排水设施建设及养护。加强服务区污水、垃圾等污染治理，鼓励老旧服务区开展节能环保升级改造，新建公路服务区推行节能建筑设计和建设。提高交通基础设施固碳能力，到 2025 年，湿润地区高速公路及普通国省干线公路可绿化里程绿化率达到 95% 以上，半湿润区达到 85% 以上。推动交通与旅游融合发展，完善客运场站等交通设施旅游服务功能，因地制宜打造一批旅游公路、旅游服务区。

深入推进绿色港口和绿色航道建设。全面提升港口污染防治、节能低碳、生态保护、资源节约循环利用及绿色运输组织水平，持续推进绿色港口建设工作，鼓励有条件的港区或港口整体建设绿色港区（港口）。推动内河老旧码头升级改造，积极推进散乱码头

优化整合和有序退出，鼓励开展陆域、水域生态修复。加大绿色航道建设新技术、新材料、新工艺和新结构引进和研发力度，积极推动航道治理与生境修复营造相结合，加快推广航道工程绿色建养技术，优先采用生态影响较小的航道整治技术与施工工艺，推广生态友好型新材料、新结构在航道工程中的应用，加强水生生态保护，及时开展航道生态修复和生态补偿。探索建设集岸电、船用充电、污染物接收、LNG 加注等服务于一体的内河水上绿色航运综合服务区。开展旅游航道建设，打造一批具有特色功能的旅游航道和水上旅游客运线路。

推进交通资源循环利用。推广交通基础设施废旧材料、设施设备、施工材料等综合利用，鼓励废旧轮胎、工业固废、建筑废弃物在交通建设领域的规模化应用。在西北、华北等干旱缺水地区，鼓励高速公路服务区、枢纽场站等污水循环利用和雨水收集利用。推进航道疏浚土综合利用。

专栏 1 绿色交通基础设施建设行动

绿色公路建设。以“十四五”新开工高速公路和普通国省干线公路为重点，推进施工标准化和工业化建造，鼓励施工材料、工艺和技术创新，推广钢结构桥梁和 BIM 技术应用，完善旅游服务功能，鼓励历史文化传承设计创作，促进资源集约利用、清洁能源利用、生态保护及污染防治，降低公路全生命周期成本，更好地与自然环境和社会环境相协调。

公路路面材料循环利用。在全国高速公路、普通国省干线公路、农村公路改扩建和修复养护工程中，积极应用路面材料循环再生技术，高速公路、普通国省干线公路废旧沥青路面材料循环利用率分别达到 95% 和 80% 以上。

工业固废和隧道弃渣循环利用。推动山西、陕西、蒙西等地区应用煤渣、粉煤灰等作为公路路基材料，推动河北、山东、江苏等省份应用炼钢炉渣和城市建筑废弃物等作为公路路基材料。推进隧道弃渣用于公路路基填筑和机制砂、水泥砖生产。

（二）优化交通运输结构，提升综合运输能效

持续优化调整运输结构。加快推进港口集疏运铁路、物流园区及大型工矿企业铁路专用线建设，推动大宗货物及中长距离货物运输“公转铁”“公转水”。推进港口、大型工矿企业大宗货物主要采用铁路、水运、封闭式皮带廊道、新能源和清洁能源汽车等绿色运输方式。统筹江海直达和江海联运发展，积极推进干散货、集装箱江海直达运输，提高水水中转货运量。

提高运输组织效率。深入推进多式联运发展，推进综合货运枢纽建设，推动铁水、公铁、公水、空陆等联运发展。推进多式联运示范工程建设，加快培育一批具有全球影响力的多式联运龙头企业。探索推广应用集装箱模块化汽车列车运输，提高多式联运占比。推动城市建筑材料及生活物资等采用公铁水联运、新能源和清洁能源汽车等运输方式。继续开展城市绿色货运配送示范工程建设，鼓励共同配送、集中配送、分时配送等集约化配送模式发展。引导网络平台道路货物运输规范发展，有效降低空驶率。

专栏 2　优化调整运输结构行动

深入推进京津冀及周边地区、晋陕蒙煤炭主产区运输绿色低碳转型。进一步加快推进港口、大型工矿企业“公转铁”“公转水”，京津冀及周边地区沿海主要港口矿石、焦炭采用铁路、水运和封闭式皮带廊道、新能源汽车运输比例达到 70% 以上。晋陕蒙煤炭主产区具有铁路专用线的大型工矿企业煤炭、矿石、焦炭等绿色运输比例大幅提升，出省运距 500 公里以上的煤炭和焦炭铁路运输比例力争达到 80% 以上。

加快推进长三角地区、粤港澳大湾区铁水联运发展。加快水水中转码头及疏港铁路建设，大幅提高集装箱水水中转和铁水联运比例，集装箱铁水联运量年均增长 15% 以上。

加快构建绿色出行体系。因地制宜构建以城市轨道交通和快速公交为骨干、常规公交为主体的公共交通出行体系，强化“轨道 + 公交 + 慢行”网络融合发展。深化国家公交都市建设，提升城市轨道交通服务水平，持续改善公共交通出行体验。开展绿色出行创建行动，改善绿色出行环境，提高城市绿色出行比例。完善城市慢行交通系统，提升城市步行和非机动车的出行品质，构建安全、连续和舒适的城市慢行交通体系。

专栏 3　绿色出行创建行动

以直辖市、省会城市、计划单列市、现有国家公交都市创建城市以及其他城区常住人口 100 万人以上的城市作为主要创建对象，鼓励周边中小城市参与绿色出行创建行动。重点创建 100 个左右绿色出行城市，引导公众出行优先选择公共交通、步行和自行车等绿色出行方式，不断提高城市绿色出行水平。到 2025 年，力争 60% 以上的创建城市绿色出行比例达到 70%。

（三）推广应用新能源，构建低碳交通运输体系

加快新能源和清洁能源运输装备推广应用。加快推进城市公交、出租、物流配送等领域新能源汽车推广应用，国家生态文明试验区、大气污染防治重点区域新增或更新的公交、出租、物流配送等车辆中新能源汽车比例不低于 80%。鼓励开展氢燃料电池汽车试点应用。推进新增和更换港口作业机械、港内车辆和拖轮、货运场站作业车辆等优先使用新能源和清洁能源。推动公路服务区、客运枢纽等区域充（换）电设施建设，为绿色运输和绿色出行提供便利。因地制宜推进公路沿线、服务区等适宜区域合理布局光伏发电设施。深入推进内河 LNG 动力船舶推广应用，支持沿海及远洋 LNG 动力船舶发展，指导落实长江干线、西江航运干线、京杭运河 LNG 加注码头布局方案，推动加快内河船舶 LNG 加注站建设，推动沿海船舶 LNG 加注设施建设。因地制宜推动纯电动旅游客船应用。积极探索油电混合、氢燃料、氨燃料、甲醇动力船舶应用。

促进岸电设施常态化使用。加快现有营运船舶受电设施改造，不断提高受电设施安装比例。有序推进现有码头岸电设施改造，主要港口的五类专业化泊位，以及长江干线、西江航运干线 2000 吨级以上码头（油气化工码头除外）岸电覆盖率进一步提高。加强低压岸电接插件国家标准宣贯和实施，出台《港口岸电设施运行维护技术规范》，加强岸电设施检测与运营维护。严格落实《中华人民共和国长江保护法》，修订《港口和船舶岸电管

理办法》，加强岸电使用监管，确保已具备受电设施的船舶在具备岸电供电能力的泊位靠泊时按规定使用岸电。

<table><tr><td>

专栏4 新能源推广应用行动

电动货车和氢燃料电池车辆推广行动。在北京、天津、石家庄等城市推进中心城区应用纯电动物流配送车辆，在钢铁、煤炭等工矿企业场内短途运输推广应用纯电动重卡。在张家口等城市推进城际客运、重型货车、冷链物流车等开展氢燃料电池汽车试点应用。

城市绿色货运配送示范工程。深入开展城市绿色货运配送示范工程创建工作，到2025年，有序建设100个左右城市绿色货运配送示范工程。

岸电推广应用行动。深入推进重点区域（长江经济带、西江航运干线、环渤海）、重点省市（上海、深圳、海南、天津等）、重点航线（琼州海峡和渤海湾省际客运）岸电建设与使用，着力提高岸电设施使用率。

近零碳枢纽场站建设行动。以重要港区、货运场站为主，推进内部作业机械、供暖制冷设施设备等加快应用新能源和可再生能源，实现近零碳排放，创建近零碳码头、近零碳货运场站。

</td></tr></table>

（四）坚持标本兼治，推进交通污染深度治理

持续加强船舶污染防治。严格落实船舶大气污染物排放控制区各项要求，会同相关部门保障船用低硫燃油供应，降低船舶硫氧化物、氮氧化物、颗粒物和挥发性有机物等排放，适时评估排放控制区实施效果。推进船舶大气污染物监测监管试验区建设，加强船舶污染设施设备配备及使用情况监督检查。持续推进港口船舶水污染物接收设施有效运行，并确保与城市公共转运处置设施顺畅衔接，积极推进船舶污染物电子联单管理，提高船舶水污染物联合监管信息化水平。严格执行长江经济带内河港口船舶生活垃圾免费接收政策。分级分类分区开展400总吨以下内河船舶的防污染设施改造和加装。严格执行船舶强制报废制度，鼓励提前淘汰高污染、高耗能老旧运输船舶。

进一步提升港口污染治理水平。统筹加强既有码头自身环保设施维护管理和新建码头环保设施建设使用，确保稳定运行，推进水资源循环利用。加快推进干散货码头堆场防风抑尘设施建设和设备配置。有序推进原油、成品油码头和船舶油气回收设施建设、改造及使用，完善操作管理规定和配套标准规范。提升水上化学品洗舱站运行效果，鼓励西江航运干线布局建设水上洗舱站，提高化学品洗舱水处置能力。

深入推进在用车辆污染治理。推动全面实施汽车排放检验与维护制度（I/M制度），加快建立超标排放汽车闭环管理联防联控机制，强化在用汽车排放检验与维修治理。研究完善道路运输车辆燃料消耗量限值准入制度。规范维修作业废气、废液、固废和危险废物存储管理，推广先进维修工艺和设备，推进汽车绿色维修。

（五）坚持创新驱动，强化绿色交通科技支撑

推进绿色交通科技创新。构建市场导向的绿色技术创新体系，支持新能源运输装备和设施设备、氢燃料动力车辆及船舶、LNG和生物质燃料船舶等应用研究；加快新能源汽

车性能监控与保障技术、交通能源互联网技术、基础设施分布式光伏发电设备及并网技术研究。深化交通污染综合防治等关键技术研究，重点推进船舶大气污染和碳排放协同治理、港口与船舶水污染深度治理、交通能耗与污染排放监测监管等新技术、新工艺和新装备研发。推进交通廊道与基础设施生态优化、路域生态连通与生态重建、绿色建筑材料和技术等领域研究。推进绿色交通与智能交通融合发展。推进交通运输行业重点实验室等建设，积极培育国家级绿色交通科研平台。鼓励行业各类绿色交通创新主体建立创新联盟，建立绿色交通关键核心技术攻关机制。

加快节能环保关键技术推广应用。加大已发布的交通运输行业重点节能低碳技术推广应用力度，持续制定发布交通运输行业重点节能低碳技术目录，重点遴选一批减排潜力大、适用范围广的节能低碳技术，强化技术宣传、交流、培训和推广应用。依托交通运输科技示范工程强化节能环保技术集成应用示范与成果转化。

健全绿色交通标准规范体系。修订绿色交通标准体系，加强新技术、新设备、新材料、新工艺等方面标准的有效供给。在资源节约利用方面，制修订新能源车辆蓄电池、沥青路面材料和建筑垃圾循环利用等标准；在节能降碳方面，制修订营运车船和港口机械装备能耗限值准入、新能源和燃料电池营运车辆技术要求、城市轨道交通绿色运营等标准；在污染防治方面，配合制修订港口、营运车船、服务区、汽车维修等设施设备污水、废气排放限值等标准；在生态保护方面，制修订公路、港口及航道等设施的生态保护等标准。

（六）健全推进机制，完善绿色交通监管体系

完善绿色发展推进机制。健全完善交通运输部碳达峰碳中和工作组织领导体系，强化部门协同联动。制定交通运输绿色低碳发展行动方案等政策文件。统筹开展交通运输领域碳减排和碳达峰路径、重大政策与关键技术研究。探索碳积分、合同能源管理、碳排放核查等市场机制在行业的应用。

强化绿色交通评估和监管。完善绿色交通统计体系，推进公路、水运、城市客运等能耗、碳排放及污染物排放数据采集。鼓励统筹既有监测能力，利用在线监测系统及大数据技术，建设监测评估系统。结合国家能源消费总量和强度目标“双控”考核、交通运输综合督查等，完善评估考核方案及管理制度，重点针对碳达峰工作以及优化运输结构、船舶及港口污染防治、新能源运输装备、绿色出行等重点任务推进情况开展检查与评估。依托交通运输行业信用体系建设，强化绿色交通监管能力。

（七）完善合作机制，深化国际交流与合作

深度参与交通运输全球环境治理。深度参与国际海运温室气体减排谈判，主动研提中国方案，加强船舶低碳技术国际合作，引导国际规则与国内发展目标对接，推动形成公正、合理的国际制度安排。

加强绿色交通国际交流与合作。巩固现有国际合作网络，继续发挥好中美、中德、中日韩等双边、区域合作机制作用，引导相关国家积极参与绿色交通发展合作议题。依托联合国全球可持续交通大会等，宣传中国绿色交通发展理念，推动全球生态环境治理体系建设。推动中国绿色交通标准国际化。

四、保障措施

（一）加强组织领导

各级交通运输主管部门要高度重视，把交通运输绿色发展摆在突出位置，进一步明确本区域绿色交通发展目标、重点任务和责任分工，确保各项工作落实到位。加强与有关部门沟通协调，推动建立跨部门协调机制，协同推进绿色交通相关工作。鼓励各级交通运输主管部门建立健全绿色交通评估与监管机制，强化绿色交通监督检查。

（二）创新支持政策

建立以国家和地方政府资金为引导、企业资金为主体的绿色交通发展建设投入机制。统筹利用中央现有财政资金渠道，引导绿色交通发展，加大地方各级财政资金支持力度。积极争取国家绿色发展基金、国家低碳转型基金等资金支持，推动研究绿色金融支持交通运输绿色发展相关政策。优化公路工程建设概预算编制、施工招投标管理等规定，促进各项节能环保要求得到落实。充分发挥市场机制作用，积极推行合同能源、环境污染第三方治理等管理模式。强化交通运输企业节能环保主体责任，鼓励企业主动加大绿色发展资金投入。

（三）加大宣贯培训

持续开展绿色交通宣传教育，引导全行业提升生态文明理念，形成全社会共同关心、支持和参与交通运输绿色发展的合力。结合世界环境日、节能宣传周、科技活动周、绿色出行宣传月和公交出行宣传周等开展绿色交通宣传。针对各级交通运输主管部门和从业人员，组织开展绿色交通相关培训，提高绿色交通工作能力和水平。

关于印发《关于推进中央企业高质量发展做好碳达峰碳中和工作的指导意见》的通知

（国资发科创〔2021〕93 号）

各中央企业，驻委纪检监察组，委内各厅局，各直属单位、直管协会：

现将《关于推进中央企业高质量发展做好碳达峰碳中和工作的指导意见》印发给你们，请结合实际认真贯彻落实。

国资委

2021 年 11 月 27 日

关于推进中央企业高质量发展做好碳达峰碳中和工作的指导意见

实现碳达峰、碳中和，是以习近平同志为核心的党中央统筹国内国际两个大局作出的重大战略决策，对我国实现高质量发展、全面建设社会主义现代化强国具有重要意义。中央企业在关系国家安全与国民经济命脉的重要行业和关键领域占据重要地位，同时也是我国碳排放的重点单位，应当在推进国家碳达峰、碳中和中发挥示范引领作用。为深入贯彻落实党中央、国务院关于碳达峰、碳中和的决策部署，指导中央企业做好碳达峰、碳中和工作，现提出如下意见。

一、总体要求

（一）指导思想

以习近平新时代中国特色社会主义思想为指导，全面贯彻党的十九大和十九届二中、三中、四中、五中、六中全会精神，深入贯彻习近平生态文明思想，立足新发展阶段，完整、准确、全面贯彻新发展理念，构建新发展格局，坚持系统观念，处理好发展和减排、整体和局部、短期和中长期的关系，把碳达峰、碳中和纳入国资央企发展全局，着力布局优化和结构调整，着力深化供给侧结构性改革，着力降强度控总量，着力科技和制度创新，加快中央企业绿色低碳转型和高质量发展，有力支撑国家如期实现碳达峰、碳中和。

（二）基本原则

坚持系统谋划、统筹推进。加强统筹协调，健全激励约束机制，明确总体目标和实施路径，贯穿到企业生产经营全过程和各环节，加快构建有利于碳达峰、碳中和的国有经济布局和结构。鼓励有条件的中央企业率先达峰。

坚持节约优先、源头减碳。把节约能源资源放在首位，提升利用效率，优化能源结构，供给侧和需求侧两端同时发力，大力推进绿色低碳转型升级，持续降低单位产出能源资源消耗和碳排放，从源头减少二氧化碳排放。

坚持创新驱动、科技引领。充分发挥中央企业创新主体作用，强化科技创新和制度创新，突破绿色低碳关键核心技术，提升高质量绿色产品服务供给能力，加速绿色低碳关键技术产品推广应用。

坚持立足实际、稳妥有序。统筹发展与安全，立足我国能源资源禀赋和企业实际，以保障国家能源安全和经济发展为底线，加强风险研判和应对，着力化解各类风险隐患，确保安全降碳。

二、主要目标

到 2025 年，中央企业产业结构和能源结构调整优化取得明显进展，重点行业能源利用效率大幅提升，新型电力系统加快构建，绿色低碳技术研发和推广应用取得积极进展；中央企业万元产值综合能耗比 2020 年下降 15%，万元产值二氧化碳排放比 2020 年下降 18%，可再生能源发电装机比重达到 50% 以上，战略性新兴产业营收比重不低于 30%，为实现碳达峰奠定坚实基础。

到 2030 年，中央企业全面绿色低碳转型取得显著成效，产业结构和能源结构调整取得重大进展，重点行业企业能源利用效率接近世界一流企业先进水平，绿色低碳技术取得重大突破，绿色低碳产业规模与比重明显提升，中央企业万元产值综合能耗大幅下降，万元产值二氧化碳排放比 2005 年下降 65% 以上，中央企业二氧化碳排放量整体达到峰值并实现稳中有降，有条件的中央企业力争碳排放率先达峰。

到 2060 年，中央企业绿色低碳循环发展的产业体系和清洁低碳安全高效的能源体系全面建立，能源利用效率达到世界一流企业先进水平，形成绿色低碳核心竞争优势，为国家顺利实现碳中和目标作出积极贡献。

三、推动绿色低碳转型发展

（一）强化国有资本绿色低碳布局

服务国家绿色低碳发展战略，把绿色低碳发展理念完整、准确、全面贯彻到国资国企改革发展全过程和各领域，深入推进供给侧结构性改革，构建有利于国家实现碳达峰、碳中和的国有经济布局和结构。调整国有资本存量结构，加快清理处置不符合绿色低碳标准要求的资产和企业，深入推进战略性重组和专业化整合。优化国有资本增量投向，加大绿色低碳投资，充分发挥投资引导作用，推动国有资本增量向绿色低碳和前瞻性战略性新兴产业集中。

（二）强化绿色低碳发展规划引领

将碳达峰、碳中和目标要求全面融入中央企业中长期发展规划。加强与各级各类规划的衔接协调，确保企业落实碳达峰、碳中和的主要目标、发展方向、重大项目与各方面部署要求协调一致。中央企业根据自身情况制定碳达峰行动方案，提出符合实际、切实可行的碳达峰时间表、路线图、施工图，积极开展碳中和实施路径研究，发挥示范引领作用。

（三）加快形成绿色低碳生产方式

大力推动中央企业节能减排，建立资源循环型产业体系，全面提高能源资源利用效率。推进工业绿色升级，全面实施重点行业清洁生产提升改造、绿色化改造，鼓励建设厂房集约化、原料无害化、生产洁净化、废物资源化、能源低碳化的绿色工厂。支持中央企业通过项目合作、产业共建、搭建联盟等市场化方式引领各类市场主体绿色低碳发展，构建绿色低碳供应链体系。鼓励节能低碳和环境服务等新业态发展和模式创新。

（四）发挥绿色低碳消费引领作用

扩大中央企业绿色低碳产品和服务的有效供给。推进产品绿色设计，强化产品全生命周期绿色管理，落实生产者责任延伸制。鼓励和推动绿色低碳产品和服务认证管理，鼓励企业发布绿色低碳产品名单。带头执行企业绿色采购指南，全面推行绿色低碳办公，倡导绿色低碳生活方式和消费模式。企业新建公共建筑要全面执行绿色低碳建筑标准，既有公共建筑要加快节能改造。

（五）积极开展绿色低碳国际交流合作

推动中央企业强化绿色低碳经贸、技术国际交流合作。中央企业大力发展高质量、高技术、高附加值的绿色产品贸易，推动绿色低碳产品、服务和标准“走出去”，严格管理高耗能高排放产品出口。服务绿色“一带一路”建设，深化与共建“一带一路”国家和地区在绿色基建、绿色能源、绿色金融、绿色技术等领域的合作，优先采用低碳、节能、环保、绿色的材料与技术工艺，提高境外项目环境可持续性，打造绿色、包容的“一带一路”合作伙伴关系。

四、建立绿色低碳循环产业体系

（一）坚决遏制高耗能高排放项目盲目发展

中央企业要严控高耗能高排放项目，优化高耗能高排放项目产能规模和布局，实施台账管理、动态监控、分类处置。科学稳妥推进拟建项目，新建、扩建钢铁、水泥、平板玻璃、电解铝等高耗能高排放项目严格落实等量或减量置换，严格执行煤电、石化、煤化工等产能控制政策。深入挖掘存量项目潜力，加快实施改造升级，推动能效水平应提尽提，力争全面达到国内乃至国际先进水平。坚决关停不符合有关政策要求的高耗能高排放项目。

（二）推动传统产业转型升级

坚持化解产能与产业升级相结合，巩固钢铁、煤炭去产能成果，加快淘汰落后产能。全面建设绿色制造体系，加快推进煤电、钢铁、有色金属、建材、石化化工、造纸等工业行业低碳工艺革新和数字化转型，提高工业电气化水平，促进绿色电力消费，提高能源资源利用效率。持续推进电子材料、电子整机产品制造绿色低碳工艺创新应用，显著降低制造能耗。提升建筑行业绿色低碳发展水平，全面推行绿色建造工艺和绿色低碳建材，推动建材减量化、循环化利用，推进超低能耗、近零能耗、低碳建筑规模化发展。打造绿色低碳综合交通运输体系，调整优化运输结构，积极推动大宗货物和中长距离货物运输“公转铁”“公转水”，推动交通领域电气化、智能化，推广节能和新能源载运工具及配套设施设备。加快商贸流通、信息服务等服务业绿色低碳转型，加快绿色数据中心建设。

（三）大力发展绿色低碳产业

鼓励中央企业抢占绿色低碳发展先机，推动战略性新兴产业融合化、集群化、生态化发展。加快发展新一代信息技术、生物技术、新能源、新材料、高端装备、新能源汽车、绿色环保以及航空航天、海洋装备等战略性新兴产业。推动互联网、大数据、人工智能、5G 等新兴技术与绿色低碳产业深度融合。进一步提升绿色环保产业发展质量效益，培育具有国际竞争力的大型绿色环保企业集团，培育综合能源服务、合同能源管理、第三方环境污染治理、碳排放管理综合服务等新业态新模式。

（四）加快构建循环经济体系

中央企业要以减量化、再利用、资源化为重点，着力构建资源循环型产业体系。推动企业循环式生产、产业循环式组合，促进废物综合利用、能源梯级利用、余热余压余能利用、水资源循环使用，重点拓宽大宗工业固体废物、建筑垃圾等的综合利用渠道和利用规模，开展示范工程建设。推动再制造产业高质量发展，提升汽车零部件、工程机械、机床等再制造水平，鼓励企业广泛推广应用再制造产品和服务。支持有条件的企业积极参与城市生活垃圾协同处置。提升再生资源加工利用水平，推动废钢铁、废有色金属、废塑料、废旧动力电池等再生资源规模化、规范化、清洁化利用。

五、构建清洁低碳安全高效能源体系

（一）加快提升能源节约利用水平

中央企业要统筹好“控能”和“控碳”的关系，坚持节约优先发展战略，强化能源消费总量和强度双控，严格能耗强度和碳排放强度约束性指标管理，探索增强能耗总量管理弹性，合理控制能源消费总量。健全能耗双控管理措施，严格落实建设项目节能评估审查要求，加快实施节能降碳重点工程，推进重点用能设备节能增效。加强产业规划布局、重大项目建设与能耗双控政策的有效衔接，推动能源资源配置更加合理、利用效率大幅提高。

（二）加快推进化石能源清洁高效利用

中央企业要推进煤炭消费转型升级，严格合理控制煤炭消费增长。统筹煤电发展和保供调峰，严格控制煤电装机规模，根据发展需要合理建设先进煤电，继续有序淘汰落后煤电，加快现役机组节能升级和灵活性改造，推动煤电向基础保障性和系统调节性电源转型。支持企业探索利用退役火电机组的既有厂址和相关设施建设新型储能设施。推进其他重点用煤行业减煤限煤，有序推进煤炭替代和煤炭清洁利用。严控传统煤化工产能，稳妥有序发展现代煤化工，提高煤炭作为化工原料的综合利用效能，促进煤化工产业高端化、多元化、低碳化发展，积极发展煤基特种燃料、煤基生物可降解材料等。加快推进绿色智能煤矿建设，鼓励利用废弃矿区开展新能源及储能项目开发建设，加大对煤炭企业退出和转型发展以及从业人员的扶持力度。提升油气田清洁高效开采能力，加快页岩气、煤层气、致密油气等非常规油气资源规模化开发，鼓励油气企业利用自有建设用地发展可再生能源以及建设分布式能源设施，在油气田区域建设多能互补的区域供能系统。推动炼化企业转型升级，严控炼油产能，有序推进减油增化，优化产品结构。鼓励传统加油站、加气站建设油气电氢一体化综合交通能源服务站。

（三）加快推动非化石能源发展

优化非化石能源发展布局，不断提高非化石能源业务占比。完善清洁能源装备制造产业链，支撑清洁能源开发利用。全面推进风电、太阳能发电大规模、高质量发展，因地制宜发展生物质能，探索深化海洋能、地热能等开发利用。坚持集中式与分布式并举，优先推动风能、太阳能就地就近开发利用，加快智能光伏产业创新升级和特色应用。因地制宜开发水电，推动已纳入国家规划、符合生态环保要求的水电项目开工建设。积极安全有序发展核电，培育高端核电装备制造产业集群。稳步构建氢能产业体系，完善氢能制、储、输、用一体化布局，结合工业、交通等领域典型用能场景，积极部署产业链示范项目。加大先进储能、温差能、地热能、潮汐能等新兴能源领域前瞻性布局力度。

（四）加快构建以新能源为主体的新型电力系统

着力提升供电保障能力，提高电网对高比例可再生能源的消纳和调控能力，确保大电网安全稳定运行。加强源网荷储协同互动，着力提升电力系统灵活调节能力。加快实施煤电灵活性改造，推进自备电厂参与电力系统调节。高质量建设核心骨干网架，鼓励建设智慧能源系统和微电网。强化用电需求侧响应，推动中央企业积极参与虚拟电厂试点和实施。加快推进生态友好、条件成熟、指标优越的抽水蓄能电站建设，积极推进在建项目建设，结合地方规划积极开展中小型抽水蓄能建设，探索推进水电梯级融合改造，发展抽水蓄能现代化产业。推动高安全、低成本、高可靠、长寿命的新型储能技术研发和规模化应用。健全源网荷储互动技术应用架构和标准规范，建设源网荷储协同互动调控平台，塑造多元主体广泛参与的共建共享共赢产业生态。

六、强化绿色低碳技术科技攻关和创新应用

（一）加强绿色低碳技术布局与攻关

充分发挥中央企业创新主体作用，支持中央企业加快绿色低碳重大科技攻关，积极承担国家绿色低碳重大科技项目，力争在低碳零碳负碳先进适用技术方面取得突破。布局化石能源绿色智能开发和清洁低碳利用、新型电力系统、零碳工业流程再造等低碳前沿技术攻关，深入开展智能电网、抽水蓄能、先进储能、高效光伏、大容量风电、绿色氢能、低碳冶金、现代煤化工、二氧化碳捕集利用与封存等关键技术攻关，鼓励加强产业共性基础技术研究，加快碳纤维、气凝胶等新型材料研发应用。加强绿色氢能示范验证和规模应用，推动建设低成本、全流程、集成化、规模化的二氧化碳捕集利用与封存示范项目。

（二）打造绿色低碳科技创新平台

聚焦先进核能、绿色低碳电力装备、新型电力系统、新能源汽车及智能（网联）汽车等重点领域，推动中央企业布局建设一批原创技术策源地，强化原创技术供给，加速创新要素集聚。推进创新主体协同，鼓励中央企业积极承建或参与绿色低碳技术领域国家重点实验室、国家技术创新中心等平台建设，加强行业共性技术问题的应用研究，发挥行业引领示范作用。支持中央企业整合企业、高校、科研院所、产业园区等力量，在绿色低碳技术领域建立体系化、任务型创新联合体，整合创新资源，加强创新合作，打造绿色低碳产业技术协同创新平台。

（三）强化绿色低碳技术成果应用

支持中央企业加快绿色低碳新技术、新工艺、新装备应用，有效支撑中央企业“碳达峰、碳中和”目标实现。研究实施绿色低碳技术重大创新成果考核奖励，激励中央企业扩大绿色低碳首台（套）装备和首批次新材料应用。推动中央企业实施绿色低碳领域重大科技成果产业化示范工程，发挥重大工程牵引带动作用，与有条件的地方和科技园区协同联动，推动绿色低碳重大先进技术成果示范应用，带动产业链上下游各类企业推广应用先进成熟技术。

七、建立完善碳排放管理机制

（一）提升碳排放管理能力

推动中央企业建立健全碳排放统计、监测、核查、报告、披露等体系。提高统计监测能力，加强重点单位能耗在线监测系统建设。加强二氧化碳排放统计核算能力建设，提升信息化实测水平。科学开展碳排放盘查工作，建立健全碳足迹评估体系，强化产品全生命周期碳排放精细化管理，重点排放单位严格落实温室气体排放报告编制及上报要求。创新人才培养机制，组织开展碳减排、碳管理、碳交易等专业化、系统化培训，打造一支高水平的专业人才队伍。

（二）提升碳交易管理能力

鼓励中央企业加快建立完善碳交易管理机制，严格落实碳排放权交易有关会计处理规定，加强对购入碳排放配额的资产管理。支持有条件的企业设立专业碳交易管理机构，建立企业碳交易管理信息系统，强化碳市场分析、碳配额管理、排放报告编制、碳交易运作等工作。积极参加全国和区域碳排放权交易，严格执行碳排放权交易有关管理规定，按要求开展排放权交易及配额清缴。积极培育新产品与新业务，开发碳汇项目与国家核证自愿减排量（CCER）项目。完善国有资产监管信息平台，建立中央企业碳交易信息共享共用机制，发挥协同效应。

（三）提升绿色金融支撑能力

积极发展绿色金融，有序推进绿色低碳金融产品和服务开发，拓展绿色信贷、绿色债券、绿色基金、绿色保险业务范围，积极探索碳排放权抵押贷款等绿色信贷业务。支持符合条件的绿色低碳产业企业上市融资和再融资。鼓励有条件的企业发起设立低碳基金，推动绿色低碳产业项目落实。

八、切实加强组织实施

（一）加强组织领导

国资委成立碳达峰、碳中和工作领导小组，全面统筹推进中央企业碳达峰、碳中和工作。中央企业建立相应领导机构，企业主要负责同志是本企业碳达峰、碳中和工作第一责任人，其他有关负责同志在职责范围内承担相应责任。将碳达峰、碳中和作为干部教育培训体系重要内容，增强各级领导干部抓好绿色低碳发展的本领。

（二）加强统筹协调

国资委加强对企业落实进展情况的跟踪评估和督促检查，统筹各方面资源，充分发挥行业协会作用，协调解决企业实施工作中遇到的重大问题。各中央企业集团公司要结合实际制定具体实施方案，明确工作目标，分解具体任务，压实工作责任，坚决杜绝“运动式”减碳，确保如期高质量完成目标任务。

（三）加强考核约束

国资委将碳达峰、碳中和工作纳入中央企业考核评价体系，对工作成效突出的企业予以表彰奖励。对落实党中央、国务院决策部署不力、未完成目标的企业实行通报批评和约谈，对造成严重不良影响的，严肃追责问责。中央企业要建立健全企业内部碳达峰、碳中和工作监督考核机制，有关贯彻落实情况每年向国资委报告。

（四）加强重点推动

以煤电、钢铁、有色金属、建材、石化化工等排放量大的行业企业为重点，加强政策指导，加大推动力度，支持有条件的中央企业率先实现碳达峰。鼓励企业积极开展绿色低碳先行示范，培育示范企业，打造示范园区，探索并推广有效模式和有益经验。

（五）加强宣传引导

及时总结提炼促进碳减排的先进做法、成功经验、典型模式并加以推广，积极宣传中央企业应对气候变化的举措、成效，善于用案例讲好应对气候变化的央企故事，彰显中央企业责任担当。

国家机关事务管理局　国家发展和改革委员会关于印发“十四五”公共机构节约能源资源工作规划的通知

（国管节能〔2021〕195号）

各省、自治区、直辖市和新疆生产建设兵团机关事务管理局、发展改革委，广东省能源局，中央国家机关各部门、各单位：

为贯彻落实党中央、国务院关于加快推进生态文明建设的决策部署，深入推进“十四五”时期公共机构节约能源资源工作高质量发展，开创公共机构节约能源资源绿色低碳发展新局面，根据《中华人民共和国国民经济和社会发展第十四个五年规划和2035年远景目标纲要》和有关法律法规，我们编制了《“十四五”公共机构节约能源资源工作规划》，现印发给你们，请结合实际认真贯彻落实。

国家机关事务管理局

国家发展和改革委员会

2021年6月1日

附件：略

国家机关事务管理局 国家发展和改革委员会 财政部 生态环境部关于印发深入开展公共机构绿色低碳引领行动促进碳达峰实施方案的通知

各省、自治区、直辖市和新疆生产建设兵团机关事务管理、发展改革、财政、生态环境主管部门，广东省能源局，中央国家机关各部门：

为贯彻落实党中央、国务院关于碳达峰、碳中和决策部署，深入推进公共机构节约能源资源绿色低碳发展，充分发挥公共机构示范引领作用，根据《中华人民共和国国民经济和社会发展第十四个五年规划和2035年远景目标纲要》《关于完整准确全面贯彻新发展理念做好碳达峰碳中和工作的意见》《2030年前碳达峰行动方案》《“十四五”公共机构节约能源资源工作规划》等政策文件，我们制定了《深入开展公共机构绿色低碳引领行动促进碳达峰实施方案》，现印发给你们，请结合实际认真贯彻落实。

国家机关事务管理局 国家发展和改革委员会

财政部 生态环境部

2021年11月16日

深入开展公共机构绿色低碳引领行动促进碳达峰实施方案

为充分发挥公共机构在贯彻落实碳达峰、碳中和决策部署中的示范引领作用，促进碳达峰目标实现，助力生态文明和美丽中国建设，根据《中华人民共和国国民经济和社会发展第十四个五年规划和2035年远景目标纲要》《关于完整准确全面贯彻新发展理念做好碳达峰碳中和工作的意见》《2030年前碳达峰行动方案》《“十四五”公共机构节约能源资源工作规划》等政策文件，制定本实施方案。

一、总体要求

（一）指导思想

以习近平新时代中国特色社会主义思想为指引，深入贯彻党的十九大和十九届二中、三中、四中、五中、六中全会精神，坚决落实党中央、国务院关于碳达峰、碳中和决策部署，准确把握进入新发展阶段、贯彻新发展理念、构建新发展格局对公共机构节约能源资源提出的新任务新要求，协同推进节能降碳和示范引领，开创公共机构节约能源资源绿色低碳发展新局面。

（二）工作原则

总体部署、因地制宜。坚持全国一盘棋，强化总体部署。各地区按照总体部署要求，结合自身实际，推进本地区公共机构绿色低碳引领行动。

稳步推进、突出重点。坚持节能降碳和示范引领协同推进，稳妥有序、循序渐进，确保公共机构安全运行。突出重点领域、重点单位，抓好试点先行、示范创建。

绿色转型、创新驱动。完整、准确、全面贯彻新发展理念，强化绿色低碳技术产品推广应用。注重管理创新、技术创新、模式创新，提升节能降碳和示范效果。

政府引导、市场发力。优化制度标准设计，提升绿色低碳管理效能。逐步解决市场化机制运用障碍，进一步发挥市场对节能降碳的推动作用。

（三）主要目标

对标碳达峰目标和碳中和愿景，实现绿色低碳引领行动推进有力，干部职工生活方式绿色低碳转型成效显著，在全社会绿色低碳生产生活方式转型中切实发挥示范引领作用，开创公共机构节约能源资源绿色低碳发展新局面。到 2025 年，全国公共机构用能结构持续优化，用能效率持续提升，年度能源消费总量控制在 1.89 亿吨标准煤以内，二氧化碳排放（以下简称碳排放）总量控制在 4 亿吨以内，在 2020 年的基础上单位建筑面积能耗下降 5%、碳排放下降 7%，有条件的地区 2025 年前实现公共机构碳达峰、全国公共机构碳排放总量 2030 年前尽早达峰。

二、加快能源利用绿色低碳转型

（一）着力推进终端用能电气化

推动公共机构终端用能以电力替代煤、油、气等化石能源直接燃烧和利用，提高办公、生活用能清洁化水平。实施供暖系统电气化改造，结合清煤降氮锅炉改造，鼓励因地制宜采用空气源、水源、地源热泵及电锅炉等清洁用能设备替代燃煤、燃油、燃气锅炉。推进医院实施消毒供应、洗衣等蒸汽系统的电气化改造，以就近分散电蒸汽发生器替代集中燃气（煤）蒸汽锅炉。推进制冷系统逐步以电力空调机组替代溴化锂直燃机空调机组，减少直接碳排放。鼓励逐步以高效电磁灶具替代燃气、液化石油气灶具，推动有条件的公共机构率先建设全电厨房。

（二）大力推广太阳能光伏光热项目

充分利用建筑屋顶、立面、车棚顶面等适宜场地空间，安装光电转换效率高的光伏发电设施。鼓励有条件的公共机构建设连接光伏发电、储能设备和充放电设施的微网系统，实现高效消纳利用。推广光伏发电与建筑一体化应用。到 2025 年公共机构新建建筑可安装光伏屋顶面积力争实现光伏覆盖率达到 50%。推动太阳能供应生活热水项目建设，开展太阳能供暖试点。

（三）严格控制煤炭消费

加快公共机构煤炭减量步伐，做好煤炭需求替代，减少煤炭消费，到2025年实现煤炭消费占比下降至13%以下。继续推进北方地区公共机构清洁取暖，实施“煤改电”等改造，淘汰燃煤锅炉，到2025年力争实现北方地区县城以上区域公共机构清洁取暖全覆盖。因地制宜推广利用太阳能、地热能、生物质能等能源和热泵技术，满足建筑采暖和生活热水需求，到2025年实现新增热泵供热（制冷）面积达1000万平方米。

（四）持续推广新能源汽车

加快淘汰报废老旧柴油公务用车，加大新能源汽车配备使用力度，因地制宜持续提升新增及更新公务用车新能源汽车配备比例，新增及更新用于机要通信和相对固定路线的执法执勤、通勤等车辆时，原则上配备新能源汽车。提升公共机构新能源汽车充电保障，内部停车场要配建与使用规模相适应、运行需求相匹配的充（换）电设施设备或预留建设安装条件，鼓励内部充（换）电设施设备向社会公众开放。

三、提升建筑绿色低碳运行水平

（一）大力发展绿色建筑

严格控制公共机构新建建筑，合理配置办公用房资源，推进节约集约使用，降低建筑能源消耗。积极开展绿色建筑创建行动，对标《绿色建筑评价标准》（GB/T 50378），新建公共机构建筑全面执行绿色建筑一星级及以上标准，鼓励大型公共机构建筑达到绿色建筑二星级及以上标准。公共机构积极申报星级绿色建筑标识认定，强化绿色建筑运行管理，定期开展运行指标与申报绿色建筑星级指标比对。完善绿色建筑和绿色建材政府采购需求标准，在政府采购领域推广绿色建筑和绿色建材应用。加快推广超低能耗建筑和低碳建筑。

（二）加大既有建筑节能改造力度

以提高建筑外围护结构的热工性能和气密性能、提升用能效率为路径，实施公共机构既有建筑节能改造。对建筑屋顶和外墙进行保温、隔热改造，更新建筑门窗。推进绿色高效制冷行动，重点推进空调系统节能改造，加强智能管控和运行优化，合理设置室内温度，运用自然冷源、新风热回收等技术。充分利用自然采光，选择智能高效灯具，实现高效照明光源使用率100%。

（三）提高建筑用能管理智能化水平

鼓励将楼宇自控、能耗监管、分布式发电等系统进行集成整合，实现各系统之间数据互联互通，打造智能建筑管控系统，实现数字化、智能化的能源管理。通过运用物联网、互联网技术，实时采集、统计、分析建筑用能数据，优化空调、电梯、照明等用能设备控制策略，实现智慧监控和能耗预警，提高能源使用效率。推动有条件的公共机构建设能源管理一体化管控中心。

（四）推动数据中心绿色化

推进公共机构数据中心集约化、高密化，稳步提高数据中心单体规模、单机架功率，鼓励应用高密度集成等高效 IT 设备、液冷等高效制冷系统，因地制宜采用自然冷源等制冷方式。推动存量“老旧”数据中心升级改造，“小散”数据中心腾退、整合，降低“老旧小散”数据中心能源消耗。新建大型、超大型数据中心全部达到绿色数据中心要求，绿色低碳等级达到 4A 级以上，电能利用效率（PUE）达到 1.3 以下。鼓励申报绿色数据中心评价，发挥示范引领作用。

（五）提升公共机构绿化水平

发挥植物固碳作用，采用节约型绿化技术，提倡栽植适合本地区气候土壤条件的抗旱、抗病虫害的乡土树木花草，采取见缝插绿、身边添绿、屋顶铺绿等方式，提高单位庭院绿化率，到 2025 年中央国家机关庭院绿化率不低于 45%。倡导干部职工积极参加植树造林活动，发挥带头示范作用。

四、推广应用绿色低碳技术产品

（一）加大绿色低碳技术推广应用力度

开展绿色低碳技术集编制和应用示范案例征集，推进线上示范案例库和绿色低碳技术网络展厅建设，充分展示新技术先进性和适用性。推动公共机构参考技术集和案例集，结合实际进行应用，提升绿色低碳技术的推广应用实效。

（二）大力采购绿色低碳产品

严格执行节能环保产品优先采购和强制采购制度，带头采购更多节能、低碳、循环再生等绿色产品，优先采购秸秆环保板材等资源综合利用产品。在物业、餐饮、合同节能等服务采购需求中，强化绿色低碳管理目标和服务要求。

（三）积极运用市场化机制

持续推进公共机构节能市场化机制运用，鼓励公共机构采用能源托管等合同能源管理方式，调动社会资本参与用能系统节能改造和运行维护，到 2025 年实施合同能源管理项目 3000 个以上。实施过程中，委托专业机构开展能源审计，依据审计结果及时采取节能降碳措施。公共机构重点用能单位加大运用合同能源管理的力度。鼓励有条件的地区推动公共机构以适当的方式参与碳排放权交易。

五、开展绿色低碳示范宣传

（一）加强绿色低碳发展理念宣传

将勤俭节约的优良传统与绿色低碳生活的现代理念有机结合，围绕绿色低碳有关工作，创新宣传方式，提升宣传实效，树立公共机构绿色低碳宣传品牌。以全国节能宣传周、绿色出行宣传月等为窗口，充分利用公共机构自身宣传终端，面向全社会宣传简约适度、绿色低碳的生活方式，探索运用碳普惠等模式，引导公众践行绿色低碳生活方式。

（二）深入开展资源循环利用

加快健全废旧物品循环利用体系建设，鼓励在机关、学校等场所设置回收交投点，推广智能回收终端，加强废弃电器电子类资产、废旧家具类资产等循环利用，鼓励有条件的地区实施公物仓管理制度。发挥公共机构表率作用，带头减少使用一次性塑料制品。

（三）持续开展示范创建活动

推动绿色低碳引领行动与节约型机关创建、节约型公共机构示范单位创建、公共机构能效领跑者遴选等示范创建活动融合，完善示范创建活动指标体系。选取能效利用水平高、单位建筑面积碳排放量低的公共机构，开展绿色低碳示范，充分发挥示范引领作用。到2025年，力争80%以上的县级及以上机关达到节约型机关创建要求，创建2000家节约型公共机构示范单位，遴选200家公共机构能效领跑者，创建300家公共机构绿色低碳示范单位。

（四）培育干部职工绿色低碳生活方式

倡导绿色低碳办公理念，引导干部职工自觉践行绿色低碳办公方式。发挥公共机构生活垃圾分类示范点示范作用，组织开展生活垃圾分类志愿者行动，引导干部职工养成生活垃圾分类习惯，带头在家庭、社区开展生活垃圾分类。抓好公共机构食堂用餐节约，常态化开展“光盘行动”等反食品浪费活动，实施机关食堂反食品浪费工作成效评估和通报制度。

（五）推进绿色低碳发展国际交流合作

积极引进国外先进绿色低碳技术和管理模式，在标准研发、技术运用、成果转化、示范项目等方面开展国际合作。围绕公共机构特别是政府机关绿色低碳转型设置议题，联合有关行业机构，通过多种渠道开展气候变化国际交流活动，传播中国公共机构绿色低碳发展成效经验。

六、强化绿色低碳管理能力建设

（一）健全碳排放法规制度体系

修订《公共机构节能条例》，充实绿色低碳要求和举措。推进公共机构能耗定额标准落实，提高碳排放源精细化管理水平。研究出台《公共机构碳排放核算指南（暂行）》，明确公共机构碳排放核算边界、核算范围和碳排放因子取值。完善公共机构能源资源消费统计调查制度，将碳排放量纳入能源资源消费统计指标体系，组织各地区实施碳排放报告。

（二）开展碳排放考核

将单位建筑面积碳排放量作为约束性指标纳入公共机构节约能源资源工作规划和考核体系。以国民经济和社会发展五年规划期为考核评估期，采用期中、期末考核评估相结合的方式，对公共机构碳排放指标完成和绿色低碳行动落实情况进行考核。制定出台《公共机构重点用能单位节能降碳管理办法》，加大对重点用能单位绿色低碳发展的考核力度，推动重点用能单位开展碳排放核查。

（三）强化队伍和能力建设

积极联合有关科研机构，聚焦公共机构碳达峰、碳中和工作，围绕绿色低碳技术产品、制度标准、管理机制等开展研究工作，为公共机构节约能源资源绿色低碳发展提供支撑。通过线上和线下结合形式加强教育培训，增强公共机构节能管理干部队伍践行绿色低碳发展的理念和本领。推动公共机构重点用能单位设置碳排放管理员相关岗位。

七、组织实施

（一）加强组织领导

坚持全国一盘棋，加强对绿色低碳引领行动的统筹部署和系统推进。各级机关事务管理部门对标碳达峰碳中和政策要求，聚焦节能降碳重点工作，积极协调发展改革、财政、生态环境等部门，构建协同推进机制。各地区机关事务管理部门按照本实施方案要求，结合本地区实际，制定工作推进方案，在完成节能降碳指标的前提下，突出本地特色和示范引领效果。教科文卫体系统根据本实施方案精神，结合自身实际，推进本系统公共机构节能降碳工作。

（二）强化政策支持

各级机关事务管理部门加强与有关部门的沟通，健全公共机构节能降碳项目、资金等管理制度，统筹利用好中央预算内投资等资金，提高资金使用效率，推动节能改造、能源替代、电气化改造等试点示范项目。完善合同能源管理政策，探索解决市场化机制运用中存在的障碍，引导社会资本参与。

（三）严格责任落实

国管局根据各地区实际，分解下达“十四五”期间公共机构碳排放总量和单位建筑面积碳排放量目标值，定期跟踪评估落实情况，及时推广先进经验做法，确保方案稳步实施和目标实现。各地区机关事务管理部门认真落实方案目标任务，开展碳排放核算工作，推进本地区公共机构绿色低碳评价考核，确保责任到位、措施到位、成效到位。

民航局关于印发《“十四五”民航绿色发展专项规划》的通知

（民航发〔2021〕54号）

民航各地区管理局，各运输（通用）航空公司、运输（通用）机场公司、服务保障公司，局属各单位，局机关各部门，民航社会团体及基金会：

《“十四五”民航绿色发展专项规划》已经民航局局务会审议通过，现印发给你们，请认真贯彻落实。

中国民用航空局

2021年12月21日

附件：“十四五”民航绿色发展专项规划

附件

“十四五”民航绿色发展专项规划

为贯彻落实《中共中央 国务院关于完整准确全面贯彻新发展理念做好碳达峰碳中和工作的意见》《国务院关于印发2030年前碳达峰行动方案的通知》和《“十四五”民用航空发展规划》，明确“十四五”时期民航绿色发展的指导思想、基本原则、目标要求和主要任务，指导民航行业绿色、低碳、循环发展，编制本规划。

一、发展环境

（一）发展基础

党的十八大以来，特别是“十三五”时期，面对错综复杂的国际形势、艰巨繁重的发展任务，民航行业坚持以习近平生态文明思想为指导，锐意进取、奋发有为，节能减排工作从认识到实践发生重要变化，治理体系加快构建，节能降碳能力不断增强，打赢蓝天保卫战阶段性任务目标圆满完成，参与全球航空环境治理效能进一步提升，高质量发展的绿色底色和成色更加鲜明。

强度指标历史最优。运输航空单位周转量油耗和二氧化碳排放稳中有降，2019 年分别达到 0.285 千克和 0.898 千克，为历史最优，在全球主要航空大国中处于领先。机场电气化率接近 60%，煤炭消费占比下降至 5%，太阳能、地热能等可再生能源逐步应用，2019 年每客能耗较基线（2013—2015 均值）下降 15.8%，每客二氧化碳排放达到历史最优，较基线下降 28.8%。

专项行动成效显著。民航打赢蓝天保卫战成效显著，场内电动车辆占比快速提升至 16%，飞机 APU 替代设备安装率、使用率接近 100%，累计节省航空煤油 40 余万吨，减少二氧化碳排放和空气污染物排放分别约 130 万吨和 4800 吨。运输机队结构持续优化，平均机龄不足 8 年，有力支撑燃效水平提升。空管运行保障能力稳步提升，航行新技术应用不断加强，使用临时航线五年累计节省航油约 36 万吨，减少二氧化碳排放约 114 万吨。加注国产可持续航空燃料航班完成商业首飞。新建机场垃圾无害化及污水处理率均超过 90%。

制度体系更加完善。政府主导、企业主体、科研机构和行业协会共同参与的民航环境治理体系初步建立，行业绿色发展意识和能力进一步提升。成立民航环境与可持续发展研究中心（智库）、中国航空运输协会环境保护委员会、中国机场协会能源管理专业委员会等专业机构，绿色民航技术支持和专业化水平不断增强。制定实施《关于深入推进民航绿色发展的实施意见》，对中长期民航绿色发展工作作出总体部署。绿色民航标准体系和考评体系逐步建立，制定实施《民用航空飞行活动二氧化碳排放监测、报告和核查管理暂行办法》《绿色航站楼标准》《绿色机场规划导则》《民用机场绿色施工指南》《民用机场航站楼能效评价指南》《航空承运人不可预期燃油政策优化与实施指南》等规范和标准。民航能耗统计与报告机制进一步完善。

国际合作效能增强。向国际民航组织提交《中国民航绿色发展国家行动计划》，分享中国实践和经验。建设性参与国际航空减排谈判与磋商，为建立国际航空碳抵消和减排机制作出重要贡献。履行国际承诺，高质量完成中国国际航空飞行活动二氧化碳排放国家报告、中国航空飞行活动二氧化碳排放责任主体清单、核查机构清单等材料编制和向国际民航组织提交工作。国际交流合作更加务实有效，组织开展中欧民航绿色发展合作培训、中美绿色航线合作研究，推动建立发展中国家绿色民航专家协调机制。

与此同时，民航绿色发展基础尚不牢固，绿色转型动力不强、自主创新能力不足、组织机构不完善、约束激励机制不健全等问题仍十分突出，与建设新时代民航强国要求存在较大差距。

（二）发展形势

“十四五”时期是我国开启全面建设社会主义现代化国家新征程的第一个五年，是我国力争 2030 年前碳达峰的关键期、窗口期，民航绿色发展内外部环境发生巨大变化，要求行业付出更加艰苦的努力。

全球脱碳进程进入加速期。我国生态文明建设进入以降碳为重点战略方向、推动减污降碳协同增效、促进经济社会发展全面绿色转型、实现生态环境质量改善由量变到质变的关键时期。人民群众对生态环境质量的期望值越来越高，对生态环境问题的容忍度越来越低。生态保护红线、环境质量底线、资源利用上线成为国民经济和社会发展必须严守的三条红线。与此同时，世界正经历百年未有之大变局，新型冠状病毒肺炎疫情影响广泛深远，各国围绕低碳、零碳、负碳技术标准和产品装备的博弈更加激烈，强化绿色复苏、提升中长期减排力度成为重塑国际竞争格局的着力点。

民航绿色转型结构性矛盾日益突出。短期内，以化石基航空煤油为主的民航能源结构无法得到根本性改变，先进适用的民航深度脱碳技术无法实现规模化应用。长远看，我国作为人口最多的发展中国家，民航运输市场需求潜力巨大，能源消费和排放将刚性增长，实现民航绿色转型、全面脱碳时间紧、难度大、任务重。

综合分析，民航绿色发展面临更多结构性、根源性、趋势性挑战和压力，工作深度和幅度将不断增加，全面绿色转型任重道远。全行业必须系统全面深刻认识绿色低碳循环发展的紧迫性、复杂性、艰巨性和长期性，树立底线思维，增强危机意识，保持战略定力，拿出抓铁有痕的劲头，化挑战为机遇，变压力为动力，奋力开拓民航绿色发展新局面。

二、总体要求

（一）指导思想

以习近平生态文明思想为指导，全面贯彻党的十九大和十九届历次全会精神，坚持以人民为中心的发展思想，科学把握新发展阶段，完整、准确、全面贯彻新发展理念，服务构建新发展格局，坚持稳中求进工作总基调，以促进民航高质量发展为主题，以实现碳达峰、碳中和为引领，以改革创新为动力，以实现减污降碳协同增效为总抓手，坚持系统观念，统筹污染治理、生态保护、应对气候变化，增强绿色民航治理先进性、协同性、开放性，着力提升民航运行智慧化、低碳化、资源化水平，建立健全民航绿色低碳循环发展体系，构建民航运输与生态环境和谐共生格局，为推动民航发展全面绿色转型开好局、起好步。

（二）基本原则

坚持全面系统。强化顶层设计，发挥制度优势，坚持前瞻性思考、全局性谋划、战略性布局、整体性推进，统筹国内国际两个大局，正确认识和把握好发展和减排、整体和局部、短期和中长期的关系，实现民航安全、绿色、效率、服务相统一。

坚持创新驱动。深入推进民航绿色发展体制机制改革，坚持有为政府和有效市场两手发力，加大技术、政策、管理创新力度，增强民航绿色发展动力和活力，逐步实现可再生能源替代，不断提升行业绿色发展上限，拓展行业发展空间。

坚持效率优先。把节约能源资源放在首位，提高民航全要素生产率，推进民航能源资源结构优化、精准配置、全面节约、循环利用，推动民航能源资源利用效率稳步提升和碳排放强度持续下降。

坚持开放融合。着力推进民航行业与绿色环保等产业融合发展，增加绿色民航有效供给。立足国情和民航发展阶段，统筹做好航空减排对外斗争与合作，为全球民航可持续发展贡献更多中国智慧。

（三）主要目标

到 2025 年，民航发展绿色转型取得阶段性成果，减污降碳协同增效的基础更加巩固、措施机制更加完善，科技支撑更加有力，产业融合发展成效显现，行业碳排放强度持续下降，低碳能源消费占比不断提升，民航资源利用效率稳步提高，为全球民航低碳发展贡献更多中国实践。

到 2035 年，民航绿色低碳循环发展体系趋于完善，运输航空实现碳中性增长，机场二氧化碳排放逐步进入峰值平台期，绿色民航成为行业对外交往靓丽名片，我国成为全球民航可持续发展重要引领者。

专栏 1　“十四五”时期民航绿色发展主要指标

类别	指标	2020 年	2025 年
航空公司	运输航空机队吨公里油耗（千克）	〔0.295〕	〔0.293〕
	运输航空吨公里二氧化碳排放（千克）	〔0.928〕	〔0.886〕
	可持续航空燃料消费量（万吨）	—	〔5〕
机场	单位旅客吞吐量能耗（千克标煤）	〔0.948〕	〔0.853〕
	单位旅客吞吐量二氧化碳排放（千克）	〔0.503〕	〔0.43〕
	单位旅客吞吐量综合水耗（升）	〔70〕	〔60〕
	场内纯电动车辆占比（%）	16	25
	可再生能源消费占比（%）	1	5

注：①〔 〕内为 5 年累计数。②运输航空吨公里二氧化碳排放是指运输航空吨公里净碳排放。③可持续航空燃料是指符合航空适航标准和航空燃料可持续性评价标准的航空燃料。④机场单位旅客吞吐量是指单位折算旅客吞吐量，即旅客吞吐量与货邮吞吐量按每旅客 90 千克折算后相加。⑤机场可再生能源包括机场自给的清洁能源（太阳能、地热能等）以及通过交易购买的“绿电”等。

三、主要任务

（一）加快完善绿色民航治理体系

调动各方积极性、主动性和创造性，增强绿色民航治理能力，构建完善党委领导、政府主导、企业主体、社会组织和公众共同参与的绿色民航治理体系。

健全政策监管体系。夯实工作基础，深入推进绿色民航指标体系建设，建立健全民航能耗与排放监测、报告和核查机制。强化民航减污降碳重大专项监督管理，构建民航局统筹谋划、地区管理局组织协调、监管局日常检查的绿色民航监管机制。加强各级监管机构能力建设，支持采用数字技术推进线上线下一体化监管，鼓励探索通过政府购买服务等方式引入第三方专业机构参与监管，将相关费用纳入行政预算予以保障。加大民航行业能耗与排放相关信息公开力度，引导社会公众、新闻媒体共同参与监督。

健全标准体系。加强民航绿色发展标准体系顶层设计，建立健全标准体系，修订完善民航各类专业规章标准中与绿色发展不相适应的内容。同步部署绿色民航技术研发、标准研制和产业推广，加大民航绿色发展标准化工作投入，提升标准质量。优化标准供给结构，大力发展团体标准，健全绿色民航法规政策采信团体标准、企业标准的机制。加快推动可持续航空燃料、基于市场减排机制、到寿飞机拆解等领域标准研制，促进关键技术产业化发展。完善民航碳排放核算核查标准，锻造绿色机场设计施工、运维管理、评价考核等标准长板，加快补齐机场电动车辆设备、塑料污染治理、清洁能源自给、气声环境质量监测溯源、除冰雪废液无害化处理回用等领域标准短板，筑牢行业减污降碳底线。加强民航绿色发展标准实施监督，建立健全标准质量评估和维护更新机制。积极推进与香港特别行政区、澳门特别行政区在民航绿色发展标准共建和互认领域交流合作。注重学习借鉴国际民航可持续发展标准化经验，加强标准国际衔接。

健全企业主体责任体系。建立健全民航企业能耗与排放监测机制，根据监测情况及时采取行政指导、行政约谈、公开通报等措施，督促引导民航企业主动适应绿色发展要求，强化守法合规意识和内部考核激励，加快建立健全能源资源消费台账管理制度，压实绿色发展企业主体责任。鼓励大型民航企业发挥行业示范引领作用，科学编制实施绿色发展规划和碳达峰、碳中和行动方案，探索有效模式和有益经验。开展绿色民航企业树标杆行动，促进企业间对标对表，推广成熟经验和先进做法，带动行业绿色发展整体水平提升。鼓励民航企业、行业协会、院校和科研机构等组织开展面向公众的绿色民航科普、体验等公益活动。

健全绿色民航供给体系。推动民航运输与先进制造业深度融合，强化业务关联、链条延伸、标准互补、政策协同，支撑民航绿色低碳循环发展。鼓励各类资本有序参与绿色民航投资、建设和运行，探索依托行业协会设立低碳民航基金的可行性。鼓励创建更多适应民航绿色发展需求的技术咨询、系统设计、设备制造、运营管理、绩效评价、节能改造、碳排放权交易等专业化服务主体。深入推行合同能源管理、合同节水管理，鼓励中小机场以及民航院校、医院等单位试点综合能源托管服务。支持基础较好的大型机场集团培育壮大具有国际竞争力的节能环保服务企业，提升行业绿色转型专业化水平，带动我国绿色民航管理、技术、装备、服务、标准等“走出去”。大力推动民航循环发展，完善政策标准体系，引导到寿飞机回收拆解与循环利用等产业有序发展。

提升参与全球民航环境治理能力。坚持自主减排行动，承担与我国国情、民航发展阶段和能力相适应的减排责任。全面参与国际民航可持续发展治理进程，坚持正确义利观，遵循公平、共同但有区别的责任及各自能力原则，强化国际法运用，倡导建立广泛参与、自主贡献、各尽所能、互学互鉴的国际民航减排新秩序，提出更多中国方案，促进义务和权利平衡，展现我国负责任的大国形象。以共建“一带一路”国家为重点，秉持共商共建共享理念，深化与各国在绿色民航基础设施建设、绿色装备、低碳能源、绿色服务等领域交流合作，推进“空中丝绸之路”建设绿色发展。在“南南合作”框架下，为其他发展中国家提升民航绿色低碳循环发展能力提供力所能及的帮助。鼓励支持民航企业、行业协会、院校和科研机构等积极参与绿色民航国际交流，共同讲好中国民航绿色发展故事。

专栏2　绿色民航治理体系建设重点项目

1. 政策标准体系建设

修订《民用航空飞行活动二氧化碳排放监测、报告和核查暂行管理办法》《民用机场航站楼能效评价指南》《民用机场桥载设备替代航空器辅助动力装置运行暂行管理办法》等。研究制定航空燃料可持续评价标准、机场碳排放管理评价办法、机场碳排放监测、报告和核查指南、机场场内新能源车辆及充电设施建设运行规范、机场周围区域航空器噪声监测指南、除冰（雪）废液回收处理规范、到寿飞机无害化拆解标准等。

2. 打造绿色民航企业标杆

支持行业协会组织开展民航"双碳"企业评价，加快形成绿色民航企业第一梯队。有条件地区机场加快"近零碳"机场建设改造。

3. 积极参与全球航空排放治理

建设性参与国际民航组织第41届、42届大会气候变化议题谈判，有效参与国际民航组织环保委技术磋商。加强中国驻国际民航组织理事会代表处能力建设。

（二）深入实施低碳发展战略

大力推动行业脱碳，加强先进适用技术应用，注重市场手段与非市场手段统筹，不断降低碳排放强度。

加快推广绿色低碳技术。积极推动民航低碳技术应用，加快推进民航零碳、负碳技术研发与储备。调整优化机队规模结构，鼓励运输航空公司加快退出高排放老旧飞机，积极选用先进可靠航空脱碳技术装备。有序推动纯电动、油电混动飞机在通航领域应用。推动可持续航空燃料商业应用取得突破，力争2025年当年可持续航空燃料消费量达到2万吨以上。机场建设落实适用、经济、绿色、美观的新时期建筑方针，积极使用绿色建材和绿色施工工艺，加强装配式建筑技术应用，加大建筑材料循环利用。鼓励新建机场全面执行绿色智能建筑标准，既有机场建筑设施积极选用先进高效技术设备，加快实施节能降碳改造。加强机场用电精细化管理，支持采用先进光伏、储能等新技术建设机场区域智能微电网，提高电力柔性负荷，稳步提升机场清洁能源自给、存储和消纳能力。加强人工智能、5G等新技术应用，促进无纸化出行效率和便捷度提升，减少资源能源消耗。提升数据中心、新型通信等信息化基础设施能效水平。支持民航公共机构选用先进技术开展建筑设施节能降碳改造，提升能源自给水平，加大清洁能源消费，努力打造净零碳民航机关、校园、医院等。

提升运营管理效能。加强绿色民航管理机构编制保障和人员队伍建设，不断提升管理精细化、精准化、精确化水平。加强政策统筹，建立健全民航建设项目节能和碳排放评估审查机制，推动绿色与机队、投资、时刻、价格、信用、招投标等管理政策协同增效。完善优化航线网络、机场功能布局和协同决策机制，合力配置民航运输资源，促进民航系统性降碳。提升航班运控和机务维修智能化水平，优化运力配置和飞机性能，保障航班低碳飞行。机场规划设计运行维护实施全过程碳排放管理，强化机场固定资产投资项目用能和碳排放综合评价，从源头推进节能降碳。持续推进机场智慧能源监控系统、智慧物流体系等项目建设，以传统基础设施数字化发展为牵引，加强传感器和控制芯片应用，促进机场客货流、能源流、数字信息流适配统一，优化机场用能结构和智能调节能力，健全机场能源管理体系。

强化空管支撑保障。持续增强空管部门生态环保意识和保障能力，为提升空域资源使用效率、减少民航碳排放提供重要支撑。开展空管部门对低碳民航建设贡献评价研究，促进空管效率评价指标管理。推广华北、华东、中南地区空域精细化管理改革经验，不断优化空域结构。支持空管部门加快推进流量管理系统建设。加强空管新技术应用和技术融合，不断优化航班尾流间隔和进出港程序。努力增强民航气象精准及时预报能力，减少天气对航班正常影响，促进飞行节油降碳。加强协同融合，努力优化临时航线划设和使用，积极促进国内航线平均非直线系数下降。

建立基于市场的民航减排机制。综合考虑国家中长期低碳发展目标和民航高质量发展要求，有序推动民航基于市场减排机制建设，完善配套法规政策标准，补齐机构能力短板，注重与技术、运行等非市场减排措施协同，促进行业碳排放强度下降，助推有关机场率先实现碳达峰。研究实施民航基于市场的减排机制成效评估，做好风险识别和应对。鼓励运输航空企业开发使用航班碳排放计算器等工具，开发自愿碳抵销产品。鼓励行业协会、院校和科研机构等在民航碳市场建设中积极发挥平台支撑作用。积极推动构建"航空＋高铁"现代化快速交通运输服务体系，促进交通运输结构性降碳。

专栏 3　低碳民航建设重点项目

1. 强化顶层设计

适时推动与国家发改、生态环境、工信、能源等主管部门建立联动机制，促进民航全面脱碳。深入开展民航碳达峰、碳中和路径研究，编制民航中长期低碳发展路线图以及基于市场的航空减排机制实施方案、民航循环发展实施意见等。

2. 可再生能源替代与新技术应用行动

加快建成航空燃料可持续认证体系，全力推进可持续航空燃料适航审定体系建设。开展可持续航空燃料常态化应用示范，在京津冀、长三角、粤港澳大湾区、成渝、海南等地区年旅客吞吐量500万人次以上机场，试点可持续航空燃料掺混供给等模式，支持相关机场加快推进配套基础设施建设。新建机场同步规划设计航站楼屋顶光伏覆盖与配套储能设施建设，既有机场航站楼有序实施相关改造。京津冀、长三角、粤港澳大湾区、成渝等地区机场发挥示范引领作用，加快提升"绿电"消费量。在成渝、西安、乌鲁木齐、长春等繁忙机场积极推广CDO/CCO常态化运行，开展成效监测和报告工作。在北京、昆明、郑州等条件适宜的繁忙进近（终端）和区域管制区有序推广点融合系统（PMS）实施。

3. 市场机制建设与实施行动

统筹国内、国际碳市场建设，推动建立运输航空飞行活动基于市场的碳减排机制。

（三）深入开展民航污染防治

以提升机场区域环境质量为重点，推动各机场完善机场牵头、驻场单位积极参与的污染防治联合工作机制，构建民航大气、噪声、污水、固废等污染协同防治格局。

深入开展大气污染防治。适时发布机场区域大气污染防治技术推广目录。依法推进机场区域空气质量监测体系建设，鼓励机场编制大气污染物排放清单。促进机场基于大数据、5G等新技术提升机位分配智能化水平，加快跑滑设施和程序改造升级，有序推进单发滑入、电动滑行等技术应用，减少飞机滑行排放。持续深入推进机场运行电能替代，安全高效使用电动设施设备，减少航空煤油和汽柴油消费。到2025年，机场场内电动车辆设备占比达到25%以上，汽柴油消费占比力争降至5%以下，机场场内充电设施与电动车辆设备数量比不小于1：3，年旅客吞吐量500万人次以上机场飞机辅助动力装置（APU）替代设备使用率稳定在95%以上。加快淘汰机场场内老旧车辆设备，持续开展场内燃油车辆设备尾气治理。督促北方及高高原地区机场供热系统改造，有序淘汰燃煤锅炉，因地制宜推进太阳能、地热能、空气能应用，实现煤炭消费稳中有降。鼓励年旅客吞吐量500万人次以上机场有序推进陆侧综合公共交通运输系统优化改造，提升运行和衔接效率。

加强航空器噪声污染防治。加强部门协同，推动完善航空器噪声治理相关法规标准建设，依法依规推进航空器噪声污染防治。研究构建以用地相容管理和运行程序优化为重点的航空器噪声治理体系，重点开展噪声监测体系和基础能力建设，研究建立监测结果发布机制。到2025年，全国年旅客吞吐量500万人次以上机场基本具备航空器噪声事件实时监测能力。鼓励京津冀、长三角、粤港澳大湾区、成渝、海南等地区年旅客吞吐量1000万人次以上机场率先开展航空器噪声治理试点工作，严格管控不达标航空器运营。

深入实施节水行动。大力开展民航节水控水行动，强化水资源刚性约束，严格控制用水总量，大幅提高水资源利用效率。推动机场因地制宜开展智能节水系统与污水收集处理回用等设施建设改造，加强管网漏损排查与控制。开展节水型机场和民航公共机构示范，推广应用先进技术和管理方法。到2025年，年旅客吞吐量500万人次以上机场再生水利用率力争达到20%以上，单位旅客综合水耗五年均值力争控制在60升以内。推动开展绿色除冰雪行动，加强除冰雪废液资源化利用，探索超疏水等先进技术在民航除冰雪领域应用。

系统开展固废治理。加强机务维修过程的废矿物油与含废矿物油危险废物的规范化管理，降低废弃油污对环境影响。实施民航塑料污染治理行动，严格管控一次性不可降解塑料制品使用，到2025年，民航机场和航班一次性不可降解塑料消费强度较2020年显著下降。鼓励航空物流企业加强航空集装器、托盘等标准化装载单元器具循环共享，提高货邮包装回收利用。推动民航机场、公共机构进一步规范垃圾分类收集、储存和运输，积极参与所在地“无废城市”建设，提升垃圾社会化、专业化处理能力。

促进生态系统质量改善。落实生态保护红线要求，强化机场生态选址，依法依规开展机场等民航基础设施建设项目生态环境影响评价，严格管控可能危害生态功能区、自然保护地以及各类海域保护线等的民航运输及相关建设活动。在确保民航飞行安全前提下，鼓励开展机场生态防鸟技术研究与应用。鼓励民航企业以生态补偿方式积极参与青藏高原、黄河、长江等国家重要生态系统保护和修复工程建设，探索投资生物质能源和经济林等生态产业，促进我国生态系统碳汇增量提升。

专栏4 民航污染防治重点项目

1. 蓝天保卫战行动

完善机场空气质量监测体系建设。加快场内智能充电设施和监测系统建设。新增或更新场内车辆设备主要为纯电动。年旅客吞吐量500万人次以上机场有序推进远机位飞机辅助动力装置（APU）替代设备建设。

2. 碧水保卫战行动

以京津冀、黄河流域、长江经济带、珠三角、海南等地区机场为重点，推进节水型、海绵型机场建设改造，提升中水替代、污水处理回用能力。在东北、华北、新疆、西藏等地区机场开展绿色除冰雪专项行动。

（四）全面提升绿色民航科技创新能力

深入推进绿色民航科技创新体系建设，强化民航关键脱碳技术攻关，完善民航绿色低碳循环发展技术支撑平台建设，着力推动人才引进培养，为民航绿色发展注入强劲动力。

建设绿色民航科研创新平台。引导构建市场导向的绿色民航技术创新与应用体系，注重发挥企业创新主体作用，推进各方科研力量优化配置和资源共享，促进绿色民航政产学研用深度融合，加快研发成果转化和规模化应用。围绕民航低碳发展战略、民航环境影响数据库和评估模型建设、环境影响监测和评估、生态环境保护技术与对策等领域，推动实施一批具有前瞻性、战略性重大科研项目。围绕民航低碳、零碳、负碳等先进技术研发、验证与成果应用，打造一批开放型实验室、工程中心。升级完善绿色民航专家库，提升民航绿色发展决策科学性、合理性和可行性。

完善绿色民航人才培养体系。加强人才队伍建设，健全以能力、质量、实效为导向的绩效评价体系，全方位培养、引进、用好绿色民航人才，造就更多有影响力、竞争力和全球视野的绿色民航领军人才和项目团队。支持民航院校围绕习近平生态文明思想学术化、学理化，创新师资培养机制，完善课程体系和教材体系，开展高水平中外合作办学，扎实推进新能源、碳减排、碳交易、循环经济等绿色民航专业学科建设和人才培养，为深入推进民航绿色发展培养更多复合型、外向型、高层次人才后备军。鼓励民航协会联合高校、科研机构、企业开展绿色民航专业培训，有序推进民航碳排放管理员职业体系建设，促进行业从事绿色发展相关工作的领导干部和业务骨干不断提升专业素养和业务能力，增强推动民航绿色低碳循环发展的本领。将学习贯彻习近平生态文明思想作为干部教育培训的重要内容，在民航局党校教学计划中纳入碳达峰、碳中和相关课程，深化民航各级领导干部对行业绿色发展工作重要性、紧迫性、科学性、系统性的认识。

专栏5 绿色民航科技创新和人才培养重点项目

1. 科创平台建设行动

深入推进绿色民航智库建设，打造民航脱碳技术研发与验证实验室。推动建设低碳民航技术创新成果转化服务平台。

2. 绿色民航人才培养行动

编写1—2本高水平专业课教材。形成2—3个民航绿色发展高水平科创团队。

四、加强规划实施保障

（一）加强组织领导

增强“四个意识”、坚定“四个自信”、做到“两个维护”，将民航局节能减排工作领导小组调整为民航碳达峰碳中和工作领导小组，发挥领导小组战略谋划与统筹作用，定期召开领导小组会议，推动解决影响规划落实中遇到的制度性问题，协调推进规划确定的重点项目建设。

（二）强化规划落实

做好年度工作安排部署，明确责任分工和进度要求，加大对重点专项建设情况调度力度，加强规划实施情况动态监测评估，监测评估结果每年向领导小组报告。民航各部门、各单位要落实领导干部生态文明建设责任制，加强协调配合，形成工作合力，制定落实举措，确保政策取向一致，步骤力度衔接。

（三）拓宽资金渠道

积极争取中央和地方财政资金支持，发挥政府投资撬动作用，加强对规划确定的重点任务建设资金保障。民航企业要落实主体责任，用好绿色基金、绿色债券、绿色信贷、绿色保险等金融扶持政策，拓宽投融资渠道，不断加大资金投入。

（四）营造良好氛围

创新方式方法，综合运用多种传播途径，深入宣传阐释民航绿色发展法律法规、政策措施，大力宣传推广规划实施成效经验，按规定表彰先进典型，塑造传播绿色民航文化，营造规划实施良好舆论氛围。健全公众参与机制，及时回应社会关切，注重舆论引导，最大限度凝聚全社会建设绿色民航共识和力量。加强战略统筹和投入，有力、有序、有效推动规划国际传播工作。

抄送：国家发展改革委、工业和信息化部、生态环境部、交通运输部、国家能源局、国家铁路局，西藏区局、各监管局，中航工业、中国航发、中国商飞。

民航局综合司
2021 年 12 月 27 日印发

国家节能中心关于印发《节能增效、绿色降碳服务行动方案》的通知

（节能〔2022〕6号）

各省（自治区、直辖市）、计划单列市、副省级省会城市节能（监察、监测、服务）中心，有关行业协会、各有关单位：

为持续做好“十四五”时期的节能降碳工作，国家节能中心谋划组织开展“节能增效、绿色降碳服务行动”（以下简称“服务行动”），并在深入调查研究、总结先期实践经验的基础上，编制了《节能增效、绿色降碳服务行动方案》（以下简称《行动方案》）。为给切实开展服务行动的单位提供支持和参考，我们与中国节能环保集团有限公司（中节能工业节能有限公司）共同编制了《节能增效、绿色降碳服务行动指南（2022 年版）》，如有需要请与我们联系。

现将《行动方案》予以印发，供你们在开展相关工作时借鉴，为实现碳达峰碳中和等目标做出应有的贡献。

附件：节能增效、绿色降碳服务行动方案

国家节能中心

2022年4月21日

节能增效、绿色降碳服务行动方案

节约能源、提高能效是促进减排降碳、绿色发展的根本性举措，对完成“十四五”能耗控制目标任务、实现碳达峰碳中和目标都具有基础性和关键性作用。根据中共中央、国务院印发的《关于完整准确全面贯彻新发展理念做好碳达峰碳中和工作的意见》和国务院印发的《2030 年前碳达峰行动方案》等有关决策部署以及国家发展改革委相关工作安排，结合节能降碳服务实践经验总结，为组织开展“节能增效、绿色降碳服务行动”（以下简称“服务行动”），制定本方案。

一、总的要求

以习近平新时代中国特色社会主义思想为指导，完整准确全面贯彻新发展理念，围绕

促进经济社会发展全面绿色转型，落实节约优先方针，以节能增效、减排降碳为重点工作方向，充分发挥政府主导和市场机制两方面的作用，坚持自主自愿参与，广泛动员各方面力量参加，探索建立简便易行、市场化运作的可持续服务模式，努力打造专业化、有权威和影响力的品牌服务，为完成“十四五”能耗控制目标任务、力争实现2030年前碳达峰和2060年前碳中和等目标愿景贡献应有的力量。

二、服务重点

（一）以降低能耗、提升能效水平压力大的地市为重点，聚焦重点用能领域，提供综合性服务，着力推动地方更好地落实节能降碳各项措施、完成“十四五”能耗控制目标任务，促进地区绿色高质量发展。

（二）以地方产业园区绿色化改造为重点，推动产业园区在整体节能降碳、能源系统优化和梯级利用、绿色化升级等方面取得更大的成效。

（三）以地方重点用能行业领域和重点用能单位为重点，全面挖掘节能增效、减排降碳的潜力，采取更有力措施持续提高能效，推动行业领域和重点用能单位绿色化水平提升。

（四）着力推动节能服务由单一、短时效的技术服务向整体性、系统性的综合服务延伸拓展，探索创新可复制、可推广的市场化服务模式，努力把服务行动打造成可持续、有机制保障的品牌化服务，促进节能服务业向纵深发展。

三、基本原则

（一）依法依规和遵守国家政策标准。服务行动首先要坚定不移地贯彻落实党中央有关决策部署，遵守国家和地方相关法律法规和政策标准，结论和建议均要符合上述要求。

（二）更好地发挥政府组织引领作用。通过政府的有效组织，明确服务行动任务、路径和措施，以自愿参与为前提，充分调动发挥社会各方面积极性，形成政府主导的合力工作机制。

（三）遵循市场化机制规则模式。在达到和完成国家及地方标准、任务的基础上，充分运用市场配置机制和导向作用，推动企业等用能主体积极开展更高水平的节能降碳等技术改造，提升绿色化水平。

（四）突出问题和结果导向分别施策。立足于节能增效、减排降碳共性问题的解决和目标的完成，针对不同需求和问题采取不同措施，制定个性化解决方案，确保服务行动务实有效。

（五）自上而下与自下而上相结合持续推进。政府自上而下的引导、组织和推动要与产业园区、专业机构、企业单位等自下而上自愿参与相结合，充分发挥企业等用能单位的主体作用，通过加强公共服务平台建设和市场化措施，切实解决好节能增效、减排降碳等项目技术选择难、落地难、融资难等问题，增强绿色发展内生动力。

（六）总结经验做法以点带面逐步展开。开展服务行动，要以引领带动作用突出的区域、行业领域和企业单位等为切入点，集中力量做好可复制、可推广的服务案例，以效果引领服务行动广泛深入地开展，突出体现社会效益。

四、服务内容

（一）开展产业结构调整研究分析。根据地区三次产业占比、内部结构及能效水平等情况，重点研判主导产业用能发展趋势，寻找分析产能腾退空间和条件，提出资源配置、传统产业改造升级的措施建议。

（二）开展能源结构优化研究分析。研判地区能源消费总量与资源禀赋、能源消费结构与经济发展水平等关系，根据终端能源消费结构特点和变动趋势，分析清洁能源的供给能力，提出能源供给、消费结构优化措施。

（三）开展重点用能行业领域能效提升研究分析。以重点用能行业领域为服务重点，从工艺、技术、装备、管理等方面进行能效分析，对标对表国内外先进水平，查找薄弱环节、突出问题和节能潜力，提出减排降碳、节能增效的措施。

（四）开展产业园区能源综合利用分析研究。对产业园区能源供应、输送、利用等环节，结合供热、供水等进行分析，评估存量能源利用水平、短板和潜力，提出提高能效、能源系统优化和梯级利用及能源低碳化替代的系统性措施。

（五）开展重点用能单位降本增效诊评服务。针对企业等重点用能单位进行能效和用能管理流程等诊评服务，挖掘节能增效、减排降碳潜力，提出能源优化利用、节能技改措施和管理节能等方面的系统解决方案。

（六）对“十四五”拟新上项目能耗进行分析评估。对“十四五”拟新上项目的能耗强度、综合能耗增量空间、能源结构等各方面因素进行评估，提出可行性意见。

（七）开展碳达峰碳中和相关分析研究。根据服务对象目标要求，综合分析各方面条件，开展碳达峰碳中和目标实现路径方案等研究，并提出意见建议。

（八）对其他关联事项进行分析研究。根据服务对象发展阶段目标要求，对涉及的传统产业优化升级、重大科技项目攻关、人才培训培养、机制制度创新等事项，提出意见建议。

（九）成果体现及应用。对服务成果中的措施、建议积极推动纳入政府有关规划、政策和行动方案等，增强成果应用的权威性。面向产业园区、重点用能行业领域和重点用能单位的服务成果，形成可操作的实施方案。

五、服务步骤

自上而下开展的服务行动，一般采取以下步骤：

（一）合理确定服务行动对象范围。以地市、产业园区、重点用能行业领域和重点用能单位为重点，在政府引导和各类主体自愿参与基础上，合理选择确定服务行动范围，特别是确定好服务对象。

（二）协商确定服务行动方案。通过依法依规签订合同协议等形式，确定服务内容和方式，明确必要的经费来源和金额，制定工作程序和要求。

（三）组建服务工作团队。根据服务行动方案遴选专家和工作人员，特别是注意吸收有实践经验的专家，组建结构合理的服务团队，着眼后续服务注意吸收当地专家和技术单位参与。

（四）开展实地调研诊评服务。组织服务团队先期开展资料收集、分析研究，制定实地调研诊评服务方案，准备充分后再赴实地开展全面调研诊评工作，根据目标任务提出具体措施意见。

（五）形成服务成果。对地市面上、行业领域等条线上的服务，依协议形成工作成果；对产业园区、用能单位等点上的服务依合同协议形成方案。

（六）推动成果落地实施。指导地方面上开展实施工作，在技术改造、项目评估、供需对接、人才培养等方面提供服务支持；对点上的成果依约定开展组织实施工作。

对自下而上开展服务行动的，可根据政府的部署要求，按市场化机制、参照上述步骤依据相关合同开展服务行动，政府及主管部门、专业机构等提供相应的指导和服务。

六、组织方式

国家节能中心承担指导服务行动的具体组织、协调和实施等工作，首先动员组织地方节能中心、相关行业组织、专业机构、节能服务公司等方面先期开展起来，并逐步深化；开展服务行动的地方、产业园区等，做好组织实施、机制协调、数据提供和经费保障等事宜，强化成果的运用和后续工作安排；参与的企业等用能单位依照法律法规和约定提供真实、准确、全面的有关数据信息，落实成果措施。

国家节能中心牵头组织编制《节能增效、绿色降碳服务行动指南》，指导、支持地市政府部门、产业园区和重点用能行业领域、重点用能单位等开展服务行动，并组织开展若干引领带动作用突出的服务案例；各级地方节能中心等单位要积极配合、主动作为做好相关工作。

七、持续推进

服务行动不设时限、不定任务数量，根据国家和地方阶段性要求，在服务内容和方式上及时完善调整，推动可复制的市场化服务机制持续发挥作用，绵绵用力、久久为功，保持服务行动不中断、有活力，努力打造有影响力、有权威的专业化品牌服务行动。

由国家节能中心牵头指导组织服务行动案例经验总结工作，采取现场经验交流、诊评培训、技术供需对接、宣传报道等服务活动，促进先进节能降碳技术服务模式的推广应用和服务行动不断深化，持续把这项服务行动打造成为促进经济社会全面绿色转型发展、助力实现碳达峰碳中和目标的品牌性工作。在经验总结的基础上，推动服务行动可复制经验成果上升到国家层面的规划政策措施中，发挥更大的作用。

四、各省（区、市）

关于“双碳”工作的政策文件汇总

为深入落实党中央、国务院决策部署，做好地方碳达峰、碳中和工作，依据《中共中央 国务院关于完整准确全面贯彻新发展理念做好碳达峰碳中和工作的意见》《国务院关于印发2030年前碳达峰行动方案的通知》《国务院关于加快建立健全绿色低碳循环发展经济体系的指导意见》《国家发展改革委等部门关于严格能效约束推动重点领域节能降碳的若干意见》等相关政策要求，各省（区、市）结合地方实际，在“双碳”工作实施意见、“双碳”工作行动方案、绿色低碳循环发展、节能降碳、能耗双控、应对气候变化规划、碳环境影响评价、科技支撑、金融支持等方面出台了多项政策文件。本书将收集到的地方关于“双碳”工作的政策文件进行整理，汇总如下表。

各省（区、市）关于“双碳”工作的政策文件汇总表

地区	分类	政策 / 法规名称	发布机构 / 部门	文号	发布时间
北京市	资金支持	2022年北京市高精尖产业发展资金实施指南	北京市经济和信息化局 北京市财政局	/	2022-01-30
天津市	双碳条例	天津市碳达峰碳中和促进条例	天津市人民代表大会常务委员会	公告第八十二号	2021-11-01
	双碳示范实施方案	天津电力“碳达峰、碳中和”先行示范区实施方案	天津市发展改革委、工业和信息化局、生态环境局	/	2021-06-09
河北省	双碳工作实施意见	关于完整准确全面贯彻新发展理念认真做好碳达峰碳中和工作的实施意见	中共河北省委 河北省人民政府	/	2022-01-05
	降碳产品	关于建立降碳产品价值实现机制的实施方案（试行）	河北省人民政府办公厅	/	2021-09-20
山西省	碳环境影响评价	关于印发《山西省重点行业建设项目碳排放环境影响评价编制指南（试行）》的通知	山西省生态环境厅	晋环函〔2021〕437号	2021-09-02
内蒙古自治区	绿色低碳循环发展	关于加快建立健全绿色低碳循环发展经济体系具体措施的通知	内蒙古自治区人民政府	内政发〔2021〕9号	2021-09-17
	应对气候变化规划	自治区“十四五”应对气候变化规划	内蒙古自治区人民政府办公厅	内政办发〔2021〕60号	2021-10-18
	能耗双控	关于确保完成“十四五”能耗双控目标若干保障措施	内蒙古自治区发展和改革委员会、内蒙古自治区工业和信息化厅、内蒙古自治区能源局	内发改环资字〔2021〕209号	2021-03-09
吉林省	双碳工作实施意见	关于完整准确全面贯彻新发展理念做好碳达峰碳中和工作的实施意见	中共吉林省委 吉林省人民政府	/	2021-11-30

续表

地区	分类	政策 / 法规名称	发布机构 / 部门	文号	发布时间
黑龙江省	绿色低碳循环发展	黑龙江省建立健全绿色低碳循环发展经济体系实施方案	黑龙江省人民政府	黑政规〔2021〕23 号	2021-12-31
	双碳工作实施方案	关于 2021—2023 年度推动碳达峰、碳中和工作滚动实施方案	黑龙江省生态环境厅办公室	黑环办发〔2021〕119 号	2021-10-27
上海市	绿色低碳循环发展	上海市关于加快建立健全绿色低碳循环发展经济体系的实施方案	上海市人民政府	沪府发〔2021〕23 号	2021-09-29
	双碳目标实施意见	上海加快打造国际绿色金融枢纽服务碳达峰碳中和目标的实施意见	上海市人民政府办公厅	沪府办发〔2021〕27 号	2021-10-08
	产业绿色发展规划	上海市产业绿色发展“十四五”规划	上海市经济和信息化委员会	沪经信节〔2021〕1229 号	2021-12-31
	绿色低碳行动方案	上海市公共机构绿色低碳循环发展行动方案	上海市公共机构节能工作联席会议办公室	/	2022-01-14
江苏省	双碳工作实施意见	关于推动高质量发展做好碳达峰碳中和工作的实施意见	中共江苏省委 江苏省人民政府	/	2022-01-15
	绿色低碳循环发展	关于加快建立健全绿色低碳循环发展经济体系的实施意见	江苏省人民政府	苏政发〔2022〕8 号	2022-01-24
	减污降碳财政政策	省政府关于实施与减污降碳成效挂钩财政政策的通知	江苏省人民政府	苏政发〔2022〕31 号	2022-02-25
	双碳工作计划	省生态环境厅 2022 年推动碳达峰碳中和工作计划	江苏省生态环境厅	/	2022-03-16
浙江省	双碳工作实施意见	关于完整准确全面贯彻新发展理念做好碳达峰碳中和工作的实施意见	中共浙江省委 浙江省人民政府	/	2021-12-23
	绿色低碳循环发展	关于加快建立健全绿色低碳循环发展经济体系的实施意见	浙江省人民政府	浙政发〔2021〕36 号	2021-11-16
	可再生能源规划	浙江省可再生能源发展“十四五”规划	浙江省发展和改革委员会 浙江省能源局	浙发改能源〔2021〕152 号	2021-05-07
	节能降耗能源配置	浙江省节能降耗和能源资源优化配置“十四五”规划	浙江省发展和改革委员会、浙江省能源局	浙发改规划〔2021〕209 号	2021-05-29
	节能降碳	关于严格能效约束推动重点领域节能降碳工作的实施方案	浙江省发展和改革委员会、经济和信息化厅、生态环境厅、市场监督管理局、能源局	浙发改产业〔2022〕1 号	2022-01-04

续表

地区	分类	政策 / 法规名称	发布机构 / 部门	文号	发布时间
浙江省	碳环境影响评价	关于印发实施《浙江省建设项目碳排放评价编制指南（试行）》的通知	浙江省生态环境厅	浙环函〔2021〕179 号	2021-07-06
	双碳科技创新行动	浙江省碳达峰碳中和科技创新行动方案	浙江省委科技强省建设领导小组	省科领〔2021〕1 号	2021-06-08
	金融支持	关于金融支持碳达峰碳中和的指导意见	人民银行杭州中心支行联合浙江银保监局、省发展改革委、省生态环境厅、省财政厅	杭银发〔2021〕67 号	2021-05-20
江西省	双碳工作决定	关于支持和保障碳达峰碳中和工作促进江西绿色转型发展的决定	江西省人民代表大会常务委员会	/	2021-11-19
山东省	氢能规划	山东省氢能产业中长期发展规划（2020—2030 年）	山东省人民政府办公厅	鲁政办字〔2020〕81 号	2020-06-17
	绿色低碳	关于印发“十大创新”“十强产业”“十大扩需求”2022 年行动计划的通知（绿色低碳转型 2022 年行动计划）	山东省人民政府办公厅	鲁政办字〔2022〕28 号	2022-03-27
		科技引领产业绿色低碳高质量发展的实施意见	山东省科学技术厅、发展和改革委员会、教育厅、工业和信息化厅、财政厅、生态环境厅、住房和城乡建设厅、能源局	鲁科字〔2021〕73 号	2021-08-16
河南省	绿色低碳循环发展	关于加快建立健全绿色低碳循环发展经济体系的实施意见	河南省人民政府	豫政〔2021〕22 号	2021-08-12
	双碳规划	河南省“十四五”现代能源体系和碳达峰碳中和规划	河南省人民政府	豫政〔2021〕58 号	2021-12-31
	节能降碳	关于实施重点用能单位节能降碳改造三年行动计划的通知	河南省发展和改革委员会	豫发改环资〔2021〕696 号	2021-08-26
湖南省	双碳工作实施意见	关于完整准确全面贯彻新发展理念做好碳达峰碳中和工作的实施意见	中共湖南省委 湖南省人民政府	/	2022-03-13

续表

地区	分类	政策 / 法规名称	发布机构 / 部门	文号	发布时间
广东省	碳环境影响评价	关于开展石化行业建设项目碳排放环境影响评价试点工作的通知	广东省生态环境厅办公室	粤环办函〔2021〕78 号	2021-08-02
		关于印发实施《广东省石化行业建设项目碳排放环境影响评价编制指南（试行）》的通知	广东省生态环境厅	粤环函〔2022〕70 号	2022-02-28
广西壮族自治区	碳环境影响评价	广西壮族自治区生态环境厅关于推进碳排放环境影响评价工作的通知	广西壮族自治区生态环境厅	桂环函〔2021〕1693 号	2021-11-22
海南省	绿色低碳循环发展	关于加快建立健全绿色低碳循环发展经济体系的实施意见	海南省人民政府办公厅	琼府办〔2021〕69 号	2021-12-10
	节能降碳	关于印发《严格能效约束推动海南省重点领域节能降碳技术改造实施方案》的通知	海南省发展和改革委员会、工业和信息化厅、生态环境厅、市场监督管理局	琼发改产业〔2022〕207 号	2022-03-07
	碳环境影响评价	海南省生态环境厅关于试行开展碳排放环境影响评价工作的通知	海南省生态环境厅	琼环评字〔2021〕6 号	2021-07-29
		关于印发《海南省规划碳排放环境影响评价技术指南（试行）》和《海南省建设项目碳排放环境影响评价技术指南（试行）》的函	海南省生态环境厅	琼环函〔2021〕260 号	2021-09-14
重庆市	双碳工作行动方案	成渝地区双城经济圈碳达峰碳中和联合行动方案	重庆市人民政府办公厅四川省人民政府办公厅	渝府办发〔2022〕22 号	2022-02-15
	节能降碳	关于印发《重庆市严格能效约束推动重点领域节能降碳实施方案》的通知	重庆市发展和改革委员会、经济和信息委员会、生态环境局、市场监督管理局、能源局	渝发改工业〔2022〕270 号	2022-02-28
	碳环境影响评价	关于印发《重庆市规划环境影响评价技术指南——碳排放评价（试行）》《重庆市建设项目环境影响评价技术指南——碳排放评价（试行）》的通知	重庆市生态环境局	渝环〔2021〕15 号	2021-01-26
	应对气候变化	重庆市生态环境系统 2022 年应对气候变化工作要点	重庆市生态环境局	渝环〔2022〕28 号	2022-03-14

续表

地区	分类	政策 / 法规名称	发布机构 / 部门	文号	发布时间
四川省	双碳工作行动方案	四川省积极有序推广和规范碳中和方案	四川省生态环境厅、四川省文化和旅游厅、四川省体育局、四川省机关事务管理局、四川省林业和草原局	川环发〔2021〕5号	2021-03-29
		关于以实现碳达峰碳中和目标为引领推动绿色低碳优势产业高质量发展的决定	中共四川省委	/	2021-12-02
贵州省	工业节能规划	贵州省“十四五”工业节能规划	贵州省工业和信息化厅	黔工信节能〔2021〕87号	2021-10-15
	绿色制造实施方案	贵州省绿色制造专项行动实施方案（2021—2025年）	贵州省新型工业化工作领导小组	/	2021-12-30
云南省	绿色低碳循环发展	云南省加快建立健全绿色低碳循环发展经济体系行动计划	云南省人民政府	云政发〔2022〕1号	2022-01-06
陕西省	碳环境影响评价	陕西省生态环境厅关于开展重点行业建设项目碳排放环境影响评价试点工作的通知	陕西省生态环境厅	陕环环评函〔2021〕65号	2021-09-02
青海省	清洁能源行动方案	青海打造国家清洁能源产业高地行动方案（2021—2030年）	青海省人民政府、国家能源局	青政〔2021〕36号	2021-07-07
	绿色低碳循环发展	关于加快建立健全绿色低碳循环发展经济体系的实施意见	青海省人民政府	青政〔2021〕80号	2021-12-20
	节能降碳	青海省严格能效约束推动重点领域节能降碳技术改造实施方案（2021—2025年）	青海省发展和改革委员会、工业和信息化厅、生态环境厅、市场监督管理局、能源局	青发改产业〔2021〕848号	2021-12-30
宁夏回族自治区	双碳工作实施意见	关于完整准确全面贯彻新发展理念做好碳达峰碳中和工作的实施意见	宁夏回族自治区党委、人民政府	/	2022-01-10
	绿色低碳循环发展	关于加快建立健全绿色低碳循环发展经济体系的实施意见	宁夏回族自治区人民政府	宁政发〔2021〕39号	2021-12-31
	能耗双控	宁夏回族自治区能耗双控三年行动计划（2021—2023年）	自治区党委办公厅、人民政府办公厅	宁党办〔2021〕86号	2021-10-26
	双碳科技支持方案	宁夏碳达峰碳中和科技支撑行动方案	宁夏回族自治区科学技术厅	宁科发〔2021〕57号	2021-11-25

续表

地区	分类	政策 / 法规名称	发布机构 / 部门	文号	发布时间
沈阳市	碳环境影响评价	关于印发《沈阳市建设项目碳排放环境影响分析技术指南（试行）》的通知	沈阳市生态环境局	/	2021-12-16
福州市	碳环境影响评价	关于福州市重点行业建设项目碳排放环境影响评价的指导意见（试行）	福州市生态环境局	榕环保综〔2021〕62 号	2021-05-31
淄博市	减碳降碳	淄博市实施减碳降碳十大行动工作方案	中共淄博市委办公室、淄博市人民政府办公室	/	2021-11-04
武汉市	降碳及低碳产业	武汉市推动降碳及发展低碳产业工作方案	武汉市人民政府办公厅	武政办〔2021〕95 号	2021-09-02
	碳达峰评估	武汉市二氧化碳排放达峰评估工作方案	武汉市人民政府办公厅	武政办〔2021〕104 号	2021-09-14
深圳市	绿色金融条例	深圳经济特区绿色金融条例	深圳市第六届人民代表大会常务委员会	公告第二二二号	2020-11-5
	绿色发展	支持绿色发展促进工业“碳达峰”扶持计划操作规程	深圳市工业和信息化局	/	2021-08-16
/	双碳行动方案	上海证券交易所“十四五”期间碳达峰碳中和行动方案	上海证券交易所	/	2022-03-01

第二部分
碳排放权交易制度体系文件

一、生态环境部

碳排放权交易管理办法（试行）

（生态环境部　部令　第19号）

《碳排放权交易管理办法（试行）》已于2020年12月25日由生态环境部部务会议审议通过，现予公布，自2021年2月1日起施行。

部长　黄润秋

2020年12月31日

碳排放权交易管理办法（试行）

第一章　总　　则

第一条　为落实党中央、国务院关于建设全国碳排放权交易市场的决策部署，在应对气候变化和促进绿色低碳发展中充分发挥市场机制作用，推动温室气体减排，规范全国碳排放权交易及相关活动，根据国家有关温室气体排放控制的要求，制定本办法。

第二条　本办法适用于全国碳排放权交易及相关活动，包括碳排放配额分配和清缴，碳排放权登记、交易、结算，温室气体排放报告与核查等活动，以及对前述活动的监督管理。

第三条　全国碳排放权交易及相关活动应当坚持市场导向、循序渐进、公平公开和诚实守信的原则。

第四条　生态环境部按照国家有关规定建设全国碳排放权交易市场。

全国碳排放权交易市场覆盖的温室气体种类和行业范围，由生态环境部拟订，按程序报批后实施，并向社会公开。

第五条　生态环境部按照国家有关规定，组织建立全国碳排放权注册登记机构和全国碳排放权交易机构，组织建设全国碳排放权注册登记系统和全国碳排放权交易系统。

全国碳排放权注册登记机构通过全国碳排放权注册登记系统，记录碳排放配额的持有、变更、清缴、注销等信息，并提供结算服务。全国碳排放权注册登记系统记录的信息是判断碳排放配额归属的最终依据。

全国碳排放权交易机构负责组织开展全国碳排放权集中统一交易。

全国碳排放权注册登记机构和全国碳排放权交易机构应当定期向生态环境部报告全国碳排放权登记、交易、结算等活动和机构运行有关情况，以及应当报告的其他重大事项，并保证全国碳排放权注册登记系统和全国碳排放权交易系统安全稳定可靠运行。

第六条　生态环境部负责制定全国碳排放权交易及相关活动的技术规范，加强对地方碳排放配额分配、温室气体排放报告与核查的监督管理，并会同国务院其他有关部门对全国碳排放权交易及相关活动进行监督管理和指导。

省级生态环境主管部门负责在本行政区域内组织开展碳排放配额分配和清缴、温室气体排放报告的核查等相关活动，并进行监督管理。

设区的市级生态环境主管部门负责配合省级生态环境主管部门落实相关具体工作，并根据本办法有关规定实施监督管理。

第七条　全国碳排放权注册登记机构和全国碳排放权交易机构及其工作人员，应当遵守全国碳排放权交易及相关活动的技术规范，并遵守国家其他有关主管部门关于交易监管的规定。

第二章　温室气体重点排放单位

第八条　温室气体排放单位符合下列条件的，应当列入温室气体重点排放单位（以下简称重点排放单位）名录：

（一）属于全国碳排放权交易市场覆盖行业；

（二）年度温室气体排放量达到2.6万吨二氧化碳当量。

第九条　省级生态环境主管部门应当按照生态环境部的有关规定，确定本行政区域重点排放单位名录，向生态环境部报告，并向社会公开。

第十条　重点排放单位应当控制温室气体排放，报告碳排放数据，清缴碳排放配额，公开交易及相关活动信息，并接受生态环境主管部门的监督管理。

第十一条　存在下列情形之一的，确定名录的省级生态环境主管部门应当将相关温室气体排放单位从重点排放单位名录中移出：

（一）连续二年温室气体排放未达到2.6万吨二氧化碳当量的；

（二）因停业、关闭或者其他原因不再从事生产经营活动，因而不再排放温室气体的。

第十二条　温室气体排放单位申请纳入重点排放单位名录的，确定名录的省级生态环境主管部门应当进行核实；经核实符合本办法第八条规定条件的，应当将其纳入重点排放单位名录。

第十三条　纳入全国碳排放权交易市场的重点排放单位，不再参与地方碳排放权交易试点市场。

第三章　分配与登记

第十四条　生态环境部根据国家温室气体排放控制要求，综合考虑经济增长、产业结构调整、能源结构优化、大气污染物排放协同控制等因素，制定碳排放配额总量确定与分配方案。

省级生态环境主管部门应当根据生态环境部制定的碳排放配额总量确定与分配方案，向本行政区域内的重点排放单位分配规定年度的碳排放配额。

第十五条　碳排放配额分配以免费分配为主，可以根据国家有关要求适时引入有偿分配。

第十六条　省级生态环境主管部门确定碳排放配额后，应当书面通知重点排放单位。

重点排放单位对分配的碳排放配额有异议的，可以自接到通知之日起 7 个工作日内，向分配配额的省级生态环境主管部门申请复核；省级生态环境主管部门应当自接到复核申请之日起 10 个工作日内，作出复核决定。

第十七条 重点排放单位应当在全国碳排放权注册登记系统开立账户，进行相关业务操作。

第十八条 重点排放单位发生合并、分立等情形需要变更单位名称、碳排放配额等事项的，应当报经所在地省级生态环境主管部门审核后，向全国碳排放权注册登记机构申请变更登记。全国碳排放权注册登记机构应当通过全国碳排放权注册登记系统进行变更登记，并向社会公开。

第十九条 国家鼓励重点排放单位、机构和个人，出于减少温室气体排放等公益目的自愿注销其所持有的碳排放配额。

自愿注销的碳排放配额，在国家碳排放配额总量中予以等量核减，不再进行分配、登记或者交易。相关注销情况应当向社会公开。

第四章 排 放 交 易

第二十条 全国碳排放权交易市场的交易产品为碳排放配额，生态环境部可以根据国家有关规定适时增加其他交易产品。

第二十一条 重点排放单位以及符合国家有关交易规则的机构和个人，是全国碳排放权交易市场的交易主体。

第二十二条 碳排放权交易应当通过全国碳排放权交易系统进行，可以采取协议转让、单向竞价或者其他符合规定的方式。

全国碳排放权交易机构应当按照生态环境部有关规定，采取有效措施，发挥全国碳排放权交易市场引导温室气体减排的作用，防止过度投机的交易行为，维护市场健康发展。

第二十三条 全国碳排放权注册登记机构应当根据全国碳排放权交易机构提供的成交结果，通过全国碳排放权注册登记系统为交易主体及时更新相关信息。

第二十四条 全国碳排放权注册登记机构和全国碳排放权交易机构应当按照国家有关规定，实现数据及时、准确、安全交换。

第五章 排放核查与配额清缴

第二十五条 重点排放单位应当根据生态环境部制定的温室气体排放核算与报告技术规范，编制该单位上一年度的温室气体排放报告，载明排放量，并于每年 3 月 31 日前报生产经营场所所在地的省级生态环境主管部门。排放报告所涉数据的原始记录和管理台账应当至少保存五年。

重点排放单位对温室气体排放报告的真实性、完整性、准确性负责。

重点排放单位编制的年度温室气体排放报告应当定期公开，接受社会监督，涉及国家秘密和商业秘密的除外。

第二十六条 省级生态环境主管部门应当组织开展对重点排放单位温室气体排放报告的核查，并将核查结果告知重点排放单位。核查结果应当作为重点排放单位碳排放配额清缴依据。

省级生态环境主管部门可以通过政府购买服务的方式委托技术服务机构提供核查服务。技术服务机构应当对提交的核查结果的真实性、完整性和准确性负责。

第二十七条　重点排放单位对核查结果有异议的，可以自被告知核查结果之日起7个工作日内，向组织核查的省级生态环境主管部门申请复核；省级生态环境主管部门应当自接到复核申请之日起十个工作日内，作出复核决定。

第二十八条　重点排放单位应当在生态环境部规定的时限内，向分配配额的省级生态环境主管部门清缴上年度的碳排放配额。清缴量应当大于等于省级生态环境主管部门核查结果确认的该单位上年度温室气体实际排放量。

第二十九条　重点排放单位每年可以使用国家核证自愿减排量抵销碳排放配额的清缴，抵销比例不得超过应清缴碳排放配额的5%。相关规定由生态环境部另行制定。

用于抵销的国家核证自愿减排量，不得来自纳入全国碳排放权交易市场配额管理的减排项目。

第六章　监督管理

第三十条　上级生态环境主管部门应当加强对下级生态环境主管部门的重点排放单位名录确定、全国碳排放权交易及相关活动情况的监督检查和指导。

第三十一条　设区的市级以上地方生态环境主管部门根据对重点排放单位温室气体排放报告的核查结果，确定监督检查重点和频次。

设区的市级以上地方生态环境主管部门应当采取“双随机、一公开”的方式，监督检查重点排放单位温室气体排放和碳排放配额清缴情况，相关情况按程序报生态环境部。

第三十二条　生态环境部和省级生态环境主管部门，应当按照职责分工，定期公开重点排放单位年度碳排放配额清缴情况等信息。

第三十三条　全国碳排放权注册登记机构和全国碳排放权交易机构应当遵守国家交易监管等相关规定，建立风险管理机制和信息披露制度，制定风险管理预案，及时公布碳排放权登记、交易、结算等信息。

全国碳排放权注册登记机构和全国碳排放权交易机构的工作人员不得利用职务便利谋取不正当利益，不得泄露商业秘密。

第三十四条　交易主体违反本办法关于碳排放权注册登记、结算或者交易相关规定的，全国碳排放权注册登记机构和全国碳排放权交易机构可以按照国家有关规定，对其采取限制交易措施。

第三十五条　鼓励公众、新闻媒体等对重点排放单位和其他交易主体的碳排放权交易及相关活动进行监督。

重点排放单位和其他交易主体应当按照生态环境部有关规定，及时公开有关全国碳排放权交易及相关活动信息，自觉接受公众监督。

第三十六条　公民、法人和其他组织发现重点排放单位和其他交易主体有违反本办法规定行为的，有权向设区的市级以上地方生态环境主管部门举报。

接受举报的生态环境主管部门应当依法予以处理，并按照有关规定反馈处理结果，同时为举报人保密。

第七章　罚　　则

第三十七条　生态环境部、省级生态环境主管部门、设区的市级生态环境主管部门的有关工作人员，在全国碳排放权交易及相关活动的监督管理中滥用职权、玩忽职守、徇私舞弊的，由其上级行政机关或者监察机关责令改正，并依法给予处分。

第三十八条　全国碳排放权注册登记机构和全国碳排放权交易机构及其工作人员违反本办法规定，有下列行为之一的，由生态环境部依法给予处分，并向社会公开处理结果：

（一）利用职务便利谋取不正当利益的；

（二）有其他滥用职权、玩忽职守、徇私舞弊行为的。

全国碳排放权注册登记机构和全国碳排放权交易机构及其工作人员违反本办法规定，泄露有关商业秘密或者有构成其他违反国家交易监管规定行为的，依照其他有关规定处理。

第三十九条　重点排放单位虚报、瞒报温室气体排放报告，或者拒绝履行温室气体排放报告义务的，由其生产经营场所所在地设区的市级以上地方生态环境主管部门责令限期改正，处一万元以上三万元以下的罚款。逾期未改正的，由重点排放单位生产经营场所所在地的省级生态环境主管部门测算其温室气体实际排放量，并将该排放量作为碳排放配额清缴的依据；对虚报、瞒报部分，等量核减其下一年度碳排放配额。

第四十条　重点排放单位未按时足额清缴碳排放配额的，由其生产经营场所所在地设区的市级以上地方生态环境主管部门责令限期改正，处 2 万元以上 3 万元以下的罚款；逾期未改正的，对欠缴部分，由重点排放单位生产经营场所所在地的省级生态环境主管部门等量核减其下一年度碳排放配额。

第四十一条　违反本办法规定，涉嫌构成犯罪的，有关生态环境主管部门应当依法移送司法机关。

第八章　附　　则

第四十二条　本办法中下列用语的含义：

（一）温室气体：是指大气中吸收和重新放出红外辐射的自然和人为的气态成分，包括二氧化碳（CO_2）、甲烷（CH_4）、氧化亚氮（N_2O）、氢氟碳化物（HFCs）、全氟化碳（PFCs）、六氟化硫（SF_6）和三氟化氮（NF_3）。

（二）碳排放：是指煤炭、石油、天然气等化石能源燃烧活动和工业生产过程以及土地利用变化与林业等活动产生的温室气体排放，也包括因使用外购的电力和热力等所导致的温室气体排放。

（三）碳排放权：是指分配给重点排放单位的规定时期内的碳排放额度。

（四）国家核证自愿减排量：是指对我国境内可再生能源、林业碳汇、甲烷利用等项目的温室气体减排效果进行量化核证，并在国家温室气体自愿减排交易注册登记系统中登记的温室气体减排量。

第四十三条　本办法自 2021 年 2 月 1 日起施行。

关于发布《碳排放权登记管理规则（试行）》《碳排放权交易管理规则（试行）》和《碳排放权结算管理规则（试行）》的公告

（生态环境部公告　2021 年第 21 号）

为进一步规范全国碳排放权登记、交易、结算活动，保护全国碳排放权交易市场各参与方合法权益，我部根据《碳排放权交易管理办法（试行）》，组织制定了《碳排放权登记管理规则（试行）》《碳排放权交易管理规则（试行）》和《碳排放权结算管理规则（试行）》，现将有关事项公告如下。

一、全国碳排放权注册登记机构成立前，由湖北碳排放权交易中心有限公司承担全国碳排放权注册登记系统账户开立和运行维护等具体工作。

二、全国碳排放权交易机构成立前，由上海环境能源交易所股份有限公司承担全国碳排放权交易系统账户开立和运行维护等具体工作。

三、《碳排放权登记管理规则（试行）》《碳排放权交易管理规则（试行）》和《碳排放权结算管理规则（试行）》自本公告发布之日起施行。

特此公告。

附件：1. 碳排放权登记管理规则（试行）

2. 碳排放权交易管理规则（试行）

3. 碳排放权结算管理规则（试行）

生态环境部

2021 年 5 月 14 日

生态环境部办公厅 2021 年 5 月 17 日印发

附件 1

碳排放权登记管理规则（试行）

第一章 总 则

第一条 为规范全国碳排放权登记活动，保护全国碳排放权交易市场各参与方的合法权益，维护全国碳排放权交易市场秩序，根据《碳排放权交易管理办法（试行）》，制定本规则。

第二条 全国碳排放权持有、变更、清缴、注销的登记及相关业务的监督管理，适用本规则。全国碳排放权注册登记机构（以下简称注册登记机构）、全国碳排放权交易机构（以下简称交易机构）、登记主体及其他相关参与方应当遵守本规则。

第三条 注册登记机构通过全国碳排放权注册登记系统（以下简称注册登记系统）对全国碳排放权的持有、变更、清缴和注销等实施集中统一登记。注册登记系统记录的信息是判断碳排放配额归属的最终依据。

第四条 重点排放单位以及符合规定的机构和个人，是全国碳排放权登记主体。

第五条 全国碳排放权登记应当遵循公开、公平、公正、安全和高效的原则。

第二章 账户管理

第六条 注册登记机构依申请为登记主体在注册登记系统中开立登记账户，该账户用于记录全国碳排放权的持有、变更、清缴和注销等信息。

第七条 每个登记主体只能开立一个登记账户。登记主体应当以本人或者本单位名义申请开立登记账户，不得冒用他人或者其他单位名义或者使用虚假证件开立登记账户。

第八条 登记主体申请开立登记账户时，应当根据注册登记机构有关规定提供申请材料，并确保相关申请材料真实、准确、完整、有效。委托他人或者其他单位代办的，还应当提供授权委托书等证明委托事项的必要材料。

第九条 登记主体申请开立登记账户的材料中应当包括登记主体基本信息、联系信息以及相关证明材料等。

第十条 注册登记机构在收到开户申请后，对登记主体提交相关材料进行形式审核，材料审核通过后 5 个工作日内完成账户开立并通知登记主体。

第十一条 登记主体下列信息发生变化时，应当及时向注册登记机构提交信息变更证明材料，办理登记账户信息变更手续：

（一）登记主体名称或者姓名；

（二）营业执照，有效身份证明文件类型、号码及有效期；

（三）法律法规、部门规章等规定的其他事项。

注册登记机构在完成信息变更材料审核后 5 个工作日内完成账户信息变更并通知登记主体。

联系电话、邮箱、通讯地址等联系信息发生变化的，登记主体应当及时通过注册登记系统在登记账户中予以更新。

第十二条　登记主体应当妥善保管登记账户的用户名和密码等信息。登记主体登记账户下发生的一切活动均视为其本人或者本单位行为。

第十三条　注册登记机构定期检查登记账户使用情况，发现营业执照、有效身份证明文件与实际情况不符，或者发生变化且未按要求及时办理登记账户信息变更手续的，注册登记机构应当对有关不合格账户采取限制使用等措施，其中涉及交易活动的应当及时通知交易机构。

对已采取限制使用等措施的不合格账户，登记主体申请恢复使用的，应当向注册登记机构申请办理账户规范手续。能够规范为合格账户的，注册登记机构应当解除限制使用措施。

第十四条　发生下列情形的，登记主体或者依法承继其权利义务的主体应当提交相关申请材料，申请注销登记账户：

（一）法人以及非法人组织登记主体因合并、分立、依法被解散或者破产等原因导致主体资格丧失；

（二）自然人登记主体死亡；

（三）法律法规、部门规章等规定的其他情况。

登记主体申请注销登记账户时，应当了结其相关业务。申请注销登记账户期间和登记账户注销后，登记主体无法使用该账户进行交易等相关操作。

第十五条　登记主体如对第十三条所述限制使用措施有异议，可以在措施生效后 15 个工作日内向注册登记机构申请复核；注册登记机构应当在收到复核申请后 10 个工作日内予以书面回复。

第三章　登　　记

第十六条　登记主体可以通过注册登记系统查询碳排放配额持有数量和持有状态等信息。

第十七条　注册登记机构根据生态环境部制定的碳排放配额分配方案和省级生态环境主管部门确定的配额分配结果，为登记主体办理初始分配登记。

第十八条　注册登记机构应当根据交易机构提供的成交结果办理交易登记，根据经省级生态环境主管部门确认的碳排放配额清缴结果办理清缴登记。

第十九条　重点排放单位可以使用符合生态环境部规定的国家核证自愿减排量抵销配额清缴。用于清缴部分的国家核证自愿减排量应当在国家温室气体自愿减排交易注册登记系统注销，并由重点排放单位向注册登记机构提交有关注销证明材料。注册登记机构核验相关材料后，按照生态环境部相关规定办理抵销登记。

第二十条　登记主体出于减少温室气体排放等公益目的自愿注销其所持有的碳排放配额，注册登记机构应当为其办理变更登记，并出具相关证明。

第二十一条　碳排放配额以承继、强制执行等方式转让的，登记主体或者依法承继其权利义务的主体应当向注册登记机构提供有效的证明文件，注册登记机构审核后办理变更登记。

第二十二条　司法机关要求冻结登记主体碳排放配额的，注册登记机构应当予以配合；

涉及司法扣划的，注册登记机构应当根据人民法院的生效裁判，对涉及登记主体被扣划部分的碳排放配额进行核验，配合办理变更登记并公告。

第四章 信息管理

第二十三条 司法机关和国家监察机关依照法定条件和程序向注册登记机构查询全国碳排放权登记相关数据和资料的，注册登记机构应当予以配合。

第二十四条 注册登记机构应当依照法律、行政法规及生态环境部相关规定建立信息管理制度，对涉及国家秘密、商业秘密的，按照相关法律法规执行。

第二十五条 注册登记机构应当与交易机构建立管理协调机制，实现注册登记系统与交易系统的互通互联，确保相关数据和信息及时、准确、安全、有效交换。

第二十六条 注册登记机构应当建设灾备系统，建立灾备管理机制和技术支撑体系，确保注册登记系统和交易系统数据、信息安全，实现信息共享与交换。

第五章 监督管理

第二十七条 生态环境部加强对注册登记机构和注册登记活动的监督管理，可以采取询问注册登记机构及其从业人员、查阅和复制与登记活动有关的信息资料以及法律法规规定的其他措施等进行监管。

第二十八条 各级生态环境主管部门及其相关直属业务支撑机构工作人员，注册登记机构、交易机构、核查技术服务机构及其工作人员，不得持有碳排放配额。已持有碳排放配额的，应当依法予以转让。

任何人在成为前款所列人员时，其本人已持有或者委托他人代为持有的碳排放配额，应当依法转让并办理完成相关手续，向供职单位报告全部转让相关信息并备案在册。

第二十九条 注册登记机构应当妥善保存登记的原始凭证及有关文件和资料，保存期限不得少于 20 年，并进行凭证电子化管理。

第六章 附则

第三十条 注册登记机构可以根据本规则制定登记业务规则等实施细则。

第三十一条 本规则自公布之日起施行。

附件 2

碳排放权交易管理规则（试行）

第一章 总则

第一条 为规范全国碳排放权交易，保护全国碳排放权交易市场各参与方的合法权益，维护全国碳排放权交易市场秩序，根据《碳排放权交易管理办法（试行）》，制定本规则。

第二条 本规则适用于全国碳排放权交易及相关服务业务的监督管理。全国碳排放权交易机构（以下简称交易机构）、全国碳排放权注册登记机构（以下简称注册登记机构）、交易主体及其他相关参与方应当遵守本规则。

第三条　全国碳排放权交易应当遵循公开、公平、公正和诚实信用的原则。

第二章　交　　易

第四条　全国碳排放权交易主体包括重点排放单位以及符合国家有关交易规则的机构和个人。

第五条　全国碳排放权交易市场的交易产品为碳排放配额，生态环境部可以根据国家有关规定适时增加其他交易产品。

第六条　碳排放权交易应当通过全国碳排放权交易系统进行，可以采取协议转让、单向竞价或者其他符合规定的方式。

协议转让是指交易双方协商达成一致意见并确认成交的交易方式，包括挂牌协议交易及大宗协议交易。其中，挂牌协议交易是指交易主体通过交易系统提交卖出或者买入挂牌申报，意向受让方或者出让方对挂牌申报进行协商并确认成交的交易方式。大宗协议交易是指交易双方通过交易系统进行报价、询价并确认成交的交易方式。

单向竞价是指交易主体向交易机构提出卖出或买入申请，交易机构发布竞价公告，多个意向受让方或者出让方按照规定报价，在约定时间内通过交易系统成交的交易方式。

第七条　交易机构可以对不同交易方式设置不同交易时段，具体交易时段的设置和调整由交易机构公布后报生态环境部备案。

第八条　交易主体参与全国碳排放权交易，应当在交易机构开立实名交易账户，取得交易编码，并在注册登记机构和结算银行分别开立登记账户和资金账户。每个交易主体只能开设一个交易账户。

第九条　碳排放配额交易以“每吨二氧化碳当量价格”为计价单位，买卖申报量的最小变动计量为1吨二氧化碳当量，申报价格的最小变动计量为0.01元人民币。

第十条　交易机构应当对不同交易方式的单笔买卖最小申报数量及最大申报数量进行设定，并可以根据市场风险状况进行调整。单笔买卖申报数量的设定和调整，由交易机构公布后报生态环境部备案。

第十一条　交易主体申报卖出交易产品的数量，不得超出其交易账户内可交易数量。交易主体申报买入交易产品的相应资金，不得超出其交易账户内的可用资金。

第十二条　碳排放配额买卖的申报被交易系统接受后即刻生效，并在当日交易时间内有效，交易主体交易账户内相应的资金和交易产品即被锁定。未成交的买卖申报可以撤销。如未撤销，未成交申报在该日交易结束后自动失效。

第十三条　买卖申报在交易系统成交后，交易即告成立。符合本规则达成的交易于成立时即告交易生效，买卖双方应当承认交易结果，履行清算交收义务。依照本规则达成的交易，其成交结果以交易系统记录的成交数据为准。

第十四条　已买入的交易产品当日内不得再次卖出。卖出交易产品的资金可以用于该交易日内的交易。

第十五条　交易主体可以通过交易机构获取交易凭证及其他相关记录。

第十六条　碳排放配额的清算交收业务，由注册登记机构根据交易机构提供的成交结果按规定办理。

第十七条 交易机构应当妥善保存交易相关的原始凭证及有关文件和资料，保存期限不得少于20年。

第三章 风险管理

第十八条 生态环境部可以根据维护全国碳排放权交易市场健康发展的需要，建立市场调节保护机制。当交易价格出现异常波动触发调节保护机制时，生态环境部可以采取公开市场操作、调节国家核证自愿减排量使用方式等措施，进行必要的市场调节。

第十九条 交易机构应建立风险管理制度，并报生态环境部备案。

第二十条 交易机构实行涨跌幅限制制度。

交易机构应当设定不同交易方式的涨跌幅比例，并可以根据市场风险状况对涨跌幅比例进行调整。

第二十一条 交易机构实行最大持仓量限制制度。交易机构对交易主体的最大持仓量进行实时监控，注册登记机构应当对交易机构实时监控提供必要支持。

交易主体交易产品持仓量不得超过交易机构规定的限额。

交易机构可以根据市场风险状况，对最大持仓量限额进行调整。

第二十二条 交易机构实行大户报告制度。

交易主体的持仓量达到交易机构规定的大户报告标准的，交易主体应当向交易机构报告。

第二十三条 交易机构实行风险警示制度。交易机构可以采取要求交易主体报告情况、发布书面警示和风险警示公告、限制交易等措施，警示和化解风险。

第二十四条 交易机构应当建立风险准备金制度。风险准备金是指由交易机构设立，用于为维护碳排放权交易市场正常运转提供财务担保和弥补不可预见风险带来的亏损的资金。风险准备金应当单独核算，专户存储。

第二十五条 交易机构实行异常交易监控制度。交易主体违反本规则或者交易机构业务规则、对市场正在产生或者将产生重大影响的，交易机构可以对该交易主体采取以下临时措施：

（一）限制资金或者交易产品的划转和交易；

（二）限制相关账户使用。

上述措施涉及注册登记机构的，应当及时通知注册登记机构。

第二十六条 因不可抗力、不可归责于交易机构的重大技术故障等原因导致部分或者全部交易无法正常进行的，交易机构可以采取暂停交易措施。

导致暂停交易的原因消除后，交易机构应当及时恢复交易。

第二十七条 交易机构采取暂停交易、恢复交易等措施时，应当予以公告，并向生态环境部报告。

第四章 信息管理

第二十八条 交易机构应建立信息披露与管理制度，并报生态环境部备案。交易机构应当在每个交易日发布碳排放配额交易行情等公开信息，定期编制并发布反映市场成交情况的各类报表。

根据市场发展需要，交易机构可以调整信息发布的具体方式和相关内容。

第二十九条　交易机构应当与注册登记机构建立管理协调机制，实现交易系统与注册登记系统的互通互联，确保相关数据和信息及时、准确、安全、有效交换。

第三十条　交易机构应当建立交易系统的灾备系统，建立灾备管理机制和技术支撑体系，确保交易系统和注册登记系统数据、信息安全。

第三十一条　交易机构不得发布或者串通其他单位和个人发布虚假信息或者误导性陈述。

第五章　监督管理

第三十二条　生态环境部加强对交易机构和交易活动的监督管理，可以采取询问交易机构及其从业人员、查阅和复制与交易活动有关的信息资料以及法律法规规定的其他措施等进行监管。

第三十三条　全国碳排放权交易活动中，涉及交易经营、财务或者对碳排放配额市场价格有影响的尚未公开的信息及其他相关信息内容，属于内幕信息。禁止内幕信息的知情人、非法获取内幕信息的人员利用内幕信息从事全国碳排放权交易活动。

第三十四条　禁止任何机构和个人通过直接或者间接的方法，操纵或者扰乱全国碳排放权交易市场秩序、妨碍或者有损公正交易的行为。因为上述原因造成严重后果的交易，交易机构可以采取适当措施并公告。

第三十五条　交易机构应当定期向生态环境部报告的事项包括交易机构运行情况和年度工作报告、经会计师事务所审计的年度财务报告、财务预决算方案、重大开支项目情况等。

交易机构应当及时向生态环境部报告的事项包括交易价格出现连续涨跌停或者大幅波动、发现重大业务风险和技术风险、重大违法违规行为或者涉及重大诉讼、交易机构治理和运行管理等出现重大变化等。

第三十六条　交易机构对全国碳排放权交易相关信息负有保密义务。交易机构工作人员应当忠于职守、依法办事，除用于信息披露的信息之外，不得泄露所知悉的市场交易主体的账户信息和业务信息等信息。交易系统软硬件服务提供者等全国碳排放权交易或者服务参与、介入相关主体不得泄露全国碳排放权交易或者服务中获取的商业秘密。

第三十七条　交易机构对全国碳排放权交易进行实时监控和风险控制，监控内容主要包括交易主体的交易及其相关活动的异常业务行为，以及可能造成市场风险的全国碳排放权交易行为。

第六章　争议处置

第三十八条　交易主体之间发生有关全国碳排放权交易的纠纷，可以自行协商解决，也可以向交易机构提出调解申请，还可以依法向仲裁机构申请仲裁或者向人民法院提起诉讼。

交易机构与交易主体之间发生有关全国碳排放权交易的纠纷，可以自行协商解决，也可以依法向仲裁机构申请仲裁或者向人民法院提起诉讼。

第三十九条　申请交易机构调解的当事人，应当提出书面调解申请。交易机构的调解意见，经当事人确认并在调解意见书上签章后生效。

第四十条　交易机构和交易主体，或者交易主体间发生交易纠纷的，当事人均应当记录有关情况，以备查阅。交易纠纷影响正常交易的，交易机构应当及时采取止损措施。

第七章　附　　则

第四十一条　交易机构可以根据本规则制定交易业务规则等实施细则。

第四十二条　本规则自公布之日起施行。

附件 3

碳排放权结算管理规则（试行）

第一章　总　　则

第一条　为规范全国碳排放权交易的结算活动，保护全国碳排放权交易市场各参与方的合法权益，维护全国碳排放权交易市场秩序，根据《碳排放权交易管理办法（试行）》，制定本规则。

第二条　本规则适用于全国碳排放权交易的结算监督管理。全国碳排放权注册登记机构（以下简称注册登记机构）、全国碳排放权交易机构（以下简称交易机构）、交易主体及其他相关参与方应当遵守本规则。

第三条　注册登记机构负责全国碳排放权交易的统一结算，管理交易结算资金，防范结算风险。

第四条　全国碳排放权交易的结算应当遵守法律、行政法规、国家金融监管的相关规定以及注册登记机构相关业务规则等，遵循公开、公平、公正、安全和高效的原则。

第二章　资金结算账户管理

第五条　注册登记机构应当选择符合条件的商业银行作为结算银行，并在结算银行开立交易结算资金专用账户，用于存放各交易主体的交易资金和相关款项。

注册登记机构对各交易主体存入交易结算资金专用账户的交易资金实行分账管理。

注册登记机构与交易主体之间的业务资金往来，应当通过结算银行所开设的专用账户办理。

第六条　注册登记机构应与结算银行签订结算协议，依据中国人民银行等有关主管部门的规定和协议约定，保障各交易主体存入交易结算资金专用账户的交易资金安全。

第三章　结　　算

第七条　在当日交易结束后，注册登记机构应当根据交易系统的成交结果，按照货银对付的原则，以每个交易主体为结算单位，通过注册登记系统进行碳排放配额与资金的逐笔全额清算和统一交收。

第八条　当日完成清算后，注册登记机构应当将结果反馈给交易机构。经双方确认无误后，注册登记机构根据清算结果完成碳排放配额和资金的交收。

第九条 当日结算完成后，注册登记机构向交易主体发送结算数据。如遇到特殊情况导致注册登记机构不能在当日发送结算数据的，注册登记机构应及时通知相关交易主体，并采取限制出入金等风险管控措施。

第十条 交易主体应当及时核对当日结算结果，对结算结果有异议的，应在下一交易日开市前，以书面形式向注册登记机构提出。交易主体在规定时间内没有对结算结果提出异议的，视作认可结算结果。

第四章 监督与风险管理

第十一条 注册登记机构针对结算过程采取以下监督措施：

（一）专岗专人。根据结算业务流程分设专职岗位，防范结算操作风险。

（二）分级审核。结算业务采取两级审核制度，初审负责结算操作及银行间头寸划拨的准确性、真实性和完整性，复审负责结算事项的合法合规性。

（三）信息保密。注册登记机构工作人员应当对结算情况和相关信息严格保密。

第十二条 注册登记机构应当制定完善的风险防范制度，构建完善的技术系统和应急响应程序，对全国碳排放权结算业务实施风险防范和控制。

第十三条 注册登记机构建立结算风险准备金制度。结算风险准备金由注册登记机构设立，用于垫付或者弥补因违约交收、技术故障、操作失误、不可抗力等造成的损失。风险准备金应当单独核算，专户存储。

第十四条 注册登记机构应当与交易机构相互配合，建立全国碳排放权交易结算风险联防联控制度。

第十五条 出现以下情形之一的，注册登记机构应当及时发布异常情况公告，采取紧急措施化解风险：

（一）因不可抗力、不可归责于注册登记机构的重大技术故障等原因导致结算无法正常进行；

（二）交易主体及结算银行出现结算、交收危机，对结算产生或者将产生重大影响。

第十六条 注册登记机构实行风险警示制度。注册登记机构认为有必要的，可以采取发布风险警示公告，或者采取限制账户使用等措施，以警示和化解风险，涉及交易活动的应当及时通知交易机构。

出现下列情形之一的，注册登记机构可以要求交易主体报告情况，向相关机构或者人员发出风险警示并采取限制账户使用等处置措施：

（一）交易主体碳排放配额、资金持仓量变化波动较大；

（二）交易主体的碳排放配额被法院冻结、扣划的；

（三）其他违反国家法律、行政法规和部门规章规定的情况。

第十七条 提供结算业务的银行不得参与碳排放权交易。

第十八条 交易主体发生交收违约的，注册登记机构应当通知交易主体在规定期限内补足资金，交易主体未在规定时间内补足资金的，注册登记机构应当使用结算风险准备金或自有资金予以弥补，并向违约方追偿。

第十九条 交易主体涉嫌重大违法违规，正在被司法机关、国家监察机关和生态环境部调查的，注册登记机构可以对其采取限制登记账户使用的措施，其中涉及交易活动的应当及时通知交易机构，经交易机构确认后采取相关限制措施。

第五章 附 则

第二十条 清算：是指按照确定的规则计算碳排放权和资金的应收应付数额的行为。

交收：是指根据确定的清算结果，通过变更碳排放权和资金履行相关债权债务的行为。

头寸：指的是银行当前所有可以运用的资金的总和，主要包括在中国人民银行的超额准备金、存放同业清算款项净额、银行存款以及现金等部分。

第二十一条 注册登记机构可以根据本规则制定结算业务规则等实施细则。

第二十二条 本规则自公布之日起施行。

关于做好2019年度碳排放报告与核查及发电行业重点排放单位名单报送相关工作的通知

（环办气候函〔2019〕943号）

各省、自治区、直辖市生态环境厅（局），新疆生产建设兵团生态环境局：

根据《“十三五”控制温室气体排放工作方案》和《碳排放权交易管理暂行办法》的有关要求，为扎实做好全国碳排放权交易市场建设相关工作，完善配额分配方法，夯实数据基础，确定重点排放单位名单，我部将组织开展2019年度碳排放数据报告与核查及发电行业重点排放单位名单报送相关工作，现将有关事项通知如下。

一、工作范围

2019年度碳排放报告与核查有关工作的范围涵盖石化、化工、建材、钢铁、有色、造纸、电力、航空等重点排放行业（具体行业子类参见附件1，以下简称八行业）中，2013至2019年任一年温室气体排放量达2.6万吨二氧化碳当量（综合能源消费量约1万吨标准煤）及以上的企业或其他经济组织。温室气体排放符合上述条件的自备电厂（不限于以上行业），视同电力行业企业纳入工作范围。

发电行业重点排放单位报送范围为发电行业2013至2019年任一年温室气体排放量达到2.6万吨二氧化碳当量（综合能源消费量约1万吨标准煤）及以上的企业或其他经济组织，对应的国民经济行业分类代码（GB/T 4754—2017）包括4411火力发电、4412热电联产、4417生物质能发电等。

2013至2019年任一年温室气体排放量达到2.6万吨二氧化碳当量及以上的自备电厂（参照2013至2019年份碳排放核算报告与核查中自备电厂的划定范围）视同发电行业重点排放单位。

二、工作任务

请各省、自治区、直辖市、新疆生产建设兵团生态环境厅（局）（以下简称地方主管部门）组织上述企业（或其他经济组织）和核查机构，按照以下程序，抓紧开展工作。

（一）温室气体排放核算与报告及制定监测计划

组织行政区域内的八行业企业（或其他经济组织）在2020年3月31日前根据已分批

公布的企业温室气体排放核算方法与报告指南（发改办气候〔2013〕2526 号、〔2014〕2920 号和〔2015〕1722 号）要求，核算并报告其 2019 年的温室气体排放量及相关数据。此外，根据配额分配需要，八行业企业（或其他经济组织）须按照本通知附件 2 的要求核算并报告上述指南中未涉及的其他相关基础数据，2019 年度新纳入工作范围的企业（或其他经济组织）按附件 3 要求制定并提交排放监测计划，用于规范有关企业（或其他经济组织）温室气体排放的监测和核算活动。

（二）核查

地方主管部门组织核查机构对八行业企业（或其他经济组织）提交的 2019 年度排放报告和补充数据表进行核查并对 2019 年度新纳入工作范围的八行业企业（或其他经济组织）的排放监测计划进行审核，对企业（或其他经济组织）已备案的排放监测计划，如有修订，组织核查机构进行审核。有关工作要求参照本通知附件 4。核查工作完成后，民航企业（或其他经济组织）将年度排放报告、补充数据表和核查报告抄送民航局。

（三）复核与报送

地方主管部门组织对八行业企业（或其他经济组织）提交的排放报告及核查机构出具的核查报告和监测计划审核报告的复核工作，根据实际情况采用抽查复查、专家评审等方式确保数据质量，并于 2020 年 5 月 31 日前，将复核确定后的汇总数据（excel 格式，参考附件 5）、单个企业（或其他经济组织）的核查报告结论页（pdf 格式，加盖公章）、排放报告（pdf 格式，加盖公章）、补充数据表（excel 格式）、经审核的监测计划（pdf 格式，加盖公章，包括经审核修订的监测计划）以光盘形式报送我部应对气候变化司。光盘内一级文件夹分别以碳排放汇总表、核查报告结论页、排放报告、补充数据表、监测计划命名，二级文件夹以行业类别命名。

（四）报送发电行业重点排放单位名单和相关材料

参照《关于做好全国碳排放权交易市场发电行业重点排放单位名单和相关材料报送工作的通知》（环办气候函〔2019〕528 号）附件要求，于 2020 年 5 月 31 日前报送相关材料。其中，名单汇总表需在原报送基础上进行更新确认，新增企业（或其他经济组织）需报送系统开户申请表和账户代表人授权委托书。

考虑到全国碳市场启动交易的工作需要，对在 2020 年 5 月 31 日前未完成核查、复核相关工作的发电行业重点排放单位，请有关地方主管部门按上述截止时间报送该企业（或其他经济组织）自行核算并报告的 2019 年温室气体排放量及相关数据。对在 2020 年 5 月 31 日前未完成 2019 年温室气体排放核算报告的发电行业重点排放单位，请有关地方主管部门参照“2013 至 2019 年任一年综合能源消费量 1 万吨标准煤及以上”的工作范围，组织填写并报送发电行业重点排放单位的配额分配相关数据（excel 格式，参考附件 6），并按上述截止时间报送材料。在全国碳市场履约相关工作中，将按默认值（另行公布）核算上述发电行业重点排放单位的上年度实际排放。

请按照本通知要求，落实所需工作经费，抓紧部署工作，保质保量完成。为加强对地方的支持，我部组织建立了相关帮助平台（链接为 http：//203.207.195.153），利用该平台组织专家对相关的典型问题进行统一答复。各有关单位可在线注册登录，并就核算与核查工作中涉及的各项技术问题进行咨询。本通知附件可在我部门户网站查询和下载（http：//www.mee.gov.cn）。工作中的问题和建议，请及时反馈我部。

附件：1. 覆盖行业及代码
2. 2019 年碳排放补充数据核算报告模板
3. 排放监测计划模板
4. 排放监测计划审核和排放报告核查参考指南
5. 2019 年企业（或其他经济组织）碳排放汇总表
6. 2019 年发电行业重点排放单位配额分配相关数据填报表

生态环境部办公厅
2019 年 12 月 27 日

（此件社会公开）
抄送：民航局综合司。

关于印发《2019—2020 年全国碳排放权交易配额总量设定与分配实施方案（发电行业）》《纳入 2019—2020 年全国碳排放权交易配额管理的重点排放单位名单》并做好发电行业配额预分配工作的通知

（国环规气候〔2020〕3 号）

各省、自治区、直辖市生态环境厅（局），新疆生产建设兵团生态环境局：

为贯彻落实党中央、国务院有关决策部署，加快推进全国碳排放权交易市场（以下简称碳市场）建设，我部编制了《2019—2020 年全国碳排放权交易配额总量设定与分配实施方案（发电行业）》（以下简称《实施方案》）。同时，为确定纳入配额管理的重点排放单位名单，我部请各省级生态环境主管部门提交有关材料并予以确认，在此基础上汇总形成了《纳入 2019—2020 年全国碳排放权交易配额管理的重点排放单位名单》（以下简称《重点排放单位名单》）。

现将《实施方案》《重点排放单位名单》印发给你们。请按照《实施方案》要求，填写发电行业重点排放单位配额预分配相关数据表，并于 2021 年 1 月 29 日前以光盘形式报送我部。

生态环境部

2020 年 12 月 29 日

（此件社会公开）

抄送：综合司、法规司、环评司。

生态环境部办公厅 2020 年 12 月 30 日印发

2019—2020 年全国碳排放权交易配额总量设定与分配实施方案（发电行业）

一、纳入配额管理的重点排放单位名单

根据发电行业（含其他行业自备电厂）2013—2019 年任一年排放达到 2.6 万吨二氧化碳当量（综合能源消费量约 1 万吨标准煤）及以上的企业或者其他经济组织的碳排放核查结果，筛选确定纳入 2019—2020 年全国碳市场配额管理的重点排放单位名单，并实行名录管理。

碳排放配额是指重点排放单位拥有的发电机组产生的二氧化碳排放限额，包括化石燃料消费产生的直接二氧化碳排放和净购入电力所产生的间接二氧化碳排放。对不同类别机组所规定的单位供电（热）量的碳排放限值，简称为碳排放基准值。

二、纳入配额管理的机组类别

本方案中的机组包括纯凝发电机组和热电联产机组，自备电厂参照执行，不具备发电能力的纯供热设施不在本方案范围之内。纳入 2019—2020 年配额管理的发电机组包括 300MW 等级以上常规燃煤机组，300MW 等级及以下常规燃煤机组，燃煤矸石、煤泥、水煤浆等非常规燃煤机组（含燃煤循环流化床机组）和燃气机组四个类别。对于使用非自产可燃性气体等燃料（包括完整履约年度内混烧自产二次能源热量占比不超过 10% 的情况）生产电力（包括热电联产）的机组、完整履约年度内掺烧生物质（含垃圾、污泥等）热量年均占比不超过 10% 的生产电力（包括热电联产）机组，其机组类别按照主要燃料确定。对于纯生物质发电机组、特殊燃料发电机组、仅使用自产资源发电机组、满足本方案要求的掺烧发电机组以及其他特殊发电机组暂不纳入 2019—2020 年配额管理。各类机组的判定标准详见附件 1。本方案对不同类别的机组设定相应碳排放基准值，按机组类别进行配额分配。

三、配额总量

省级生态环境主管部门根据本行政区域内重点排放单位 2019—2020 年的实际产出量以及本方案确定的配额分配方法及碳排放基准值，核定各重点排放单位的配额数量；将核定后的本行政区域内各重点排放单位配额数量进行加总，形成省级行政区域配额总量。将各省级行政区域配额总量加总，最终确定全国配额总量。

四、配额分配方法

对 2019—2020 年配额实行全部免费分配，并采用基准法核算重点排放单位所拥有机组的配额量。重点排放单位的配额量为其所拥有各类机组配额量的总和。

（一）配额核算公式

采用基准法核算机组配额总量的公式为：

机组配额总量 = 供电基准值 × 实际供电量 × 修正系数 + 供热基准值 × 实际供热量。

各类机组详细的配额计算方法见配额分配技术指南（见附件 2、附件 3）。

（二）修正系数

考虑到机组固有的技术特性等因素，通过引入修正系数进一步提高同一类别机组配额分配的公平性。各类别机组配额分配的修正系数见配额分配技术指南（见附件 2、附件 3）。本方案暂不设地区修正系数。

（三）碳排放基准值及确定原则

考虑到经济增长预期、实现控制温室气体排放行动目标、疫情对经济社会发展的影响等因素，2019—2020 年各类别机组的碳排放基准值按照附件 4 设定。

五、配额发放

省级生态环境主管部门根据配额计算方法及预分配流程，按机组 2018 年度供电（热）量的 70%，通过全国碳排放权注册登记结算系统（以下简称注登系统）向本行政区域内的重点排放单位预分配 2019—2020 年的配额。在完成 2019 年度和 2020 年度碳排放数据核查后，按机组 2019 年和 2020 年实际供电（热）量对配额进行最终核定。核定的最终配额量与预分配的配额量不一致的，以最终核定的配额量为准，通过注登系统实行多退少补。配额计算方法、预分配流程及核定流程详见附件 2、附件 3。

六、配额清缴

为降低配额缺口较大的重点排放单位所面临的履约负担，在配额清缴相关工作中设定配额履约缺口上限，其值为重点排放单位经核查排放量的 20%，即当重点排放单位配额缺口量占其经核查排放量比例超过 20% 时，其配额清缴义务最高为其获得的免费配额量加 20% 的经核查排放量。

为鼓励燃气机组发展，在燃气机组配额清缴工作中，当燃气机组经核查排放量不低于核定的免费配额量时，其配额清缴义务为已获得的全部免费配额量；当燃气机组经核查排放量低于核定的免费配额量时，其配额清缴义务为与燃气机组经核查排放量等量的配额量。

除上述情况外，纳入配额管理的重点排放单位应在规定期限内通过注登系统向其生产经营场所所在地省级生态环境主管部门清缴不少于经核查排放量的配额量，履行配额清缴义务，相关工作的具体要求另行通知。

七、重点排放单位合并、分立与关停情况的处理

纳入全国碳市场配额管理的重点排放单位发生合并、分立、关停或迁出其生产经营场所所在省级行政区域的，应在作出决议之日起30日内报其生产经营场所所在地省级生态环境主管部门核定。省级生态环境主管部门应根据实际情况，对其已获得的免费配额进行调整，向生态环境部报告并向社会公布相关情况。配额变更的申请条件和核定方法如下。

（一）重点排放单位合并

重点排放单位之间合并的，由合并后存续或新设的重点排放单位承继配额，并履行清缴义务。合并后的碳排放边界为重点排放单位在合并前各自碳排放边界之和。

重点排放单位和未纳入配额管理的经济组织合并的，由合并后存续或新设的重点排放单位承继配额，并履行清缴义务。2019—2020年的碳排放边界仍以重点排放单位合并前的碳排放边界为准，2020年后对碳排放边界重新核定。

（二）重点排放单位分立

重点排放单位分立的，应当明确分立后各重点排放单位的碳排放边界及配额量，并报其生产经营场所所在地省级生态环境主管部门确定。分立后的重点排放单位按照本方案获得相应配额，并履行各自清缴义务。

（三）重点排放单位关停或搬迁

重点排放单位关停或迁出原所在省级行政区域的，应在作出决议之日起30日内报告迁出地及迁入地省级生态环境主管部门。关停或迁出前一年度产生的二氧化碳排放，由关停单位所在地或迁出地省级生态环境主管部门开展核查、配额分配、交易及履约管理工作。如重点排放单位关停或迁出后不再存续，2019—2020年剩余配额由其生产经营场所所在地省级生态环境主管部门收回，2020年后不再对其发放配额。

八、其他说明

（一）地方碳市场重点排放单位

对已参加地方碳市场2019年度配额分配但未参加2020年度配额分配的重点排放单位，

暂不要求参加全国碳市场2019年度的配额分配和清缴。对已参加地方碳市场2019年度和2020年度配额分配的重点排放单位，暂不要求其参加全国碳市场2019年度和2020年度的配额分配和清缴。本方案印发后，地方碳市场不再向纳入全国碳市场的重点排放单位发放配额。

（二）不予发放及收回免费配额情形

重点排放单位的机组有以下情形之一的不予发放配额，已经发放配额的重点排放单位经核查后有以下情形之一的，则按规定收回相关配额。

1. 违反国家和所在省（区、市）有关规定建设的；
2. 根据国家和所在省（区、市）有关文件要求应关未关的；
3. 未依法申领排污许可证，或者未如期提交排污许可证执行报告的。

附件：1. 各类机组判定标准

2. 2019—2020年燃煤机组配额分配技术指南

3. 2019—2020年燃气机组配额分配技术指南

4. 2019—2020年各类别机组碳排放基准值

5. ××省（区、市）2019—2020年发电行业重点排放单位配额预分配相关数据填报表

附件1

各类机组判定标准

表1　纳入配额管理的机组判定标准

机组分类	判定标准
300MW等级以上常规燃煤机组	以烟煤、褐煤、无烟煤等常规电煤为主体燃料且额定功率不低于400MW的发电机组
300MW等级及以下常规燃煤机组	以烟煤、褐煤、无烟煤等常规电煤为主体燃料且额定功率低于400MW的发电机组
燃煤矸石、煤泥、水煤浆等非常规燃煤机组（含燃煤循环流化床机组）	以煤矸石、煤泥、水煤浆等非常规电煤为主体燃料（完整履约年度内，非常规燃料热量年均占比应超过50%）的发电机组（含燃煤循环流化床机组）
燃气机组	以天然气为主体燃料（完整履约年度内，其他掺烧燃料热量年均占比不超过10%）的发电机组

注：1. 合并填报机组按照最不利原则判定机组类别。2. 完整履约年度内，掺烧生物质（含垃圾、污泥等）热量年均占比不超过10%的化石燃料机组，按照主体燃料判定机组类别。3. 完整履约年度内，混烧化石燃料（包括混烧自产二次能源热量年均占比不超过10%）的发电机组，按照主体燃料判定机组类别。

表 2　暂不纳入配额管理的机组判定标准机组

机组类型	判定标准
生物质发电机组	1. 纯生物质发电机组（含垃圾、污泥焚烧发电机组）
掺烧发电机组	2. 生物质掺烧化石燃料机组： 完整履约年度内，掺烧化石燃料且生物质（含垃圾、污泥）燃料热量年均占比高于 50% 的发电机组（含垃圾、污泥焚烧发电机组） 3. 化石燃料掺烧生物质（含垃圾、污泥）机组： 完整履约年度内，掺烧生物质（含垃圾、污泥等）热量年均占比超过 10% 且不高于 50% 的化石燃料机组 4. 化石燃料掺烧自产二次能源机组： 完整履约年度内，混烧自产二次能源热量年均占比超过 10% 的化石燃料燃烧发电机组
特殊燃料发电机组	5. 仅使用煤层气（煤矿瓦斯）、兰炭尾气、炭黑尾气、焦炉煤气（荒煤气）、高炉煤气、转炉煤气、石油伴生气、油页岩、油砂、可燃冰等特殊化石燃料的发电机组
使用自产资源发电机组	6. 仅使用自产废气、尾气、煤气的发电机组
其他特殊发电机组	7. 燃煤锅炉改造形成的燃气机组（直接改为燃气轮机的情形除外）； 8. 燃油机组、整体煤气化联合循环发电（IGCC）机组、内燃机组

附件 2

2019—2020 年燃煤机组配额分配技术指南

一、配额计算方法

燃煤机组的 CO_2 排放配额计算公式如下：

$$A=A_e+A_h$$

式中：

A——机组 CO_2 配额总量，单位：tCO_2

A_e——机组供电 CO_2 配额量，单位：tCO_2

A_h——机组供热 CO_2 配额量，单位：tCO_2

其中，机组供电 CO_2 配额计算方法为：

$$A_e=Q_e \times B_e \times F_l \times F_r \times F_f$$

式中：

Q_e——机组供电量，单位：MWh

B_e——机组所属类别的供电基准值，单位：tCO_2/MWh

F_l——机组冷却方式修正系数，如果凝汽器的冷却方式是水冷，则机组冷却方式修正系数为 1；如果凝汽器的冷却方式是空冷，则机组冷却方式修正系数为 1.05

F_r——机组供热量修正系数，燃煤机组供热量修正系数为 1-0.22× 供热比

F_f——机组负荷（出力）系数修正系数

参考《常规燃煤发电机组单位产能源消耗限额》（GB21258-2017）做法，常规燃煤

纯凝发电机组负荷（出力）系数修正系数按照表 1 选取，其他类别机组负荷（出力）系数修正系数为 1。

表 1 常规燃煤纯凝发电机组负荷（出力）系数修正系数

统计期机组负荷（出力）系数	修正系数
$F \geqslant 85\%$	1.0
$80\% \leqslant F<85\%$	1+0.0014×（85−100F）
$75\% \leqslant F<80\%$	1.007+0.0016×（80−100F）
$F<75\%$	$1.015^{(16-20F)}$
注：F 为机组负荷（出力）系数，单位为 %	

机组供热 CO_2 配额计算方法为：

$$A_h=Q_h \times B_h$$

式中：

Q_h——机组供热量，单位：GJ

B_h——机组所属类别的供热基准值，单位：tCO_2/GJ

二、配额预分配与核定

（一）配额预分配

对于纯凝发电机组：

第一步：核实 2018 年机组凝汽器的冷却方式（空冷还是水冷）、负荷系数和 2018 年供电量（MWh）数据。

第二步：按机组 2018 年供电量的 70%，乘以机组所属类别的供电基准确、冷却方式修正系数、供热量修正系数（实际取值为 1）和负荷系数修正系数，计算得到机组供电预分配的配额量。

对于热电联产机组：

第一步：核实 2018 年机组凝汽器的冷却方式（空冷还是水冷）和 2018 年的供热比、供电量（MWh）、供热量（GJ）数据。

第二步：按机组 2018 年度供电量的 70%，乘以机组所属类别的供电基准值、冷却方式修正系数、供热量修正系数和负荷系数修正系数（实际取值为 1），计算得到机组供电预分配的配额量。

第三步：按机组 2018 年度供热量的 70%，乘以机组所属类别供热基准值，计算得到机组供热预分配的配额量。

第四步：将第二步和第三步的计算结果加总，得到机组预分配的配额量。

（二）配额核定

对于纯凝发电机组：

第一步：核实 2019—2020 年机组凝汽器的冷却方式（空冷还是水冷）、负荷系数和 2019—2020 年实际供电量（MWh）数据。

第二步：按机组 2019—2020 年的实际供电量，乘以机组所属类别的供电基准值、冷却方式修正系数、供热量修正系数（实际取值为 1）和负荷系数修正系数，核定机组配额量。

第三步：最终核定的配额量与预分配的配额量不一致的，以最终核定的配额量为准，多退少补。

对于热电联产机组：

第一步：核实机组 2019—2020 年凝汽器的冷却方式（空冷还是水冷）和 2019—2020 年实际的供热比、供电量（WMh）、供热量（GJ）数据。

第二步：按机组 2019—2020 年的实际供电量，乘以机组所属类别的供电基准值、冷却方式修正系数和供热量修正系数，核定机组供电配额量。

第三步：按机组 2019—2020 年的实际供热量，乘以机组所属类别的供热基准值，核定机组供热配额量。

第四步：将第二步和第三步的核定结果加总，得到核定的机组配额量。

第五步：核定的最终配额量与预分配的配额量不一致的，以最终核定的配额量为准，多退少补。

附件 3

2019—2020 年燃气机组配额分配技术指南

一、配额计算方法

燃气机组的 CO_2 排放配额计算公式如下：

$$A=A_e+A_h$$

式中：

A——机组 CO_2 配额总量，单位：tCO_2

A_e——机组供电 CO_2 配额量，单位：tCO_2

A_h——机组供热 CO_2 配额量，单位：tCO_2

机组供电 CO_2 配额计算方法为：

$$A_e=Q_e\times B_e\times F_r$$

式中：

Q_e——机组供电量，单位：MWh

B_e——机组所属类别的供电基准值，单位：tCO_2/MWh

F_r——机组供热量修正系数，燃煤机组供热量修正系数为 1-0.6× 供热比

机组供热 CO_2 配额计算方式为：

$$A_h=Q_h\times B_h$$

式中：

Q_h——机组供热量，单位：GJ

B_h——机组所属类别的供热基准值，单位：tCO_2/GJ

二、配额预分配与核定

（一）配额预分配

对于纯凝发电机组：

第一步：核实机组 2018 年度的供电量（MWh）数据。

第二步：按机组 2018 年度供电量的 70%，乘以燃气机组供电基准值、供热量修正系数（实际取值为 1），计算得到机组供电预分配的配额量。

对于热电联产机组：

第一步：核实 2018 年度的供热比、供电量（MWh）、供热量（GJ）数据。

第二步：按机组 2018 年度供电量的 70%，乘以机组供电基准值、供热量修正系数，计算得到机组供电预分配的配额量。

第三步：按机组 2018 年度供热量的 70%，乘以燃气机组供热基准值，计算得到机组供热预分配的配额量。

第四步：将第二步和第三步的计算结果加总，得到机组的预分配的配额量。

（二）配额核定

对于纯凝发电机组：

第一步：核实机组 2019—2020 年实际的供电量（MWh）数据。

第二步：按机组实际供电量，乘以燃气机组供电基准值、供热量修正系数（实际取值为 1），核定机组配额量。

第三步：核定的最终配额量与预分配的配额量不一致的，以最终核定的配额量为准，多退少补。

对于热电联产机组：

第一步：核实机组 2019—2020 年的供热比、供电量（MWh）、供热量（GJ）数据。

第二步：按机组 2019—2020 年实际的供电量，乘以燃气机组供电基准值、供热量修正系数，核定机组供电配额量。

第三步：按机组 2019—2020 年的实际供热量，乘以燃气机组供热基准值，核定机组供热配额量。

第四步：将第二步和第三步的计算结果加总，得到机组最终配额量。

第五步：核定的最终配额量与预分配的配额量不一致的，以最终核定的配额量为准，多退少补。

附件 4

2019—2020 年各类别机组碳排放基准值

机组类别	机组类别范围	供电基准值（tCO_2/MWh）	供热基准值（tCO_2/GJ）
I	300MW 等级以上常规燃煤机组	0.877	0.126
II	300MW 等级及以下常规燃煤机组	0.979	0.126
III	燃煤矸石、水煤浆等非常规燃煤机组（含燃煤循环流化床机组）	1.146	0.126
IV	燃气机组	0.392	0.059

附件 5

XX 省（区、市）2019—2020 年发电行业重点排放单位配额预分配相关数据填报表

序号	重点排放单位名称	社会信用代码	机组编号	主体燃料类型	装机容量（MW）	机组类型	产品类型	2018 年度发电量（MWh）	2018 年度供电量（MWh）	2018 年度供热电量（GJ）	2018 年度供热比	供热量修正系数	冷却方式	机组负荷（出力）系数	2019—2020 年预分配配额量	需要特殊说明的事项
1																
2																
3																
4																
5																
6																

关于印发《企业温室气体排放报告核查指南（试行）》的通知

（环办气候函〔2021〕130号）

各省、自治区、直辖市生态环境厅（局），新疆生产建设兵团生态环境局：

为进一步规范全国碳排放权交易市场企业温室气体排放报告核查活动，根据《碳排放权交易管理办法（试行）》，我部编制了《企业温室气体排放报告核查指南（试行）》。现予印发，请遵照执行。

生态环境部办公厅

2021年3月26日

（此件社会公开）

抄送：生态环境部环境发展中心、国家应对气候变化战略研究和国际合作中心。

企业温室气体排放报告核查指南（试行）

1 适用范围

本指南规定了重点排放单位温室气体排放报告的核查原则和依据、核查程序和要点、核查复核以及信息公开等内容。

本指南适用于省级生态环境主管部门组织对重点排放单位报告的温室气体排放量及相关数据的核查。

对重点排放单位以外的其他企业或经济组织的温室气体排放报告核查，碳排放权交易试点的温室气体排放报告核查，基于科研等其他目的的温室气体排放报告核查工作可参考本指南执行。

2 术语和定义

2.1 重点排放单位

全国碳排放权交易市场覆盖行业内年度温室气体排放量达到2.6万吨二氧化碳当量及以上的企业或者其他经济组织。

2.2 温室气体排放报告

重点排放单位根据生态环境部制定的温室气体排放核算方法与报告指南及相关技术规

范编制的载明重点排放单位温室气体排放量、排放设施、排放源、核算边界、核算方法、活动数据、排放因子等信息，并附有原始记录和台账等内容的报告。

2.3　数据质量控制计划

重点排放单位为确保数据质量，对温室气体排放量和相关信息的核算与报告作出的具体安排与规划，包括重点排放单位和排放设施基本信息、核算边界、核算方法、活动数据、排放因子及其他相关信息的确定和获取方式，以及内部质量控制和质量保证相关规定等。

2.4　核查

根据行业温室气体排放核算方法与报告指南以及相关技术规范，对重点排放单位报告的温室气体排放量和相关信息进行全面核实、查证的过程。

2.5　不符合项

核查发现的重点排放单位温室气体排放量、相关信息、数据质量控制计划、支撑材料等不符合温室气体核算方法与报告指南以及相关技术规范的情况。

3　核查原则和依据

重点排放单位温室气体排放报告的核查应遵循客观独立、诚实守信、公平公正、专业严谨的原则，依据以下文件规定开展：

《碳排放权交易管理办法（试行）》；

生态环境部发布的工作通知；

生态环境部制定的温室气体排放核算方法与报告指南；

相关标准和技术规范。

4　核查程序和要点

4.1　核查程序

核查程序包括核查安排、建立核查技术工作组、文件评审、建立现场核查组、实施现场核查、出具《核查结论》、告知核查结果、保存核查记录等八个步骤，核查工作流程图见附件 1。

4.1.1　核查安排

省级生态环境主管部门应综合考虑核查任务、进度安排及所需资源组织开展核查工作。

通过政府购买服务的方式委托技术服务机构开展的，应要求技术服务机构建立有效的风险防范机制、完善的内部质量管理体系和适当的公正性保证措施，确保核查工作公平公正、客观独立开展。技术服务机构不应开展以下活动：

向重点排放单位提供碳排放配额计算、咨询或管理服务；

接受任何对核查活动的客观公正性产生影响的资助、合同或其他形式的服务或产品；

参与碳资产管理、碳交易的活动，或与从事碳咨询和交易的单位存在资产和管理方面的利益关系，如隶属于同一个上级机构等；

与被核查的重点排放单位存在资产和管理方面的利益关系，如隶属于同一个上级机构等；

为被核查的重点排放单位提供有关温室气体排放和减排、监测、测量、报告和校准的咨询服务；

与被核查的重点排放单位共享管理人员，或者在 3 年之内曾在彼此机构内相互受聘过管理人员；

使用具有利益冲突的核查人员，如 3 年之内与被核查重点排放单位存在雇佣关系或为被核查的重点排放单位提供过温室气体排放或碳交易的咨询服务等；

宣称或暗示如果使用指定的咨询或培训服务，对重点排放单位的排放报告的核查将更为简单、容易等。

4.1.2 建立核查技术工作组

省级生态环境主管部门应根据核查任务和进度安排，建立一个或多个核查技术工作组（以下简称技术工作组）开展如下工作：

实施文件评审；

完成《文件评审表》（见附件 2），提出《现场核查清单》（见附件 3）的现场核查要求；

提出《不符合项清单》（见附件 4），交给重点排放单位整改，验证整改是否完成；

出具《核查结论》；

对未提交排放报告的重点排放单位，按照保守性原则对其排放量及相关数据进行测算。

技术工作组的工作可由省级生态环境主管部门及其直属机构承担，也可通过政府购买服务的方式委托技术服务机构承担。

技术工作组至少由 2 名成员组成，其中 1 名为负责人，至少 1 名成员具备被核查的重点排放单位所在行业的专业知识和工作经验。技术工作组负责人应充分考虑重点排放单位所在的行业领域、工艺流程、设施数量、规模与场所、排放特点、核查人员的专业背景和实践经验等方面的因素，确定成员的任务分工。

4.1.3 文件评审

技术工作组应根据相应行业的温室气体排放核算方法与报告指南（以下简称核算指南）、相关技术规范，对重点排放单位提交的排放报告及数据质量控制计划等支撑材料进行文件评审，初步确认重点排放单位的温室气体排放量和相关信息的符合情况，识别现场核查重点，提出现场核查时间、需访问的人员、需观察的设施、设备或操作以及需查阅的支撑文件等现场核查要求，并按附件 2 和附件 3 的格式分别填写完成《文件评审表》和《现场核查清单》提交省级生态环境主管部门。

技术工作组可根据核查工作需要，调阅重点排放单位提交的相关支撑材料如组织机构图、厂区分布图、工艺流程图、设施台账、生产日志、监测设备和计量器具台账、支撑报送数据的原始凭证，以及数据内部质量控制和质量保证相关文件和记录等。

技术工作组应将重点排放单位存在的如下情况作为文件评审重点：

投诉举报企业温室气体排放量和相关信息存在的问题；

日常数据监测发现企业温室气体排放量和相关信息存在的异常情况；

上级生态环境主管部门转办交办的其他有关温室气体排放的事项。

4.1.4 建立现场核查组

省级生态环境主管部门应根据核查任务和进度安排，建立一个或多个现场核查组开展如下工作：

根据《现场核查清单》，对重点排放单位实施现场核查，收集相关证据和支撑材料；

详细填写《现场核查清单》的核查记录并报送技术工作组。

现场核查组的工作可由省级生态环境主管部门及其直属机构承担，也可通过政府购买服务的方式委托技术服务机构承担。

现场核查组应至少由 2 人组成。为了确保核查工作的连续性，现场核查组成员原则上应为核查技术工作组的成员。对于核查人员调配存在困难等情况，现场核查组的成员可以与核查技术工作组成员不同。

对于核查年度之前连续 2 年未发现任何不符合项的重点排放单位，且当年文件评审中未发现存在疑问的信息或需要现场重点关注的内容，经省级生态环境主管部门同意后，可不实施现场核查。

4.1.5　实施现场核查

现场核查的目的是根据《现场核查清单》收集相关证据和支撑材料。

4.1.5.1　核查准备

现场核查组应按照《现场核查清单》做好准备工作，明确核查任务重点、组内人员分工、核查范围和路线，准备核查所需要的装备，如现场核查清单、记录本、交通工具、通信器材、录音录像器材、现场采样器材等。

现场核查组应于现场核查前 2 个工作日通知重点排放单位做好准备。

4.1.5.2　现场核查

现场核查组可采用以下查、问、看、验等方法开展工作。

查：查阅相关文件和信息，包括原始凭证、台账、报表、图纸、会计账册、专业技术资料、科技文献等；保存证据时可保存文件和信息的原件，如保存原件有困难，可保存复印件、扫描件、打印件、照片或视频录像等，必要时，可附文字说明；

问：询问现场工作人员，应多采用开放式提问，获取更多关于核算边界、排放源、数据监测以及核算过程等信息；

看：查看现场排放设施和监测设备的运行，包括现场观察核算边界、排放设施的位置和数量、排放源的种类以及监测设备的安装、校准和维护情况等；

验：通过重复计算验证计算结果的准确性，或通过抽取样本、重复测试确认测试结果的准确性等。

现场核查组应验证现场收集的证据的真实性，确保其能够满足核查的需要。现场核查组应在现场核查工作结束后2个工作日内，向技术工作组提交填写完成的《现场核查清单》。

4.1.5.3　不符合项

技术工作组应在收到《现场核查清单》后 2 个工作日内，对《现场核查清单》中未取得有效证据、不符合核算指南要求以及未按数据质量控制计划执行等情况，在《不符合项清单》（见附件 4）中“不符合项描述”一栏如实记录，并要求重点排放单位采取整改措施。

重点排放单位应在收到《不符合项清单》后的 5 个工作日内，填写完成《不符合项清单》中“整改措施及相关证据”一栏，连同相关证据材料一并提交技术工作组。技术工作组应对不符合项的整改进行书面验证，必要时可采取现场验证的方式。

4.1.6　出具《核查结论》

技术工作组应根据如下要求出具《核查结论》（见附件5）并提交省级生态环境主管部门。

对于未提出不符合项的，技术工作组应在现场核查结束后 5 个工作日内填写完成《核查结论》；

对于提出不符合项的，技术工作组应在收到重点排放单位提交的《不符合项清单》“整改措施及相关证据”一栏内容后的5个工作日内填写完成《核查结论》。如果重点排放单位未在规定时间内完成对不符合项的整改，或整改措施不符合要求，技术工作组应根据核算指南与生态环境部公布的缺省值，按照保守原则测算排放量及相关数据，并填写完成《核查结论》。

对于经省级生态环境主管部门同意不实施现场核查的，技术工作组应在省级生态环境主管部门作出不实施现场核查决定后5个工作日内，填写完成《核查结论》。

4.1.7 告知核查结果

省级生态环境主管部门应将《核查结论》告知重点排放单位。

如省级生态环境主管部门认为有必要进一步提高数据质量，可在告知核查结果之前，采用复查的方式对核查过程和核查结论进行书面或现场评审。

4.1.8 保存核查记录

省级生态环境主管部门应以安全和保密的方式保管核查的全部书面（含电子）文件至少5年。

技术服务机构应将核查过程的所有记录、支撑材料、内部技术评审记录等进行归档保存至少10年。

4.2 核查要点

4.2.1 文件评审要点

4.2.1.1 重点排放单位基本情况

技术工作组应通过查阅重点排放单位的营业执照、组织机构代码证、机构简介、组织结构图、工艺流程说明、排污许可证、能源统计报表、原始凭证等文件的方式确认以下信息的真实性、准确性以及与数据质量控制计划的符合性：

重点排放单位名称、单位性质、所属国民经济行业类别、统一社会信用代码、法定代表人、地理位置、排放报告联系人、排污许可证编号等基本信息；

重点排放单位内部组织结构、主要产品或服务、生产工艺流程、使用的能源品种及年度能源统计报告等情况。

4.2.1.2 核算边界

技术工作组应查阅组织机构图、厂区平面图、标记排放源输入与输出的工艺流程图及工艺流程描述、固定资产管理台账、主要用能设备清单并查阅可行性研究报告及批复、相关环境影响评价报告及批复、排污许可证、承包合同、租赁协议等，确认以下信息的符合性：

核算边界是否与相应行业的核算指南以及数据质量控制计划一致；

纳入核算和报告边界的排放设施和排放源是否完整；

与上一年度相比，核算边界是否存在变更等。

4.2.1.3 核算方法

技术工作组应确认重点排放单位在报告中使用的核算方法是否符合相应行业的核算指南的要求，对任何偏离指南的核算方法都应判断其合理性，并在《文件评审表》和《核查结论》中说明。

4.2.1.4　核算数据

技术工作组应重点查证核实以下四类数据的真实性、准确性和可靠性。

4.2.1.4.1　活动数据

技术工作组应依据核算指南，对重点排放单位排放报告中的每一个活动数据的来源及数值进行核查。核查的内容应包括活动数据的单位、数据来源、监测方法、监测频次、记录频次、数据缺失处理等。对支撑数据样本较多需采用抽样方法进行验证的，应考虑抽样方法、抽样数量以及样本的代表性。

如果活动数据的获取使用了监测设备，技术工作组应确认监测设备是否得到了维护和校准，维护和校准是否符合核算指南和数据质量控制计划的要求。技术工作组应确认因设备校准延迟而导致的误差是否根据设备的精度或不确定度进行了处理，以及处理的方式是否会低估排放量或过量发放配额。

针对核算指南中规定的可以自行检测或委托外部实验室检测的关键参数，技术工作组应确认重点排放单位是否具备测试条件，是否依据核算指南建立内部质量保证体系并按规定留存样品。如果不具备自行测试条件，委托的外部实验室是否有计量认证（CMA）资质认定或中国合格评定国家认可委员会（CNAS）的认可。

技术工作组应将每一个活动数据与其他数据来源进行交叉核对，其他数据来源可包括燃料购买合同、能源台账、月度生产报表、购售电发票、供热协议及报告、化学分析报告、能源审计报告等。

4.2.1.4.2　排放因子

技术工作组应依据核算指南和数据质量控制计划对重点排放单位排放报告中的每一个排放因子的来源及数值进行核查。

对采用缺省值的排放因子，技术工作组应确认与核算指南中的缺省值一致。

对采用实测方法获取的排放因子，技术工作组至少应对排放因子的单位、数据来源、监测方法、监测频次、记录频次、数据缺失处理（如适用）等内容进行核查，对支撑数据样本较多需采用抽样进行验证的，应考虑抽样方法、抽样数量以及样本的代表性。对于通过监测设备获取的排放因子数据，以及按照核算指南由重点排放单位自行检测或委托外部实验室检测的关键参数，技术工作组应采取与活动数据同样的核查方法。在核查过程中，技术工作组应将每一个排放因子数据与其他数据来源进行交叉核对，其他的数据来源可包括化学分析报告、政府间气候变化专门委员会（IPCC）缺省值、省级温室气体清单编制指南中的缺省值等。

4.2.1.4.3　排放量

技术工作组应对排放报告中排放量的核算结果进行核查，通过验证排放量计算公式是否正确、排放量的累加是否正确、排放量的计算是否可再现等方式确认排放量的计算结果是否正确。通过对比以前年份的排放报告，通过分析生产数据和排放数据的变化和波动情况确认排放量是否合理等。

4.2.1.4.4　生产数据

技术工作组依据核算指南和数据质量控制计划对每一个生产数据进行核查，并与数据质量控制计划规定之外的数据源进行交叉验证。核查内容应包括数据的单位、数据来源、监测方法、监测频次、记录频次、数据缺失处理等。对生产数据样本较多需采用抽样方法进行验证的，应考虑抽样方法、抽样数量以及样本的代表性。

4.2.1.5　质量保证和文件存档

技术工作组应对重点排放单位的质量保障和文件存档执行情况进行核查：

是否建立了温室气体排放核算和报告的规章制度，包括负责机构和人员、工作流程和内容、工作周期和时间节点等；是否指定了专职人员负责温室气体排放核算和报告工作；

是否定期对计量器具、监测设备进行维护管理；维护管理记录是否已存档；

是否建立健全温室气体数据记录管理体系，包括数据来源、数据获取时间以及相关责任人等信息的记录管理；是否形成碳排放数据管理台账记录并定期报告，确保排放数据可追溯；

是否建立温室气体排放报告内部审核制度，定期对温室气体排放数据进行交叉校验，对可能产生的数据误差风险进行识别，并提出相应的解决方案。

4.2.1.6　数据质量控制计划及执行

4.2.1.6.1　数据质量控制计划

技术工作组应从以下几个方面确认数据质量控制计划是否符合核算指南的要求：

a) 版本及修订。

技术工作组应确认数据质量控制计划的版本和发布时间与实际情况是否一致。如有修订，应确认修订满足下述情况之一或相关核算指南规定。

因排放设施发生变化或使用新燃料、物料产生了新排放；

采用新的测量仪器和测量方法，提高了数据的准确度；

发现按照原数据质量控制计划的监测方法核算的数据不正确；

发现修订数据质量控制计划可提高报告数据的准确度；

发现数据质量控制计划不符合核算指南要求。

b) 重点排放单位情况。

技术工作组可通过查阅其他平台或相关文件中的信息源（如国家企业信用信息公示系统、能源审计报告、可行性研究报告、环境影响评价报告、环境管理体系评估报告、年度能源和水统计报表、年度工业统计报表以及年度财务审计报告）等方式确认数据质量控制计划中重点排放单位的基本信息、主营产品、生产设施信息、组织机构图、厂区平面分布图、工艺流程图等相关信息的真实性和完整性。

c) 核算边界和主要排放设施描述。

技术工作组可采用查阅对比文件（如企业设备台账）等方式确认排放设施的真实性、完整性以及核算边界是否符合相关要求。

d) 数据的确定方式。

技术工作组应对核算所需要的各项活动数据、排放因子和生产数据的计算方法、单位、数据获取方式、相关监测测量设备信息、数据缺失时的处理方式等内容进行核查，并确认：

是否对参与核算所需要的各项数据都确定了获取方式，各项数据的单位是否符合核算指南要求；

各项数据的计算方法和获取方式是否合理且符合核算指南的要求；

数据获取过程中涉及的测量设备的型号、位置是否属实；

监测活动涉及的监测方法、监测频次、监测设备的精度和校准频次等是否符合核算指南及相应的监测标准的要求；

数据缺失时的处理方式是否按照保守性原则确保不会低估排放量或过量发放配额。

e) 数据内部质量控制和质量保证相关规定。

技术工作组应通过查阅支持材料和如下管理制度文件，对重点排放单位内部质量控制和质量保证相关规定进行核查，确认相关制度安排合理、可操作并符合核算指南要求。

数据内部质量控制和质量保证相关规定；

数据质量控制计划的制订、修订、内部审批以及数据质量控制计划执行等方面的管理规定；

人员的指定情况，内部评估以及审批规定；

数据文件的归档管理规定等。

4.2.1.6.2　数据质量控制计划执行

技术工作组应结合上述 4.2.1.1-4.2.1.5 的核查，从以下方面核查数据质量控制计划的执行情况。

重点排放单位基本情况是否与数据质量控制计划中的报告主体描述一致；

年度报告的核算边界和主要排放设施是否与数据质量控制计划中的核算边界和主要排放设施一致；

所有活动数据、排放因子及相关数据是否按照数据质量控制计划实施监测；

监测设备是否得到了有效的维护和校准，维护和校准是否符合国家、地区计量法规或标准的要求，是否符合数据质量控制计划、核算指南或设备制造商的要求；

监测结果是否按照数据质量控制计划中规定的频次记录；

数据缺失时的处理方式是否与数据质量控制计划一致；

数据内部质量控制和质量保证程序是否有效实施。

对不符合核算指南要求的数据质量控制计划，应开具不符合项要求重点排放单位进行整改。

对于未按数据质量控制计划获取的活动数据、排放因子、生产数据，技术工作组应结合现场核查组的现场核查情况开具不符合项，要求重点排放单位按照保守性原则测算数据，确保不会低估排放量或过量发放配额。

4.2.1.7　其他内容

除上述内容外，技术工作组在文件评审中还应重点关注如下内容：

投诉举报企业温室气体排放量和相关信息存在的问题；

各级生态环境主管部门转办交办的事项；

日常数据监测发现企业温室气体排放量和相关信息存在异常的情况；

排放报告和数据质量控制计划中出现错误风险较高的数据以及重点排放单位是如何控制这些风险的；

重点排放单位以往年份不符合项的整改完成情况，以及是否得到持续有效管理等。

4.2.2 现场核查要点

现场核查组应按《现场核查清单》开展核查工作，并重点关注如下内容：

投诉举报企业温室气体排放量和相关信息存在的问题；

各级生态环境主管部门转办交办的事项；

日常数据监测发现企业温室气体排放量和相关信息存在异常的情况；

重点排放单位基本情况与数据质量控制计划或其他信息源不一致的情况；

核算边界与核算指南不符，或与数据质量控制计划不一致的情况；

排放报告中采用的核算方法与核算指南不一致的情况；

活动数据、排放因子、排放量、生产数据等不完整、不合理或不符合数据质量控制计划的情况；

重点排放单位是否有效地实施了内部数据质量控制措施的情况；

重点排放单位是否有效地执行了数据质量控制计划的情况；

数据质量控制计划中报告主体基本情况、核算边界和主要排放设施、数据的确定方式、数据内部质量控制和质量保证相关规定等与实际情况的一致性；

确认数据质量控制计划修订的原因，比如排放设施发生变化、使用新燃料或物料、采用新的测量仪器和测量方法等情况。

现场核查组应按《现场核查清单》收集客观证据，详细填写核查记录，并将证据文件一并提交技术工作组。相关证据材料应能证实所需要核实、确认的信息符合要求。

5 核查复核

重点排放单位对核查结果有异议的，可在被告知核查结论之日起 7 个工作日内，向省级生态环境主管部门申请复核。复核结论应在接到复核申请之日起 10 个工作日内作出。

6 信息公开

核查工作结束后，省级生态环境主管部门应将所有重点排放单位的《核查结论》在官方网站向社会公开，并报生态环境部汇总。如有核查复核的，应公开复核结论。

核查工作结束后，省级生态环境主管部门应对技术服务机构提供的核查服务按附件 6《技术服务机构信息公开表》的格式进行评价，在官方网站向社会公开《技术服务机构信息公开表》。评价过程应结合技术服务机构与省级生态环境主管部门的日常沟通、技术评审、复查以及核查复核等环节开展。

省级生态环境主管部门应加强信息公开管理，发现有违法违规行为的，应当依法予以公开。

附件 1

检查工作流程图

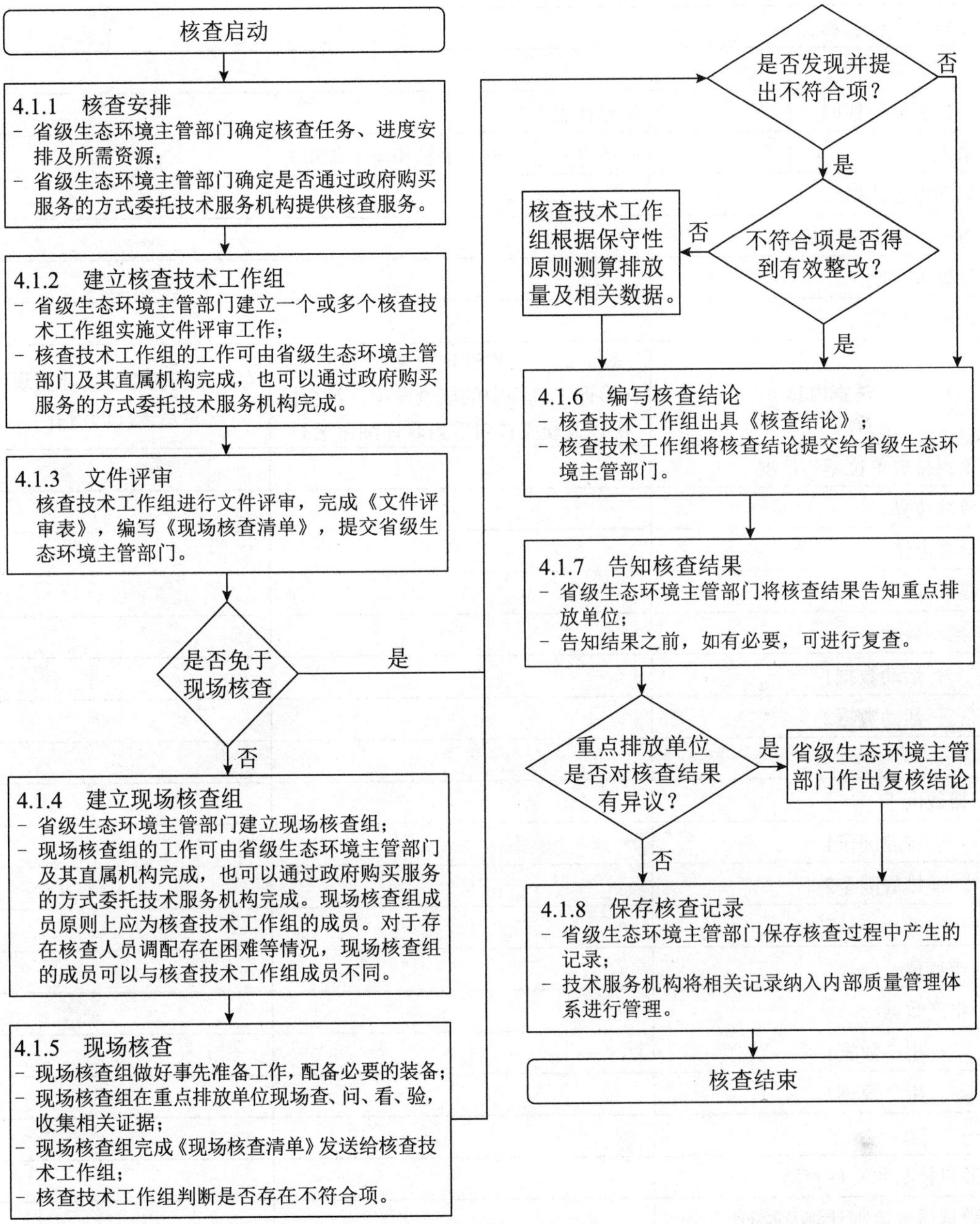
核查启动
4.1.1　核查安排
- 省级生态环境主管部门确定核查任务、进度安排及所需资源；
- 省级生态环境主管部门确定是否通过政府购买服务的方式委托技术服务机构提供核查服务。
4.1.2　建立核查技术工作组
- 省级生态环境主管部门建立一个或多个核查技术工作组实施文件评审工作；
- 核查技术工作组的工作可由省级生态环境主管部门及其直属机构完成，也可以通过政府购买服务的方式委托技术服务机构完成。
4.1.3　文件评审
核查技术工作组进行文件评审，完成《文件评审表》，编写《现场核查清单》，提交省级生态环境主管部门。
是否免于现场核查
是
否
4.1.4　建立现场核查组
- 省级生态环境主管部门建立现场核查组；
- 现场核查组的工作可由省级生态环境主管部门及其直属机构完成，也可以通过政府购买服务的方式委托技术服务机构完成。现场核查组成员原则上应为核查技术工作组的成员。对于存在核查人员调配存在困难等情况，现场核查组的成员可以与核查技术工作组成员不同。
4.1.5　现场核查
- 现场核查组做好事先准备工作，配备必要的装备；
- 现场核查组在重点排放单位现场查、问、看、验，收集相关证据；
- 现场核查组完成《现场核查清单》发送给核查技术工作组；
- 核查技术工作组判断是否存在不符合项。
是否发现并提出不符合项？
否
是
不符合项是否得到有效整改？
否
核查技术工作组根据保守性原则测算排放量及相关数据。
是
4.1.6　编写核查结论
- 核查技术工作组出具《核查结论》；
- 核查技术工作组将核查结论提交给省级生态环境主管部门。
4.1.7　告知核查结果
- 省级生态环境主管部门将核查结果告知重点排放单位；
- 告知结果之前，如有必要，可进行复查。
重点排放单位是否对核查结果有异议？
是
省级生态环境主管部门作出复核结论
否
4.1.8　保存核查记录
- 省级生态环境主管部门保存核查过程中产生的记录；
- 技术服务机构将相关记录纳入内部质量管理体系进行管理。
核查结束

附件 2

文件评审表

重点排放单位名称			
重点排放单位地址			
统一社会信用代码		法定代表人	
联系人		联系方式（座机、手机和电子邮箱）	
核算和报告依据			
核查技术工作组成员			
文件评审日期			
现场核查日期			
核查内容		文件评审记录 （将评审过程中的核查发现，符合情况以及交叉核对等内容详细记录）	存在疑问的信息或需要现场重点关注的内容
1. 重点排放单位基本情况			
2. 核算边界			
3. 核算方法			
4. 核算数据			
1）活动数据			
- 活动数据1			
- 活动数据2			
……			
2）排放因子			
- 排放因子1			
- 排放因子2			
……			
3）排放量			
4）生产数据			
- 生产数据1			
- 生产数据2			
……			
5. 质量控制和文件存档			
6. 数据质量控制计划及执行			
1）数据质量控制计划			
2）数据质量控制计划的执行			
7.其他内容			
核查技术工作组负责人（签名、日期）：			

附件 3

现场核查清单

重点排放单位名称			
重点排放单位地址			
统一社会信用代码		法定代表人	
联系人		联系方式（座机、手机和电子邮箱）	

现场核查要求	现场核查记录
1.	
2.	
3.	
4.	
……	
	现场发现的其他问题：
核查技术工作组负责人（签名、日期）：	现场核查人员（签名、日期）：

附件 4

不符合项清单

<table>
<tr><td>重点排放单位名称</td><td colspan="3"></td></tr>
<tr><td>重点排放单位地址</td><td colspan="3"></td></tr>
<tr><td>统一社会信用代码</td><td></td><td>法定代表人</td><td></td></tr>
<tr><td>联系人</td><td></td><td>联系方式（座机、手机和电子邮箱）</td><td></td></tr>
<tr><td colspan="2">不符合项描述</td><td>整改措施及相关证据</td><td>整改措施是否符合要求</td></tr>
<tr><td colspan="2">1.</td><td></td><td></td></tr>
<tr><td colspan="2">2.</td><td></td><td></td></tr>
<tr><td colspan="2">3.</td><td></td><td></td></tr>
<tr><td colspan="2">4.</td><td></td><td></td></tr>
<tr><td colspan="2">…</td><td></td><td></td></tr>
<tr><td colspan="2">核查技术工作组负责人
（签名、日期）：</td><td>重点排放单位整改负责人
（签名、日期）：</td><td>核查技术工作负责人
（签名、日期）：</td></tr>
</table>

注：请于　年　月　日前完成整改措施，并提交相关证据。如未在上述日期前完成整改，主管部门将根据相关保守性原则测算温室气体排放量等相关数据，用于履约清缴等工作。

附件 5

核查结论

<table>
<tr><td colspan="5">一、重点排放单位基本信息</td></tr>
<tr><td>重点排放单位名称</td><td colspan="4"></td></tr>
<tr><td>重点排放单位地址</td><td colspan="4"></td></tr>
<tr><td>统一社会信用代码</td><td colspan="2"></td><td>法定代表人</td><td></td></tr>
<tr><td colspan="5">二、文件评审和现场核查过程</td></tr>
<tr><td>检查技术工作组承担单位</td><td colspan="2"></td><td>核查技术工作组成员</td><td></td></tr>
<tr><td>文件评审日期</td><td colspan="4"></td></tr>
<tr><td>现场核查工作组承担单位</td><td colspan="2"></td><td>现场核查工作组成员</td><td></td></tr>
<tr><td>现场核查日期</td><td colspan="4"></td></tr>
<tr><td>是否不予实施现场核查？</td><td colspan="4">□是□否，如是，简要说明原因。</td></tr>
<tr><td colspan="5">三、核查发现
（在相应空格中打 √）</td></tr>
<tr><td>核查内容</td><td>符合要求</td><td>不符合项已整改且满足要求</td><td>不符合项整改但不满足要求</td><td>不符合项未整改</td></tr>
<tr><td>1. 重点排放单位基本情况</td><td></td><td></td><td></td><td></td></tr>
<tr><td>2. 核算边界</td><td></td><td></td><td></td><td></td></tr>
<tr><td>3. 核算方法</td><td></td><td></td><td></td><td></td></tr>
<tr><td>4 .核算数据</td><td></td><td></td><td></td><td></td></tr>
<tr><td>5. 质量控制和文件存档</td><td></td><td></td><td></td><td></td></tr>
<tr><td>6 .数据质量控制计划及执行</td><td></td><td></td><td></td><td></td></tr>
<tr><td>7. 其他内容</td><td></td><td></td><td></td><td></td></tr>
<tr><td colspan="5">四、核查确认</td></tr>
<tr><td colspan="5">（一）初次提交排放报告的数据</td></tr>
<tr><td colspan="2">温室气体排放报告（初次提交）日期</td><td colspan="3"></td></tr>
<tr><td colspan="2">初次提交报告中的排放量（tCO_2e）</td><td colspan="3"></td></tr>
<tr><td colspan="2">初次提交报告中与配额分配相关的生产数据</td><td colspan="3"></td></tr>
<tr><td colspan="5">（二）最终提交排放报告的数据</td></tr>
<tr><td colspan="2">温室气体排放报告（最终）日期</td><td colspan="3"></td></tr>
<tr><td colspan="2">经核查后的排放量（tCO_2e）</td><td colspan="3"></td></tr>
<tr><td colspan="2">经核查后与配额分配相关的生产数据</td><td colspan="3"></td></tr>
<tr><td colspan="5">（三）其他需要说明的问题</td></tr>
<tr><td colspan="2">最终排放量的认定是否涉及核查技术工作组的测算？</td><td colspan="3">□是□否，如是，简要说明原因、过程、依据和认定结果：</td></tr>
<tr><td colspan="2">最终与配额分配相关的生产数据的认定是否涉及核查技术工作组的测算？</td><td colspan="3">□是□否，如是，简要说明原因、过程、依据和认定结果：</td></tr>
<tr><td colspan="2">其他需要说明的情况</td><td colspan="3"></td></tr>
<tr><td colspan="5">核查技术工作负责人（签字、日期）：</td></tr>
<tr><td colspan="5">技术服务机构盖章（如购买技术服务机构的核查服务）</td></tr>
</table>

附件 6

技术服务机构信息公开表

（ 年度核查）

一、技术服务机构基本信息			
技术服务机构名称			
统一社会信用代码		法定代表人	
注册资金		办公场所	
联系人		联系方式（电话、电子邮箱）	

二、技术服务机构内部管理情况			
内部质量管理措施			
公正性管理措施			
不良记录			

三、核查工作及时性和工作质量										
序号	重点排放单位名称	统一社会信用代码/组织机构代码	核查及时性（填写及时或不及时）	核查质量（如符合要求填写符合，如不符合要求，简述不符合的具体内容）						
				1重点排放单位基本情况	2核算边界	3核算方法	4核算数据	5质量控制和文件存档	6数据质量控制计划及执行	7其他内容
1										
2										
3										
…										

共出具 份《核查结论》。其中： 份合格， 份不合格，合格率 %。

《核查结论》不合格情况如下：

- 重点排放单位基本情况核查存在不合格的 份；
- 核算边界的核查存在不合格的 份；
- 核算方法的核查存在不合格的 份；
- 核算数据的核查存在不合格的 份；
- 质量控制和文件存档的核查存在不合格的 份；
- 数据质量控制计划及执行的核查存在不合格的 份；
- 其他内容的核查存在不合格的 份。

附：

1. 技术服务机构内部质量管理相关文件
2. 技术服务机构《年度公正性自查报告》

关于加强企业温室气体排放报告管理相关工作的通知

（环办气候〔2021〕9 号）

各省、自治区、直辖市生态环境厅（局），新疆生产建设兵团生态环境局：

根据《碳排放权交易管理办法（试行）》规定和《2019—2020 年全国碳排放权交易配额总量设定与分配实施方案（发电行业）》要求，为准确掌握发电行业配额分配和清缴履约的相关数据，夯实全国碳排放权交易市场扩大行业覆盖范围和完善配额分配方法的数据基础，扎实做好全国碳排放权交易市场建设运行相关工作，现将加强企业温室气体排放报告管理有关工作要求通知如下。

一、工作范围

工作范围为发电、石化、化工、建材、钢铁、有色、造纸、航空等重点排放行业（具体行业子类见附件 1）的 2013 年至 2020 年任一年温室气体排放量达 2.6 万吨二氧化碳当量（综合能源消费量约 1 万吨标准煤）及以上的企业或其他经济组织（以下简称重点排放单位）。其中，发电行业的工作范围应包括《纳入 2019—2020 年全国碳排放权交易配额管理的重点排放单位名单》确定的重点排放单位以及 2020 年新增的重点排放单位。

2018 年以来，连续两年温室气体排放未达到 2.6 万吨二氧化碳当量的，或因停业、关闭或者其他原因不再从事生产经营活动，因而不再排放温室气体的，不纳入本通知工作范围。

二、工作任务

请各省级生态环境主管部门组织行政区域内的重点排放单位报送温室气体排放相关信息及有关支撑材料，并做好以下工作。

（一）温室气体排放数据报告

组织行政区域内的发电行业重点排放单位依据《碳排放权交易管理办法（试行）》相关规定和《企业温室气体排放核算方法与报告指南 发电设施》（见附件 2），通过环境信息平台（全国排污许可证管理信息平台，网址为 http：//permit.mee.gov.cn）做好温室气体排放数据填报工作。考虑到新型冠状病毒肺炎疫情等因素影响，发电行业 2020 年度温室气体排放情况、有关生产数据及支撑材料应于2021年4月30日前完成线上填报。

组织行政区域内的其他行业重点排放单位于2021年9月30日前，通过环境信息平台填报2020年度温室气体排放情况、有关生产数据及支撑材料。

（二）组织核查

按照《碳排放权交易管理办法（试行）》和《企业温室气体排放报告核查指南（试行）》，组织开展对重点排放单位2020年度温室气体排放报告的核查，并填写核查数据汇总表（环境信息平台下载），核查数据汇总表请加盖公章后报我部应对气候变化司。其中，发电行业的核查数据报送工作应于2021年6月30日前完成，其他行业的核查数据报送工作应于2021年12月31日前完成。

（三）报送发电行业重点排放单位名录和相关材料

各省级生态环境主管部门应于2021年6月30日前，向我部报送本行政区域2021年度发电行业重点排放单位名录，并向社会公开，同时参照《关于做好全国碳排放权交易市场发电行业重点排放单位名单和相关材料报送工作的通知》（环办气候函〔2019〕528号）要求，报送新增发电行业重点排放单位的系统开户申请表和账户代表人授权委托书。

（四）配额核定和清缴履约

在2021年9月30日前完成发电行业重点排放单位2019—2020年度的配额核定工作，2021年12月31日前完成配额的清缴履约工作。

（五）监督检查

省级生态环境主管部门应加强对重点排放单位温室气体排放的日常管理，重点对相关实测数据、台账记录等进行抽查，监督检查结果及时在省级生态环境主管部门官方网站公开。对未能按时报告的重点排放单位，省级生态环境主管部门应书面告知相关单位，并责令其及时报告。

三、保障措施

（一）加强组织领导

各省级生态环境主管部门应高度重视温室气体排放数据报送工作，加强组织领导，建立常态化监督检查机制，切实抓好本行政区域内重点排放单位温室气体排放报告相关工作。我部将对各地方温室气体排放报告、核查、配额核定和清缴履约等相关工作的落实情况进行督导，对典型问题进行公开。

（二）落实工作经费保障

各地方应落实重点排放单位温室气体排放报告和核查工作所需经费，争取安排财政专项资金，按期保质保量完成相关工作。

（三）加强能力建设

各省级生态环境主管部门应结合重点排放单位温室气体排放报告和核查工作的实际需要，加强监督管理队伍、技术支撑队伍和重点排放单位的能力建设。

就上述工作中涉及的相关技术问题，可通过国家碳市场帮助平台（http：//114.251.10.23/China_ETS_Help_Desk/）或全国排污许可证管理信息平台（http：//permit.mee.gov.cn“在线客服”悬浮窗）咨询。

特此通知。

附件：1. 覆盖行业及代码

2. 企业温室气体排放核算方法与报告指南 发电设施

生态环境部办公厅

2021 年 3 月 28 日

（此件社会公开）

抄送：中国民用航空局综合司、生态环境部环境发展中心、生态环境部环境工程评估中心、国家应对气候变化战略研究和国际合作中心。

部内抄送：环评司、执法局。

生态环境部办公厅 2021 年 3 月 29 日印发

关于做好全国碳排放权交易市场数据质量监督管理相关工作的通知

（环办气候函〔2021〕491号）

各省、自治区、直辖市生态环境厅（局），新疆生产建设兵团生态环境局：

为切实加强企业碳排放数据质量监督管理，保障全国碳排放权交易市场（以下简称碳市场）平稳有序运行，助力实现“双碳”目标，根据《碳排放权交易管理办法（试行）》等规定，现就相关工作通知如下：

一、切实提高对做好全国碳市场数据质量监督管理工作重要性的认识

企业碳排放数据质量是全国碳排放管理以及碳市场健康发展的重要基础，是维护市场信用信心和国家政策公信力的底线和生命线，近期个别企业和单位碳排放数据弄虚作假事例必须引起高度重视。省级生态环境主管部门管理对象涵盖排放企业、咨询机构、检验检测机构、核查技术服务机构，负有组织开展碳排放配额分配、核查、企业清缴履约及有关监督管理等重要职责，必须提高政治站位，知责明责，担责尽责。地方各级生态环境主管部门要充分认识此项工作的长期性和艰巨性，加强组织领导，强化监督管理，创新监管技术手段，提高管理效能。

二、迅速开展数据质量自查工作

对本行政区域内重点排放单位2019年度和2020年度的排放报告和核查报告组织进行全面自查，于2021年11月30日前将整改工作台账和数据质量自查报告报送我部。

（一）发电行业重点排放单位碳排放核算报告有关重要环节

重点核实燃料消耗量、燃煤热值、元素碳含量等实测参数在采样、制样、送样、化验检测、核算等环节的规范性和检测报告的真实性，供电量、供热量、供热比等相关参数的真实性、准确性，重点排放单位生产经营、排放报告与现场实际情况的一致性，有关原始材料、煤样等保存时限是否合规等。通过多源数据比对，识别异常数据并进一步核验确认。对已发现存在违规情况的咨询机构、检验检测机构，应将其业务范围内的各有关重点排放单位作为核实工作重点，并向社会公开咨询机构、检验检测机构名单和核实结果。

（二）核查技术服务机构的公正性、规范性、科学性

可通过核查技术服务机构自查、省级生态环境主管部门抽查等方式，依据《企业温室气体排放报告核查指南（试行）》对核查技术服务机构内部管理情况、公正性管理措施、工作及时性和工作质量等进行评估。省级生态环境主管部门对核查技术服务机构的评估结果在省级生态环境主管部门网站、环境信息平台（全国排污许可证管理信息平台）向社会公开。

三、配合做好发电行业控排企业温室气体排放报告专项监督执法

我部将围绕 2019 年度和 2020 年度碳排放数据质量，对发电行业重点排放单位及相关服务机构开展全面核实，将发现问题交办地方、拉条挂账、一盯到底。各地要依法依规严肃查处，指导企业做好问题整改。

四、建立碳市场排放数据质量管理长效机制

成立以主要负责同志为组长的工作专班。建立定期核实和随机抽查工作机制，加强对发电行业重点排放单位、核查技术服务机构、咨询机构、检验检测机构监督管理。发现有关数据虚报、瞒报的，在相应年度履约量与配额核定工作中予以调整，如在履约清缴工作完成后发现问题，在下一年度配额核定工作中予以核减，同时依法予以处罚，有关情况及时向社会公开。各地每年就碳排放数据质量管理情况向我部报告。

特此通知。

生态环境部办公厅

2021 年 10 月 23 日

（此件社会公开）

抄送：法规司、气候司、执法局、环境发展中心、环境工程评估中心、国家气候战略中心。

关于做好全国碳市场第一个履约周期后续相关工作的通知

（环办便函〔2022〕58号）

各省、自治区、直辖市生态环境厅（局），新疆生产建设兵团生态环境局：

根据《碳排放权交易管理办法（试行）》相关规定，结合全国碳市场第一个履约周期相关工作安排，现就全国碳市场第一个履约周期后续相关工作事项通知如下：

1. 抓紧时间完成本行政区域全国碳市场第一个履约周期未按时足额清缴配额的重点排放单位的限期改正和处理工作。请组织重点排放单位生产经营场所所在地设区的市级生态环境主管部门，于2022年2月28日前完成本行政区域未按时足额清缴配额重点排放单位的责令限期改正，依法立案处罚。

2. 组织做好本行政区域全国碳市场第一个履约周期重点排放单位配额清缴完成和处理信息公开相关工作。根据《碳排放权交易管理办法（试行）》，对未按时足额清缴碳排放配额的重点排放单位处罚信息，由作出处罚的生态环境主管部门依据《关于在生态环境系统推进行政执法公示制度执法全过程记录制度重大执法决定法制审核制度的实施意见》的相关规定，向社会公布执法机关、执法对象、执法类别、执法结论等信息。请组织落实并在2022年4月29日前通过你单位官方网站公开本行政区域全国碳市场第一个履约周期重点排放单位碳排放配额清缴完成和处罚情况汇总表（见附件），并同步报送我部应对气候变化司。

特此通知。

附件：××省（区、市）全国碳市场第一个履约周期重点排放单位碳排放配额清缴完成和处理情况汇总表（略）

生态环境部办公厅

2022年2月15日

（此件社会公开）

抄送：湖北碳排放权交易中心。

关于做好2022年企业温室气体排放报告管理相关重点工作的通知

（环办气候函〔2022〕111号）

各省、自治区、直辖市生态环境厅（局），新疆生产建设兵团生态环境局：

为加强企业温室气体排放数据管理工作，强化数据质量监督管理，现将2022年企业温室气体排放报告管理有关重点工作要求通知如下。

一、发电行业重点任务

请各省级生态环境主管部门依据《碳排放权交易管理办法（试行）》有关规定，组织开展以下温室气体排放报告管理重点工作。

（一）组织发电行业重点排放单位报送2021年度温室气体排放报告

组织2020年和2021年任一年温室气体排放量达2.6万吨二氧化碳当量（综合能源消费量约1万吨标准煤）及以上的发电行业企业或其他经济组织（发电行业子类见附件1）（以下简称重点排放单位），于2022年3月31日前按照《企业温室气体排放核算方法与报告指南 发电设施》（环办气候〔2021〕9号）要求核算2021年度排放量（其中电网排放因子调整为0.5810tCO_2/MWh），编制排放报告，并通过环境信息平台（http：//permit.mee.gov.cn）填报相关信息、上传支撑材料。符合上述年度排放量要求的自备电厂（不限于附件1所列行业），视同发电行业重点排放单位。

组织发电行业重点排放单位依法开展信息公开，按照《企业温室气体排放核算方法与报告指南 发电设施（2022年修订版）》（见附件2）的信息公开格式要求，在2022年3月31日前通过环境信息平台公布全国碳市场第一个履约周期（2019—2020年度）经核查的温室气体排放相关信息。涉及国家秘密和商业秘密的，由重点排放单位向省级生态环境主管部门依法提供证明材料，删减相关涉密信息后公开其余信息。

（二）组织开展对发电行业重点排放单位2021年度排放报告的核查

按照《企业温室气体排放报告核查指南（试行）》要求，于2022年6月30日前，完成对发电行业重点排放单位2021年度排放报告的核查，包括组织开展核查、告知核查结果、处理异议并作出复核决定、完成系统填报和向我部（应对气候变化司）书面报告等。

省级生态环境主管部门应通过生态环境专网登录全国碳排放数据报送系统管理端，进行核查任务分配和核查工作管理。组织核查技术服务机构通过环境信息平台（全国碳排放数据报送系统核查端）注册账户并进行核查信息填报。

（三）加强对核查技术服务机构的管理

通过政府购买服务的方式委托技术服务机构配合开展核查工作的，应根据《企业温室气体排放报告核查指南（试行）》有关规定和格式要求，对编制2019—2021年核查报告的技术服务机构工作质量、合规性、及时性等进行评估，评估结果于2022年7月30日前通过环境信息平台向社会公开。

（四）更新数据质量控制计划，组织开展信息化存证

组织发电行业重点排放单位，按照《企业温室气体排放核算方法与报告指南 发电设施（2022年修订版）》要求，于2022年3月31日前通过环境信息平台更新数据质量控制计划，并依据更新的数据质量控制计划，自2022年4月起在每月结束后的40日内，通过具有中国计量认证（CMA）资质或经过中国合格评定国家认可委员会（CNAS）认可的检验检测机构对元素碳含量等参数进行检测，并对以下台账和原始记录通过环境信息平台进行存证：

1. 发电设施月度燃料消耗量、燃料低位发热量、元素碳含量、购入使用电量等与碳排放量核算相关的参数数据及其盖章版台账记录扫描文件；

2. 检验检测报告原件的电子扫描件，检测参数应至少包括样品元素碳含量、氢含量、全硫、水分等参数，报告加盖CMA资质认定标志或CNAS认可标识章；

3. 发电设施月度供电量、供热量、负荷系数等与配额核算与分配相关的生产数据及其盖章版台账记录原件扫描文件。

温室气体排放报告所涉数据的原始记录和管理台账应当至少保存5年，鼓励地方组织有条件的重点排放单位探索开展自动化存证。

（五）确定并公开2022年度重点排放单位名录

根据核查结果，将2020年和2021年任一年温室气体排放量达2.6万吨二氧化碳当量，并拥有纳入配额管理的机组判定标准（见附件3）的发电行业重点排放单位，纳入2022年度全国碳排放权交易市场配额管理的重点排放单位名录。名录及其调整情况于2022年6月30日前在省级生态环境主管部门官方网站向社会公开，并书面向我部（应对气候变化司）报告，抄送全国碳排放权注册登记机构（湖北碳排放权交易中心）和全国碳排放权交易机构（上海环境能源交易所）。

新列入名录的重点排放单位，应于2022年9月30日前分别向全国碳排放权注册登记机构和全国碳排放权交易机构报送全国碳排放权注册登记系统和交易系统开户申请材料（注册登记系统开户材料模板下载地址为http：//www.hbets.cn/view/1242.html。交易系统开户材料模板下载地址为https：//www.cneeex.com/tpfjy/fw/zhfw/qgtpfqjy/）。

尚未完成2019—2020年度（第一个履约周期）重点排放单位名录以及依据《关于加强企业温室气体排放报告管理相关工作的通知》（环办气候〔2021〕9号）报送的本行政

区域纳入全国碳排放权交易市场配额管理的重点排放单位名录（2021 年度名录）信息公开的，省级生态环境主管部门应于 2022 年 3 月 31 日前在其官方网站向社会公开，并报送全国碳排放权注册登记机构和全国碳排放权交易机构。

（六）强化日常监管

组织设区的市级生态环境主管部门，按照“双随机、一公开”的方式对名录内的重点排放单位进行日常监管与执法，重点包括名录的准确性，企业数据质量控制计划的有效性和各项措施的落实情况，企业依法开展信息公开的执行情况，投诉举报和上级生态环境主管部门转办交办有关问题线索的查实情况等。对核实的问题要督促企业整改，每季度汇总、检查设区的市级生态环境主管部门日常监管工作的执行情况，分别于 2022 年 4 月 15 日、7 月 15 日、10 月 21 日，2023 年 1 月 13 日前向我部（应对气候变化司）报告上一季度的日常监管执行情况。

二、其他行业重点任务

（一）组织其他行业企业报送 2021 年度温室气体排放报告

组织 2020 年和 2021 年任一年温室气体排放量达 2.6 万吨二氧化碳当量（综合能源消费量约 1 万吨标准煤）及以上的石化、化工、建材、钢铁、有色、造纸、民航行业重点企业（具体行业子类见附件 1），根据相应行业企业温室气体排放核算方法与报告指南、补充数据表（在环境信息平台下载，其中电网排放因子调整为 0.5810 tCO_2/MWh）要求，于 2022 年 9 月 30 日前核算 2021 年度排放量并编制排放报告，通过环境信息平台报告温室气体排放情况、有关生产情况、相关支撑材料以及编制温室气体排放报告的技术服务机构信息。

（二）组织开展其他行业企业温室气体排放报告的核查

2022 年 12 月 31 日前，按照《企业温室气体排放报告核查指南（试行）》要求，完成对发电行业以外的其他行业重点排放单位 2021 年度排放报告的核查工作。

三、保障措施

（一）严格整改落实

针对我部在碳排放数据质量监督帮扶专项行动中通报的典型案例，各地方应进一步核实整改。将被通报的重点排放单位列为日常监管的重点对象，对查实的有关违法违规行为依法从严处罚。对于被通报的核查技术服务机构，各地方应审慎委托其承担 2021 年度核查工作。对于被通报的检验检测机构，各地方应审慎采信其碳排放相关检测报告结果。

（二）加强组织领导

各地方应高度重视温室气体排放报告管理相关工作，加强组织领导，建立实施定期检查与随机抽查相结合的常态化监管执法工作机制，通过加强日常监管等手段切实提高碳排放数据质量。我部将对各地方落实本通知重点任务情况进行监督指导和调研帮扶，对突出问题进行通报。

（三）落实工作经费保障

各地方应落实重点排放单位温室气体排放核查、监督检查以及相关能力建设等碳排放数据质量管理相关工作所需经费，按期保质保量完成相关工作。

（四）加强能力建设

各地方应结合重点排放单位温室气体排放报告和核查工作的实际需要，充实碳排放监督管理和执法队伍力量，做好对技术服务机构的监管。组织开展重点排放单位碳排放数据质量管理相关能力建设，推动加快健全完善企业内部碳排放管理制度，提升碳排放数据质量水平。鼓励有条件的地方探索开展多源数据比对，识别异常数据，增强监管针对性。

落实工作任务中遇到的相关技术、政策问题，可通过全国碳市场帮助平台（环境信息平台“在线客服”悬浮窗）咨询。

特此通知。

附件：1. 覆盖行业及代码

2. 企业温室气体排放核算方法与报告指南发电设施（2022 年修订版）

3. 各类机组判定标准

生态环境部办公厅

2022 年 3 月 10 日

（此件社会公开）

抄送：环境发展中心、环境工程评估中心、国家应对气候变化战略研究和国际合作中心。

附件 1

覆盖行业及代码

行业	国民经济行业分类代码（GB/T 4754-2017）	类别名称	主管产品统计代码	行业子类
发电	44	电力、热力生产和供应业		
	4411	火力发电		
	4412	热电联产		
	4417	生物质能发电		
建材	30	非金属矿物制品业	31	非金属矿物制品
	3011	水泥制造	310101	水泥熟料
	3041	平板玻璃制造	311101	平板玻璃
钢铁	31	黑色金属冶炼和压延加工业	32	黑色金属冶炼及压延产品
	3110	炼铁	3201	生铁
	3120	炼钢	3206	粗钢
	3130	钢压延加工	3207 3208	轧制、锻造钢坯 钢材
有色	32	有色金属冶炼和压延加工业	33	有色金属冶炼和压延加工产品
	3216	铝冶炼	3316039900	电解铝
	3211	铜冶炼	3311	铜
石化	25	石油、煤炭及其他燃料加工业	25	石油加工、炼焦及核燃料
	2511	原油加工及石油制品创造	2501	原油加工
化工	26	化学原料和化学制品制造业	26	化学原料及化学制品
	261	基础化学原料制造		
			2601	无机基础化学原料
	2611	无机酸制造	260101 2601010201	无机酸类 硝酸
	2612	无机碱制造	260105 260106 260107	烧碱 纯碱类 金属氢氧化物
	2613	无机盐制造	260108-260122 2601220101	其他无机基础化学原料 电石
	2614	有机化学原料制造	2602 2602010201	有机化学原料 乙烯
	2619	其他基础化学原料制造	260209 260209101	无环醇及其衍生物 甲醇

续表

行业	国民经济行业分类代码（GB/T 4754-2017）	类别名称	主管产品统计代码	行业子类
化工	262	肥料制造	2604	化学肥料
	2621	氮肥制造	260401 260411	氮及氮水 氮肥（折含氮100%）
	2622	磷肥制造	260412	磷肥（折五氧化二磷100%）
	2623	钾肥制造	260413	钾肥（折氯化钾100%）
	2624	复混肥料制造	260422	复合肥、复混合肥
	2625	有机肥料及微生物肥料制造	2605	有机肥料及微生物肥料
	2629	其他肥料制造		
	263	农药制造		
	2631	化学农药制造	2606	化学农药
	2632	生物化学农药及微生物农药制造	2607	生物农药及微生物农药
	265	合成材料制造	2613	合成材料
	2651	初级形态塑料及合成树脂制造	261301	初级形态塑料
	2652	合成橡胶制造	261302	合成橡胶
	2653	合成纤维单（聚合）体制造	261303 261304	合成纤维单体 合成纤维聚合物
	2659	其他合成材料制造		2613中其他类
造纸	22	造纸和纸制品业	22	纸及纸制品
	2211	木竹浆制造	2201	纸浆
	2212	非木竹浆制造	2201	纸浆
	2221	机制纸及纸板制造	2202	机制纸和纸板
民航	56	航空运输业	55	航空运输服务
	5631	机场	550301	机场服务

备注：

1. 工作范围为本表格《国民经济行业分类代码（GB/T 4754-2017）》4位代码的行业类别。

2. 类别“生物质能发电”中，掺烧化石燃料燃烧的生物质发电企业需报送，纯使用生物质发电的企业无需报送。

3. 行业子类中，乙烯生产企业的温室气体排放数据核算和报告应按照《中国石油化工企业温室气体排放核算方法和报告指南（试行）》中的要求执行。

4. 行业子类中，二氟一氯甲烷、航空旅客运输服务、航空货物运输服务不纳入本通知工作范围。

附件 2

企业温室气体排放核算方法与报告指南 发电设施（2022 年修订版）

1　适用范围

本指南规定了发电设施的温室气体排放核算边界和排放源、化石燃料燃烧排放核算要求、购入电力排放核算要求、排放量计算、生产数据核算要求、数据质量控制计划、数据质量管理要求、定期报告要求和信息公开要求等。

本指南适用于全国碳排放权交易市场的发电行业重点排放单位（含自备电厂）使用燃煤、燃油、燃气等化石燃料及掺烧化石燃料的纯凝发电机组和热电联产机组等发电设施的温室气体排放核算。其他未纳入全国碳排放权交易市场的企业发电设施温室气体排放核算可参照本指南。

本指南不适用于单一使用非化石燃料（如纯垃圾焚烧发电、沼气发电、秸秆林木质等纯生物质发电机组，余热、余压、余气发电机组和垃圾填埋气发电机组等）发电设施的温室气体排放核算。

2　规范性引用文件

本指南内容引用了下列文件或其中的条款。凡是不注明日期的引用文件，其有效版本适用于本指南。

GB/T 211　煤中全水分的测定方法

GB/T 212　煤的工业分析方法

GB/T 213　煤的发热量测定方法

GB/T 214　煤中全硫的测定方法

GB/T 474　煤样的制备方法

GB/T 475　商品煤样人工采取方法

GB/T 476　煤中碳和氢的测定方法

GB/T 483　煤炭分析试验方法一般规定

GB/T 4754　国民经济行业分类

GB/T 8984　气体中一氧化碳、二氧化碳和碳氢化合物的测定气相色谱法

GB/T 11062　天然气发热量、密度、相对密度和沃泊指数的计算方法

GB/T 13610　天然气的组成分析气相色谱法

GB 17167　用能单位能源计量器具配备和管理通则

GB/T 19494.1　煤炭机械化采样　第 1 部分：采样方法

GB/T 19494.2　煤炭机械化采样　第 2 部分：煤样的制备

GB/T 19494.3　煤炭机械化采样　第 3 部分：精密度测定和偏倚试验

GB 21258　常规燃煤发电机组单位产品能源消耗限额

GB/T 21369　火力发电企业能源计量器具配备和管理要求

GB/T 25214 煤中全硫测定 红外光谱法

GB/T 27025 检测和校准实验室能力的通用要求

GB/T 30732 煤的工业分析方法 仪器法

GB/T 30733 煤中碳氢氮的测定 仪器法

GB/T 31391 煤的元素分析

GB/T 32150 工业企业温室气体排放核算和报告通则

GB/T 32151.1 温室气体排放核算与报告要求 第1部分：发电企业

GB 35574 热电联产单位产品能源消耗限额

GB/T 35985 煤炭分析结果基的换算

DL/T 567.8 火力发电厂燃料试验方法 第8部分：燃油发热量的测定

DL/T 568 燃料元素的快速分析方法

DL/T 904 火力发电厂技术经济指标计算方法

DL/T 1030 煤的工业分析 自动仪器法

DL/T 1365 名词术语电力节能

DL/T 2029 煤中全水分测定 自动仪器法

3 术语和定义

下列术语和定义适用于本指南。

3.1 温室气体 greenhouse gas

大气中吸收和重新放出红外辐射的自然和人为的气态成分，包括二氧化碳（CO_2）、甲烷（CH_4）、氧化亚氮（N_2O）、氢氟碳化物（HFCs）、全氟化碳（PFCs）、六氟化硫（SF_6）和三氟化氮（NF_3）等。本指南中的温室气体为二氧化碳（CO_2）。

3.2 温室气体重点排放单体 key emitting entity of greenhouse gas

全国碳排放权交易市场覆盖行业内年度温室气体排放量达到2.6万吨二氧化碳当量的温室气体排放单位，简称重点排放单位。

3.3 发电设施 power generation facilities

存在于某一地理边界、属于某一组织单元或生产过程的电力生产装置集合。

3.4 化石燃料燃烧排放 emission from fossil fuel combustion

化石燃料在氧化燃烧过程中产生的二氧化碳排放。

3.5 购入电力排放 emission from purchased electricity

购入使用电量所对应的电力生产环节产生的二氧化碳排放。

3.6 活动数据 activity data

导致温室气体排放的生产或消费活动量的表征值，例如各种化石燃料消耗量、购入使用电量等。

3.7 排放因子 emission factor

表征单位生产或消费活动量的温室气体排放系数，例如每单位化石燃料燃烧所产生的二氧化碳排放量、每单位购入使用电量所对应的二氧化碳排放量等。

3.8 低位发热量 low calorific value

燃料完全燃烧，其燃烧产物中的水蒸汽以气态存在时的发热量，也称低位热量。

3.9 碳氧化率 carbon oxidation rate

燃料中的碳在燃烧过程中被完全氧化的百分比。

3.10 负荷（出力）系数 load (output) coefficient

统计期内，单元机组总输出功率平均值与机组额定功率之比，即机组利用小时数与运行小时数之比，也称负荷率。

3.11 热电联产机组 combined heat and power generation unit

同时向用户供给电能和热能的生产方式。本指南所指热电联产机组指具备发电能力同时有对外供热量产生的发电机组。

3.12 纯凝发电机组 condensing power generation unit

蒸汽进入汽轮发电机组的汽轮机，通过其中各级叶片做功后，乏汽全部进入凝结器凝结为水的生产方式。本指南是指企业核准批复或备案文件明确为纯凝发电机组，并且仅对外供电的发电机组。

3.13 母管制系统 common header system

将多台过热蒸汽参数相同的机组分别用公用管道将过热蒸汽连在一起的发电系统。

4 工作程序和内容

发电设施温室气体排放核算和报告工作内容包括核算边界和排放源确定、数据质量控制计划编制、化石燃料燃烧排放核算、购入电力排放核算、排放量计算、生产数据信息获取、定期报告、信息公开和数据质量管理的相关要求。工作程序见图 1。

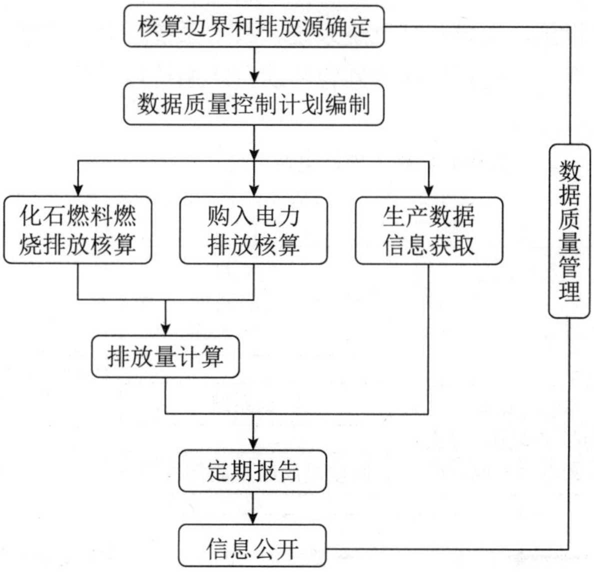

图 1 工作程序

a）核算边界和排放源确定。

确定重点排放单位核算边界，识别纳入边界的排放设施和排放源。排放报告应包括核算边界所包含的装置、所对应的地理边界、组织单元和生产过程。

b）数据质量控制计划编制。

按照各类数据测量和获取要求编制数据质量控制计划，并按照数据质量控制计划实施温室气体的测量活动。

c）化石燃料燃烧排放核算。

收集活动数据、确定排放因子，计算发电设施化石燃料燃烧排放量。

d）购入电力排放核算。

收集活动数据、确定排放因子，计算发电设施购入使用电量所对应的排放量。

e）排放量计算。

汇总计算发电设施二氧化碳排放量。

f）生产数据信息获取。

获取和计算发电量、供电量、供热量、供热比、供电煤（气）耗、供热煤（气）耗、供电碳排放强度、供热碳排放强度、运行小时数和负荷（出力）系数等生产数据和信息。

g）定期报告。

定期报告温室气体排放数据及相关生产信息，并报送相关支撑材料。

h）信息公开。

定期公开温室气体排放报告相关信息，接受社会监督。

i）数据质量管理。

明确实施温室气体数据质量管理的一般要求。

5. 核算边界和排放源确定

5.1 核算边界

核算边界为发电设施，主要包括燃烧系统、汽水系统、电气系统、控制系统和除尘及脱硫脱硝等装置的集合，不包括厂区内其他辅助生产系统以及附属生产系统。发电设施核算边界如图 2 中虚线框内所示。

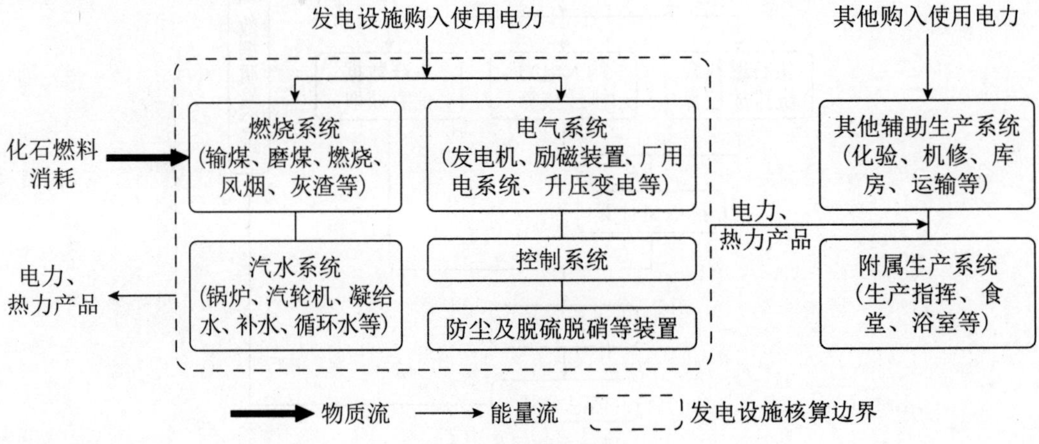

图 2　核算边界示意图

5.2　排放源

发电设施温室气体排放核算和报告范围包括：化石燃料燃烧产生的二氧化碳排放、购入使用电力产生的二氧化碳排放。

a）化石燃料燃烧产生的二氧化碳排放：一般包括发电锅炉（含启动锅炉）、燃气轮机等主要生产系统消耗的化石燃料燃烧产生的二氧化碳排放，以及脱硫脱硝等装置使用化石燃料加热烟气的二氧化碳排放，不包括应急柴油发电机组、移动源、食堂等其他设施消耗化石燃料产生的排放。对于掺烧化石燃料的生物质发电机组、垃圾（含污泥）焚烧发电机组等产生的二氧化碳排放，仅统计燃料中化石燃料的二氧化碳排放，并应计算掺烧化石燃料热量年均占比。

b）购入使用电力产生的二氧化碳排放。

6. 化石燃料燃烧排放核算要求

6.1　计算公式

6.1.1　化石燃料燃烧排放量是统计期内发电设施各种化石燃料燃烧产生的二氧化碳排放量的加和。

对于开展元素碳实测的，采用公式（1）计算。

$$E_{燃烧}=\sum_{i=1}^{n}\left(FC_i\times C_{ar,i}\times OF_i\times\frac{44}{12}\right) \quad (1)$$

式中：$E_{燃烧}$——化石燃料燃烧的排放量，单位为吨二氧化碳（tCO_2）；

FC_i——第 i 种化石燃料的消耗量，对固体或液体燃料，单位为吨（t）；对气体燃料，单位为万标准立方米（10^4Nm^3）；

$C_{ar,i}$——第 i 种化石燃料的收到基元素碳含量，对固体和液体燃料，单位为吨碳/吨（tC/t）；对气体燃料，单位为吨碳/万标准立方米（$tC/10^4Nm^3$）；

OF_i——第 i 种化石燃料的碳氧化率，以 % 表示；

$\frac{44}{12}$——二氧化碳与碳的相对分子质量之比；

i——化石燃料种类代号。

6.1.2　对于开展燃煤元素碳实测的，其收到基元素碳含量采用公式（2）换算。

$$C_{ar}+C_{ad}\times\frac{100-M_{ar}}{100-M_{ad}} \text{ 或 } C_{ar}=C_d\times\frac{100-M_{ar}}{100} \quad (2)$$

式中：C_{ar}——收到基元素碳含量，单位为吨碳/吨（tC/t）；

C_{ad}——空干基元素碳含量，单位为吨碳/吨（tC/t）；

C_d——干燥基元素碳含量，单位为吨碳/吨（tC/t）；

M_{ar}——收到基水分，可采用企业每日测量值的月度加权平均值，以 % 表示；

M_{ad}——空干基水分，可采用企业每日测量值的月度加权平均值，以 % 表示。

6.1.3　对于未开展元素碳实测的或实测不符合指南要求的，其收到基元素碳含量采用公式（3）计算。

$$C_{ar,i}=NCV_{ar,i}\times CC_i \quad (3)$$

式中：$C_{ar,i}$——第 i 种化石燃料的收到基元素碳含量，对固体和液体燃料，单位为吨碳 / 吨（tC/t）；对气体燃料，单位为吨碳 / 万标准立方米（$tC/10^4Nm^3$）；

$NCV_{ar,i}$——第 i 种化石燃料的收到基低位发热量，对固体或液体燃料，单位为吉焦 / 吨（GJ/t）；对气体燃料，单位为吉焦 / 万标准立方米（$GJ/10^4Nm^3$）；

CC_i——第 i 种化石燃料的单位热值含碳量，单位为吨碳 / 吉焦（tC/GJ）。

6.2 数据的监测与获取

6.2.1 化石燃料消耗量的测定标准与优先序

6.2.1.1 化石燃料消耗量应根据重点排放单位用于生产所消耗的能源实际测量值来确定，能源消耗统计应符合 GB 21258 和 DL/T 904 的有关要求，不包括非生产使用的、基建和技改等项目建设的、副产品综合利用使用的消耗量。燃煤消耗量应优先采用经校验合格后的皮带秤或耐压式计量给煤机的入炉煤测量数值，其中皮带秤须皮带秤实煤或循环链码校验每旬一次，无实煤校验装置的应利用其他已检定合格的衡器至少每季度对皮带秤进行实煤计量比对。不具备入炉煤测量条件的，根据每日或每批次入厂煤盘存测量数值统计消耗量，并报告说明未采用入炉煤测量值的原因。燃油、燃气消耗量应至少每月测量。

6.2.1.2 化石燃料消耗量应按照以下优先级顺序选取，在之后各个核算年度的获取优先序不应降低：

a）生产系统记录的计量数据；

b）购销存台账中的消耗量数据；

c）供应商结算凭证的购入量数据。

6.2.1.3 测量仪器的标准应符合 GB 17167 的相关规定。轨道衡、皮带秤、汽车衡等计量器具的准确度等级应符合 GB/T 21369 的相关规定，并确保在有效的检验周期内。

6.2.2 元素碳含量的测定标准与频次

6.2.2.1 燃煤元素碳含量等相关参数的测定采用下表中所列的方法标准。重点排放单位可自行检测或委托外部有资质的检测机构 / 实验室进行检测。

燃煤相关项目 / 参数的检测方法标准

序号	项目 / 参数		标准名称	标准编号
1	采样	人工采样	商品煤样人工采取方法	GB/T 475
		机械采样	煤炭机械化采样 第1部分：采样方法	GB/T 19494.1
2	制样	人工制样	煤样的制备方法	GB/T 474
		机械制样	煤炭机械化采样 第2部分：煤样的制备	GB/T 19494.2
3	化验	全水分	煤中全水分的测定方法	GB/T 211
			煤中全水分测定 自动仪器法	DL/T 2029
		水分、灰分、挥发分	煤的工业分析方法	GB/T 212
			煤的工业分析方法 仪器法	GB/T 30732
			煤的工业分析 自动仪器法	DL/T 1030
		发热量[a]	煤的发热量测定方法	GB/T 213

续表

<table>
<tr><th>序号</th><th colspan="2">项目 / 参数</th><th>标准名称</th><th>标准编号</th></tr>
<tr><td rowspan="6">3</td><td rowspan="6">化验</td><td rowspan="2">全硫</td><td>煤中全硫的测定方法</td><td>GB/T 214</td></tr>
<tr><td>煤中全硫的测定 红外光谱法</td><td>GB/T 25214</td></tr>
<tr><td rowspan="4">碳</td><td>煤中碳和氢的测定方法</td><td>GB/T 476</td></tr>
<tr><td>煤中碳氢氮的测定 仪器法</td><td>GB/T 30733</td></tr>
<tr><td>燃料元素的快速分析方法</td><td>DL/T 568</td></tr>
<tr><td>煤的元素分析</td><td>GB/T 31391</td></tr>
<tr><td rowspan="2">4</td><td rowspan="2">基准换算</td><td>/</td><td>煤炭分析试验方法的一般规定</td><td>GB/T 483</td></tr>
<tr><td>/</td><td>煤炭分析结果基的换算</td><td>GB/T 35985</td></tr>
<tr><td colspan="5">注：[a] 应优先采用恒容低位发热量，并在各统计期保持一致。</td></tr>
</table>

6.2.2.2　燃煤元素碳含量可采用以下方式之一获取，并确保采样、制样、化验和换算符合表 1 所列的方法标准：

a）每日检测。采用每日入炉煤检测数据加权计算得到入炉煤月度平均收到基元素碳含量，权重为每日入炉煤消耗量。

b）每批次检测。采用每月各批次入厂煤检测数据加权计算得到入厂煤月度平均收到基元素碳含量，权重为每批次入厂煤接收量。

c）每月缩分样检测。每日采集入炉煤缩分样品，每月将获得的日缩分样品合并混合，用于检测其元素碳含量。合并混合前，每个缩分样品的质量应正比于该入炉煤原煤量的质量且基准保持一致，使合并后的入炉煤缩分样品混合样相关参数值为各入炉煤相关参数的加权平均值。

6.2.2.3　燃煤元素碳含量应于每次样品采集之后 40 个自然日内完成该样品检测并出具报告，且报告应同时包括样品的元素碳含量、低位发热量、氢含量、全硫、水分等参数的检测结果。此报告中的低位发热量测试结果不用于元素碳含量参数计算，仅用于数据可靠性的对比分析和验证。

6.2.2.4　燃煤元素碳含量检测报告应由通过 CMA 认定或 CNAS 认可、且认可项包括元素碳含量的检测机构 / 实验室出具，检测报告应盖有 CMA 资质认定标志或 CNAS 认可标识章。

6.2.2.5　煤质分析中的元素碳含量应为收到基状态。如果实测的元素碳含量为干燥基或空气干燥基分析结果，应采用表 1 所列的方法标准转换为收到基元素碳含量。重点排放单位应保存不同基转换涉及水分等数据的可信原始记录。

6.2.2.6　燃油、燃气的元素碳含量应至少每月检测，可自行检测或委托外部有资质的检测机构 / 实验室进行检测。对于天然气等气体燃料，元素碳含量的测定应遵循 GB/T 13610 和 GB/T 8984 等相关标准，根据每种气体组分的体积浓度及该组分化学分子式中碳原子的数目计算元素碳含量。如果某月有多于一次的元素碳含量实测数据，宜取算术平均值计算该月数值。

6.2.3　低位发热量的测定标准与频次

6.2.3.1　燃煤低位发热量的测定采用表 1 中所列的方法标准。重点排放单位可自行检测或委托外部有资质的检测机构 / 实验室进行检测。

6.2.3.2　燃煤收到基低位发热量的测定应与燃煤消耗量数据获取状态（入炉煤或入厂煤）一致。应优先采用每日入炉煤检测数值，不具备入炉煤检测条件的，可采用每日或每批次入厂煤检测数值。已有入炉煤检测设备设施的重点排放单位，不应改用入厂煤检测结果。

6.2.3.3　燃煤的年度平均收到基低位发热量由月度平均收到基低位发热量加权平均计算得到，其权重是燃煤月消耗量。入炉煤月度平均收到基低位发热量由每日 / 班所耗燃煤的收到基低位发热量加权平均计算得到，其权重是每日 / 班入炉煤消耗量。入厂煤月度平均收到基低位发热量由每批次平均收到基低位发热量加权平均计算得到，其权重是该月每批次入厂煤接收量。当某日或某批次燃煤收到基位们发热量无实测时，或测定方法均不符合表 1 要求时，该日或该批次的燃煤收到基低位发热量应取 26.7GJ/t。

6.2.3.4　燃油、燃气的低位发热量应至少每月检测，可自行检测或委托外部有资质的检测机构 / 实验室进行检测，分别遵循 DL/T 567.8 和 GB/T 11062 等相关标准。燃油、燃气的年度平均低位发热量由每月平均低位发热量加权平均计算得到，其权重为每月燃油、燃气消耗量。无实测时采用供应商提供的检测报告中的数据，或采用本指南附录 A 表 A.1 规定的各燃料品种对应的缺省值。

6.2.4　单位热值含碳量的取值

6.2.4.1　燃煤未开展元素碳实测或实测不符合 6.2.2 要求的，单位热值含碳量取 0.03356 tC/GJ。

6.2.4.2　燃油、燃气的单位热值含碳量应至少每月检测，可委托外部有资质的检测机构 / 实验室进行检测。无实测时采用供应商提供的检测报告中的数据，或采用本指南附录 A 表 A.1 规定的各燃料品种对应的缺省值。

6.2.5　碳氧化率的取值

6.2.5.1　燃煤的碳氧化率取 99%。

6.2.5.2　燃油和燃气的碳氧化率采用附录 A 表 A.1 中各燃料品种对应的缺省值。

7. 购入电力排放核算要求

7.1　计算公式

对于购入使用电力产生的二氧化碳排放，用购入使用电量乘以电网排放因子得出，采用公式（4）计算。

$$E_{电}=AD_{电}\times EF_{电} \tag{4}$$

式中：$E_{电}$——购入使用电力产生的排放量，单位为吨二氧化碳（tCO_2）；

$AD_{电}$——购入使用电量，单位为兆瓦时（MW·h）；

$EF_{电}$——电网排放因子，单位为吨二氧化碳 / 兆瓦时（tCO_2/MW·h）。

7.2　数据的监测与获取优先序

7.2.1　购入使用电力的活动数据按以下优先序获取：

a）根据电表记录的读数统计；

b）供应商提供的电费结算凭证上的数据。

7.2.2 电网排放因子采用 0.5810 $tCO_2/MW\cdot h$，并根据生态环境部发布的最新数值适时更新。

8. 排放量计算

发电设施二氧化碳年度排放量等于当年各月排放量之和。各月二氧化碳排放量等于各月度化石燃料燃烧排放量和购入使用电力产生的排放量之和，采用公式（5）计算。

$$E=E_{燃烧}+E_{电} \tag{5}$$

式中：E——发电设施二氧化碳排放量，单位为吨二氧化碳（tCO_2）；

$E_{燃烧}$——化石燃料燃烧排放量，单位为吨二氧化碳（tCO_2）；

$E_{电}$——购入使用电力产生的排放量，单位为吨二氧化碳（tCO_2）。

9. 生产数据核算要求

9.1 发电量和供电量

9.1.1 计算方式

发电量是指统计期内从发电机端输出的总电量，采用计量数据。供电量是指统计期内发电设施的发电量减去与生产有关的辅助设备的消耗电量，按以下计算方法获取：

a）对于纯凝发电机组，供电量为发电量与生产厂用电量之差，采用公式（6）计算。

$$W_{gd}=W_{fd}-W_{cy} \tag{6}$$

式中：W_{gd}——供电量，单位为兆瓦时（$MW\cdot h$）；

W_{fd}——发电量，单位为兆瓦时（$MW\cdot h$）；

W_{cy}——生产厂用电量，单位为兆瓦时（$MW\cdot h$）。

b）对于热电联产机组，供电量为发电量与发电厂用电量之差，采用公式（7）和（8）计算。如出现月度生产厂用电量大于发电量的情形，不适用如下公式，当月供电量计为 0。

$$W_{gd}=W_{fd}-W_{dcy} \tag{7}$$

$$W_{dcy}=(W_{cy}-W_{rcy})\times(1-\alpha) \tag{8}$$

式中：W_{gd}——供电量，单位为兆瓦时（$MW\cdot h$）；

W_{fd}——发电量，单位为兆瓦时（$MW\cdot h$）；

W_{cy}——生产厂用电量，单位为兆瓦时（$MW\cdot h$）

W_{rcy}——供热专用的厂用电量，指纯热网用的厂用电量如热网循环泵等只与供热有关的设备用电量，单位为兆瓦时（$MW\cdot h$）；当无供热专用厂用电量计量时，该值可取 0；

W_{dcy}——发电厂用电量，单位为兆瓦时（$MW\cdot h$）；

a——供热比，以 % 表示。

9.1.2 数据的监测与获取

9.1.2.1 发电量、供电量和厂用电量应根据企业电表记录的读数获取或计算，并符合 DL/T 904 和 DL/T 1365 等国家和行业标准中的要求。

9.1.2.2 发电设施的发电量和供电量不包括应急柴油发电机的发电量。如果存在应急柴油发电机所发的电量供给发电机组消耗的情形，那么应急柴油发电机所发电量应计入厂用电量，在计量供电量时予以扣除。

9.1.2.3 除尘及脱硫脱硝装置消耗电量均应计入厂用电量，不区分委托运营或合同能源管理等形式的差异。

9.1.2.4 属于下列情况之一的，不计入厂用电的计算：

a）新设备或大修后设备的烘炉、暖机、空载运行的电量；

b）新设备在未正式移交生产前的带负荷试运行期间耗用的电量；

c）计划大修以及基建、更改工程施工用的电量；

d）发电机作调相机运行时耗用的电量；

e）厂外运输用自备机车、船舶等耗用的电量；

f）输配电用的升、降压变压器（不包括厂用变压器）、变波机、调相机等消耗的电量；

g）非生产用（修配车间、副业、综合利用等）的电量。

9.2 供热量

9.2.1 计算公式

供热量为锅炉不经汽轮机直供蒸汽热量、汽轮机直接供热量与汽轮机间接供热量之和，不含烟气余热利用供热。采用公式（9）和（10）计算。其中 Q_{zg} 和 Q_{jg} 计算方法参考 DL/T904 中相关要求。

$$Q_{gt} = \sum Q_{gl} + \sum Q_{jz} \tag{9}$$

$$\sum Q_{jz} = \sum Q_{zg} + \sum Q_{jg} \tag{10}$$

式中：Q_{gt}——供热量，单位为吉焦（GJ）；

$\sum Q_{gl}$——锅炉不经汽轮机直接或经减温减压后向用户提供热量的直供蒸汽热量之和，单位为吉焦（GJ）；

$\sum Q_{jz}$——汽轮机向外供出的直接供热量和间接供热量之和，单位为吉焦（GJ）；

$\sum Q_{zg}$——由汽轮机直接或经减温减压后向用户提供的直接供热量之和，单位为吉焦（GJ）；

$\sum Q_{jg}$——通过热网加热器等设备加热供热介质后间接向用户提供热量的间接供热量之和，单位为吉焦（GJ）。

9.2.2 数据的监测与获取

9.2.2.1 对外供热是指向除发电设施汽水系统（除氧器、低压加热器、高压加热器等）之外的热用户供出的热量。

9.2.2.2 如果企业供热存在回水，计算供热量时应扣减回水热量，回水热量按照方式（12）计算。

9.2.2.3 蒸汽及热水温度、压力数据按以下优先序获取：

a）计量或控制系统的实际监测数据，宜采用月度算数平均值，或运行参数范围内经验值；

b）相关技术文件或运行规程规定的额定值。

9.2.2.4　供热量数据应每月进行计量并记录，年度值为每月数据累计之和，按以下优先序获取：

a）直接计量的热量数据；

b）结算凭证上的数据。

9.2.3　热量的单位换算

以质量单位计量的蒸汽可采用公式（11）转换为热量单位。

$$AD_{st}=Ma_{st}\times(En_{st}-83.74)\times10^{-3} \tag{11}$$

式中：AD_{st}——蒸汽的热量，单位为吉焦（GJ）；

Ma_{st}——蒸汽的质量，单位为吨蒸汽（t）；

En_{st}——蒸汽所对应的温度、压力下每千克蒸汽的焓值，取值参考相关行业标准，单位为千焦 / 千克（kJ/kg）；

83.74——给水温度为 20℃时的焓值，单位为千焦 / 千克（kJ/kg）。

以质量单位计量的热水可采用公式（12）转换为热量单位。

$$AD_{w}=Ma_{w}\times(T_{w}-20)\times4.1868\times10^{-3} \tag{12}$$

式中：AD_{w}——热水的热量，单位为吉焦（GJ）；

Ma_{w}——热水的质量，单位为吨（t）；

T_{w}——热水的温度，单位为摄氏度（℃）；

20——常温下水的温度，单位为摄氏度（℃）；

4.1868——水在常温常压下的比热，单位为千焦 /（千克・摄氏度）[kJ/（kg・℃）]。

9.3　供热比

9.3.1　计算公式

重点排放单位应按照如下方法计算月度和年度供热比数据。供热比年度结果根据每月累计得到的全年供热量、产热量或耗煤量等进行计算。供热比月度结果用于数据可靠性的对比分析和验证。

a）当存在锅炉向外直供蒸汽的情况时，供热比为统计期内供热量与锅炉总产热量之比。

$$a=\frac{\sum Q_{gr}}{\sum Q_{cr}} \tag{13}$$

式中：a——供热比，以 % 表示；

$\sum Q_{gr}$——供热量，单位为吉焦（GJ）；

$\sum Q_{cr}$——锅炉总产热量，为主蒸汽与主给水热量差值，单位为吉焦（GJ）；

其中，

$$\sum Q_{cr}=\left(D_{zq}\times h_{zq}-D_{gs}\times h_{gs}+D_{zr}\times\Delta h_{zr}\right)\times10^{-3} \tag{14}$$

式中：$\sum Q_{cr}$——锅炉总产热量，单位为吉焦（GJ）；

D_{zq}——锅炉主蒸汽量，单位为吨（t）；

h_{zq}——锅炉主蒸汽焓值，单位为千焦 / 千克（kJ/kg）；

D_{gs}——锅炉给水量，单位为吨（t），没有计量的可按给水比主蒸汽为 1 ∶ 1 计算；

h_{gs}——锅炉给水焓值，单位为千焦 / 千克（kJ/kg）；

D_{zr}——再热器出口蒸汽量，单位为吨（t），非再热机组或数据不可得时取 0；

Δh_{zr}——再热蒸汽热段与冷段焓值差值，单位为千焦 / 千克（kJ/kg）。

b）当锅炉无向外直供蒸汽时，参考 DL/T 904 计算方法中的要求计算供热比，即指统计期内汽轮机向外供出的热量与汽轮机总耗热量之比，可采用公式（15）计算：

$$a=\frac{\sum Q_{jz}}{\sum Q_{sr}} \tag{15}$$

式中：a——供热比，以 % 表示；

$\sum Q_{jz}$——汽轮机向外供出的热量，为机组直接供热量和间接供热量之和，单位为吉焦（GJ）；机组直接供热量和间接供热量的计算参考 DL/T 904 中相关要求；

$\sum Q_{sr}$——汽轮机总耗热量，单位为吉焦（GJ）。当无法按照 DL/T 904 计算汽轮机总耗热量或数据不可得时，可按汽轮机总耗热量相当于锅炉总产出的热量进行简化计算。

c）当按照上述计算方式中锅炉产热量、汽轮机组耗热量等相关数据无法获得时，供热比可采用公式（16）计算。

$$a=\frac{b_r \times Q_{gr}}{B_h} \tag{16}$$

式中：a——供热比，以 % 表示；

b_r——机组单位供热量所消耗的标准煤量，单位为吨标准煤 / 吉焦（tce/GJ）；

Q_{gr}——供热量，单位为吉焦（GJ）；

B_h——机组耗用总标准煤量，单位为吨标准煤（tce）。

d）对于燃气蒸汽联合循环发电机组（CCPP）存在外供热量的情况，供热比可采用供热量与燃气产生的热量之比的简化方式，采用公式（17）和（18）进行计算。

$$a=\frac{Q_{gr}}{Q_{rq}} \tag{17}$$

$$Q_{rq}=FC_{rq}\times NCV_{rq} \tag{18}$$

式中：a——供热比，以 % 表示；

Q_{gr}——供热量，单位为吉焦（GJ）；

Q_{rq}——燃气产生的热量，单位为吉焦（GJ）；

FC_{rq}——燃气消耗量，单位为万标准立方米（10^4Nm^3）；

NCV_{rq}——燃气低位发热量，单位为吉焦 / 万标准立方米（$GJ/10^4Nm^3$）。

9.3.2 数据的监测与获取

9.3.2.1 锅炉产热量、汽轮机组耗热量和供热量等相关参数的监测与获取参考 DL/T 904 和 GB 35574 的要求。

9.3.2.2 相关参数按以下优先序获取：

a）生产系统记录的实际运行数据；

b）结算凭证上的数据；

c）相关技术文件或铭牌规定的额定值。

9.4　供电煤地（气）耗和供热煤（气）耗

9.4.1　计算公式

供电煤（气）耗和供热煤（气）耗参考 GB 35574 和 DL/T 904 等标准计算方法中的要求计算，采用公式（19）和（20）计算。

$$b_g = \frac{(1-a)\times B_h}{W_{gd}} \tag{19}$$

$$b_r = \frac{a\times B_h}{Q_{gr}} \tag{20}$$

式中：a——供热比，以 % 表示；

b_r——机组单位供热量所消耗的标准煤（气）量，单位为吨标准煤 / 吉焦（tce/GJ）或万标准立方米 / 吉焦（$10^4Nm^3/GJ$）；

b_g——机组单位供电量所消耗的标准煤（气）量，单位为吨标准煤 / 兆瓦时（tce/MW・h）或万标准立方米 / 兆瓦时（$10^4Nm^3/MW\cdot h$）；

Q_{gr}——供热量，单位为吉焦（GJ）；

W_{gd}——供电量，单位为兆瓦时（MW・h）；

B_h——机组耗用总标准煤（气）量，单位为吨标准煤（tce）或万标准立方米（10^4Nm^3）。

当上述供热比等相关数据不可得时，可不区分机组类型，采用反算法简化计算获取供热煤耗，即把 1GJ 供热量折算成标准煤 0.03412 tec，再除以管道效率、锅炉效率和换热器效率计算得出供热煤耗，采用公式（21）计算。

$$b_r = \frac{0.03412}{\eta_{gl}\times\eta_{gd}\times\eta_{hh}} \tag{21}$$

式中：b_r——机组单位供热量所消耗的标准煤量，单位为吨标准煤 / 吉焦（tce/GJ）；

η_{gl}——锅炉效率，来源于企业锅炉效率测试试验数据，没有实测数据时采用设计值，以 % 表示；

η_{gd}——管道效率，取缺省值 99%；

η_{hh}——换热器效率，对有换热器的间接供热，换热器效率采用数值为 95%；如没有则换热器效率可取 100%。

9.4.2　数据的监测与获取

相关参数按以下优先序获取：

a）企业生产系统的实测数据；

b）相关设备设施的设计值 / 标称值；

c）采用公式（19）和（20）的计算方法，此时供热比不能采用公式（16）获得。

9.5　供电碳排放强度和供热碳排放强度

9.5.1　计算公式

供电碳排放强度和供热碳排放强度可采用公式（22）、（23）、（24）和（25）计算。

$$S_{gd}=\frac{E_{gd}}{W_{gd}} \tag{22}$$

$$S_{gr}=\frac{E_{gr}}{Q_{gr}} \tag{23}$$

$$E_{gd}=(1-a)\times E \tag{24}$$

$$E_{gr}=a\times E \tag{25}$$

式中：S_{gd}——供电碳排放强度，即机组每供出1MW·h的电量所产生的二氧化碳排放量，单位为吨二氧化碳/兆瓦时（$tCO_2/MW\cdot h$）；

E_{gd}——统计期内机组供电所产生的二氧化碳排放量，单位为吨二氧化碳（tCO_2）；

W_{gd}——供电量，单位为兆瓦时（MW·h）；

S_{gr}——供热碳排放强度，即机组每供出1GJ的热量所产生的二氧化碳排放量，单位为吨二氧化碳吉焦（tCO_2/GJ）；

E_{gr}——统计期内机组供热所产生的二氧化碳排放量，单位为吨二氧化碳（tCO_2）；

Q_{gr}——供热量，单位为吉焦（GJ）；

a——供热比，以%表示；

E——二氧化碳排放量，单位为吨二氧化碳（tCO_2）。

9.6 运行小时数和负荷（出力）系数

9.61 计算公式

运行小时数和负荷（出力）系数采用生产数据。合并填报时采用公式（26）和（27）计算。

$$t=\frac{\sum_i^n t_i\times Pe_i}{\sum_i^n Pe_i} \tag{26}$$

$$X=\frac{\sum_i^n W_{fd}}{\sum_i^n Pe_i\times t_i} \tag{27}$$

式中：t——运行小时数，单位为小时（h）；

X——负荷（出力）系数，以%表示；

W_{fd}——发电量，单位为兆瓦时（MW·h）；

Pe——机组容量，单位为兆瓦（MW），应以发电机实际额定功率为准，可采用排污许可证载明信息、机组运行规程、铭牌等进行确认；

i——机组代号。

9.6.2 数据的监测与获取

9.6.2.1 运行小时数和负荷（出力）系数按以下优先序获取：

a）企业生产系统数据；

b）企业统计报表数据。

9.6.2.2 多台机组合并填报，按公式（26）和（27）核算发电机组负荷（出力）系数时，不应将备用机组参与加权平均计算。可将备用机组和被调剂机组的运行小时数加和，作为一台机组计算。

10. 数据质量控制计划

10.1 数据质量控制计划的内容

重点排放单位应按照本指南中各类数据监测与获取要求，结合现有测量能力和条件，制定数据质量控制计划，并按照附录 B 的格式要求进行填报。数据质量控制计划中所有数据的计算方式与获取方式应符合本指南的要求。

数据质量控制计划应包括以下内容：

a）数据质量控制计划的版本及修订情况；

b）重点排放单位情况：包括重点排放单位基本信息、主营产品、生产工艺、组织机构图、厂区平面分布图、工艺流程图等内容；

c）按照本指南确定的实际核算边界和主要排放设施情况：包括核算边界的描述，设施名称、类别、编号、位置情况等内容；

d）数据的确定方式：包括所有活动数据、排放因子和生产数据的计算方法，数据获取方式，相关测量设备信息（如测量设备的名称、型号、位置、测量频次、精度和校准频次等），数据缺失处理，数据记录及管理信息等内容。测量设备精度及设备校准频次要求应符合相应计量器具配备要求；

e）数据内部质量控制和质量保证相关规定：包括数据质量控制计划的制定、修订以及执行等管理程序，人员指定情况，内部评估管理，数据文件归档管理程序等内容。

10.2 数据质量控制计划的修订

重点排放单位在以下情况下应对数据质量控制计划进行修订，修订内容应符合实际情况并满足本指南的要求：

a）排放设施发生变化或使用计划中未包括的新燃料或物料而产生的排放；

b）采用新的测量仪器和方法，使数据的准确度提高；

c）发现之前采用的测量方法所产生的数据不正确；

d）发现更改计划可提高报告数据的准确度；

c）发现计划不符合本指南核算和报告的要求；

f）生态环境部明确的其他需要修订的情况。

10.3 数据质量控制计划的执行

重点排放单位应严格按照数据质量控制计划实施温室气体的测量活动，并符合以下要求：

a）发电设施基本情况与计划描述一致；

b）核算边界与计划中的核算边界和主要排放设施一致；

c）所有活动数据、排放因子和生产数据能够按照计划实施测量；

d）测量设备得到了有效的维护和校准，维护和校准能够符合计划、核算标准、国家要求、地区要求或设备制造商的要求，否则应采取符合保守原则的处理方法；

e）测量结果能够按照计划中规定的频次记录；

f）数据缺失时的处理方式能够与计划一致；

g）数据内部质量控制和质量保证程序能够按照计划实施。

11. 数据质量管理要求

重点排放单位应加强发电设施温室气体数据质量管理工作，包括但不限于：

a）建立温室气体排放核算和报告的内部管理制度和质量保障体系，包括明确负责部门及其职责、具体工作要求、数据管理程序、工作时间节点等。指定专职人员负责温室气体排放核算和报告工作；

b）委托检测机构/实验室检测燃煤元素碳含量、低位发热量等参数时，应确保被委托的检测机构/实验室通过CMA认定或CNAS订可且认可项包括燃煤元素碳含量、低位发热量，其出具的检测报告应盖有CMA或CNAS标识章。受委托的检测机构/实验室不具备相关参数检测能力的、检测报告不符合规范要求的或不能证实报告载明信息可信的，检测结果不予认可。检测报告应载明收到样品时间、样品对应的月粉、样品测试标准、收到样品重量和样品测试结果对应的状态（收到基、干燥基或空气干燥基）。

c）应保留检测机构/实验室出具的检测报告及相关材料备查，包括但不限于样品送检记录、样品邮寄单据、检测机构委托协议及支付凭证、咨询服务机构委托协议及支付凭证等；

d）积极改进自有实验室管理，满足GB/T 27025对人员、设施和环境条件、设备、计量溯源性、外部提供的产品和服务等资源要求的规定，确保使用适当的方法和程序开展取样、检测、记录和报告等实验室活动。鼓励重点排放单位对燃煤样品的采样、制样和化验的全过程采用影像等可视化手段，保存原始记录备查。因相关记录管理和保存不善或缺失，进而导致元素碳含量或燃煤低位发热量数据无法采信的，应选取本指南中规定的缺省值等保守方式处理；

e）所有涉及本指南中元素碳含量、低位发热量检测的煤样，应留存日综合煤样和月缩分煤样一年备查。煤样的保存应符合GB/T 474或GB/T 19494.2中的相关要求；

f）定期对计量器具、检测设备和测量仪表进行维护管理，并记录存档；

g）建立温室气体数据内部台账管理制度。台账应明确数据来源、数据获取时间及填报台账的相关责任人等信息。排放报告所涉及数据的原始记录和管理台账应至少保存5年，确保相关排放数据可被追溯。委托的检测机构/实验室应同时符合本指南和资质认可单位的相关规定；

h）建立温室气体排放报告内部审核制度。定期对温室气体排放数据进行交叉校验，对可能产生的数据误差风险进行识别，并提出相应的解决方案；

i）规定了优先序的各参数，应按照规定的优先级顺序选取，在之后各核算年度的获取优先序不应降低；

j）相关参数未按本指南要求测量或获取时，采用生态环境部发布的相关参数值核算其排放量；

k）鼓励有条件的企业加强样品自动采集与分析技术应用，采取创新技术手段，加强原始数据防篡改管理。

12. 定期报告要求

重点排放单位应在每个月结束之后的40个自然日内，按生态环境部要求在报送平台存证该月的活动数据、排放因子、生产相关信息和必要的支撑材料，并于每年3月31日前按照附录C的要求编制提交上一年度的排放报告，包括基本信息、机组及生产设施信息、活动数据、排放因子、生产相关信息、支撑材料等温室气体排放及相关信息。

a）重点排放单位基本信息。

重点排放单位应报告重点排放单位名称、统一社会信用代码、排污许可证编号等基本信息。

b）机组及生产设施信息。

重点排放单位应报告每台机组的燃料类型、燃料名称、机组类型、装机容量、汽轮机排汽冷却方式，以及锅炉、汽轮机、发电机、燃气轮机等主要生产设施的名称、编号、型号等相关信息。

c）活动数据和排放因子。

重点排放单位应报告化石燃料消耗量、元素碳含量、低位发热量（如涉及）、单位热值含碳量（如涉及）、机组购入使用电量和电网排放因子数据。

d）生产相关信息。

重点排放单位应报告发电量、供电量、供热量、供热比、供电煤（气）耗、供热煤（气）耗、运行小时数、负荷（出力）系数、供电碳排放强度、供热碳排放强度等数据。

e）支撑材料。

重点排放单位应在排放报告中说明各项数据的来源并报送相关支撑材料，支撑材料应与各项数据的来源一致，并符合本指南中的报送要求。报送提交的原始检测记录中应明确显示检测依据（方法标准）、检测设备、检测人员和检测结果。

13. 信息公开要求

重点排放单位应按生态环境部要求，接受社会监督，并按照附录D的格式要求在履约期结束后公开该履约期相关信息。

a）基本信息。

重点排放单位应公开排放报告中的单位名称、统一社会信用代码、排污许可证编号、法定代表人姓名、生产经营场所地址及邮政编码、行业分类、纳入全国碳市场的行业子类等信息。

b）机组及生产设施信息。

重点排放单位应公开排放报告中的燃料类型、燃料名称、机组类型、装机容量、锅炉类型、汽轮机类型、汽轮机排汽冷却方式、负荷（出力）系数等信息。

c）低位发热量和元素碳含量的确定方式。

重点排放单位应公开排放报告中的元素碳含量和低位发热量（如涉及）确定方式，自行检测的应公开检测设备、检测频次、设备校准频次和测定方法标准信息，委托检测的应公开委托机构名称、检测报告编号、检测日期和测定方法标准信息，未实测的应公开选取的缺省值。

d）排放量信息。

重点排放单位应公开排放报告中全部机组的化石燃料燃烧排放量、购入使用电力排放量和二氧化碳排放总量。

e）生产经营变化情况。

重点排放单位应公开生产经营变化情况，至少包括重点排放单位合并、分立、关停或搬迁情况，发电设施地理边界变化情况，主要生产运营系统关停或新增项目生产等情况以及其他较上一年度变化情况。

f）编制温室气体排放报告的技术服务机构情况。

重点排放单位应公开编制温室气体排放报告的技术服务机构名称和统一社会信用代码。

g）清缴履约情况。

重点排放单位应公开是否完成清缴履约。

附录 A

相关参数的缺省值

附表 A.1　常用化石燃料相关参数缺省值

能源名称	计量单位	低位发热量[e]（GJ/t，GJ/10^4Nm^3）	单位热值含碳量（tC/GJ）	碳氧化率（%）
原油	t	41.816[a]	0.02008[b]	
燃料油	t	41.816[a]	0.0211[b]	
汽油	t	43.070[a]	0.0189[b]	
煤油	t	43.070[a]	0.0196[b]	98[b]
柴油	t	42.652[a]	0.0202[b]	
液化石油气	t	50.179[a]	0.0172[c]	
炼厂干气	t	45.998[a]	0.0182[b]	
天然气	10^4Nm^3	389.31[a]	0.01532[b]	
焦炉煤气	10^4Nm^3	173.54[d]	0.0121[c]	
高炉煤气	10^4Nm^3	33.00[d]	0.0708[c]	
转炉煤气	10^4Nm^3	84.00[d]	0.0496[c]	99[b]
其他煤气	10^4Nm^3	52.27[a]	0.0122[c]	

注：[a] 数据取值来源为《中国能源统计年鉴 2019》。

[b] 数据取值来源为《省级温室气体清单编制指南（试行）》。

[c] 数据取值来源为《2006 年 IPCC 国家温室气体清单指南》。

[d] 数据取值来源为《中国温室气体清单研究》。

[e] 根据国际蒸汽表卡换算，本指南热功当量值取 4.1868kJ/kcal。

附录 B

数据质量控制计划要求

<table>
<tr><td colspan="7">B.1 数据质量控制计划的版本及修订</td></tr>
<tr><td>版本号</td><td colspan="2">制定（修订）内容</td><td colspan="2">制定（修订）时间</td><td colspan="2">备注</td></tr>
<tr><td></td><td colspan="2"></td><td colspan="2"></td><td colspan="2"></td></tr>
<tr><td colspan="7">B.2 重点排放单位情况</td></tr>
<tr><td colspan="7">1. 单位简介
（至少包括：成立时间、所有权状况、法定代表人、组织机构图和厂区平面分布图）

2. 主营产品
（至少包括：主产品的名称及产品代码）

3. 主营产品及生产工艺
（至少包括：每种产品的生产工艺流程图及工艺流程描述，并在图中标明温室气体排放设施，对于涉及化学反应的工艺需写明化学反应方程式）</td></tr>
<tr><td colspan="7">B.3 核算边界和主要排放设施描述</td></tr>
<tr><td colspan="7">1. 核算边界的描述
（应包括核算边界所包含的装置、所对应的地理边界、组织单元和生产过程。）</td></tr>
<tr><td colspan="7">2. 主要排放设施</td></tr>
<tr><td>机组名称</td><td>设施类别</td><td>设施编号</td><td>设施名称</td><td>排放设施安装位置</td><td>是否纳入核算边界</td><td>备注说明</td></tr>
<tr><td>（1# 机组）</td><td>（锅炉）</td><td>（MF143）</td><td>（煤粉锅炉）</td><td>（二厂区第三车间东）</td><td>（是）</td><td></td></tr>
<tr><td></td><td></td><td></td><td></td><td></td><td></td><td></td></tr>
</table>

续表

B.4 数据的确定方式												
机组名称	参数名称	单位	数据的计算方法及获取方式[2]		测量设备（适用于数据获取方式来源于实测值）					数据记录频次	数据缺失时的处理方式	数据获取负责部门
			获取方式[1]	具体描述	测量设备及型号	测量设备安装位置	测量频次	测量设备精度	规定的测量设备校准频次			
1# 机组	二氧化碳排放量	tCO_2	计算值									
	化石燃料燃烧排放量	tCO_2										
	燃煤品种 i 消耗量	t										
	燃煤品种 i 元素碳含量	tC/t										
	燃煤品种 i 低位发热量	GJ/t										
	燃煤品种 i 单位热值含碳量	tC/t	缺省值	/	/	/	/	/	/	/	/	/
	燃煤品种 i 碳氧化率	%	缺省值	/	/	/	/	/	/	/	/	/
	燃油品种 i 消耗量	t										
	燃油品种 i 元素碳含量	tC/t										
	燃油品种 i 低位发热量	GJ/t										
	燃油品种 i 单位热值含碳量	tC/t										
	燃油品种 i 碳氧化率	%	缺省值	/	/	/	/	/	/	/	/	/
	燃气品种 i 消耗量	10^4Nm^3										
	燃气品种 i 元素碳含量	$tC/10^4Nm^3$										
	燃气品种 i 低位发热量	$GJ/10^4Nm^3$										
	燃气品种 i 单位热值含碳量	tC/GJ										
	燃气品种 i 碳氧化率	%	缺省值	/	/	/	/	/	/	/	/	/

1 如果报告数据是由若干个参数通过一定的计算方法计算得出，需要填写计算公式以及计算公式中的每一个参数的获取方式。

2 方式类型包括：实测值、缺省值、计算值、其他。

续表

B.4 数据的确定方式

机组名称	参数名称	单位	数据的计算方法及获取方式		测量设备（适用于数据获取方式来源于实测值）					数据记录频次	数据缺失时的处理方式	数据获取负责部门
			获取方式	具体描述	测量设备及型号	测量设备安装位置	测量频次	测量设备精度	规定的测量设备校准频次			
1# 机组	购入电力排放量	tCO_2	计算值									
	购入使用电量	MW・h										
	电网排放因子	tCO_2/MW・h	缺省值	/	/	/	/	/	/	/	/	/
	发电量	MW・h										
	供电量	MW・h										
	供热量	GJ										
	供热比	%										
	供电煤耗	tce/MW・h										
	供电气耗	10^4Nm^3/MW・h										
	供热煤耗	tce/GJ										
	供热气耗	10^4Nm^3/GJ										
	运行小时数	h										
	负荷（出力）系数	%										
	供电碳排放强度	tCO_2/MW・h										
	供热碳排放强度	tCO_2/GJ										
	全部机组二氧化碳排放总量	tCO_2										

B.5 数据内部质量控制和质量保证相关规定

至少包括本指南要求的内容。

附录C

报告内容及格式要求

企业温室气体排放报告
发电设施

重点排放单位（盖章）：
报告年度：
编制日期：

根据生态环境部发布的《企业温室气体核算方法与报告指南 发电设施》及其修订版本等相关要求，本单位核算了年度温室气体排放量并填写了如下表格：

附表C.1 重点排放单位基本信息

附表C.2 机组及生产设施信息

附表C.3 化石燃料燃烧排放表

附表C.4 购入使用电力排放表

附表C.5 生产数据及排放量汇总表

附表C.6 低位发热量和元素碳含量的确定方式

声　明

本单位对本报告的真实性、完整性、准确性负责如本报告中的信息及支撑材料与实际情况不符，本单位愿承担相应的法律责任，并承担由此产生的一切后果。

特此声明。

法定代表人（或授权代表）：

重点排放单位（盖章）：

年/月/日

附表 C.1　重点排放单位基本信息

重点排放单位名称	
统一社会信用代码	
单位性质（营业执照）	
法定代表人姓名	
注册日期	
注册资本（万元人民币）	
注册地址	
生产经营场所地址及邮政编码（省、市、县详细地址）	
发电设施经纬度	
报告联系人	
联系电话	
电子邮箱	
报送主管部门	
行业分类	发电行业
纳入全国碳市场的行业子类[1]	4411（火力发电） 4412（热电联产） 4417（生物质能发电）
生产经营变化情况	至少包括： a）重点排放单位合并、分立、关停或搬迁情况； b）发电设施地理边界变化情况； c）主要生产运营系统关停或新增项目生产等情况； d）较上一年度变化，包括核算边界、排放源等变化情况。
本年度编制温室气体排放报告的技术服务机构名称[2]	
编制温室气体排放报告的技术服务机构统一社会信用代码	

填报说明：

[1] 行业代码应按照国家统计局发布的国民经济行业分类 GB/T 4754 要求填报。自备电厂不区分行业，发电设施参照电力行业代码填报。掺烧化石燃料燃烧的生物质发电设施需填报，纯使用生物质发电的无需填报。

[2] 编制温室气体排放报告的技术服务机构是指为重点排放单位提供本年度碳排放核算、报告编制或碳资产管理等咨询服务机构，不包括开展碳排放核查 / 复查的机构。

附表 C.2 机组及生产设施信息

<table>
<tr><th>机组名称</th><th colspan="3">信息项</th><th>填报内容</th></tr>
<tr><td rowspan="25">1#机组[*1]</td><td colspan="3">燃料类型[*2]</td><td>（示例：燃煤、燃油、燃气）明确具体种类</td></tr>
<tr><td colspan="3">燃料名称</td><td>（示例：无烟煤、柴油、天然气）</td></tr>
<tr><td colspan="3">机组类别[*3]</td><td>（示例：热电联产机组，循环流化床）</td></tr>
<tr><td colspan="3">装机容量（MW）[*4]</td><td>（示例：630）</td></tr>
<tr><td rowspan="16">燃煤机组</td><td rowspan="5">锅炉</td><td>锅炉名称</td><td>（示例：1#锅炉）</td></tr>
<tr><td>锅炉类型</td><td>（示例：煤粉炉）</td></tr>
<tr><td>锅炉编号[*5]</td><td>（示例：MF001）</td></tr>
<tr><td>锅炉型号</td><td>（示例：HG-2030/17.5-YM）</td></tr>
<tr><td>生产能力</td><td>（示例：2030 t/h）</td></tr>
<tr><td rowspan="7">汽轮机</td><td>汽轮机名称</td><td>（示例：1#）</td></tr>
<tr><td>汽轮机类型</td><td>（示例：抽凝式）</td></tr>
<tr><td>汽轮机编号</td><td>（示例：MF002）</td></tr>
<tr><td>汽轮机型号</td><td>（示例：N630-16.7/538/538）</td></tr>
<tr><td>压力参数[*6]</td><td>（示例：中压）</td></tr>
<tr><td>额定功率</td><td>（示例：630）</td></tr>
<tr><td>汽轮机排汽冷却方式[*7]</td><td>（示例：水冷-开式循环）</td></tr>
<tr><td rowspan="4">发电机</td><td>发电机名称</td><td>（示例：1#）</td></tr>
<tr><td>发电机编号</td><td>（示例：MF003）</td></tr>
<tr><td>发电机型号</td><td>（示例：QFSN-630-2）</td></tr>
<tr><td>额定功率</td><td>（示例：630）</td></tr>
<tr><td colspan="2">燃气机组</td><td>名称/编号/型号/额定功率</td><td></td></tr>
<tr><td colspan="2">燃气蒸汽联合循环发电机组（CCPP）</td><td>名称/编号/型号/额定功率</td><td></td></tr>
<tr><td colspan="2">燃油机组</td><td>名称/编号/型号/额定功率</td><td></td></tr>
<tr><td colspan="2">整体煤气化联合循环发电机组（IGCC）</td><td>名称/编号/型号/额定功率</td><td></td></tr>
<tr><td colspan="2">其他特殊发电机组</td><td>名称/编号/型号/额定功率</td><td></td></tr>
<tr><td>…</td><td colspan="2"></td><td></td><td></td></tr>
</table>

填报说明：

[*1] 按发电机组进行填报，如果机组数多于 1 个，应分别填报。对于 CCPP，视为一台机组进行填报。合并填报的参数计算方法应符合本指南要求。同一法人边界内有两台或两台以上机组合并填报的，适用于以下要求：

a）对于母管制系统，或其他存在燃料消耗量、供电量或者供热量中有任意一项无法分机组计量的，可合并填报；

b）如果仅有元素碳含量、低位发热量无法分机组计量的，并且各机组煤样是从同一个入炉煤皮带秤或耐压式计量给煤机上采取的，可采用全厂实测的相同数值分机组填报；

c）如果机组辅助燃烧量无法分机组计量的，可按机组发电量比例分配或其他合理方式分机组填报；

d）如果合并填报机组中既有纯凝发电机组也有热电联产机组的，按照热电联产机组填报；

e）如果合并填报机组中汽轮机排汽冷却方式不同（包括水冷、空冷或为背压机组）并且无法分机组填报的，应符合当年适用的配额分配方案，无规定时应遵循保守性原则；

f）如果母管制合并填报机组中既有常规燃煤锅炉也有非常规燃煤锅炉并且无法单独计量的，应符合当年适用的配额分配方案，无规定时当非常规燃煤锅炉产热量为总产热量80%及以上时可按照非常规燃煤机组填报；

g）四种机组类型（燃气机组、300MW等级以上常规燃煤机组、300MW等级及以下常规燃煤机组、非常规燃煤机组）跨机组类型合并填报时，应符合当年适用的配额分配方案，无规定时应遵循保守性原则；

h）对于化石燃料掺烧生物质发电的，仅统计燃料中化石燃料的二氧化碳排放，并应计算掺烧化石燃料热量年均占比。对于燃烧生物质锅炉与化石燃料锅炉产生蒸汽母管制合并填报的，在无法拆分时可按掺烧处理，统计燃料中全部化石燃料的二氧化碳排放，并应计算掺烧化石燃料热量年均占比。

*2 燃料类型按照燃煤、燃油或者燃气划分，可采用机组运行规程或铭牌信息等进行确认。

*3 对于燃煤机组，机组类别指：纯凝发电机组、热电联产机组，并注明是否循环流化床机组、IGCC机组；对于燃气机组，机组类别指：B级、E级、F级、H级、分布式等，可采用排污许可证载明信息、机组运行规程、铭牌等进行确认。

*4 以发电机实际额定功率为准，可采用排污许可证载明信息、机组运行规程、铭牌等进行确认。

*5 锅炉、汽轮机、发电机等主要设施的编号统一采用排污许可证中对应编码。

*6 对于燃煤机组，压力参数指：中压、高压、超高压、亚临界、超临界、超超临界。

*7 汽轮机排汽冷却方式是指汽轮机凝汽器的冷却方式，可采用机组运行规程或铭牌信息等进行填报。冷却方式为水冷的，应明确是否为开式循环或闭式循环；冷却方式为空冷的，应明确是否为直接空冷或间接空冷。对于背压机组、内燃机组等特殊发电机组，仅需注明，不填写冷却方式。

附表 C.3 化石燃料燃烧排放表

机组[*1]	参数[*2*3]		单位	1月	2月	3月	4月	5月	6月	7月	8月	9月	10月	11月	12月	全年[*4]
1#机组	A	燃料消耗量	t或10^4Nm^3													（合计值）
	B	收到基元素碳含量	tC/t													（加权平均值）
	C	燃料低位发热量	GJ/t或 GJ/10^4Nm^3													（加权平均值）
	D	单位热值含碳量	tC/GJ													（缺省值）
	E	碳氧化率	%													（缺省值）
	F=A×B×E×44/12或 G=A×C×D×E×44/12	化石燃料燃烧排放量	tCO_2													（合计值）
…																

填报说明：

[*1] 如果机组数多于1个，应分别填报。对于有多种燃料类型的，按不同燃料类型分机组进行填报。

[*2] 各参数按照指南给出的方式计算和获取。对于燃料低位发热量、单位热值含碳量，应与燃料消耗量的状态一致，优先采用实测值。如果存在个别月度缺失的情况，按照指南要求取缺省值。

[*3] 各参数按四舍五入保留小数位如下：

a）燃煤、燃油消耗量单位为t，燃气消耗量单位为10^4Nm^3，保留到小数点后两位；

b）燃煤、燃油低位发热量单位为GJ/t，燃气低位发热量单位为GJ/10^4NM^3，保留到小数点后三位；

c）收到基元素碳含量单位为tC/t，保留到小数点后四位；

d）单位热值含碳量单位为tC/GJ，保留到小数点后五位；

e）化石燃料燃烧排放量单位为tCO_2，保留到小数点后两位；

[*4] 报送和存证下述必要的支撑材料：

a）对于使用生产系统记录的燃料消耗量数据的，提供每日/每月消耗量原始记录或台账（盖章扫描件）；

b）对于使用购销存台账中的燃煤消耗量数据的，提供月度/年度生产报表（盖章扫描件）；

c）对于使用供应商结算凭证的购入量数量的，提供月度/年度燃料购销存记录（盖章扫描件）；

d）对于自行检测的燃料低位发热量（如涉及）、元素碳含量的，提供每日/每月燃料检测记录或煤质分析原始记录（盖章扫描件）；

e）对于委外检测元素碳含量的，提供有资质的外部检测机构/实验室出具的检测报告（应包含元素碳含量、低位发热量、氢含量、全硫、水分等数据）；

f）对于每月进行加权计算的燃料低位发热量，提供体现加权计算过程的Excel表。

附表 C.4　购入使用电力排放表

机组[*1]	参数[*2]		单位	1月	2月	3月	4月	5月	6月	7月	8月	9月	10月	11月	12月	全年[*5]
1#机组	H	购入使用电量[*3]	MW·h													（合计值）
	J	电网排放因子	$tCO_2/MW·h$													（缺省值）
	J=H×J	购入电力排放量[*4]	tCO_2													（合计值）
…																

填报说明：

[*1] 如果机组数多于 1 个，应分别填报。

[*2] 如果购入使用电量无法分机组，可按机组数目平分。

[*3] 购入使用电量单位为 MW·h，四舍五入保留到小数点后三位。

[*4] 购入使用电力对应的排放量单位 tCO_2，四舍五入保留到小数点后两位。

[*5] 报送和存证下述必要的支撑材料：

a）对于使用电表记录的读数计算购入使用电量的，提供每月电量统计原始记录（盖章扫描件）；

b）对于使用电费结算凭证上的购入使用电量的，提供每月电费结算凭证（如适用）。

附表 C.5　生产数据及排放量汇总表

机组[*1]	参数[*2*3]		单位	1月	2月	3月	4月	5月	6月	7月	8月	9月	10月	11月	12月	全年
1#机组	K	发电量	MW・h													（合计值）
	L	供电量	MW・h													（合计值）
	M	供热量	GJ													（合计值）
	N	供热比	%													（计算值）
	O	供电煤（气）耗	tce/MW・h或 10^4Nm^3/MW・h													（计算值）
	P	供热煤（气）耗	tce/GJ或 10^4Nm^3/GJ													（计算值）
	Q	运行小时数	h													（合计值或计算值）
	R	负荷（出力）系数	%													（计算值）
	S	供电碳排放强度	tCO_2/MW・h													（计算值）
	T	供热碳排放强度	tCO_2/GJ													（计算值）
	U=G+J	机组二氧化碳排放量	tCO_2													（合计值）
…		全部机组二氧化碳排放总量	tCO_2													（合计值）

填报说明：

[*1] 如果机组数多于 1 个，应分别填报。

[*2] 各参数按四舍五入小数位如下：

a）电量单位为 MW・h 上，保留到小数点后三位；

b）热量单位为 GJ，保留到小数点后两位；

c）焓值单位为 kJ/kg，保留到小数点后两位；

d）供热比以 % 表示，保留到小数点后两位，如 12.34%；

e）供电煤（气）耗单位为 tce/MW・h 或 10^4Nm^3/MW・h，供热煤（气）耗单位为 tce/GJ 或 10^4Nm^3/GJ，均保留到小数点后五位；

f）运行小时数单位为 h，保所到整数位：负（出力）数以 % 表示，保留到小数点后两位；

g）供电碳排放强度单位为 CO_2/MW・h，供热碳排放强度单位为 tCO_2/GJ，均保留到小数点后三位；

h）机组二氧化碳放量单位为 tCO_2，四舍五入保留整数位。

*3 报送和存证下述必木的支撑材料：

a）对于供电量、供热量、负荷系数等各项生产数据，提供每月电厂技术经济报表或生产报表（盖章扫描件）；

b）对于各项生产数据，提供年度电厂技术经济报表或生产报表（盖章扫描件）；

c）对于按照标准要求计算的供电量，提供体现计算过程的 Excel 表；

d）对于供热量涉及换算的，提供包括焓值相关参数的 Excel 计算表；

e）对于按照标准要求计算的供热比，提供体现计算过程的 Excel 表；

f）根据选取的供热比计算方法提供相关参数证据材料（如蒸汽量、给水量、给水温度、蒸汽温度、蒸汽压力等）（盖章扫描件）；

g）对于运行小时数和负荷（出力）系数，提供体现计算过程的 Excel 表。

附表 C.6 低位发热量和元素碳含量的确定方式

机组	参数*1	月份	自行检测				委托检测				未实测
			检测设备	检测频次	设备校准频次	测定方法标准	委托机构名称	检测报告编号	检测日期	测定方法标准	缺省值
1#机组	元素碳含量	1月									
		1月									
		3月									
		…									
	低位发热量	1月									
		2月									
		3月									
		…									
…											

填报说明：

*1 根据本指南要求，仅填报涉及计算和监测的参数。

附录D

温室气体重点排放单位信息公开表①

D.1基本信息	
重点排放单位名称	
统一社会信用代码	
法定代表人姓名	
生产经营场所地址及邮政编码（省、市、县、详细地址）	
行业分类	
纳入全国碳市场的行业子类	

D.2机组及生产设施信息		
机组名称	信息项	内容
1#机组[*1]	燃料类型	（示例：燃煤、燃油、燃气）
	机组类别	（示例：300MW 等级及以下常规燃煤机组）
	装机容量（MW）	（示例：300MW）
	锅炉类型	（示例：煤粉炉）
	汽轮机排汽冷却方式	（示例：水冷）
…		

D.3低位发热量和元素碳含量的确定方式											
机组	参数[*1]	月份	自行检测				委托检测				未实测
			检测设备	检测频次	设备校准频次	测定方法标准	委托机构名称	检测报告编号	检测日期	测定方法标准	缺省值
1#机组	元素碳含量	××年1月									
		1月									
		3月									
		…									
	低位发热量	××年1月									
		2月									
		3月									
		…									
…											

D.4 排放量信息	
全部机组二氧化碳排放总量（tCO_2）	

D.5 生产经营变化情况
如适用，应包括： a）重点排放单位合并、分立、关停或搬迁情况； b）发电设施地理边界变化情况； c）主要生产运营系统关停或新增项目生产等情况； d）较上一年度变化，包括核算边界、排放源等变化情况； e）其他变化情况。

D.6 编制温室气体排放报告的技术服务机构情况
编制温室气体排放报告的技术服务机构名称；
编制温室气体排放报告的技术服务机构统一社会信用代码；

D.7 清缴履约情况
重点排放单位是否完成对应履约期的配额清缴履约。

① 按发电机组进行填报，如果机组数量多于1个，应分别显示。

附件 3

各类机组判定标准

表 1　纳入配额管理的机组判定标准

机组类别	判定标准
300MW 等级以上常规燃煤机组	以烟煤、褐煤、无烟煤等常规电煤为主体燃料且额定功率不低于400MW 的发电机组
300MW等级及以下常规燃煤机组	以烟煤、褐煤、无烟煤等常规电煤为主体燃料且额定功率低于400MW的发电机组
燃煤矸石煤泥、水煤浆等非常规燃煤机组（含燃煤循环流化床机组）	以煤矸石、煤泥、水煤浆等非常规电煤为主体燃料（完整履约年度内，非常规燃料热量年均占比应超过50%）的发电机组（含燃煤循环流化床机组）
燃气机组	以天然气为主体燃料（完整履约年度内，其他掺烧燃料热量年均占比不超过10%）的发电机组

注：

1. 合并填报机组按照最不利原则判定机组类别。

2. 完整履约年度内，掺烧生物质（含垃圾、污泥等）热量年均占比不超过 10% 的化石燃料机组，按照主体燃料判定机组类别。3. 完整履约年度内，混烧化石燃料（包括混烧自产二次能源热量年均占比不超过 10%）的发电机组，按照主体燃料判定机组类别。

表 2　暂不纳入配额管理的机组判定标准

机组类别	判定标准
生物质发电机组	1. 纯生物质发电机组（含垃圾、污泥焚烧发电机组）
掺烧发电机组	2. 生物质掺烧化石燃料机组： 完整履约年度内，掺烧化石燃料且生物质（含垃圾、污泥）燃料热量年均占比高于 50% 的发电机组（含垃圾、污泥焚烧发电机组） 3. 化石燃料掺烧生物质（含垃圾、污泥）机组：完整履约年度内，掺烧生物质（含垃圾、污泥等）热量年均占比超过 10% 且不高于 50% 的化石燃料机组 4. 化石燃料掺烧自产二次能源机组： 完整履约年度内，混烧自产二次能源热量年均占比超过 10% 的化石燃料燃烧发电机组
特殊燃料发电机组	5. 仅使用煤层气（煤矿瓦斯）、兰炭尾气、炭黑尾气、焦炉煤气（荒煤气）、高炉煤气、转炉煤气、石油伴生气、油页岩、油砂、可燃冰等特殊化石燃料的发电机组
使用自产资源发电机组	6. 仅使用自产废气、尾气、煤气的发电机组
其他特殊发电机组	7. 燃煤锅炉改造形成的燃气机组（直接改为燃气轮机的情形除外）； 8. 燃油机组、整体煤气化联合循环发电（IGCC）机组、内燃机组

关于发布《大型活动碳中和实施指南（试行）》的公告

（生态环境部公告 2019 年第 19 号）

为推动践行低碳理念，弘扬以低碳为荣的社会新风尚，规范大型活动碳中和实施，现发布《大型活动碳中和实施指南（试行）》（见附件）。

特此公告。

附件：大型活动碳中和实施指南（试行）

生态环境部

2019 年 5 月 29 日

抄送：各省、自治区、直辖市生态环境厅（局），新疆生产建设兵团生态环境局。

生态环境部办公厅 2019 年 6 月 14 日印发

附件

大型活动碳中和实施指南（试行）

第一章 总 则

第一条 为推动践行低碳理念，弘扬以低碳为荣的社会新风尚，规范大型活动碳中和实施，制定本指南。

第二条 本指南所称大型活动，是指在特定时间和场所内开展的较大规模聚集行动，包括演出、赛事、会议、论坛、展览等。

第三条 本指南所称碳中和，是指通过购买碳配额、碳信用的方式或通过新建林业项目产生碳汇量的方式抵消大型活动的温室气体排放量。

第四条 各级生态环境部门根据本指南指导大型活动实施碳中和，并会同有关部门加强典型案例的经验交流和宣传推广。

第五条 鼓励大型活动组织者依据本指南对大型活动实施碳中和，并主动公开相关信息，接受政府主管部门指导和社会监督。鼓励大型活动参与者参加碳中和活动。

第二章 基本要求和原则

第六条 作出碳中和承诺或宣传的大型活动，其组织者应结合大型活动的实际情况，优先实施控制温室气体排放行动，再通过碳抵消等手段中和大型活动实际产生的温室气体排放量，实现碳中和。

第七条 核算大型活动温室气体排放应遵循完整性、规范性和准确性原则并做到公开透明。

第三章 碳中和流程

第八条 大型活动组织者需在大型活动的筹备阶段制订碳中和实施计划，在举办阶段开展减排行动，在收尾阶段核算温室气体排放量并采取抵消措施完成碳中和。

第九条 大型活动碳中和实施计划应确定温室气体排放量核算边界，预估温室气体排放量，提出减排措施，明确碳中和的抵消方式，发布碳中和实施计划的主要内容。

（一）温室气体排放量核算边界，应至少包括举办阶段的温室气体排放量，鼓励包括筹备阶段和收尾阶段的温室气体排放量。

（二）预估温室气体排放量，温室气体排放源的识别和温室气体排放量核算方法可参考本指南附 1 实施。

（三）提出减排措施。大型活动组织者在大型活动的筹备、举办和收尾阶段应当尽可能实施控制其温室气体排放行动，确保减排行动的有效性。

（四）大型活动组织者应明确碳中和的抵消方式。

（五）大型活动组织者应发布碳中和实施计划，主要内容包括大型活动名称、举办时间、举办地点、活动内容、预估排放量、减排措施、碳中和的抵消方式及预期实现碳中和日期等。

第十条 大型活动组织者应根据碳中和实施计划开展减排行动，并确保实现预期的减排效果。

第十一条 大型活动组织者应根据大型活动的实际开展情况核算温室气体排放量，为碳抵消提供准确依据。核算温室气体排放量参照本指南附 1 推荐的核算标准和技术规范实施。

第十二条 大型活动组织者应通过购买碳配额、碳信用的方式或通过新建林业项目产生碳汇量的方式抵消大型活动实际产生的温室气体排放量。鼓励优先采用来自贫困地区的碳信用或在贫困地区新建林业项目。

（一）用于抵消大型活动温室气体排放量的碳配额或碳信用，应在相应的碳配额或碳信用注册登记机构注销。已注销的碳配额或碳信用应可追溯并提供相应证明。推荐按照以下优先顺序使用碳配额或碳信用进行抵消，且实现碳中和的时间不得晚于大型活动结束后 1 年内。

1. 全国或区域碳排放权交易体系的碳配额。

2. 中国温室气体自愿减排项目产生的“核证自愿减排量”（CCER）。

3. 经省级及以上生态环境主管部门批准、备案或者认可的碳普惠项目产生的减排量。

4. 经联合国清洁发展机制（CDM）或其他减排机制签发的中国项目温室气体减排量。

（二）通过新建林业项目的方式实现碳中和的时间不得晚于大型活动结束后 6 年内，并应满足以下要求。

1. 碳汇量核算应参照本指南附 1 推荐的核算标准和技术规范实施，并经具有造林 / 再造林专业领域资质的温室气体自愿减排交易审定与核证机构实施认证。

2. 新建林业项目用于碳中和之后，不得再作为温室气体自愿减排项目或者其他减排机制项目重复开发，也不可再用于开展其他活动或项目的碳中和。

3. 大型活动组织者应保存并在公开渠道对外公示新建林业项目的地理位置、坐标范围、树种、造林面积、造林 / 再造林计划、监测计划、碳汇量及其对应的时间段等信息。

第十三条 用于抵消的碳配额、碳信用或（和）碳汇量大于等于大型活动实际产生的排放量时，即界定为该大型活动实现了碳中和。

第四章 承诺和评价

第十四条 大型活动组织者应通过自我承诺或委托符合要求的独立机构开展评价工作，确认实现碳中和。

第十五条 如通过自我承诺的方式确认大型活动实现碳中和，大型活动组织者应对照碳中和实施计划开展，保存相关证据文件并对真实性负责。

第十六条 如通过委托独立机构的方式确认大型活动实现碳中和，建议采用中国温室气体自愿减排项目审定与核证机构。独立机构的评价活动一般包括准备阶段、实施阶段和报告阶段，每个阶段应开展的工作如下。

（一）准备阶段

成立评价小组：独立机构应根据人员能力和大型活动实际情况，组建评价小组。评价小组至少由两名具备相应业务领域能力的评价人员组成。

制定评价计划：包括但不限于评价目的和依据、评价内容、评价日程等。

（二）实施阶段

文件审核：评价小组应通过查阅大型活动的减排行动、温室气体排放量化及实施抵消的相应支持材料，确认大型活动碳中和实施是否满足本指南要求。

现场访问：在大型活动举办阶段，评价小组可根据需求实施现场访问，访问内容应包括但不限于人员访谈、能耗设备运行勘查、温室气体排放量的核算等。

评价报告编制：评价小组应根据文件评审和现场访问的发现，编制评价报告，报告应当真实完整、逻辑清晰、客观公正，内容包括评价过程和方法、评价发现和结果、评价结论等。评价报告可参照本指南附 2 推荐的编写提纲编制。

评价报告复核：评价报告应经过独立于评价小组的人员复核，复核人员应具备必要的知识和能力。

（三）报告阶段

评价报告批准：独立机构批准经内部复核后的评价报告，将评价报告交大型活动组织者。

第十七条 大型活动组织者可在实现碳中和之后向社会做出公开声明。声明应包括以下内容。

（一）大型活动名称。

（二）大型活动组织者名单。

（三）大型活动举办时间。

（四）大型活动温室气体核算边界和排放量。

（五）碳中和的抵消方式及实现碳中和日期。

（六）碳中和结果的确认方式。

（七）评价机构的名称及评价结论（如有）。

（八）声明组织（人）和声明日期。

第五章　术语解释

第十八条　温室气体是指大气层中自然存在的和人类活动产生的，能够吸收和散发由地球表面、大气层和云层所产生的、波长在红外光谱内的辐射的气态成分，包括二氧化碳（CO_2）、甲烷（CH_4）等。

第十九条　本指南所称碳配额，是指在碳排放权交易市场下，参与碳排放权交易的单位和个人依法取得，可用于交易和碳市场重点排放单位温室气体排放量抵扣的指标。1 个单位碳配额相当于 1 吨二氧化碳当量。

第二十条　本指南所称碳信用，是指温室气体减排项目按照有关技术标准和认定程序确认减排量化效果后，由政府部门或国际组织签发或其授权机构签发的碳减排指标。碳信用的计量单位为碳信用额，1 个碳信用额相当于 1 吨二氧化碳当量。

第二十一条　本指南所称碳普惠，是指个人和企事业单位的自愿温室气体减排行为依据特定的方法学可以获得碳信用的机制。

附 1

推荐重点识别的大型活动排放源及对应的核算标准及技术规范

排放类型	排放源	核算标准及技术规范
化石燃料燃烧排放	固定源：大型活动场馆及服务于大型活动的工作人员办公场所内燃烧化石燃料的固定设施。如锅炉、直燃机、燃气灶具等	国家发展改革委办公厅关于印发第三批 10 个行业企业温室气体核算方法与报告指南（试行）的通知（发改办气候〔2015〕1722 号）中“公共建筑运营单位（企业）温室气体排放核算方法与报告指南（试行）”
	移动源：服务于大型活动的燃烧消耗化石燃料的移动设施。如使用化石燃料的公务车等	国家发展改革委办公厅关于印发第三批 10 个行业企业温室气体核算方法与报告指南（试行）的通知（发改办气候〔2015〕1722 号）中“陆上交通运输企业温室气体排放核算方法与报告指南（试行）”
净购入电力、热力排放	大型活动净购入电力、热力消耗产生的二氧化碳排放	国家发展改革委办公厅关于印发第三批 10 个行业企业温室气体核算方法与报告指南（试行）的通知（发改办气候〔2015〕1722 号）中“公共建筑运营单位（企业）温室气体排放核算方法与报告指南（试行）”
	服务于大型活动的电动车等移动设施。如电动公务车	国家发展改革委办公厅关于印发第三批 10 个行业企业温室气体核算方法与报告指南（试行）的通知（发改办气候〔2015〕1722 号）中“陆上交通运输企业温室气体排放核算方法与报告指南（试行）”
交通排放	会议组织方和参与方等相关人员为参加会议所产生的交通活动。如飞机、高铁、地铁、出租车、私家车等	1. 联合国政府间气候变化专门员会于 2006 年发布的《国家温室气体清单指南》（2006 IPCC Guidelines for National Greenhouse Gas Inventories） 2. 英国环境、食品和农村事务部于 2012 年发布的《关于企业报告温室气体排放因子指南（Defra/DECC，2012）
住宿餐饮排放	会议参与者的住宿、餐饮等相关活动	1. 国际标准化组织于 2018 年发布的《组织层级上对温室气体排放和清除的量化和报告的规范及指南》（ISO14064-1：2018） 2. 英国环境、食品和农村事务部于 2012 年发布的《关于企业报告温室气体排放因子指南》（Defra/DECC，2012）
会议用品隐含的碳排放	会议采购的其他产品或原料、物料供应的排放	1. 国际标准化组织于 2018 年发布的《组织层级上对温室气体排放和清除的量化和报告的规范及指南》（ISO14064-1：2018） 2. 英国环境、食品和农村事务部于 2012 年发布的《关于企业报告温室气体排放因子指南》（Defra/DECC，2012）
废弃物处理产生的排放	垃圾填埋产生的甲烷排放	国家发展改革委办公厅关于印发省级温室气体清单编制指南（试行）的通知（发改办气候〔2011〕1041 号）
	垃圾焚烧产生的二氧化碳排放	国家发展改革委办公厅关于印发省级温室气体清单编制指南（试行）的通知（发改办气候〔2011〕1041 号）

备注 1：根据大型活动的实际特点，其温室气体排放源可不限于本表所列温室气体排放源。

2：新建林业项目的碳汇量核定依据为《碳汇造林项目方法学》（AR-CM-001-V01）等由应对气候变化主管部门公布的造林 / 再造林领域温室气体自愿减排方法学。

附 2

大型活动碳中和评价报告编写提纲

1 概述

1.1 审核目的

1.2 审核范围

1.3 审核准则

2 审核过程和方法

2.1 核查组安排

2.2 文件审核

2.3 现场访问

3 审核发现

3.1 受评价的大型活动的基本信息

3.2 受评价的大型活动与碳中和实施指南的符合性

3.3 受评价的大型活动碳中和评价结果

4 参考文件清单

二、国家发展和改革委员会

国家发展改革委办公厅关于开展碳排放权交易试点工作的通知

（发改办气候〔2011〕2601号）

北京市、天津市、上海市、重庆市、广东省、湖北省、深圳市发展改革委：

根据党中央、国务院关于应对气候变化工作的总体部署，为落实“十二五”规划关于逐步建立国内碳排放交易市场的要求，推动运用市场机制以较低成本实现2020年我国控制温室气体排放行动目标，加快经济发展方式转变和产业结构升级，经综合考虑并结合有关地区申报情况和工作基础，我委同意北京市、天津市、上海市、重庆市、湖北省、广东省及深圳市开展碳排放权交易试点。

请各试点地区高度重视碳排放权交易试点工作，切实加强组织领导，建立专职工作队伍，安排试点工作专项资金，抓紧组织编制碳排放权交易试点实施方案，明确总体思路、工作目标、主要任务、保障措施及进度安排，报我委审核后实施。同时，各试点地区要着手研究制定碳排放权交易试点管理办法，明确试点的基本规则，测算并确定本地区温室气体排放总量控制目标，研究制定温室气体排放指标分配方案，建立本地区碳排放权交易监管体系和登记注册系统，培育和建设交易平台，做好碳排放权交易试点支撑体系建设，保障试点工作的顺利进行。

特此通知。

国家发展改革委办公厅

二〇一一年十月二十九日

清洁发展机制项目运行管理办法（修订）

（国家发展和改革委员会　科学技术部　外交部 财政部　令　第 11 号）

为进一步推进清洁发展机制项目在中国的有序开展，促进清洁发展机制市场的健康发展，我们对《清洁发展机制项目运行管理办法》进行了修订。现予发布，自发布之日起施行。2005 年 10 月 12 日施行的《清洁发展机制项目运行管理办法》同时废止。

国家发展改革委主任：张平
科技部部长：万钢
外交部部长：杨洁篪
财政部部长：谢旭人
二○一一年八月三日

附件

清洁发展机制项目运行管理办法（修订）

第一章　总　　则

第一条　为促进和规范清洁发展机制项目的有效有序运行，履行《联合国气候变化框架公约》（以下简称《公约》）、《京都议定书》（以下简称《议定书》）以及缔约方会议的有关决定，根据《中华人民共和国行政许可法》等有关规定，制定本办法。

第二条　清洁发展机制是发达国家缔约方为实现其温室气体减排义务与发展中国家缔约方进行项目合作的机制，通过项目合作，促进《公约》最终目标的实现，并协助发展中国家缔约方实现可持续发展，协助发达国家缔约方实现其量化限制和减少温室气体排放的承诺。

第三条　在中国开展清洁发展机制项目应符合中国的法律法规，符合《公约》《议定书》及缔约方会议的有关决定，符合中国可持续发展战略、政策，以及国民经济和社会发展的总体要求。

第四条　清洁发展机制项目合作应促进环境友好技术转让，在中国开展合作的重点领域为节约能源和提高能源效率、开发利用新能源和可再生能源、回收利用甲烷。

第五条　清洁发展机制项目的实施应保证透明、高效，明确各项目参与方的责任与义务。

第六条 在开展清洁发展机制项目合作过程中，中国政府和企业不承担《公约》和《议定书》规定之外的任何义务。

第七条 清洁发展机制项目国外合作方用于购买清洁发展机制项目减排量的资金，应额外于现有的官方发展援助资金和其在《公约》下承担的资金义务。

第二章 管理体制

第八条 国家设立清洁发展机制项目审核理事会（以下简称项目审核理事会）。项目审核理事会组长单位为国家发展改革委和科学技术部，副组长单位为外交部，成员单位为财政部、环境保护部、农业部和中国气象局。

第九条 国家发展改革委是中国清洁发展机制项目合作的主管机构，在中国开展清洁发展机制合作项目须经国家发展改革委批准。

第十条 中国境内的中资、中资控股企业作为项目实施机构，可以依法对外开展清洁发展机制项目合作。

第十一条 项目审核理事会主要履行以下职责：

（一）对申报的清洁发展机制项目进行审核，提出审核意见；

（二）向国家应对气候变化领导小组报告清洁发展机制项目执行情况和实施过程中的问题及建议，提出涉及国家清洁发展机制项目运行规则的建议。

第十二条 国家发展改革委主要履行以下职责：

（一）组织受理清洁发展机制项目的申请；

（二）依据项目审核理事会的审核意见，会同科学技术部和外交部批准清洁发展机制项目；

（三）出具清洁发展机制项目批准函；

（四）组织对清洁发展机制项目实施监督管理；

（五）处理其他相关事务。

第十三条 项目实施机构主要履行以下义务：

（一）承担清洁发展机制项目减排量交易的对外谈判，并签订购买协议；

（二）负责清洁发展机制项目的工程建设；

（三）按照《公约》《议定书》和有关缔约方会议的决定，以及与国外合作方签订购买协议的要求，实施清洁发展机制项目，履行相关义务，并接受国家发展改革委及项目所在地发展改革委的监督；

（四）按照国际规则接受对项目合格性和项目减排量的核实，提供必要的资料和监测记录。在接受核实和提供信息过程中依法保护国家秘密和商业秘密；

（五）向国家发展改革委报告清洁发展机制项目温室气体减排量的转让情况；

（六）协助国家发展改革委及项目所在地发展改革委就有关问题开展调查，并接受质询；

（七）企业资质发生变更后主动申报；

（八）根据本办法第三十六条规定的比例，按时足额缴纳减排量转让交易额；

（九）承担依法应由其履行的其他义务。

第三章　申请和实施程序

第十四条　附件所列中央企业直接向国家发展改革委提出清洁发展机制合作项目的申请，其余项目实施机构向项目所在地省级发展改革委提出清洁发展机制项目申请。有关部门和地方政府可以组织企业提出清洁发展机制项目申请。国家发展改革委可根据实际需要适时对附件所列中央企业名单进行调整。

第十五条　项目实施机构向国家发展改革委或项目所在地省级发展改革委提出清洁发展机制项目申请时必须提交以下材料：

（一）清洁发展机制项目申请表；

（二）企业资质状况证明文件复印件；

（三）工程项目可行性研究报告批复（或核准文件，或备案证明）复印件；

（四）环境影响评价报告（或登记表）批复复印件；

（五）项目设计文件；

（六）工程项目概况和筹资情况说明；

（七）国家发展改革委认为有必要提供的其他材料。

第十六条　如果项目在申报时尚未确定国外买方，项目实施机构在填报项目申请表时必须注明该清洁发展机制合作项目为单边项目。获国家批准后，项目产生的减排量将转入中国国家账户，经国家发展改革委批准后方可将这些减排量从中国国家账户中转出。

第十七条　国家发展改革委在接到附件所列中央企业申请后，对申请材料不齐全或不符合法定形式的申请，应当场或在 5 日内一次告知申请人需要补正的全部内容。

第十八条　项目所在地省级发展改革委在受理除附件所列中央企业外的项目实施机构申请后 20 个工作日内，将全部项目申请材料及初审意见报送国家发展改革委，且不得以任何理由对项目实施机构的申请作出否定决定。对申请材料不齐全或不符合法定形式的申请，项目所在地省级发展改革委应当场或在 5 日内一次告知申请人需要补正的全部内容。

第十九条　国家发展改革委在受理本办法附件所列中央企业提交的项目申请，或项目所在地省级发展改革委转报的项目申请后，组织专家对申请项目进行评审，评审时间不超过 30 日。项目经专家评审后，由国家发展改革委提交项目审核理事会审核。

第二十条　项目审核理事会召开会议对国家发展改革委提交的项目进行审核，提出审核意见。项目审核理事会审核的内容主要包括：

（一）项目参与方的参与资格；

（二）本办法第十五条规定提交的相关批复；

（三）方法学应用；

（四）温室气体减排量计算；

（五）可转让温室气体减排量的价格；

（六）减排量购买资金的额外性；

（七）技术转让情况；

（八）预计减排量的转让期限；

（九）监测计划；

（十）预计促进可持续发展的效果。

第二十一条　国家发展改革委根据项目审核理事会的意见，会同科学技术部和外交部作出是否出具批准函的决定。对项目审核理事会审核同意批准的项目，从项目受理之日起20个工作日内（不含专家评审的时间）办理批准手续；对项目审核理事会审核同意批准，但需要修改完善的项目，在接到项目实施机构提交的修改完善材料后会同科学技术部和外交部办理批准手续；对项目审核理事会审核不同意批准的项目，不予办理批准手续。

第二十二条　项目经国家发展改革委批准后，由经营实体提交清洁发展机制执行理事会申请注册。

第二十三条　国家发展改革委负责对清洁发展机制项目的实施进行监督。项目实施机构在清洁发展机制项目成功注册后10个工作日内向国家发展改革委报告注册状况，在项目每次减排量签发和转让后10个工作日内向国家发展改革委报告签发和转让有关情况。

第二十四条　工程建设项目的审批程序和审批权限，按国家有关规定办理。

第四章　法律责任

第二十五条　本办法涉及的行政机关及其工作人员，在清洁发展机制项目申请过程中，对符合法定条件的项目申请不予受理，或当项目实施机构提交的申请材料不齐全、不符合法定形式时，不一次告知项目实施机构必须补正的全部内容的，由其上级行政机关或者监察机关责令改正；情节严重的，对直接负责的主管人员和其他直接责任人员依法给予行政处分。

第二十六条　本办法涉及的行政机关及其工作人员，在接收、受理、审批项目申请，以及对项目实施监督检查过程中，索取或者收受他人财物或者谋取其他利益，构成犯罪的，依法追究刑事责任；尚不构成犯罪的，依法给予行政处分。

第二十七条　本办法涉及的行政机关及其工作人员，对不符合法定条件的项目申请予以批准，或者超越法定职权作出批准决定的，由其上级行政机关或者监察机关责令改正，对直接负责的主管人员和其他直接责任人员依法给予行政处分；构成犯罪的，依法追究刑事责任。

第二十八条　项目实施机构在清洁发展机制项目申请及实施过程中，如隐瞒有关情况或者提供虚假材料的，国家发展改革委可不予受理或者不予行政许可，并给予警告。

第二十九条　项目实施机构以欺骗、贿赂等不正当手段取得批准函的，国家发展改革委依法处以与项目减排量转让收入相当的罚款，罚款收入按照《行政处罚法》等有关规定，就地上缴中央国库。构成犯罪的，依法追究刑事责任。

第三十条　项目实施机构在取得国家发展改革委出具的批准函后，企业股权变更为外资或外资控股的，自动丧失清洁发展机制项目实施资格，股权变更后取得的项目减排量转让收入归国家所有。

第三十一条　项目实施机构在减排量交易完成后，未按照相关规定向国家按时足额缴纳减排量交易额分成的，国家发展改革委依法对项目实施机构给予行政处罚。

第三十二条　项目实施机构伪造、涂改批准函，或在接受监督检查时隐瞒有关情况、提供虚假材料或拒绝提供相关材料的，国家发展改革委依法给予行政处罚；构成犯罪的，依法追究刑事责任。

第五章　附　　则

第三十三条　本办法中的发达国家缔约方是指《公约》附件一中所列的国家。

第三十四条　本办法中的清洁发展机制执行理事会是指《议定书》下为实施清洁发展机制项目而专门设置的管理机构。

第三十五条　本办法中的经营实体是指由清洁发展机制执行理事会指定的审定和核证机构。

第三十六条　清洁发展机制项目因转让温室气体减排量所获得的收益归国家和项目实施机构所有，其他机构和个人不得参与减排量转让交易额的分成。国家与项目实施机构减排量转让交易额分配比例如下：

（一）氢氟碳化物（HFC）类项目，国家收取温室气体减排量转让交易额的65%；

（二）己二酸生产中的氧化亚氮（N_2O）项目，国家收取温室气体减排量转让交易额的30%；

（三）硝酸等生产中的氧化亚氮（N_2O）项目，国家收取温室气体减排量转让交易额的10%；

（四）全氟碳化物（PFC）类项目，国家收取温室气体减排量转让交易额的5%；

（五）其它类型项目，国家收取温室气体减排量转让交易额的2%。

国家从清洁发展机制项目减排量转让交易额收取的资金，用于支持与应对气候变化相关的活动，由中国清洁发展机制基金管理中心根据《中国清洁发展机制基金管理办法》收取。

第三十七条　国家发展改革委已批准项目2012年后产生的减排量，须经国家发展改革委同意后才可转让，项目实施按照本办法管理。

第三十八条　本办法由国家发展改革委商科学技术部、外交部、财政部解释。

第三十九条　本办法自发布之日起施行。2005年10月12日起实施的《清洁发展机制项目运行管理办法》即行废止。

附：可直接向国家发展改革委提交清洁发展机制项目申请的中央企业名单

附件

可直接向国家发展改革委提交清洁发展机制项目申请的中央企业名单

（1）中国核工业集团公司；（2）中国核工业建设集团公司；（3）中国化工集团公司；
（4）中国化学工程集团公司；（5）中国轻工集团公司；（6）中国盐业总公司；
（7）中国中材集团公司；（8）中国建筑材料集团公司；（9）中国电子科技集团公司；
（10）中国有色矿业集团有限公司；（11）中国石油天然气集团公司；
（12）中国石油化工集团公司；（13）中国海洋石油总公司；（14）国家电网公司；

（15）中国华能集团公司；（16）中国大唐集团公司；（17）中国华电集团公司；
（18）中国国电集团公司；（19）中国电力投资集团公司；（20）中国铁路工程总公司；
（21）中国铁道建筑总公司；（22）神华集团有限责任公司；
（23）中国交通建设集团有限公司；（24）中国农业发展集团总公司；
（25）中国林业集团公司；（26）中国铝业公司；（27）中国航空集团公司；
（28）中国中化集团公司；（29）中粮集团有限公司；（30）中国五矿集团公司；
（31）中国建筑工程总公司；（32）中国水利水电建设集团公司；
（33）国家核电技术有限公司；（34）中国节能投资公司；
（35）中国中煤能源集团公司；（36）中国煤炭科工集团有限公司；
（37）中国机械工业集团有限公司；（38）中国中钢集团公司；
（39）中国冶金科工集团有限公司；（40）中国钢研科技集团公司；
（41）中国广东核电集团。

国家发展改革委关于印发《温室气体自愿减排交易管理暂行办法》的通知

（发改气候〔2012〕1668 号）

国务院各部委、直属机构，各省、自治区、直辖市发展改革委：

为实现我国 2020 年单位国内生产总值二氧化碳排放下降目标，《国民经济和社会发展第十二个五年规划纲要》提出逐步建立碳排放交易市场，发挥市场机制在推动经济发展方式转变和经济结构调整方面的重要作用。目前，国内已经开展了一些基于项目的自愿减排交易活动，对于培育碳减排市场意识、探索和试验碳排放交易程序和规范具有积极意义。为保障自愿减排交易活动有序开展，调动全社会自觉参与碳减排活动的积极性，为逐步建立总量控制下的碳排放权交易市场积累经验，奠定技术和规则基础，我委组织制定了《温室气体自愿减排交易管理暂行办法》（以下简称《暂行办法》）。现印发施行。

鉴于温室气体自愿减排交易是一项全新的探索性工作，涉及面广，操作环节多，程序复杂，需要精心组织，严格管理，应确保有关交易活动符合诚信原则和《暂行办法》的程序规则，所交易的减排量应真实可靠。《暂行办法》实施过程中有何问题和意见，请及时反馈我委。

特此通知。

附件：《温室气体自愿减排交易管理暂行办法》

国家发展和改革委员会

二〇一二年六月十三日

附件

温室气体自愿减排交易管理暂行办法

第一章　总　　则

第一条　为鼓励基于项目的温室气体自愿减排交易，保障有关交易活动有序开展，制定本暂行办法。

第二条　本暂行办法适用于二氧化碳（CO_2）、甲烷（CH_4）、氧化亚氮（N_2O）、氢氟碳化物（HFCs）、全氟化碳（PFCs）和六氟化硫（SF_6）等六种温室气体的自愿减排量的交易活动。

第三条　温室气体自愿减排交易应遵循公开、公平、公正和诚信的原则，所交易减排量应基于具体项目，并具备真实性、可测量性和额外性。

第四条　国家发展改革委作为温室气体自愿减排交易的国家主管部门，依据本暂行办法对中华人民共和国境内的温室气体自愿减排交易活动进行管理。

第五条　内外机构、企业、团体和个人均可参与温室气体自愿减排量交易。

第六条　国家对温室气体自愿减排交易采取备案管理。参与自愿减排交易的项目，在国家主管部门备案和登记，项目产生的减排量在国家主管部门备案和登记，并在经国家主管部门备案的交易机构内交易。

中国境内注册的企业法人可依据本暂行办法申请温室气体自愿减排项目及减排量备案。

第七条　国家主管部门建立并管理国家自愿减排交易登记簿（以下简称“国家登记簿”），用于登记经备案的自愿减排项目和减排量，详细记录项目基本信息及减排量备案、交易、注销等有关情况。

第八条　在每个备案完成后的10个工作日内，国家主管部门通过公布相关信息和提供国家登记簿查询，引导参与自愿减排交易的相关各方，对具有公信力的自愿减排量进行交易。

第二章　自愿减排项目管理

第九条　参与温室气体自愿减排交易的项目应采用经国家主管部门备案的方法学并由经国家主管部门备案的审定机构审定。

第十条　方法学是指用于确定项目基准线、论证额外性、计算减排量、制定监测计划等的方法指南。

对已经联合国清洁发展机制执行理事会批准的清洁发展机制项目方法学，由国家主管部门委托专家进行评估，对其中适合于自愿减排交易项目的方法学予以备案。

第十一条　对新开发的方法学，其开发者可向国家主管部门申请备案，并提交该方法学及所依托项目的设计文件。国家主管部门接到新方法学备案申请后，委托专家进行技术评估，评估时间不超过60个工作日。

国家主管部门依据专家评估意见对新开发方法学备案申请进行审查，并于接到备案申请之日起30个工作日内（不含专家评估时间）对具有合理性和可操作性、所依托项目设计文件内容完备、技术描述科学合理的新开发方法学予以备案。

第十二条　申请备案的自愿减排项目在申请前应由经国家主管部门备案的审定机构审定，并出具项目审定报告。项目审定报告主要包括以下内容：

（一）项目审定程序和步骤；

（二）项目基准线确定和减排量计算的准确性；

（三）项目的额外性；

（四）监测计划的合理性；

（五）项目审定的主要结论。

第十三条　申请备案的自愿减排项目应于2005年2月16日之后开工建设，且属于以下任一类别：

（一）采用经国家主管部门备案的方法学开发的自愿减排项目；

（二）获得国家发展改革委批准作为清洁发展机制项目，但未在联合国清洁发展机制执行理事会注册的项目；

（三）获得国家发展改革委批准作为清洁发展机制项目且在联合国清洁发展机制执行理事会注册前就已经产生减排量的项目；

（四）在联合国清洁发展机制执行理事会注册但减排量未获得签发的项目。

第十四条　国资委管理的中央企业中直接涉及温室气体减排的企业（包括其下属企业、控股企业），直接向国家发展改革委申请自愿减排项目备案。具体名单由国家主管部门制定、调整和发布。

未列入前款名单的企业法人，通过项目所在省、自治区、直辖市发展改革部门提交自愿减排项目备案申请。省、自治区、直辖市发展改革部门就备案申请材料的完整性和真实性提出意见后转报国家主管部门。

第十五条　申请自愿减排项目备案须提交以下材料：

（一）项目备案申请函和申请表；

（二）项目概况说明；

（三）企业的营业执照；

（四）项目可研报告审批文件、项目核准文件或项目备案文件；

（五）项目环评审批文件；

（六）项目节能评估和审查意见；

（七）项目开工时间证明文件；

（八）采用经国家主管部门备案的方法学编制的项目设计文件；

（九）项目审定报告。

第十六条　国家主管部门接到自愿减排项目备案申请材料后，委托专家进行技术评估，评估时间不超过 30 个工作日。

第十七条　国家主管部门商有关部门依据专家评估意见对自愿减排项目备案申请进行审查，并于接到备案申请之日起 30 个工作日内（不含专家评估时间）对符合下列条件的项目予以备案，并在国家登记簿登记。

（一）符合国家相关法律法规；

（二）符合本办法规定的项目类别；

（三）备案申请材料符合要求；

（四）方法学应用、基准线确定、温室气体减排量的计算及其监测方法得当；

（五）具有额外性；

（六）审定报告符合要求；

（七）对可持续发展有贡献。

第三章　项目减排量管理

第十八条　经备案的自愿减排项目产生减排量后，作为项目业主的企业在向国家主管部门申请减排量备案前，应由经国家主管部门备案的核证机构核证，并出具减排量核证报告。减排量核证报告主要包括以下内容：

（一）减排量核证的程序和步骤；

（二）监测计划的执行情况；

（三）减排量核证的主要结论。

对年减排量6万吨以上的项目进行过审定的机构，不得再对同一项目的减排量进行核证。

第十九条　申请减排量备案须提交以下材料：

（一）减排量备案申请函；

（二）项目业主或项目业主委托的咨询机构编制的监测报告；

（三）减排量核证报告。

第二十条　国家主管部门接到减排量备案申请材料后，委托专家进行技术评估，评估时间不超过30个工作日。

第二十一条　国家主管部门依据专家评估意见对减排量备案申请进行审查，并于接到备案申请之日起30个工作日内（不含专家评估时间）对符合下列条件的减排量予以备案：

（一）产生减排量的项目已经国家主管部门备案；

（二）减排量监测报告符合要求；

（三）减排量核证报告符合要求。

经备案的减排量称为“核证自愿减排量（CCER）”，单位以“吨二氧化碳当量(tCO_2e)”计。

第二十二条　自愿减排项目减排量经备案后，在国家登记簿登记并在经备案的交易机构内交易。用于抵消碳排放的减排量，应于交易完成后在国家登记簿中予以注销。

第四章　减排量交易

第二十三条　温室气体自愿减排量应在经国家主管部门备案的交易机构内，依据交易机构制定的交易细则进行交易。

经备案的交易机构的交易系统与国家登记簿连接，实时记录减排量变更情况。

第二十四条　交易机构通过其所在省、自治区和直辖市发展改革部门向国家主管部门申请备案，并提交以下材料：

（一）机构的注册资本及股权结构说明；

（二）章程、内部监管制度及有关设施情况报告；

（三）高层管理人员名单及简历；

（四）交易机构的场地、网络、设备、人员等情况说明及相关地方或行业主管部门出具的意见和证明材料；

（五）交易细则。

第二十五条　国家主管部门对交易机构备案申请进行审查，审查时间不超过6个月，并于审查完成后对符合以下条件的交易机构予以备案：

（一）在中国境内注册的中资法人机构，注册资本不低于1亿元人民币；

（二）具有符合要求的营业场所、交易系统、结算系统、业务资料报送系统和与业务有关的其他设施；

（三）拥有具备相关领域专业知识及相关经验的从业人员；

（四）具有严格的监察稽核、风险控制等内部监控制度；

（五）交易细则内容完整、明确，具备可操作性。

第二十六条　对自愿减排交易活动中有违法违规情况的交易机构，情节较轻的，国家主管部门将责令其改正；情节严重的，将公布其违法违规信息，并通告其原备案无效。

第五章　审定与核证管理

第二十七条　从事本暂行办法第二章规定的自愿减排交易项目审定和第三章规定的减排量核证业务的机构，应通过其注册地所在省、自治区和直辖市发展改革部门向国家主管部门申请备案，并提交以下材料：

（一）营业执照；

（二）法定代表人身份证明文件；

（三）在项目审定、减排量核证领域的业绩证明材料；

（四）审核员名单及其审核领域。

第二十八条　国家主管部门接到审定与核证机构备案申请材料后，对审定与核证机构备案申请进行审查，审查时间不超过 6 个月，并于审查完成后对符合下列条件的审定与核证机构予以备案：

（一）成立及经营符合国家相关法律规定；

（二）具有规范的管理制度；

（三）在审定与核证领域具有良好的业绩；

（四）具有一定数量的审核员，审核员在其审核领域具有丰富的从业经验，未出现任何不良记录；

（五）具备一定的经济偿付能力。

第二十九条　经备案的审定和核证机构，在开展相关业务过程中如出现违法违规情况，情节较轻的，国家主管部门将责令其改正；情节严重的，将公布其违法违规信息，并通告其原备案无效。

第六章　附　　则

第三十条　本暂行办法由国家发展改革委负责解释。

第三十一条　本暂行办法自印发之日起施行。

附件

可直接向国家发展改革委申请自愿减排项目备案的中央企业名单

（1）中国核工业集团公司；（2）中国核工业建设集团公司；（3）中国化工集团公司；（4）中国化学工程集团公司；（5）中国轻工集团公司；（6）中国盐业总公司；（7）中国中材集团公司；（8）中国建筑材料集团公司；（9）中国电子科技集团公司；（10）中国有色矿业集团有限公司；（11）中国石油天然气集团公司；（12）中国石油化工集团公司；（13）中国海洋石油总公司；（14）国家电网公司；（15）中国华能集团公司；（16）中国大唐集团公司；（17）中国华电集团公司；（18）中国国电集团公司；（19）中国电力投资集团公司；（20）中国铁路工程总公司；（21）中国铁道建筑总公司；（22）神华集团有限责任公司；（23）中国交通建设集团有限公司；（24）中国农业发展集团总公司；（25）中国林业集团公司；（26）中国铝业公司；（27）中国航空集团公司；（28）中国中化集团公司；（29）中粮集团有限公司；（30）中国五矿集团公司；（31）中国建筑工程总公司；（32）中国水利水电建设集团公司；（33）国家核电技术有限公司；（34）中国节能投资公司；（35）华润（集团）有限公司；（36）中国中煤能源集团公司；（37）中国煤炭科工集团有限公司；（38）中国机械工业集团有限公司；（39）中国中钢集团公司；（40）中国冶金科工集团有限公司；（41）中国钢研科技集团公司；（42）中国广东核电集团；（43）中国长江三峡集团公司。

国家发展改革委办公厅关于切实做好全国碳排放权交易市场启动重点工作的通知

（发改办气候〔2016〕57号）

国家民航局综合司，各省、自治区、直辖市及计划单列市、新疆建设兵团发展改革委（青海省经信委），有关行业协会、有关中央管理企业：

按照党的十八届三中全会、五中全会的有关部署，根据“十二五”规划《纲要》、《生态文明体制改革总体方案》的任务要求，我委抓紧推进全国碳排放权交易市场建设，取得了阶段性进展。2016年是全国碳排放权交易市场建设攻坚时期，各省区市及计划单列市、新疆建设兵团发展改革委（青海省经信委）（以下简称地方主管部门）、民航局、相关行业协会、中央管理企业等应积极配合，按照国家统一部署扎实推进各项工作。为此，现就切实做好启动前重点准备工作的具体要求通知如下：

一、工作目标

结合经济体制改革和生态文明体制改革总体要求，以控制温室气体排放、实现低碳发展为导向，充分发挥市场机制在温室气体排放资源配置中的决定性作用，国家、地方、企业上下联动、协同推进全国碳排放权交易市场建设，确保2017年启动全国碳排放权交易，实施碳排放权交易制度。

二、工作任务

民航局、地方主管部门要建立和完善工作机制，明确工作要求，扎实推进各项具体工作，切实提供工作保障，着力提升碳排放权交易市场的基础能力建设。相关行业协会和央企发挥带头示范作用，形成重点行业、重点企业积极响应、积极参与全国碳排放权交易的良好氛围。

（一）提出拟纳入全国碳排放权交易体系的企业名单

全国碳排放权交易市场第一阶段将涵盖石化、化工、建材、钢铁、有色、造纸、电力、航空等重点排放行业（具体行业及代码参见附件1），参与主体初步考虑为业务涉及上述重点行业，其2013至2015年中任意一年综合能源消费总量达到1万吨标准煤以上（含）的企业法人单位或独立核算企业单位。请民航局、各地方主管部门组织有关单位，对管辖范围内属于附件 1 所列行业的企业进行摸底，于 2016 年 2 月 29 日前将符合本通知要求的企业名单报我委，作为确定纳入全国碳排放权交易企业的参考依据。各地方主管部门除按照本通知要求提出拟纳入企业的名单外，可根据本地区企业的实际情况，提出本地拟增加纳入的行业和企业的建议。如有此类情况，请在名单中予以说明。

为切实反映企业实际情况，请各有关行业协会、中央管理企业按照上述要求，协助对本行业内或本集团内的企业单位进行摸底，于 2016 年 2 月 29 日前将本行业内或集团内符合本通知要求的企业名单报我委，以便我委进行交叉验证，为确定纳入全国碳排放权交易的企业名单提供依据。

（二）对拟纳入企业的历史碳排放进行核算、报告与核查

请民航局、地方主管部门针对提出的拟纳入全国碳排放权交易的参与企业，按照以下程序，抓紧组织开展历史碳排放报告与核查工作，为我委 2016 年出台并实施全国碳排放权交易体系中的配额分配方案提供支撑。

1. 企业核算与报告：组织管辖范围内拟纳入的企业按照所属的行业，根据我委已分批公布的企业温室气体排放核算方法与报告指南（发改办气候〔2013〕2526 号、发改办气候〔2014〕2920 号和〔2015〕1722 号）的要求，分年度核算并报告其 2013 年、2014 年和 2015 年共 3 年的温室气体排放量及相关数据。此外，根据配额分配需要，企业须按照本通知附件 3 提供的模板，同时核算并报告上述指南中未涉及的其它相关基础数据。

2. 第三方核查：企业完成核算与报告工作后，由地方主管部门选择第三方核查机构对企业的排放数据等进行核查，对第三方核查机构及核查人员的基本要求可参考本通知附件 4。第三方核查机构核查后须出具核查报告，核查的程序和核查报告的格式可参考本通知附件 5。

3. 审核与报送：企业将排放报告和第三方核查机构出具的核查报告提交注册所在地地方主管部门，地方主管部门进行审核，并按照本通知附件 2 汇总企业的温室气体排放数据，于 2016 年 6 月 30 日前将汇总数据、单个企业经核查的排放报告（含补充数据）一并以电子版形式报我委。

请各行业协会、央企集团提供大力支持，积极动员行业内或集团内企业单位，高度重视基础数据收集与核算，切实加强自身队伍建设，确定专职核算与管理人员，尽快熟悉和掌握核算方法及报告要求，根据上述要求开展数据核算与报告工作，认真配合第三方核查机构开展核查，为核查工作提供必要的协助与便利。

（三）培育和遴选第三方核查机构及人员

我委正在研究制定第三方核查机构管理办法。在该办法出台前，各地可结合工作需求，对具备能力的第三方核查机构及核查人员进行摸底，按照一定条件，培养并遴选一批在相关领域从业经验丰富、具有独立法人资格、具备充足的专业人员及完善的内部管理程序的核查机构，为本地区提供第三方核查服务。同时，加强对核查机构及核查人员的监管，坚决避免可能的利益冲突，保证核查工作的公正性，提高核查人员的素质和能力，规范核查机构业务，确保核查质量，杜绝不同核查机构之间的恶性竞争。

（四）强化能力建设

我委将继续组织各地方、各相关行业协会和中央管理企业，结合工作实际，围绕全国碳排放权交易市场各个环节，深入开展能力建设，针对不同的对象，制定系统的培训计划，组织开展分层次的培训，重点培训讲师队伍和专业技术人才队伍，并发挥试点地区帮扶带作用，为全国碳排放权交易市场的运行提供人员保障。对行政管理部门，着重加强碳排放权交易市场顶层设计、运行管理、注册登记系统应用与管理、市场监管等方面的培训；对参与企业，着重开展碳排放权交易基础知识、碳排放核算与报告、注册登记系统使用、市场交易、碳资产管理等方面培训；对第三方核查机构，重点开展数据报告与核查方面的培训；对交易机构，主要进行市场风险防控、交易系统与注册登记系统对接等方面的培训。请各地方、各相关行业协会、中央管理企业按照国家总体部署，积极参加相关培训活动，提高自身能力，认真遴选参加讲师培训的人选，并以此为基础，在本地区、本行业和本企业集团内部继续组织开展培训，确保基层相关人员都能具备必要的工作能力。

三、保障措施

（一）组织保障

各地方应高度重视全国碳排放权交易市场建设工作，切实加强对辖区内相关工作的组织领导。建立起由主管部门负责、多部门协同配合的工作机制；支持主管部门设立专职人员负责碳排放权交易工作，组织制定工作实施方案，细化任务分工，明确时间节点，协同落实和推进各项具体工作任务。各央企集团应加强内部对碳排放管理工作的统筹协调和归口管理，明确统筹管理部门，理顺内部管理机制，建立集团的碳排放管理机制，制定企业参与全国碳排放权交易市场的工作方案。

（二）资金保障

请各地方落实建立碳排放权交易市场所需的工作经费，争取安排专项资金，专门支持碳排放权交易相关工作。此外，也应积极开展对外合作，利用合作资金支持能力建设等基础工作。各央企集团应为本集团内企业加强碳排放管理工作安排经费支持，支持开展能力建设、数据报送等相关工作。

（三）技术保障

各地方要重点扶持具备技术能力的机构，建立技术支撑队伍，为制定和实施相关政策措施提供技术支持。各行业协会应发挥各自的网络渠道和专业技术优势，积极为本行业企业参与全国碳排放权交易市场提供服务，收集和反馈企业在参与全国碳排放权交易市场中遇到的问题和相关建议，协助提高相关政策的合理性和可操作性。为加强对地方的支持，我委专门建立了碳排放报告与核查工作技术问答平台，利用该平台组织专家对相关的典型问题进行统一答复。有关各方可在线注册登录，并就核算与核查工作中涉及的各项技术问题进行咨询。

在线问答平台网址：（http://124.205.45.90:8080/mrv/），问答热线电话：4001-676-772、4001-676-762，本通知附件可在我委网站气候司子站下载（http://qhs.ndrc.gov.cn）

请各有关单位按照本通知要求，抓紧部署工作，保质保量完成。工作中的问题和建议，请及时反馈我委。

特此通知。

附件：1. 全国碳排放权交易覆盖行业及代码

2. 全国碳排放权交易企业碳排放汇总表

3. 全国碳排放权交易企业碳排放补充数据核算报告模板

4. 全国碳排放权交易第三方核查机构及人员参考条件

5. 全国碳排放权交易第三方核查参考指南

国家发展改革委办公厅

2016 年 1 月 11 日

国家发展改革委关于印发《全国碳排放权交易市场建设方案（发电行业）》的通知

（发改气候规〔2017〕2191号）

各省、自治区、直辖市及计划单列市人民政府，新疆生产建设兵团，外交部、教育部、科技部、工业和信息化部、民政部、财政部、国土资源部、环境保护部、住房城乡建设部、交通运输部、水利部、农业部、商务部、卫生计生委、国资委、税务总局、质检总局、统计局、林业局、国管局、法制办、中科院、气象局、海洋局、铁路局、民航局、人民银行、证监会、银监会、认监委：

为贯彻落实党中央、国务院关于建立全国碳排放权交易市场的决策部署，稳步推进全国碳排放权交易市场建设，经国务院同意，现将《全国碳排放权交易市场建设方案（发电行业）》印发你们，请按照执行。

附件：全国碳排放权交易市场建设方案（发电行业）

国家发展改革委

2017年12月18日

附件

全国碳排放权交易市场建设方案（发电行业）

建立碳排放权交易市场，是利用市场机制控制温室气体排放的重大举措，也是深化生态文明体制改革的迫切需要，有利于降低全社会减排成本，有利于推动经济向绿色低碳转型升级。为扎实推进全国碳排放权交易市场（以下简称“碳市场”）建设工作，确保2017年顺利启动全国碳排放交易体系，根据《中华人民共和国国民经济和社会发展第十三个五年规划纲要》和《生态文明体制改革总体方案》，制定本方案。

一、总体要求

（一）指导思想

深入贯彻落实党的十九大精神，高举中国特色社会主义伟大旗帜，坚持以习近平新时代中国特色社会主义思想为指导，紧紧围绕统筹推进“五位一体”总体布局和协调推进“四个全面”战略布局，牢固树立创新、协调、绿色、开放、共享的发展理念，认真落实党中央、国务院关于生态文明建设的决策部署，充分发挥市场机制对控制温室气体排放的作用，稳步推进建立全国统一的碳市场，为我国有效控制和逐步减少碳排放，推动绿色低碳发展作出新贡献。

（二）基本原则

坚持市场导向、政府服务。贯彻落实简政放权、放管结合、优化服务的改革要求，以企业为主体，以市场为导向，强化政府监管和服务，充分发挥市场对资源配置的决定性作用。

坚持先易后难、循序渐进。按照国家生态文明建设和控制温室气体排放的总体要求，在不影响经济平稳健康发展的前提下，分阶段、有步骤地推进碳市场建设。在发电行业（含热电联产，下同）率先启动全国碳排放交易体系，逐步扩大参与碳市场的行业范围，增加交易品种，不断完善碳市场。

坚持协调协同、广泛参与。统筹国际、国内两个大局，统筹区域、行业可持续发展与控制温室气体排放需要，按照供给侧结构性改革总体部署，加强与电力体制改革、能源消耗总量和强度“双控”、大气污染防治等相关政策措施的协调。持续优化完善碳市场制度设计，充分调动部门、地方、企业和社会积极性，共同推进和完善碳市场建设。

坚持统一标准、公平公开。统一市场准入标准、配额分配方法和有关技术规范，建设全国统一的排放数据报送系统、注册登记系统、交易系统和结算系统等市场支撑体系。构建有利于公平竞争的市场环境，及时准确披露市场信息，全面接受社会监督。

（三）目标任务

坚持将碳市场作为控制温室气体排放政策工具的工作定位，切实防范金融等方面风险。以发电行业为突破口率先启动全国碳排放交易体系，培育市场主体，完善市场监管，逐步扩大市场覆盖范围，丰富交易品种和交易方式。逐步建立起归属清晰、保护严格、流转顺畅、监管有效、公开透明、具有国际影响力的碳市场。配额总量适度从紧、价格合理适中，有效激发企业减排潜力，推动企业转型升级，实现控制温室气体排放目标。自本方案印发之后，分三阶段稳步推进碳市场建设工作。

基础建设期。用一年左右的时间，完成全国统一的数据报送系统、注册登记系统和交易系统建设。深入开展能力建设，提升各类主体参与能力和管理水平。开展碳市场管理制度建设。

模拟运行期。用一年左右的时间，开展发电行业配额模拟交易，全面检验市场各要素环节的有效性和可靠性，强化市场风险预警与防控机制，完善碳市场管理制度和支撑体系。

深化完善期。在发电行业交易主体间开展配额现货交易。交易仅以履约（履行减排义务）为目的，履约部分的配额予以注销，剩余配额可跨履约期转让、交易。在发电行业碳市场稳定运行的前提下，逐步扩大市场覆盖范围，丰富交易品种和交易方式。创造条件，尽早将国家核证自愿减排量纳入全国碳市场。

二、市场要素

（四）交易主体

初期交易主体为发电行业重点排放单位。条件成熟后，扩大至其他高耗能、高污染和资源性行业。适时增加符合交易规则的其他机构和个人参与交易。

（五）交易产品

初期交易产品为配额现货，条件成熟后增加符合交易规则的国家核证自愿减排量及其他交易产品。

（六）交易平台

建立全国统一、互联互通、监管严格的碳排放权交易系统，并纳入全国公共资源交易平台体系管理。

三、参与主体

（七）重点排放单位

发电行业年度排放达到2.6 万吨二氧化碳当量（综合能源消费量约 1 万吨标准煤）及以上的企业或者其他经济组织为重点排放单位。年度排放达到2.6 万吨二氧化碳当量及以上的其他行业自备电厂视同发电行业重点排放单位管理。在此基础上，逐步扩大重点排放单位范围。

（八）监管机构

国务院发展改革部门与相关部门共同对碳市场实施分级监管。国务院发展改革部门会同相关行业主管部门制定配额分配方案和核查技术规范并监督执行。各相关部门根据职责分工分别对第三方核查机构、交易机构等实施监管。省级、计划单列市应对气候变化主管部门监管本辖区内的数据核查、配额分配、重点排放单位履约等工作。各部门、各地方各司其职、相互配合，确保碳市场规范有序运行。

（九）核查机构

符合有关条件要求的核查机构，依据核查有关规定和技术规范，受委托开展碳排放相关数据核查，并出具独立核查报告，确保核查报告真实、可信。

四、制度建设

（十）碳排放监测、报告与核查制度

国务院发展改革部门会同相关行业主管部门制定企业排放报告管理办法、完善企业温室气体核算报告指南与技术规范。各省级、计划单列市应对气候变化主管部门组织开展数

据审定和报送工作。重点排放单位应按规定及时报告碳排放数据。重点排放单位和核查机构须对数据的真实性、准确性和完整性负责。

（十一）重点排放单位配额管理制度

国务院发展改革部门负责制定配额分配标准和办法。各省级及计划单列市应对气候变化主管部门按照标准和办法向辖区内的重点排放单位分配配额。重点排放单位应当采取有效措施控制碳排放，并按实际排放清缴配额（“清缴”是指清理应缴未缴配额的过程）。省级及计划单列市应对气候变化主管部门负责监督清缴，对逾期或不足额清缴的重点排放单位依法依规予以处罚，并将相关信息纳入全国信用信息共享平台实施联合惩戒。

（十二）市场交易相关制度

国务院发展改革部门会同相关部门制定碳排放权市场交易管理办法，对交易主体、交易方式、交易行为以及市场监管等进行规定，构建能够反映供需关系、减排成本等因素的价格形成机制，建立有效防范价格异常波动的调节机制和防止市场操纵的风险防控机制，确保市场要素完整、公开透明、运行有序。

五、发电行业配额管理

（十三）配额分配

发电行业配额按国务院发展改革部门会同能源部门制定的分配标准和方法进行分配（发电行业配额分配标准和方法另行制定）。

（十四）配额清缴

发电行业重点排放单位需按年向所在省级、计划单列市应对气候变化主管部门提交与其当年实际碳排放量相等的配额，以完成其减排义务。其富余配额可向市场出售，不足部分需通过市场购买。

六、支撑系统

（十五）重点排放单位碳排放数据报送系统

建设全国统一、分级管理的碳排放数据报送信息系统，探索实现与国家能耗在线监测系统的连接。

（十六）碳排放权注册登记系统

建设全国统一的碳排放权注册登记系统及其灾备系统，为各类市场主体提供碳排放配额和国家核证自愿减排量的法定确权及登记服务，并实现配额清缴及履约管理。国务院发展改革部门负责制定碳排放权注册登记系统管理办法与技术规范，并对碳排放权注册登记系统实施监管。

（十七）碳排放权交易系统

建设全国统一的碳排放权交易系统及其灾备系统，提供交易服务和综合信息服务。国务院发展改革部门会同相关部门制定交易系统管理办法与技术规范，并对碳排放权交易系统实施监管。

（十八）碳排放权交易结算系统

建立碳排放权交易结算系统，实现交易资金结算及管理，并提供与配额结算业务有关的信息查询和咨询等服务，确保交易结果真实可信。

七、试点过渡

（十九）推进区域碳交易试点向全国市场过渡

2011 年以来开展区域碳交易试点的地区将符合条件的重点排放单位逐步纳入全国碳市场，实行统一管理。区域碳交易试点地区继续发挥现有作用，在条件成熟后逐步向全国碳市场过渡。

八、保障措施

（二十）加强组织领导

国务院发展改革部门会同有关部门，根据工作需要将按程序适时调整完善本方案，重要情况及时向国务院报告。各部门应结合实际，按职责分工加强对碳市场的监管。

（二十一）强化责任落实

国务院发展改革部门会同相关部门负责全国碳市场建设。各省级及计划单列市人民政府负责本辖区内的碳市场建设工作。符合条件的省（市）受国务院发展改革部门委托建设运营全国碳市场相关支撑系统，建成后接入国家统一数据共享交换平台。

（二十二）推进能力建设

组织开展面向各类市场主体的能力建设培训，推进相关国际合作。鼓励相关行业协会和中央企业集团开展行业碳排放数据调查、统计分析等工作，为科学制定配额分配标准提供技术支撑。

（二十三）做好宣传引导

加强绿色循环低碳发展与碳市场相关政策法规的宣传报道，多渠道普及碳市场相关知识，宣传推广先进典型经验和成熟做法，提升企业和公众对碳减排重要性和碳市场的认知水平，为碳市场建设运行营造良好社会氛围。

三、试点省市

碳市场相关管理办法（政策文件）汇总

依据《国家发展改革委办公厅关于开展碳排放权交易试点工作的通知》（发改办气候〔2011〕2601 号），地方碳市场开始试点建设。2013 年，深圳、上海、北京、广东、天津启动碳市场试点；2014 年，湖北、重庆启动碳市场试点；2016 年，福建、四川启动碳市场试点。为了规范和管理地方碳市场的碳排放配额分配和清缴、碳排放权登记交易结算、温室气体排放报告与核查等活动，各试点省市相关主管部门在碳排放配额管理、碳排放权交易、抵消和碳排放核查等方面出台了多项管理办法（政策文件）。本书将收集到的试点省市碳市场管理办法（政策文件）进行整理，汇总如下表。

试点省市碳市场相关管理办法（政策文件）汇总表

省市	分类	管理办法 / 政策文件名称	发布机构 / 部门	文号	发布时间
北京市	交易	关于北京市在严格控制碳排放总量前提下开展碳排放权交易试点工作的决定	北京市人民代表大会常务委员会	/	2014-03-21
	交易	北京市碳排放权交易管理办法（试行）	北京市人民政府	京政发〔2014〕14 号 京政发〔2015〕65 号	2014-05-28 2015-12-16
	交易	北京市碳排放权交易公开市场操作管理办法（试行）	北京市发展和改革委员会、北京市金融工作局	京发改规〔2014〕2 号	2014-06-10
	抵消	北京市碳排放权抵消管理办法（试行）	北京市发展和改革委员会、北京市园林绿化局	京发改规〔2014〕6 号	2014-09-01
	核查	北京市碳排放报告第三方核查程序指南	北京市生态环境局	京环发〔2022〕7 号	2022-04-26
	核查	北京市碳排放第三方核查报告编写指南	北京市生态环境局	京环发〔2022〕7 号	2022-04-26
	配额	北京市重点碳排放单位配额核定方法	北京市生态环境局	京环发〔2022〕7 号	2022-04-26
天津市	管理	关于印发天津市碳排放权交易试点工作实施方案的通知	天津市人民政府办公厅	津政办发〔2013〕12 号	2013-02-27
	配额	天津市碳排放权交易试点纳入企业碳排放配额分配方案（试行）	天津市发展和改革委员会	津发改环资〔2013〕1345 号	2014-01-02
	交易	天津市碳排放权交易管理暂行办法	天津市人民政府办公厅	津政办规〔2020〕11 号	2020-06-10

续表

省市	分类	管理办法 / 政策文件名称	发布机构 / 部门	文号	发布时间
上海市	交易	上海市碳排放管理试行办法	上海市人民政府	令第 10 号	2013-11-18
	核查	上海市碳排放核查工作规则（试行）	上海市发展和改革委员会	沪发改环资〔2014〕35 号	2014-03-12
	核查	上海市碳排放核查第三方机构管理暂行办法（修订版）	上海市生态环境局	沪环气〔2020〕272 号	2020-12-25
	核查	上海市碳排放核查第三方机构监管和考评细则	上海市生态环境局	沪环气〔2021〕221 号	2021-10-07
福建省	交易	福建省碳排放权交易市场建设实施方案	福建省人民政府	闽政〔2016〕40 号	2016-09-26
	交易	福建省碳排放权交易管理暂行办法	福建省人民政府	令第 176 号发布 令第 214 号修订	2016-09-22 2020-08-07
	抵消	福建省碳排放权抵消管理办法（试行）	福建省发展和改革委员会、林业厅、经济和信息化委员会	闽发改生态〔2016〕848 号	2016-11-28
	核查	福建省碳排放权交易第三方核查机构管理办法（试行）	福建省发展和改革委员会、质量技术监督局	闽发改生态〔2016〕849 号	2016-11-28
	交易	福建省碳排放权交易市场调节实施细则（试行）	福建省发展和改革委员会、财政厅	闽发改生态〔2016〕853 号	2016-11-30
	交易	福建省碳排放权交易市场信用信息管理实施细则（试行）	福建省发展和改革委员会、福建省国家税务局、福建省地方税务局、福建省工商行政管理局、中国人民银行福州中心支行	闽发改生态〔2016〕856 号	2016-11-30
	配额	福建省碳排放配额管理实施细则（试行）	福建省发展和改革委员会	闽发改生态〔2016〕868 号	2016-12-02
湖北省	交易	湖北省碳排放权管理和交易暂行办法	湖北省人民政府	令第 371 号公布 令第 389 号修正	2014-04-04 2016-09-26
	核查	湖北省温室气体排放核查指南（试行）	湖北省发展改革委	鄂发改气候〔2014〕394 号	2014-07-18
	配额	湖北省碳排放配额投放和回购管理办法（试行）	湖北省发展改革委	鄂发改气候〔2015〕600 号	2015-09-28
广东省	交易	广东省碳排放管理试行办法	广东省人民政府	令第 197 号公布 令第 275 号修订	2014-01-15 2020-05-12
广东省	交易	广东省碳普惠交易管理办法	广东省生态环境厅	粤环发〔2022〕4 号	2022-04-06
	配额	广东省发展改革委关于碳排放配额管理的实施细则	广东省发展改革委	粤发改气候〔2015〕80 号	2015-02-16
	核查	广东省发展改革委关于企业碳排放信息报告与核查的实施细则			

续表

省市	分类	管理办法 / 政策文件名称	发布机构 / 部门	文号	发布时间
重庆市	交易	重庆市碳排放权交易管理暂行办法	重庆市人民政府	渝府发〔2014〕17 号	2014-04-26
	核 算 核查	重庆市工业企业碳排放核算报告和核查细则（试行）	重庆市发展和改革委员会	渝发改环〔2014〕542 号	2014-05-28
	核查	重庆市企业碳排放核查工作规范（试行）	重庆市发展和改革委员会	渝发改环〔2014〕547 号	2014-05-28
深圳市	交易	深圳市碳排放权交易管理暂行办法	深圳市人民政府	令（第 262 号）	2014-03-19
	管理	深圳经济特区碳排放管理若干规定	深圳市人民代表大会常务委员会	/	2019-08-29 修正
	抵消	深圳市碳排放权交易市场抵消信用管理规定（暂行）	深圳市发展改革委	深发改〔2015〕628 号	2015-06-02
	核查	组织的温室气体排放核查指南	深圳市市场和质量监督管理委员会	深市质〔2018〕575 号	2018-11-15

此外，浙江省生态环境厅于 2020 年 7 月 29 日印发了《浙江省重点企（事）业单位温室气体排放核查管理办法（试行）》（浙环函〔2020〕167 号），安徽省生态环境厅于 2021 年 12 月 22 日印发了《安徽省温室气体排放报告编制和核查第三方机构管理暂行办法》（皖环发〔2021〕68 号），用于管理辖区内温室气体排放报告编制或核查。

四、温室气体自愿减排方法学

方法学是指用于确定项目基准线、论证额外性、计算减排量、制定监测计划等的方法指南。《温室气体自愿减排交易管理暂行办法》（发改气候〔2012〕1668 号）中规定，对已经在联合国清洁发展机制执行理事会批准的清洁发展机制项目方法学，由国家主管部门委托专家进行评估，对其中适合于自愿减排交易项目的方法学予以备案。

对新开发的方法学，其开发者可向国家主管部门申请备案，并提交方法学及所依托的项目的设计文件。国家主管部门接到新方法学备案申请后，委托专家进行技术评估，国家主管部门再根据专家评估意见对新的方法学备案申请进行审查，对具有合理性和可操作性、所依托项目设计文件内容完备、技术描述科学合理的新开发方法学予以备案。

国家发展改革委办公厅在 2013 年 3 月至 2016 年 11 月期间，先后颁布了《国家温室气体自愿减排方法学》第一批至第十二批的备案公告，共批准了约 200 个方法学。在已备案 CCER（国家核证自愿减排量）方法学中，使用频率较高的方法学有 10 个，其对应的项目领域见下表。

常用备案温室气体自愿减排方法学及适用领域

<table>
<tr><th>领域</th><th>具体领域</th><th>自愿减排方法学编号</th><th>对应 CDM 方法学编号</th><th>方法学名称</th></tr>
<tr><td rowspan="2">可再生能源</td><td rowspan="2">水电、光电、风电、地热</td><td>CM-001-V02</td><td>ACM0002</td><td>可再生能源并网发电方法学</td></tr>
<tr><td>CMS-002-V01</td><td>AMS-I.D.</td><td>联网的可再生能源发电</td></tr>
<tr><td rowspan="2">废物处置</td><td>垃圾焚烧发电 / 供热 / 热电联产、堆肥</td><td>CM-072-V01</td><td>ACM0022</td><td>多选垃圾处理方式</td></tr>
<tr><td>垃圾填埋气发电</td><td>CM-077-V01</td><td>ACM0001</td><td>垃圾填埋气项目</td></tr>
<tr><td rowspan="2">可再生能源</td><td>生物质热电联产</td><td>CM-075-V01</td><td>ACM0006</td><td>生物质废弃物热电联产项目</td></tr>
<tr><td>生物质发电</td><td>CM-092-V01</td><td>ACM0018</td><td>纯发电厂利用生物废弃物发电</td></tr>
<tr><td>能效（能源生产）</td><td>废能利用（余热发电 / 热电联产）</td><td>CM-005-V02</td><td>ACM0012</td><td>通过废能回收减排温室气体</td></tr>
<tr><td>避免甲烷排放</td><td>户用沼气回收</td><td>CMS-026-V01</td><td>AMS-III.R</td><td>家庭或小农场农业活动甲烷回收</td></tr>
<tr><td>煤层气 / 煤矿瓦斯</td><td>煤层气 / 煤矿瓦斯发电、供热</td><td>CM-003-V02</td><td>ACM0008</td><td>回收煤层气、煤矿瓦斯和通风瓦斯用于发电、动力、供热和 / 或通过火炬或无焰氧化分解</td></tr>
<tr><td>林业碳汇</td><td>造林</td><td>AR-CM-001-V01</td><td>新开发方法学</td><td>碳汇造林项目方法学</td></tr>
</table>

虽然 CCER 机制已于 2017 年 3 月暂停（原因为暂行办法需要修订），但根据 2021 年

2月1日起施行的《碳排放权交易管理办法（试行）》（生态环境部 部令 第19号），对允许使用的CCER类型做了限定（包括可再生能源、林业碳汇和甲烷利用三种）；《2030年前碳达峰行动方案》（国发〔2021〕23号）中明确提出“发挥全国碳排放权交易市场作用，进一步完善配套制度”；《关于深化生态保护补偿制度改革的意见》中提出“健全以国家温室气体自愿减排交易机制为基础的碳排放权抵消机制，将具有生态、社会等多种效益的林业、可再生能源、甲烷利用等领域温室气体自愿减排项目纳入全国碳排放权交易市场”；《北京市关于构建现代环境治理体系的实施方案》（京办发〔2021〕3号），明确北京市将“承建全国温室气体自愿减排管理和交易中心”。届时，CCER机制重启后，不仅可为控排企业履约提供一种更为经济的履约方式，也将为碳市场平稳运行提供重要的缓冲。

此外，北京市生态环境局于2022年4月26日以京环发〔2022〕7号文发布了《北京市低碳出行方法学（试行）》，包含《北京市低碳出行碳减排方法学（试行版）》和《北京市新能源小客车出行（油改电）碳减排方法学》，并制定了《北京市低碳出行碳减排项目审核与核证技术指南（试行）》，以鼓励公众参与自愿减排行动，指导企业、社会组织和团体按照方法学开发和申报低碳出行碳减排项目（其碳减排量可用于北京市碳市场抵消）。

第三部分
温室气体排放核算与报告编制

一、国家标准：温室气体排放核算与报告要求

关于批准发布《工业企业温室气体排放核算和报告通则》等 11 项国家标准的公告

（中华人民共和国国家标准公告　2015 年第 36 号）

国家质量监督检验检疫总局、国家标准化管理委员会批准《工业企业温室气体排放核算和报告通则》等 11 项国家标准，现予以公布（见附件）。

国家质检总局　国家标准委

2015 年 11 月 19 日

标准编号及标准名称：

GB/T 32150-2015 工业企业温室气体排放核算和报告通则

GB/T 32151.1-2015 温室气体排放核算与报告要求　第 1 部分：发电企业

GB/T 32151.2-2015 温室气体排放核算与报告要求　第 2 部分：电网企业

GB/T 32151.3-2015 温室气体排放核算与报告要求　第 3 部分：镁冶炼企业

GB/T 32151.4-2015 温室气体排放核算与报告要求　第 4 部分：铝冶炼企业

GB/T 32151.5-2015 温室气体排放核算与报告要求　第 5 部分：钢铁生产企业

GB/T 32151.6-2015 温室气体排放核算与报告要求　第 6 部分：民用航空企业

GB/T 32151.7-2015 温室气体排放核算与报告要求　第 7 部分：平板玻璃生产企业

GB/T 32151.8-2015 温室气体排放核算与报告要求　第 8 部分：水泥生产企业

GB/T 32151.9-2015 温室气体排放核算与报告要求　第 9 部分：陶瓷生产企业

GB/T 32151.10-2015 温室气体排放核算与报告要求　第 10 部分：化工生产企业

关于批准发布《中小学校普通教室照明设计安装卫生要求》等 454 项国家标准和 6 项国家标准修改单的公告

（中华人民共和国国家标准公告　2018 年第 11 号）

国家市场监督管理总局、国家标准化管理委员会批准《中小学校普通教室照明设计安装卫生要求》等 454 项国家标准和 6 项国家标准修改单，现予以公布（见附件）。

市场监管总局标准委
2018 年 9 月 17 日

标准编号及标准名称：
GB/T 32151.11-2018 温室气体排放核算与报告要求　第 11 部分：煤炭生产企业
GB/T 32151.12-2018 温室气体排放核算与报告要求　第 12 部分：纺织服装企业

上述 12 个企业温室气体排放核算与报告要求的主体结构类似，具体见下表所示。

12 个企业温室气体排放核算与报告要求的主体结构

结构体系	章节		主要内容
总体原则	一	范围	对适用于该标准进行温室气体排放量核算和报告的企业范围进行说明
	二	规范性引用文件	罗列该标准所引用的必不可少的文件
	三	术语和定义	对该标准中出现的专业术语进行定义
边界和范围确定	四	核算边界	确定企业核算边界及核算和报告范围
核算步骤与方法	五	核算步骤与核算方法	给出了企业温室气体排放核算与报告的工作流程并明确各类排放源所排放温室气体的量化方法（含活动数据、排放因子数据的获取途径）。包括：化石燃料燃烧（或作为原材料）排放量化方法、工业生产过程排放 / 特殊排放量化方法、扣除排放量化方法、回收利用量化方法、净购入电力和热力隐含的排放量化方法等
质量控制	六	数据质量管理	阐述了企业温室气体数据质量管理工作要求，包括建立温室气体排放核算和报告的规章制度、数据质量控制与质量保证制度、制定监测计划、温室气体排放报告内部审核制度等

续表

结构体系	章节		主要内容
排放报告设计	七	报告内容和格式	规定了企业温室气体排放报告应涵盖的内容，并给出了报告模板
	附录 A	报告格式模板	
其他技术内容	附录 B	相关参数推荐值	给出了温室气体排放量核算时可以采用的相关参数推荐值（缺省值）

二、国家发展和改革委员会：企业温室气体排放核算方法与报告指南

国家发展改革委办公厅关于印发首批10个行业企业温室气体排放核算方法与报告指南（试行）的通知

（发改办气候〔2013〕2526号）

各省、自治区、直辖市及计划单列市、副省级省会城市、新疆生产建设兵团发展改革委：

为有效落实《国民经济和社会发展第十二个五年规划纲要》提出的建立完善温室气体统计核算制度，逐步建立碳排放交易市场的目标，推动完成国务院《“十二五”控制温室气排放工作方案》（国发〔2011〕41号）提出的加快构建国家、地方、企业三级温室气体排放核算工作体系，实行重点企业直接报送温室气体排放数据制度的工作任务，我委正组织制定重点行业企业温室气体排放核算方法与报告指南。首批10个行业企业温室气体排放核算方法与报告指南（试行）已制定完成，现予印发，供开展碳排放权交易、建立企业温室气体排放报告制度、完善温室气体排放统计核算体系等相关工作参考使用。使用过程中的问题和意见，请及时反馈我委。

特此通知。

附件：1.《中国发电企业温室气体排放核算方法与报告指南（试行）》
2.《中国电网企业温室气体排放核算方法与报告指南（试行）》
3.《中国钢铁生产企业温室气体排放核算方法与报告指南（试行）》
4.《中国化工生产企业温室气体排放核算方法与报告指南（试行）》
5.《中国电解铝生产企业温室气体排放核算方法与报告指南（试行）》
6.《中国镁冶炼企业温室气体排放核算方法与报告指南（试行）》
7.《中国平板玻璃生产企业温室气体排放核算方法与报告指南（试行）》
8.《中国水泥生产企业温室气体排放核算方法与报告指南（试行）》
9.《中国陶瓷生产企业温室气体排放核算方法与报告指南（试行）》
10.《中国民航企业温室气体排放核算方法与报告格式指南（试行）》

国家发展改革委办公厅

2013年10月15日

国家发展改革委办公厅关于印发第二批4个行业企业温室气体排放核算方法与报告指南（试行）的通知

（发改办气候〔2014〕2920号）

各省、自治区、直辖市及计划单列市、副省级省会城市、新疆生产建设兵团发展改革委：

为落实《国民经济和社会发展第十二个五年规划纲要》提出的建立完善温室气体统计核算制度，逐步建立碳排放交易市场的目标，推动完成国务院《“十二五”控制温室气排放工作方案》（国发〔2011〕41号）提出的加快构建国家、地方、企业三级温室气体排放核算工作体系，实行重点企业直接报送温室气体排放数据制度的工作任务，为建立全国碳排放权交易市场等重点改革任务提供支持，我委正组织制定重点行业企业温室气体排放核算方法与报告指南。第二批4个行业企业温室气体排放核算方法与报告指南（试行）已制定完成，现予印发，供开展碳排放权交易、实施企业温室气体排放报告制度、完善温室气体排放统计核算体系等相关工作参考使用。使用过程中的问题和意见，请及时反馈我委。

特此通知。

附件：1.《中国石油和天然气生产企业温室气体排放核算方法与报告指南（试行）》
2.《中国石油化工企业温室气体排放核算方法与报告指南（试行）》
3.《中国独立焦化企业温室气体排放核算方法与报告指南（试行）》
4.《中国煤炭生产企业温室气体排放核算方法与报告指南（试行）》

国家发展改革委办公厅

2014年12月3日

国家发展改革委办公厅关于印发第三批 10 个行业企业温室气体核算方法与报告指南（试行）的通知

（发改办气候〔2015〕1722 号）

各省、自治区、直辖市及计划单列市、副省级省会城市、新疆生产建设兵团发展改革委：

为落实《国民经济和社会发展第十二个五年规划纲要》提出的建立完善温室气体统计核算制度、逐步建立碳排放交易市场的目标，推动完成国务院《“十二五”控制温室气体排放工作方案》（国发〔2011〕41 号）提出的加快构建国家、地方、企业三级温室气体排放核算工作体系，支持实施重点企业直接报送温室气体排放数据制度，确保完成建立全国碳排放权交易市场等重点改革任务，我委已分两批发布了 14 个重点行业企业温室气体排放核算方法与报告指南。现第三批 10 个行业企业温室气体排放核算方法与报告指南（试行）印发你们，供开展相关工作参考使用。使用过程中的问题和意见，请及时反馈我委。

特此通知。

附件：1.《造纸和纸制品生产企业温室气体排放核算方法与报告指南（试行）》

2.《其他有色金属冶炼和压延加工业企业温室气体排放核算方法与报告指南（试行）》

3.《电子设备制造企业温室气体排放核算方法与报告指南（试行）》

4.《机械设备制造企业温室气体排放核算方法与报告指南（试行）》

5.《矿山企业温室气体排放核算方法与报告指南（试行）》

6.《食品、烟草及酒、饮料和精制茶企业温室气体排放核算方法与报告指南（试行）》

7.《公共建筑运营单位（企业）温室气体排放核算方法和报告指南（试行）》

8.《陆上交通运输企业温室气体排放核算方法与报告指南（试行）》

9.《氟化工企业温室气体排放核算方法与报告指南（试行）》

10.《工业其他行业企业温室气体排放核算方法与报告指南（试行）》

国家发展改革委办公厅

2015 年 7 月 6 日

前述24个行业指南的主体结构类似，具体见下表所示。

24个行业指南的主体结构

结构体系	章节		主要内容
总体原则	一	适用范围	对可参考该行业指南进行温室气体排放量核算和温室气体排放报告编制的企业进行定义
	二	引用文件	罗列该指南所引用的主要文件
	三	术语和定义	对该指南中出现的专业术语进行定义
边界确定	四	核算边界	确定企业边界、排放源和气体种类
计算流程和方法	五	核算方法	给出了温室气体排放量的核算步骤并明确各类排放源所排放温室气体的量化方法。包括：化石燃料燃烧排放量化方法、工业生产过程排放 / 特殊排放量化方法、扣除排放量化方法、净购入电力和热力隐含的排放量化方法等
质量控制	六	质量保证和文件存档	阐述了企业建立温室气体年度报告的质量控制与质量保证制度应该包含的主要内容
排放报告设计	七	报告内容	规定了企业温室气体排放报告应涵盖的内容，并给出了报告模板
	附录一	报告格式模板	
其他技术内容	附录二	相关参数缺省值	给出了温室气体排放量核算时可以采用的缺省值

三、生态环境部

关于发布《工业企业污染治理设施污染物去除协同控制温室气体核算技术指南（试行）》的通知

（环办科技〔2017〕73号）

各省、自治区、直辖市环境保护厅（局），新疆生产建设兵团环境保护局，各直属单位：

为保护环境，推动污染物和温室气体协同控制，根据《中华人民共和国环境保护法》《中华人民共和国大气污染防治法》《"十三五"控制温室气体排放工作方案》有关要求，我部组织制订了《工业企业污染治理设施污染物去除协同控制温室气体核算技术指南（试行）》，现予发布，供参照实行。

附件：工业企业污染治理设施污染物去除协同控制温室气体核算技术指南（试行）（略）

环境保护部办公厅

2017年9月4日

抄送：国家应对气候变化及节能减排工作领导小组成员单位（外交部、发展改革委、教育部、科技部、工业和信息化部、民政部、财政部、国土资源部、住房城乡建设部、交通运输部、水利部、农业部、商务部、卫生计生委、国资委、税务总局、质检总局、统计局、林业局、国管局、法制办、中科院、气象局、能源局、海洋局、民航局）办公厅（室）、秘书行政司、综合司，中国水泥协会，中国钢铁工业协会，中国氟硅有机材料工业协会，中国煤炭工业协会，中国半导体行业协会，中国电力企业联合会，中国石油和化学工业联合会，中国建筑材料联合会，中国纺织工程学会，中国煤炭学会，中国化工学会，中国造纸学会，中国光学光电子行业协会液晶学会。

环境保护部办公厅2017年9月5日印发

四、地方标准（规范性文件）、行业标准、团体标准

地方碳市场试点建设过程中，为指导和规范各类报告主体的温室气体排放量核算和排放报告编制等活动，各试点省市相关主管部门颁布了多项地方标准（规范性文件），本书将收集到的标准（规范性文件）进行整理，汇总如下表。

试点省市温室气体排放核算和报告编制相关标准（规范性文件）汇总表

省市	标准编号 / 文号	标准名称 / 规范性文件名称	实施日期
北京市	DB11/T 1214-2015	平原地区造林项目碳汇核算技术规程	2015-11-01
	DB11/T 1416-2017	温室气体排放核算指南　生活垃圾焚烧企业	2017-10-01
	DB11/T 1421-2017	温室气体排放核算指南　设施农业企业	2017-10-01
	DB11/T1422-2017	温室气体排放核算指南　畜牧养殖企业	2017-10-01
	DB11/T 1561-2018	农业有机废弃物（畜禽粪便）循环利用项目碳减排量核算指南	2019-01-01
	DB11/T 1563-2018	农业企业（组织）温室气体排放核算和报告通则	2019-01-01
	DB11/T 1564-2018	种植农产品温室气体排放核算指南	2019-01-01
	DB11/T 1565-2018	畜牧产品温室气体排放核算指南	2019-01-01
	DB11/T 1616-2019	农产品温室气体排放核算通则	2019-07-01
	DB11/T 1781-2020	二氧化碳排放核算和报告要求　电力生产业	2021-01-01
	DB11/T 1782-2020	二氧化碳排放核算和报告要求　水泥制造业	2021-01-01
	DB11/T 1783-2020	二氧化碳排放核算和报告要求　石油化工生产业	2021-01-01
	DB11/T 1784-2020	二氧化碳排放核算和报告要求　热力生产和供应业	2021-01-01
	DB11/T 1785-2020	二氧化碳排放核算和报告要求　服务业	2021-01-01
	DB11/T 1786-2020	二氧化碳排放核算和报告要求　道路运输业	2021-01-01
	DB11/T 1787-2020	二氧化碳排放核算和报告要求　其他行业	2021-01-01
	京环发〔2022〕7 号	北京市重点碳排放单位二氧化碳核算和报告要求	2022-04-26
天津市	津发改环资〔2013〕1345 号	天津市钢铁行业碳排放核算指南（试行）	2014-01-02
		天津市电力热力行业碳排放核算指南（试行）	
		天津市化工行业碳排放核算指南（试行）	
		天津市炼油和乙烯企业碳排放核算指南（试行）	
		天津市其他行业碳排放核算指南（试行）	
		天津市企业碳排放报告编制指南（试行）	
	T/TJSES 003-2021	食品制造企业温室气体排放核算和报告指南	2021-09-01
上海市	沪发改环资〔2012〕180 号	上海市温室气体排放核算与报告指南（试行）	2012-12-11
	沪发改环资〔2012〕181 号	上海市电力、热力生产业温室气体排放核算与报告方法（试行）	2012-12-13
	沪发改环资〔2012〕182 号	上海市钢铁行业温室气体排放核算与报告方法（试行）	2012-12-11

续表

省市	标准编号 / 文号	标准名称 / 规范性文件名称	实施日期
上海市	沪发改环资〔2012〕183 号	上海市化工行业温室气体排放核算与报告方法（试行）	2012-12-12
	沪发改环资〔2012〕184 号	上海市有色金属行业温室气体排放核算与报告方法（试行）	2012-12-12
	沪发改环资〔2012〕185 号	上海市纺织、造纸行业温室气体排放核算与报告方法（试行）	2012-12-12
	沪发改环资〔2012〕186 号	上海市非金属矿物制品业温室气体排放核算与报告方法（试行）	2012-12-12
	沪发改环资〔2012〕187 号	上海市航空运输业温室气体排放核算与报告方法(试行）	2012-12-12
	沪发改环资〔2012〕188 号	上海市旅游饭店、商场、房地产业及金融业办公建筑温室气体排放核算与报告方法（试行）	2012-12-12
	沪发改环资〔2012〕189 号	上海市运输站点行业温室气体排放核算与报告方法（试行）	2012-12-12
	DB31/T 930-2015	非织造产品（医卫、清洁、个人防护、保健）碳排放计算方法	2016-01-01
	沪环气〔2022〕34 号	上海市生态环境局关于调整本市温室气体排放核算指南相关排放因子数值的通知	2022-02-11
福建省	闽发改生态〔2016〕854 号	福建省重点企（事）业单位温室气体排放报告管理办法（试行）	2016-11-30
湖北省	DB42/T 727-2011	温室气体（GHG）排放量化、核查、报告和改进的实施指南（试行）	2011-09-01
	鄂发改气候〔2014〕394 号	湖北省工业企业温室气体排放监测、量化和报告指南（试行）	2014-07-18
广东省	DB44/T 1381-2014	纺织企业温室气体排放量化方法	2014-11-14
	DB44/T 1382-2014	企业（单位）二氧化碳排放信息报告通则	2014-11-14
	DB44/T 1383-2014	钢铁企业二氧化碳排放信息报告指南	2014-11-14
	DB44/T 1384-2014	水泥企业二氧化碳排放信息报告指南	2014-11-14
	DB44/T 1506-2014	企业温室气体排放量化与核查导则	2015-03-09
	DB44/T 1943-2016	有色金属企业二氧化碳排放信息报告指南	2017-03-02
	DB44/T 1976-2017	火力发电企业二氧化碳排放信息报告指南	2017-06-10
	DB44/T 1977-2017	石化企业二氧化碳排放信息报告指南	2017-06-10
	粤环函〔2022〕60 号	广东省企业（单位）二氧化碳排放信息报告指南（2022 年修订）	2022-02-28
重庆市	渝发改环〔2014〕544 号	重庆市工业企业碳排放核算和报告指南（试行）	2014-05-28
深圳市	SZDB/Z 69-2018	组织的温室气体排放量化和报告指南	2018-12-01
	DB4403/T 151-2021	公交、出租车企业温室气体排放量化和报告指南	2021-04-01

除了上述试点省市外，部分省市、国家相关部委及其管理的国家局、行业协会（学会）、社会团体等也分别颁布了多项地方标准、行业标准、团体标准，以指导和规范各类报告主

体的温室气体排放量核算和排放报告编制等相关活动，本书将收集到的相关标准进行整理，汇总如下表。

温室气体排放量核算和排放报告编制相关地方、行业、团体标准汇总表

类型	分类信息	标准编号	标准名称 / 规范性文件名称	实施日期
地方标准	江苏省	DB32/T 1935-2011	非建设用地温室气体排放核算规程	2012-01-10
		DB32/T 4229-2022	公共机构温室气体排放核算与报告要求	2022-04-18
	河南省	DB41/T 1710-2018	二氧化碳排放信息报告通则	2019-02-12
	湖南省	DB43/T 662-2011	组织机构温室气体排放计算方法	2012-01-01
		DB43/T 721-2012	区域温室气体排放计算方法	2012-11-18
	衢州市	DB3308/T 095-2021	工业企业碳账户碳排放核算与评价指南	2021-12-20
		DB3308/T 097-2021	能源企业碳账户碳排放核算与评价指南	2022-01-30
		DB3308/T 098-2021	建筑领域碳账户碳排放核算与评价指南	2022-01-30
		DB3308/T 099-2021	道路运输企业碳账户碳排放核算与评价指南	2022-01-30
		DB3308/T 100-2021	农业碳账户碳排放核算与评价指南	2022-01-30
行业标准	有色金属	YS/T 800-2012	电解铝生产二氧化碳排放量测算方法	2013-03-01
	石油天然气	SY/T 7297-2016	石油天然气开采企业二氧化碳排放计算方法	2017-05-01
		SY/T 7641-2021	非常规油气开采企业温室气体排放核算方法与报告指南	2022-02-16
	林业	LY/T 2988-2018	森林生态系统碳储量计量指南	2019-05-01
团体标准	中国纺织工业联合会	T/CNTAC 12-2018	纺织企业温室气体排放核算通用技术要求	2018-10-08
		T/CNTAC 32-2019	温室气体排放核算与报告要求 羊绒制品生产企业	2019-01-23
	中国印刷技术协会	T/PTAC 003-2016	印刷企业温室气体排放核算与报告要求	2016-12-26
	中国炭素行业协会	T/ZGTS 003-2021	炭素制品制造二氧化碳排放量计算方法	2021-12-01
	北京低碳农业协会	T/LCAA 008-2021	种植企业（组织）温室气体排放核算方法与报告指南	2021-08-31
		T/LCAA 009-2022	种养殖企业（组织）温室气体排放核算和报告通则	2022-04-06
	浙江省国际数字贸易协会	T/ZIFA CC001-2019	绿色集成仓储二氧化碳排放核算方法	2020-01-01
	广东省节能减排标准化促进会	T/GDES 5-2016	广东省有色金属企业二氧化碳排放信息报告指南	2016-08-05
	广东省低碳发展促进会	T/GDLC 002-2019	社区碳排放核算与报告方法	2019-07-09
	广东省建筑节能协会	T/GBECA 002-2020	南方大型综合体建筑碳排放计算标准	2020-05-31

续表

类型	分类信息	标准编号	标准名称 / 规范性文件名称	实施日期
团体标准	佛山市高新技术应用研究会	T/FSYY 0027-2021	产品碳足迹核算与报告要求 锂离子电池正极材料	2022-04-01
		T/FSYY 0028-2021	产品碳足迹核算与报告要求 锂离子电池正极材料前驱体	2022-04-01
		T/FSYY 0031-2021	产品碳足迹核算与报告要求 硫酸钴	2022-04-01
		T/FSYY 0032-2021	产品碳足迹核算与报告要求 硫酸镍	2022-04-01
		T/FSYY 0033-2021	产品碳足迹核算与报告要求 氢氧化锂	2022-04-01
		T/FSYY 0034-2021	产品碳足迹核算与报告要求 碳酸锂	2022-04-01
		T/FSYY 0037-2021	碳排放核算方法与报告要求 锂离子电池正极材料生产企业	2022-04-01
		T/FSYY 0038-2021	碳排放核算方法与报告要求 锂离子电池正极材料前驱体生产企业	2022-04-01
		T/FSYY 0065-2022	碳排放核算方法与报告要求 动力蓄电池梯次利用企业	2022-07-01
		T/FSYY 0066-2022	产品碳足迹核算与报告要求 动力蓄电池梯次利用产品	2022-07-01
	中关村生态乡村创新服务联盟	T/ZGCERIS 0013-2018	农业企业（组织）温室气体排放核算和报告通则	2018-09-21
		T/ZGCERIS 0014-2018	种植农产品温室气体排放核算指南	2018-09-21
		T/ZGCERIS 0015-2018	畜牧产品温室气体排放核算指南	2018-09-21
	中关村现代能源环境服务产业联盟	T/EES 0001-2021	温室气体排放核算与报告要求 数据中心	2021-07-05

五、温室气体其他相关标准

在温室气体减排量评估、碳足迹核算、产品能源消耗限额（碳排放指标）、低碳评价、企业温室气体排放核查、节能减碳效果评价、碳中和实施指南及评定标准、碳排放管理体系、低碳运行管理、林业碳汇计量及监测、碳减排工艺技术、二氧化碳排放监测、建筑碳排放计算、绿色金融等方面，国家及地方省区市相关主管部门、国家相关部委及其管理的国家局、行业协会（学会）、社会团体等也分别颁布了多项相关的标准，本书将收集到的相关标准进行整理，汇总如下表。

温室气体其他相关标准汇总表

类型	分类	标准编号 / 文号	标准名称 / 规范性文件名称	实施日期
国家标准	/	GB/T 33755-2017	基于项目的温室气体减排量评估技术规范　钢铁行业余能利用	2017-12-01
		GB/T 33756-2017	基于项目的温室气体减排量评估技术规范　生产水泥熟料的原料替代项目	2017-12-01
		GB/T 33760-2017	基于项目的温室气体减排量评估技术规范　通用要求	2017-12-01
		GB/T 51316-2018	烟气二氧化碳捕集纯化工程设计标准	2019-03-01
		GB/T 51366-2019	建筑碳排放计算标准	2019-12-01
		GB/T 39236-2020	能效融资项目分类和评估指南	2021-06-01
		GB 55015-2021	建筑节能与可再生能源利用通用规范	2022-04-01
地方标准	北京市	DB11/T 953-2013	林业碳汇计量监测技术规程	2013-05-01
		DB11/T 1089-2014	林业碳汇项目审定与核证技术规范	2014-09-01
		DB11/T 1369-2016	低碳经济开发区评价技术导则	2017-04-01
		DB11/T 1370-2016	低碳企业评价技术导则	2017-04-01
		DB11/T 1371-2016	低碳社区评价技术导则	2017-04-01
		DB11/T 1404-2017	高等学校低碳校园评价技术导则	2017-10-01
		DB11/T 1418-2017	低碳产品评价技术通则	2017-10-01
		DB11/T 1419-2017	通用用能设备碳排放评价技术规范	2017-10-01
		DB11/T 1420-2017	低碳建筑（运行）评价技术导则	2017-10-01
		DB11/T 1423-2017	低碳小城镇评价技术导则	2017-10-01
		DB11/T 1437-2017	森林固碳增汇经营技术规程	2017-10-01
		DB11/T 1471-2017	高等学校碳排放管理规范	2018-03-01
		DB11/T 1531-2018	园区低碳运行管理通则	2018-10-01
		DB11/T 1532-2018	社区低碳运行管理通则	2018-10-01
		DB11/T 1533-2018	企业低碳运行管理通则	2018-10-01
		DB11/T 1534-2018	建筑低碳运行管理通则	2018-10-01
		DB11/T 1539-2018	商场、超市碳排放管理规范	2018-08-01
		DB11/T 1555-2018	小城镇低碳运行管理通则	2019-01-01

续表

类型	分类	标准编号 / 文号	标准名称 / 规范性文件名称	实施日期
地方标准	北京市	DB11/T 1558-2018	碳排放管理体系建设实施效果评价指南	2019-01-01
		DB11/T 1559-2018	碳排放管理体系实施指南	2019-01-01
		DB11/T 1562-2018	农田土壤固碳核算技术规范	2019-01-01
		DB11/T 1644-2019	测土配方施肥节能减碳效果评价规范	2019-10-01
		DB11/T 1860-2021	电子信息产品碳足迹核算指南	2021-10-01
		DB11/T 1861-2021	企事业单位碳中和实施指南	2021-10-01
		DB11/T 1862-2021	大型活动碳中和实施指南	2021-10-01
	黑龙江省	DB23/T 1873-2017	稻田系统温室气体减排水肥管理操作规程	2017-03-06
		DB23/T 1919-2017	森林经营碳汇项目技术规程	2017-06-24
		DB23/T 1923-2017	碳汇造林项目技术规程	2017-06-24
		DB23/T 2015-2017	红松人工林碳储量计量方法	2018-01-22
		DB23/T 2016-2017	碳汇造林技术规程	2018-01-22
		DB23/T 2475-2019	林业碳汇计量检测体系建设技术规范	2019-12-03
		DB23/T 2647-2020	白桦立木生物量及含碳量计量方法	2020-08-05
		DB23/T 2650-2020	兴安落叶松立木生物量及含碳量计量方法	2020-08-05
		DB23/T 2669-2020	杂种落叶松碳汇林营建及计量技术规程	2020-09-23
	上海市	DB31/T 1071-2017	产品碳足迹核算通则	2018-02-01
		DB31/T 1139-2019	燃煤发电企业碳排放指标	2019-06-01
		DB31/T 1140-2019	工业气体碳排放指标	2019-06-01
		DB31/T 1144-2019	乙烯产品碳排放指标	2019-06-01
		DB31/T 1232-2020	城市森林碳汇调查及数据采集技术规范	2020-09-01
		DB31/T 1234-2020	城市森林碳汇计量监测技术规程	2020-09-01
		DB31/ 741-2020	碳酸饮料单位产品能源消耗限额	2021-02-01
	江苏省	DB32/T 3490-2018	低碳城市评价指标体系	2019-01-01
	浙江省	DB33/T 2317-2021	饭店低碳评价规范	2021-04-08
		DB33/T 2358-2021	绿色仓储综合能耗和二氧化碳排放等级划分	2021-09-09
		DB33/T 2416-2021	城市绿化碳汇计量与监测技术规程	2022-01-24
	江西省	DB36/T 934-2016	日用陶瓷单位产品碳排放限额	2017-03-01
		DB36/T 1094-2018	农业温室气体清单编制规范	2019-07-01
		DB36/T 1476-2021	碳普惠平台建设技术规范	2021-10-01
		DB36/T 1477-2021	碳普惠平台运营管理规范	2021-10-01
	山东省	DB37/T 2505.2-2014	低碳产品评价方法与要求　第 2 部分：通用硅酸盐水泥	2014-09-08
		DB37/T 4067-2020	大葱生产固碳减排技术规程	2020-08-16
		DB37/T 4203.1-2020	林业碳汇计量监测体系建设规范第 1 部分：导则	2020-12-10
		DB37/T 4203.2-2020	林业碳汇计量监测体系建设规范第 2 部分：森林碳汇监测方法	2020-12-10
		DB37/T 4203.3-2020	林业碳汇计量监测体系建设规范第 3 部分：森林碳储量计算	2020-12-10

续表

类型	分类	标准编号 / 文号	标准名称 / 规范性文件名称	实施日期
地方标准	河南省	DB41/T 1429-2017	工业企业碳排放核查规范	2017-11-28
		DB41/T 1936-2020	小麦 - 玉米固碳减排生产技术规程	2020-04-20
	广东省	DB44/T 1503-2014	家用电器碳足迹评价导则	2015-03-09
		DB44/T 1917-2016	林业碳汇计量与监测技术规程	2017-01-01
		DB44/T 1941-2016	产品碳排放评价技术通则	2017-03-02
		DB44/T 1944-2016	碳排放管理体系　要求及使用指南	2017-03-02
		DB44/T 1945-2016	企业碳排放核查规范	2017-03-02
		DB44/T 2116-2018	碳汇造林技术规程	2018-04-25
	广西壮族自治区	DB45/T 1108-2014	造林再造林项目碳汇计量与监测技术规程	2014-12-30
		DB45/T 1230-2015	红树林湿地生态系统固碳能力评估技术规程	2015-12-30
	重庆市	DB50/T 700-2016	企业碳排放核查工作规范	2016-12-01
		DB50/T 701-2016	普通两轮摩托车低碳产品评价方法及要求	2016-12-01
		DB50/T 936-2019	工业企业碳管理指南	2019-12-01
	甘肃省	DB62/ 2597-2015	碳化硅单位产品能耗限额	2016-01-01
	呼和浩特市	DB1501/T 0008-2020	水泥行业碳管理体系实施指南	2020-05-15
		DB1501/T 0009-2020	碳管理体系　要求	2020-05-15
	镇江市	DB3211/T 1023-2021	低碳学校建设指南	2021-02-01
	湖州市	DB3305/T 208-2021	工业企业碳效评价规范	2021-11-16
	福州市	DB3501/T 001-2021	工业（产业）园区绿色低碳建设导则	2022-01-01
	成都市	DB5101/T 41-2018	成都市会展活动碳足迹核算与碳中和实施指南	2018-12-31
行业标准	电力	DL/T 1328-2014	燃煤电厂二氧化碳排放统计指标体系	2014-08-01
		DL/T 2376-2021	火电厂烟气二氧化碳排放连续监测技术规范	2022-03-22
	邮政	YZ/T 0135-2014	快递业温室气体排放测量方法	2014-10-01
	国内贸易	SB/T 11042-2013	饭店业碳排放管理规范	2014-12-01
	机械	JB/T 12536-2015	燃煤烟气碳捕集装置运行规范	2016-03-01
	交通	JT/T 1249-2019	营运客车能效和二氧化碳排放强度等级及评定方法	2019-07-01
		JT/T 1248-2019	营运货车能效和二氧化碳排放强度等级及评定方法	2019-07-01
	林业	LY/T 3196-2020	竹林碳计量规程	2020-10-01
		LY/T 3197-2020	竹材制品碳计量规程	2020-10-01
	认证认可	RB/T 211-2016	组织温室气体排放核查通用规范	2017-06-01
		RB/T 251-2018	钢铁企业温室气体排放核查技术规范	2018-10-01
		RB/T 252-2018	化工企业温室气体排放核查技术规范	2018-10-01
		RB/T 253-2018	电网企业温室气体排放核查技术规范	2018-10-01
		RB/T 254-2018	发电企业温室气体排放核查技术规范	2018-10-01
		RB/T 255-2018	电石企业温室气体排放核查技术规范	2018-10-01
		RB/T 256-2018	合成氨企业温室气体排放核查技术规范	2018-10-01
		RB/T 257-2018	甲醇企业温室气体排放核查技术规范	2018-10-01

续表

类型	分类	标准编号 / 文号	标准名称 / 规范性文件名称	实施日期
行业标准	认证认可	RB/T 258-2018	乙烯企业温室气体排放核查技术规范	2018-10-01
		RB/T 259-2018	平板玻璃企业温室气体排放核查技术规范	2018-12-01
		RB/T 260-2018	水泥企业温室气体排放核查技术规范	2018-12-01
		RB/T 261-2018	陶瓷企业温室气体排放核查技术规范	2018-12-01
		RB/T 075-2021	农田固碳技术评价规范	2022-01-01
		RB/T 076-2021	种养殖温室气体减排技术评价规范	2022-01-01
	金融	JR/T 0227-2021	金融机构环境信息披露指南	2021-07-22
		JR/T 0228-2021	环境权益融资工具	2021-07-22
团体标准	中国印刷技术协会	T/PTAC 002-2016	印刷产品碳足迹评价方法	2016-12-26
	中国纺织工业联合会	T/CNTAC 13-2018	纺织企业温室气体减排评定技术规范	2018-10-08
	中国建筑材料联合会	T/CBMF 27-2018	预拌混凝土 低碳产品评价方法及要求	2018-07-01
		T/CBMF 28-2018	蒸压加气混凝土砌块 低碳产品评价方法及要求	2018-07-01
		T/CBMF 41-2018	硅酸盐水泥熟料单位产品碳排放限值	2019-04-01
		T/CBMF 42-2018	建筑卫生陶瓷单位产品碳排放限值	2019-04-01
		T/CBMF 53-2019	建材行业碳排放管理体系实施指南　玻璃企业	2019-06-30
		T/CBMF 54-2019	建材行业碳排放管理体系实施指南　水泥企业	2019-06-30
		T/CBMF 55-2019	建材行业碳排放管理体系实施指南　建筑卫生陶瓷企业	2019-06-30
		T/CBMF 56-2019	建材行业低碳企业评价技术要求　平板玻璃行业	2019-06-30
		T/CBMF 57-2019	建材行业低碳企业评价技术要求　水泥行业	2019-06-30
		T/PTAC 002-2016	印刷产品碳足迹评价方法	2016-12-26
		T/CNTAC 13-2018	纺织企业温室气体减排评定技术规范	2018-10-08
		T/CBMF 27-2018	预拌混凝土 低碳产品评价方法及要求	2018-07-01
		T/CBMF 28-2018	蒸压加气混凝土砌块 低碳产品评价方法及要求	2018-07-01
		T/CBMF 41-2018	硅酸盐水泥熟料单位产品碳排放限值	2019-04-01
		T/CBMF 42-2018	建筑卫生陶瓷单位产品碳排放限值	2019-04-01
		T/CBMF 53-2019	建材行业碳排放管理体系实施指南　玻璃企业	2019-06-30
		T/CBMF 54-2019	建材行业碳排放管理体系实施指南　水泥企业	2019-06-30
		T/CBMF 55-2019	建材行业碳排放管理体系实施指南　建筑卫生陶瓷企业	2019-06-30
		T/CBMF 56-2019	建材行业低碳企业评价技术要求　平板玻璃行业	2019-06-30
		T/CBMF 57-2019	建材行业低碳企业评价技术要求　水泥行业	2019-06-30
	中国电子节能技术协会	T/DZJN 001-2018	电器电子产品碳足迹评价通则	2018-11-16
		T/DZJN 002-2018	电器电子产品碳足迹评价 LED 道路照明产品	2018-11-16
		T/DZJN 75-2022	企业碳标签评价通则	2022-02-10
		T/DZJN 77-2022	锂离子电池产品碳足迹评价导则	2022-03-01

续表

类型	分类	标准编号 / 文号	标准名称 / 规范性文件名称	实施日期
团体标准	中国技术经济学会	T/CSTE 0001-2019	出租车智能调度系统温室气体减排量评估技术规范	2019-09-01
		T/CSTE 0073-2020	猪粪资源化利用替代化肥非二氧化碳温室气体减排量核算指南	2020-10-30
		T/CSTE 0063-2021	光伏发电站建设碳中和通用规范	2021-07-20
		T/CSTE 0064-2021	光伏发电站运营碳中和通用规范	2021-07-20
		T/CSTE 0001-2022	氢燃料电池汽车出行项目温室气体减排量评估技术规范	2022-01-28
		T/CSTE 0024-2022	公路货运智能匹配系统的温室气体减排量评估技术规范	2022-03-29
	中国钢铁工业协会	T/CISA 027-2020	钢铁企业低碳清洁评价标准	2020-01-13
	中国科技产业化促进会	T/CSPSTC 51-2020	智慧零碳工业园区设计和评价技术指南	2020-11-01
	中国标准化协会	T/CAS 454-2020	火力发电企业二氧化碳排放在线监测技术要求	2020-11-30
		T/CAS 536-2021	新能源汽车替代出行的温室气体减排量评估技术规范	2021-10-22
		T/CAS 537-2021	新能源汽车替代出行的温室气体减排量核查指南	2021-10-22
	中国循环经济协会	T/CACE 034-2021	基于项目的温室气体减排量评估技术规范 循环经济领域资源化过程	2021-09-28
		T/CACE 035-2021	基于项目的温室气体减排量评估技术规范 循环经济领域资源化过程　废电器电子产品回收处理	2021-09-28
	中国工业节能与清洁生产协会	T/CIECCPA 002-2021	碳管理体系 要求及使用指南	2021-12-01
	中国通信工业协会	T/CA 301-2021	零碳数据中心建设标准	2021-12-01
	中国认证认可协会	T/CCAA 38-2021	私人小客车合乘出行项目温室气体减排量评估技术规范	2021-12-21
	中国生物多样性保护与绿色发展基金会	T/CGDF 00026-2021	企业碳评价标准	2021-12-24
	中国城市商业网点建设管理联合会	T/CUCO 5-2021	旅游商业项目碳中和实施指南	2021-12-31
	中国煤炭运销协会	T/CCTDA 001-2022	碳中和数字地销管理系统技术标准	2022-03-16
		T/CCTDA 002-2022	碳中和数字铁运管理系统技术标准	2022-03-16
		T/CCTDA 003-2022	碳中和数字港口管理系统技术标准	2022-03-16
	中国国际科技促进会	T/CI 020-2022	城市碳达峰碳中和规划技术导则	2022-03-29

续表

类型	分类	标准编号 / 文号	标准名称 / 规范性文件名称	实施日期
团体标准	北京低碳农业协会	T/LCAA 001-2020	发电行业温室气体排放监测技术规范	2020-09-01
		T/LCAA 002-2020	水泥行业温室气体排放监测技术规范	2020-09-01
		T/LCAA 003-2020	种植企业（组织）温室气体排放监测　技术规范	2020-11-01
		T/LCAA 004-2020	养殖企业温室气体排放监测　技术规范	2020-11-01
		T/LCAA 007-2021	种植企业（组织）温室气体排放　核查技术规范	2021-08-14
	北京节能环保促进会	T/BAEE 005-2020	基于超气态电素流技术减少二氧化碳排放量核算方法	2020-09-15
	天津市环境科学学会	T/TJSES 002-2021	零碳建筑认定和评价指南	2021-09-01
	天津市勘察设计协会	T/TJKCSJ 002-2022	建筑碳中和评定标准	2022-02-01
	浙江省国际数字贸易协会	T/ZIFA CC001-2020	浙江省绿色物流节能降碳评价标准	2020-05-01
	浙江省产品与工程标准化协会	T/ZS 0189.7-2021	未来社区建设与运营通用要求第 7 部分：未来低碳	2021-04-22
		T/ZS 0245-2021	建筑物低碳建造评价导则	2021-12-27
	浙江省金融学会	T/ZJFS 004-2021	绿色低碳融资项目评价规范	2021-12-29
	广东省节能减排标准化促进会	T/GDES 1-2016	企业碳排放权交易会计信息处理规范	2016-07-01
		T/GDES 3-2016	企业碳排放核查规范	2016-07-19
		T/GDES 4-2016	碳排放管理体系　要求及使用指南	2016-08-04
		T/GDES 20001-2016	产品碳足迹　评价技术通则	2016-07-11
		T/GDES 20002-2016	产品碳足迹 产品种类规则　巴氏杀菌乳	2016-07-11
		T/GDES 20003-2016	产品碳足迹　小功率电动机基础数据采集技术规范	2016-07-19
		T/GDES 20004-2018	家用洗涤剂产品碳足迹等级和技术要求	2018-12-25
		T/GDES 20005-2019	产品碳足迹　产品种类规则　合成洗衣粉	2019-01-31
		T/GDES 2030-2021	碳排放管理体系要求	2021-10-22
	广东省低碳发展促进会	T/GDLC 001-2019	低碳宜居社区评价标准	2019-07-09
		T/GDLC 004-2021	园区低碳餐饮评价指南	2021-06-01
	广东省节能减排标准化促进会	T/GDES 50-2021	凉茶植物饮料产品碳足迹等级和技术要求	2021-02-01
	广东省照明学会	T/GIES 005-2022	高效节能产品减碳量评估技术要求　照明产品	2022-03-31

续表

类型	分类	标准编号 / 文号	标准名称 / 规范性文件名称	实施日期
团体标准	武汉碳减排协会	T/WCRA 0001-2018	低碳学校（中小学）建设指南	2018-09-01
	广州市楼宇经济促进会	T/GZLY 1-2022	零碳数智楼宇等级评定规范	2022-02-19
	佛山市高新技术应用研究会	T/FSYY 0035-2021	碳减排工艺技术规范　锂离子电池正极材料	2022-04-01
		T/FSYY 0036-2021	碳减排工艺技术规范　锂离子电池正极材料前驱体	2022-04-01
	中关村标准化协会	T/ZSA 62-2019	餐厨废弃物资源化还田项目温室气体减排量核算技术规范	2020-03-01
	中关村现代能源环境服务产业联盟	T/EES 0018-2021	绿色低碳技术服务能力评价技术要求	2021-11-03
	中关村乐家智慧居住区产业技术联盟	T/ZSPH 04-2021	智慧建筑节能低碳运行评价标准	2021-12-29
	中关村生态乡村创新服务联盟	T/ZGCERIS 0001-2019	餐厨废弃物资源化还田项目温室气体减排量核算技术规范	2019-03-23
		T/ZGCERIS 0002-2019	利用园林废弃物生产有机肥还田项目温室气体减排量核算技术规范	2019-07-01
		T/ZGCERIS 0003-2019	泌乳奶牛日粮调控项目温室气体减排量核算技术规范	2019-07-01
		T/ZGCERIS 0004-2019	奶牛养殖玉米秸秆过腹还田项目温室气体减排量核算技术规范	2019-07-01
		T/ZGCERIS 0005-2019	猪场粪便管理和有机小麦种植联动循环项目温室气体减排量核算技术规范	2019-07-01
		T/ZGCERIS 0006-2019	畜禽粪便腐殖化堆肥项目温室气体减排量核算技术规范	2019-07-01
		T/ZGCERIS 0007-2019	旱地农田优化施肥项目温室气体减排量核算技术规范	2019-07-01
		T/ZGCERIS 0011-2018	农田土壤固碳核算技术规范	2018-09-21
		T/ZGCERIS 0012-2018	农业有机废弃物（畜禽粪便）循环利用项目碳减排量核算指南	2018-09-21
		T/ZGCERIS 0001-2021	种养循环模式碳中和评价技术规范	2021-12-01

第四部分
低碳试点、绿色发展与探索创新

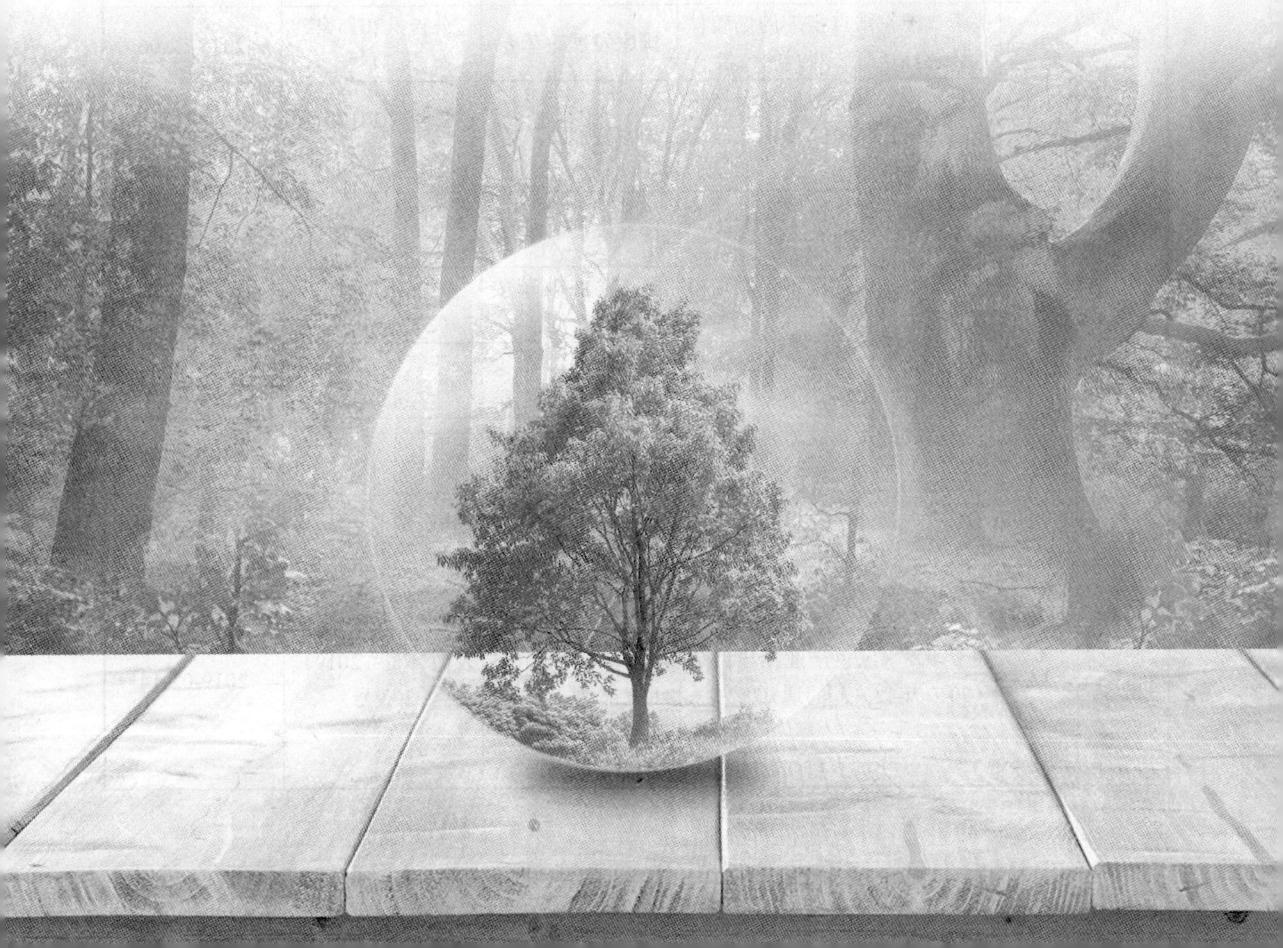

一、国家发展和改革委员会

践行低碳试点、绿色发展、适应气候等政策汇总

为落实党中央、国务院决策部署，积极应对气候变化，有效控制温室气体排放，国家发展和改革委员会开展了低碳省区和低碳城市、低碳社区、气候适应型城市建设等试点工作，并推广普及低碳技术，发布《绿色产业指导目录》等，相关政策文件整理、汇总如下表。

国家发改委践行低碳试点、绿色发展、适应气候等政策文件汇总

分类	序号	政策文件名称	发布机构 / 部门	文号	发布时间
低碳省区低碳城市	1	关于开展低碳省区和低碳城市试点工作的通知	国家发展改革委	发改气候〔2010〕1587 号	2010-07-19
	2	关于开展第二批国家低碳省区和低碳城市试点工作的通知	国家发展改革委	发改气候〔2012〕3760 号	2012-11-26
	3	关于开展第三批国家低碳城市试点工作的通知	国家发展改革委	发改气候〔2017〕66 号	2017-01-07
低碳技术	4	关于印发《节能低碳技术推广管理暂行办法》的通知	国家发展改革委	发改环资〔2014〕19 号	2014-01-06
	5	关于《国家重点推广的低碳技术目录》的公告	国家发展改革委	公告 2014 年第 13 号	2014-08-25
	6	关于《国家重点推广的低碳技术目录》（第二批）的公告	国家发展改革委	公告 2015 年第 31 号	2015-12-06
	7	关于《国家重点节能低碳技术推广目录》（2017 年本低碳部分）的公告	国家发展改革委	公告 2017 年第 3 号	2017-03-17
低碳社区	8	关于开展低碳社区试点工作的通知	国家发展改革委	发改气候〔2014〕489 号	2014-03-21
	9	关于印发低碳社区试点建设指南的通知	国家发展改革委办公厅	发改办气候〔2015〕362 号	2015-02-12
气候适应型城市	10	关于印发城市适应气候变化行动方案的通知	国家发展改革委 住房城乡建设部	发改气候〔2016〕245 号	2016-02-04
	11	关于印发开展气候适应型城市建设试点工作的通知	国家发展改革委 住房城乡建设部	发改气候〔2016〕1687 号	2016-08-02
	12	关于印发气候适应型城市建设试点工作的通知	国家发展改革委 住房城乡建设部	发改气候〔2017〕343 号	2017-02-21
绿色产业指导目录	13	关于印发《绿色产业指导目录（2019 年版）》的通知	国家发展改革委 工业和信息化部 自然资源部 生态环境部 住房城乡建设部 人民银行 国家能源局	发改环资〔2019〕293 号	2019-02-14

二、生态环境部

关于加强碳捕集、利用和封存试验示范项目环境保护工作的通知

（环办〔2013〕101号）

各省、自治区、直辖市环境保护厅（局），有关企业，有关行业协会：

为落实国务院《“十二五”控制温室气体排放工作方案》（国发〔2011〕41号）有关碳捕集、利用和封存的工作要求，有效降低和控制碳捕集、利用和封存全过程可能出现的各类环境影响与风险，推动相关工作健康有序发展，现就加强碳捕集、利用和封存试验示范项目环境保护工作通知如下：

一、目的与意义

碳捕集、利用和封存是一项具有大规模减排潜力的新兴技术，对全球中长期应对气候变化和推进国内绿色、循环、低碳发展具有重要意义。目前，我国碳捕集、利用和封存发展势头良好，相关实践、技术研发和试验示范已取得较大进展，但环境安全不确定问题较为突出。其中，捕集环节由于额外能耗会增加大气污染物排放，吸附溶剂使用后的残留废弃物易造成二次污染；运输和利用环节可能发生的突发性泄漏将严重破坏局地生态环境安全，威胁周边人体健康；封存环节如果工艺选择或封存场地选址不当，可能发生二氧化碳的突发性或缓慢性泄漏，从而引发地下水污染、土壤酸化、生态破坏等一系列环境问题。碳捕集、利用和封存时间跨度长、涉及范围广、技术类型多、环境风险差异大，目前环境监管基础能力相对薄弱，加强试验示范项目环境保护工作十分迫切。

二、主要任务

（一）加强环境影响评价

结合本地区已有的试验示范项目，针对各环节实际运行情况，评估项目当前和潜在的生态环境影响，逐步明确环境监管的重点领域，完善相应的评价技术方法，适时开展环境影响的后评估。新建试验示范项目，应遵照全国主体功能区规划、环境功能区划等相关要求，依法开展项目环境影响评价，重点关注封存场地选址、各环境要素长期性累积性影响、公众参与和信息公开等方面，严格竣工环境保护验收，强化全过程环境监管。

（二）积极推进环境影响监测

试验示范项目结合自身实际，积极开展项目运行前、运行期间和封场后等不同实施阶段的环境影响监测。针对各环节可能影响的不同环境要素，循序推进大气、地下水、土壤、生物多样性和废弃物产生等领域的环境影响监测工作，逐步构建完善指标科学、标准明确、技术可达、便于操作的监测方法体系与技术规范。

（三）探索建立环境风险防控体系

试验示范项目应针对各环节存在的环境风险，识别潜在的影响范围、对象和程度，探索建立环境风险评估和预警防控体系，针对可能出现的突发性环境事件，研究制定应急预案和响应机制，与地方现有应急预案加强衔接，逐步推进预案备案工作，明确工程补救措施，强化源头预防、过程控制和末端处置的全过程环境监管，有效降低影响人群健康和生态安全的环境风险。

（四）推动环境标准规范制定

结合我国实际及发展趋势，研究项目选址优化、环境影响评价、环境监测、环境风险防控、环境损害评估、生物多样性保护等领域的技术导则和规范制修订方法，完善相关的环境标准和监管规范体系，强化环境影响和环境风险管控，积极参与和引导相关国际环境标准和规范的制定。

（五）加强基础研究和技术示范

重点围绕影响人体健康和生态环境质量的各种环境影响和环境风险，加强有利于碳捕集、利用和封存全过程环境监管的基础研究、技术研发和政策设计。结合各地实际，按照捕集、利用、封存的不同需要，探索建立环保经济政策激励机制，推动相关实用环保技术、装备等的示范和推广，促进环保产业发展。

（六）加强能力建设和国际合作

加强项目管理和人才培养，重视碳捕集、利用和封存相关环保知识的普及与传播，针对不同技术和管理需求，积极参与并适时组织开展相关研讨培训工作。加强与主要发达国家和发展中国家环境保护领域的合作，推动与国际组织、研究机构、企业团体交流，积极借鉴相关国际经验，有效利用国际资源。

三、工作要求

加强碳捕集、利用和封存的环境管理是一项长期工作，需要加强组织领导。环境保护部将会同有关部门，协调相关地方、行业、企业和研究机构共同开展碳捕集、利用和封存的环境保护工作，探索建立科学高效的问题解决机制，积极推动并适时制定出台相关的环境保护标准规范，引导碳捕集、利用和封存工作健康有序发展。

各级环保部门要加强与发改、科技、财政、国土等部门的沟通协调，强化对碳捕集、利用和封存试验示范项目的全过程环境管理，摸清本地区试验示范项目的环境影响现状，并开展登记备案工作，加强项目运行的环境监测和影响评估，及时发现问题并总结经验，定期上报相关情况和进展。

各地在碳捕集、利用和封存试验示范项目建设和运营的过程中，要强化环境安全风险防范意识，降低对当地环境可能产生的负面影响。要加强试验示范项目在环境影响评价、环境监测、环境风险防控和环境损害赔偿等问题上的技术研究和数据积累，及时向本地环保部门反馈问题并提出建议。试验示范项目应结合自身实际，加大对环境保护工作的投入，积累项目建设、运营和场地关闭后的环境保护实践经验，为研究制定适合我国国情的碳捕集、利用和封存环境管理制度提供科学依据。

计划开展碳捕集、利用和封存试验示范的地区，可参照本通知开展相关环境保护工作。

特此通知。

环境保护部办公厅

2013 年 10 月 28 日

关于发布《二氧化碳捕集、利用与封存环境风险评估技术指南（试行）》的通知

（环办科技〔2016〕64号）

各省、自治区、直辖市环境保护厅（局），计划单列市环境保护局，各直属单位，有关企业，有关行业协会：

为贯彻落实《关于加强碳捕集、利用和封存试验示范项目环境保护工作的通知》（环办〔2013〕101号）要求，规范和指导二氧化碳捕集、利用与封存项目的环境风险评估工作，我部制定了《二氧化碳捕集、利用与封存环境风险评估技术指南（试行）》，现予发布，供各相关方参照实行。

附件：二氧化碳捕集、利用与封存环境风险评估技术指南（试行）

环境保护部办公厅

2016年6月20日

抄送：外交部、发展改革委、教育部、科技部、工业和信息化部、民政部、财政部、住房城乡建设部、交通运输部、水利部、农业部、商务部、卫生计生委、国资委、税务总局、质检总局、统计局、林业局、国管局、法制办、中科院、气象局、能源局、民航局办公厅（室）。

环境保护部办公厅2016年6月21日印发

三、科学技术部、工业和信息化部

践行低碳发展政策文件汇总

为推动相关产业的低碳升级改造，科学技术部积极推动节能减排与低碳技术成果转化应用，引导企业采用先进适用的节能与低碳新工艺和新技术。为加快推广应用高效节能技术、装备和产品，引导绿色生产和绿色消费，工业和信息化部从2017年起每年都会发布节能技术、装备和产品相应目录。为控制温室气体排放、积极应对气候变化、推进工业低碳转型，工信部联合国家发改委开展了低碳工业园区试点工作。上述相关政策文件整理、汇总如下表。

科学技术部、工业和信息化部践行低碳发展政策文件汇总

分类	序号	政策文件名称	发布机构 / 部门	文号	发布时间
低碳技术推广	1	关于发布节能减排与低碳技术成果转化推广清单（第一批）的公告	科技部	公告（2014年第1号）	2014-01-06
	2	关于发布节能减排与低碳技术成果转化推广清单（第二批）的公告	科技部 环境保护部 工业和信息化部	科学技术部公告2016年第2号	2016-12-12
低碳工业园区	3	关于组织开展国家低碳工业园区试点工作的通知	工业和信息化部 发展改革委	工信部联节〔2013〕408号	2013-09-29
	4	关于印发国家低碳工业园区试点名单（第一批）的通知	工业和信息化部 发展改革委	工信部联节〔2014〕287号	2014-07-07
	5	关于同意国家低碳工业园区试点（第二批）实施方案的批复	工业和信息化部 发展改革委	工信部联节函〔2015〕603号	2015-12-16
节能技术装备产品	6	国家工业节能技术装备推荐目录（2017）	工业和信息化部	公告2017年第50号	2017-11-10
	7	国家工业节能技术装备推荐目录（2018）	工业和信息化部	公告2018年第55号	2018-10-24
	8	国家工业节能技术装备推荐目录（2019）	工业和信息化部	公告2019年第55号	2019-11-26
	9	《国家工业节能技术装备推荐目录（2020）》《“能效之星”产品目录（2020）》《国家绿色数据中心先进适用技术产品目录（2020）》	工业和信息化部	公告2020年第40号	2020-10-23
	10	《国家工业节能技术推荐目录（2021）》《“能效之星”装备产品目录（2021）》《国家通信业节能技术产品推荐目录（2021）》	工业和信息化部	公告2021年第30号	2021-10-28

工业和信息化部办公厅　国家开发银行办公厅关于加快推进工业节能与绿色发展的通知

（工信厅联节〔2019〕16号）

各省、自治区、直辖市及计划单列市、新疆生产建设兵团工业和信息化主管部门，国家开发银行各省（区、市）分行：

为服务国家生态文明建设战略，推动工业高质量发展，工业和信息化部、国家开发银行将进一步发挥部行合作优势，充分借助绿色金融措施，大力支持工业节能降耗、降本增效，实现绿色发展。现将有关事项通知如下。

一、充分认识金融支持工业节能与绿色发展的重要意义

推动工业节能与绿色发展，是贯彻落实党中央、国务院关于加快生态文明建设、构建高质量现代化经济体系的必然要求，是深入推进供给侧结构性改革、实现工业转型升级的重要举措。各级工业和信息化主管部门、国家开发银行各分行要充分认识此项工作的重要意义，不断深化合作，发挥政策导向和综合金融优势，按照源头减排、末端治理、技术优化、全程监控的系统性思维，进一步完善政策配套，共同探索机制创新，调结构、优布局、促发展，加快形成新时期工业绿色发展的推进机制，培育经济发展新动能。

二、突出重点领域，发挥绿色金融手段对工业节能与绿色发展的支撑作用

按照《工业绿色发展规划（2016—2020年）》（工信部规〔2016〕225号）、《关于加强长江经济带工业绿色发展的指导意见》（工信部联节〔2017〕178号）、《坚决打好工业和通信业污染防治攻坚战三年行动计划》（工信部节〔2018〕136号）等工作部署，以长江经济带、京津冀及周边地区、长三角地区、汾渭平原等地区为重点，强化工业节能和绿色发展工作。重点支持以下领域：

（一）工业能效提升

支持重点高耗能行业应用高效节能技术工艺，推广高效节能锅炉、电机系统等通用设备，实施系统节能改造。促进产城融合，推动利用低品位工业余热向城镇居民供热。支持推广高效节水技术和装备，实施水效提升改造。支持工业企业实施传统能源改造，推动能

源消费结构绿色低碳转型，鼓励开发利用可再生能源。支持建设重点用能企业能源管控中心，提升能源管理信息化水平，加快绿色数据中心建设。

（二）清洁生产改造

推动焦化、建材、有色金属、化工、印染等重点行业企业实施清洁生产改造，在钢铁等行业实施超低排放改造，从源头削减废气、废水及固体废物产生。

（三）资源综合利用

支持实施大宗工业固废综合利用项目。重点推动长江经济带磷石膏、冶炼渣、尾矿等工业固体废物综合利用。在有条件的城镇推动水泥窑协同处置生活垃圾，推动废钢铁、废塑料等再生资源综合利用。重点支持开展退役新能源汽车动力蓄电池梯级利用和再利用。重点支持再制造关键工艺技术装备研发应用与产业化推广，推进高端智能再制造。

（四）绿色制造体系建设

支持企业参与绿色制造体系建设，创建绿色工厂，发展绿色园区，开发绿色产品，建设绿色供应链。重点支持国家级绿色制造体系相关的企业和园区。

三、加大政策支持力度

（一）加强开发性金融支持

国家开发银行切实发挥国内绿色信贷主力银行作用，根据国家重大规划、重点战略以及地方政府工业发展整体规划和安排，按照“项目战略必要、整体风险可控、业务方式合规”的原则，以合法合规的市场化方式支持工业节能与绿色发展重点项目，推动工业补齐绿色发展短板。拓展中国人民银行抵押补充贷款资金（以下简称 PSL 资金）运用范围至生态环保领域，对已取得国家开发银行贷款承诺，且符合生态环保领域 PSL 资金运用标准的工业污染防治重点工程，给予低成本资金支持，主要包括节能环保技术改造升级、工业废气、废水和固体废物治理、资源再生及综合利用、工业企业环保搬迁改造及环境整治等。

（二）完善配套支持政策

工业和信息化部会同国家开发银行统筹用好各项支持引导政策和绿色金融手段，对已获得绿色信贷支持的企业、园区、项目，优先列入技术改造、绿色制造等财政专项支持范围，实现综合应用财税、金融等多种手段，共同推进工业节能与绿色发展。同时，鼓励地方出台加强绿色信贷项目支持的配套优惠政策，包括但不限于在项目审批、专项奖励、税收优惠等方面给予支持。

四、有关要求

1. 各省级工业和信息化主管部门要加强与当地国家开发银行分行的对接，掌握开发性金融信贷要求和 PSL 资金支持政策，选取有融资需求且符合条件的项目，在政策允许的范围内协助企业落实有关贷款条件，用好各项开发性金融支持政策。

2. 国家开发银行各分行要将工业节能与绿色发展作为推动工业高质量发展的重点领域，进一步做好开发性金融信贷政策宣介和项目开发评审工作。对符合绿色信贷、生态环保领域 PSL 资金支持政策的项目，要按照总行有关要求，及时完成项目识别、申报入库、贷款资金统计报送等工作，落实好贷款资金的发放和支付，并督促企业建立相关管理制度，保证合规。

3. 各省级工业和信息化主管部门、国家开发银行各分行要建立协调工作机制，加强沟通、密切合作，及时共享工业绿色信贷项目信息及调度情况，协调解决项目融资、建设中存在的问题和困难。要及时将相关开发性金融政策运用及工作中遇到的问题和建议，报送工业和信息化部（节能与综合利用司）和国家开发银行（评审二局）。

工业和信息化部办公厅

国家开发银行办公厅

2019 年 3 月 19 日

四、国务院其他部门、直属机构及部门管理的国家局

交通运输部　国家发展改革委关于印发《绿色出行创建行动方案》的通知

各省、自治区、直辖市、新疆生产建设兵团交通运输厅（局、委），发展改革委：

现将《绿色出行创建行动方案》印发给你们，请结合实际认真贯彻落实。

交通运输部

国家发展改革委

2020 年 7 月 23 日

绿色出行创建行动方案

为贯彻习近平生态文明思想和党的十九大关于开展绿色出行行动等决策部署，落实《交通强国建设纲要》，进一步提高绿色出行水平，根据绿色生活创建有关要求，制定本方案。

一、创建目标

以直辖市、省会城市、计划单列市、公交都市创建城市、其他城区人口 100 万以上的城市作为创建对象，鼓励周边中小城镇参与绿色出行创建行动。通过开展绿色出行创建行动，倡导简约适度、绿色低碳的生活方式，引导公众出行优先选择公共交通、步行和自行车等绿色出行方式，降低小汽车通行总量，整体提升我国各城市的绿色出行水平。到 2022 年，力争 60% 以上的创建城市绿色出行比例达到 70% 以上，绿色出行服务满意率不低于 80%。公交都市创建城市将绿色出行创建纳入公交都市创建一并推进。

二、创建内容

按照系统推进、广泛参与、突出重点、分类施策的原则，以《绿色生活创建行动总体方案》（发改环资〔2019〕1696 号）和《绿色出行行动计划（2019—2022 年）》（交运发〔2019〕70 号）明确的重点任务和创建要求为载体，加快推动形成绿色生活方式。

三、创建标准

（一）绿色出行成效显著

绿色出行比例达到 70% 以上，绿色出行服务满意率不低于 80%。

（二）推进机制健全有效

建立跨部门、跨领域的绿色出行协调机制，形成工作合力。

（三）基础设施更加完善

城市建成区平均道路网密度和道路面积率持续提升，步行和自行车等慢行交通系统、无障碍设施建设稳步推进，加快充电基础设施建设。

（四）新能源和清洁能源车辆规模应用

重点区域［重点区域是指根据《国务院关于印发打赢蓝天保卫战三年行动计划的通知》（国发〔2018〕22 号）明确的京津冀及周边地区、长三角地区、汾渭平原等区域］新能源和清洁能源公交车占所有公交车比例不低于 60%，其他区域新能源和清洁能源公交车占所有公交车比例不低于 50%。新增和更新公共汽电车中新能源和清洁能源车辆比例分别不低于 80%。空调公交车、无障碍公交车比例稳步提升，依法淘汰高耗能、高排放车辆。

（五）公共交通优先发展

超大、特大城市公共交通机动化出行分担率不低于 50%，大城市不低于 40%，中小城市不低于 30%。公交专用道及优先车道设置明显提升。早晚高峰期城市公共交通拥挤度控制在合理水平，平均运营速度不低于 15 公里 / 小时。

（六）交通服务创新升级

手机 App 或者电子站牌等方式提供公共汽电车来车信息服务全面实施。公共交通领域一卡通互联互通、手机支付等非现金支付服务全面应用。建立城市交通管理、公交、出租汽车等相关系统，促进系统融合，实现出行服务信息共享，并向社会提供相关信息服务。

（七）绿色文化逐步形成

每年组织绿色出行和公交出行等主题宣传活动。广泛开展民意征询、志愿者活动和第三方评估等工作。

四、组织实施

（一）组织编制创建方案

省级交通运输主管部门要会同发展改革等部门广泛动员部署本辖区有关城市积极开展

创建，由城市对照创建标准，结合自身特点、因地制宜编制创建方案，明确创建预期目标，细化具体创建任务，创建周期原则上截至 2022 年 6 月 30 日。

（二）公布创建城市名单

请省级交通运输主管部门牵头组织本辖区创建工作，联合省级发展改革部门向社会公告本辖区开展绿色出行创建行动的城市名单，并于 2020 年 11 月 30 日前将本辖区开展绿色出行创建行动的城市名单及创建方案等相关材料报交通运输部备案。直辖市交通运输主管部门请直接编制并报送创建方案。

（三）开展年度总结评估

省级交通运输主管部门要会同有关部门组织对各创建城市的工作落实情况和成效开展年度评估，督促推动相关工作。请各省级交通运输主管部门于每年 2 月底前将上一年度创建报告汇总报交通运输部。交通运输部将视情会同有关部门开展创建工作调研，推动取得更大创建成效。

（四）组织创建考核评价

2022 年，交通运输部将组织对绿色出行创建城市进行考核评价，对于达到创建目标的城市，将正式发文公布。

五、保障措施

（一）加强协作联动

地方各级交通运输主管部门要在当地党委、政府的统一领导下，加强与相关部门和单位的协作联动，加大对绿色出行创建行动的指导、协调和支持力度，为开展绿色出行创建行动提供强有力的保障。鼓励绿色出行创建行动与交通强国建设试点工作相结合，形成一批先进经验和典型做法，充分发挥示范引领作用。

（二）完善支持政策

地方各级交通运输主管部门要积极协调财政部门，按照《绿色生活创建行动总体方案》对创建行动给予必要的资金保障。强化财政资金在绿色出行中的引导作用，统筹利用现有资金渠道，鼓励地方安排资金，加大对绿色出行创建行动的支持力度。

（三）加强宣传交流

各级交通运输主管部门要主动协调宣传等部门，组织媒体利用多种渠道和方式，大力宣传绿色出行创建行动和绿色生活理念、生活方式，推广绿色出行的好经验和做法，营造良好社会氛围。交通运输部将联合有关部门结合开展绿色出行宣传月和公交出行宣传周、全国节能宣传周等活动，深入总结和广泛宣传各地典型做法，并对活动中的先进集体和个人予以表扬。

附件：绿色出行创建行动相关指标含义

附件

绿色出行创建行动相关指标含义

1. 绿色出行比例。指居民使用城市轨道交通、公共汽电车、自行车和步行等绿色出行方式的出行量占全部出行量的比例。

2. 绿色出行服务满意率。指城市绿色出行服务满意的出行者人数占被调查出行者总数的比例。

3. 平均道路网密度。指城市建成区道路网内的道路中心线长度与城市建成区面积的比值。

4. 城市道路面积率。指城市建成区各级道路用地面积之和占城市建设总用地面积的比值。

5. 公共交通机动化出行分担率。指中心城区居民选择公共交通的出行量在机动化出行总量的比例。其中，公共交通出行量包括采用公共汽电车、城市轨道交通、城市轮渡等（不含公共自行车、互联网租赁自行车、出租汽车）交通方式的出行量；机动化出行总量是指使用公共汽电车、城市轨道交通、城市轮渡、小汽车、出租汽车、摩托车、通勤班车、公务车、校车等各种以动力装置驱动或者牵引的交通工具的出行量。

《节能低碳产品认证管理办法》

（国家质量监督检验检疫总局　国家发展和改革委员会令　第168号）

为了规范节能低碳产品认证活动，促进节能低碳产业发展，特制定《节能低碳产品认证管理办法》，现予公布，自2015年11月1日起施行。

国家质量监督检验检疫总局局长　支树平
国家发展和改革委员会主任　徐绍史
2015年9月17日

节能低碳产品认证管理办法

第一章　总　则

第一条　为了提高用能产品以及其它产品的能源利用效率，改进材料利用，控制温室气体排放，应对气候变化，规范和管理节能低碳产品认证活动，根据《中华人民共和国节约能源法》《中华人民共和国认证认可条例》等法律、行政法规的规定，制定本办法。

第二条　本办法所称节能低碳产品认证，包括节能产品认证和低碳产品认证。节能产品认证是指由认证机构证明用能产品在能源利用效率方面符合相应国家标准、行业标准或者认证技术规范要求的合格评定活动；低碳产品认证是指由认证机构证明产品温室气体排放量符合相应低碳产品评价标准或者技术规范要求的合格评定活动。

第三条　在中华人民共和国境内从事节能低碳产品认证活动，应当遵守本办法。

第四条　国家质量监督检验检疫总局（以下简称国家质检总局）主管全国节能低碳产品认证工作；国家发展和改革委员会（以下简称国家发展改革委）负责指导开展节能低碳产品认证工作。

国家认证认可监督管理委员会（以下简称国家认监委）负责节能低碳产品认证的组织实施、监督管理和综合协调工作。

地方各级质量技术监督部门和各地出入境检验检疫机构（以下统称地方质检两局）按照各自职责，负责所辖区域内节能低碳产品认证活动的监督管理工作。

第五条　国家发展改革委、国家质检总局和国家认监委会同国务院有关部门建立节能低碳产品认证部际协调工作机制，共同确定产品认证目录、认证依据、认证结果采信等有关事项。

节能、低碳产品认证目录由国家发展改革委、国家质检总局和国家认监委联合发布。

第六条 国家发展改革委、国家质检总局、国家认监委以及国务院有关部门，依据《中华人民共和国节约能源法》以及国家相关产业政策规定，在工业、建筑、交通运输、公共机构等领域，推动相关机构开展节能低碳产品认证等服务活动，并采信认证结果。

国家发展改革委、国务院其他有关部门以及地方政府主管部门依据相关产业政策，推动节能低碳产品认证活动，鼓励使用获得节能低碳认证的产品。

第七条 从事节能低碳产品认证活动的机构及其人员，对其从业活动中所知悉的商业秘密和技术秘密负有保密义务。

第二章 认证实施

第八条 节能、低碳产品认证规则由国家认监委会同国家发展改革委制定。涉及国务院有关部门职责的，应当征求国务院有关部门意见。

节能、低碳产品认证规则由国家认监委发布。

第九条 从事节能低碳产品认证的认证机构应当依法设立，符合《中华人民共和国认证认可条例》《认证机构管理办法》规定的基本条件和产品认证机构通用要求，并具备从事节能低碳产品认证活动相关技术能力。

第十条 从事节能低碳产品认证相关检验检测活动的机构应当依法经过资质认定，符合检验检测机构能力的通用要求，并具备从事节能低碳产品认证检验检测工作相关技术能力。

第十一条 国家认监委对从事节能低碳产品认证活动的认证机构，依法予以批准。

节能低碳产品认证机构名录及相关信息经节能低碳产品认证部际协调工作机制研究后，由国家认监委公布。

第十二条 从事节能低碳产品认证检查或者核查的人员，应当具备检查或者核查的技术能力，并经国家认证人员注册机构注册。

第十三条 产品的生产者或者销售者（以下简称认证委托人）可以委托认证机构进行节能、低碳产品认证，并按照认证规则的规定提交相关资料。

认证机构经审查符合认证条件的，应当予以受理。

第十四条 认证机构受理认证委托后，应当按照节能、低碳产品认证规则的规定，安排产品检验检测、工厂检查或者现场核查。

第十五条 认证机构应当对认证委托人提供样品的真实性进行审查，并根据产品特点和实际情况，采取认证委托人送样、现场抽样或者现场封样后由委托人送样等方式，委托符合本办法规定的检验检测机构对样品进行产品型式试验。

第十六条 检验检测机构对样品进行检验检测，应当确保检验检测结果的真实、准确，并对检验检测全过程做出完整记录，归档留存，保证检验检测过程和结果具有可追溯性，配合认证机构对获证产品进行有效的跟踪检查。

检验检测机构及其有关人员应当对其作出的检验检测报告内容以及检验检测结论负责，对样品真实性有疑义的，应当向认证机构说明情况，并作出相应处理。

第十七条 根据认证规则需要进行工厂检查或者核查的，认证机构应当委派经国家认证人员注册机构注册的认证检查员或者认证核查员，进行检查或者核查。

节能产品认证的检查，需要对产品生产企业的质量保证能力、生产产品与型式试验样品的一致性等情况进行检查。

低碳产品认证的核查，需要对产品生产工艺流程与相关提交文件的一致性、生产相关过程的能量和物料平衡、证据的可靠性、生产产品与检测样品的一致性、生产相关能耗监测设备的状态、碳排放计算的完整性以及产品生产企业的质量保证水平和能力等情况进行核查。

第十八条　认证机构完成产品检验检测和工厂检查或者核查后，对符合认证要求的，向认证委托人出具认证证书；对不符合认证要求的，应当书面通知认证委托人，并说明理由。

认证机构及其有关人员应当对其作出的认证结论负责。

第十九条　认证机构应当按照认证规则的规定，采取适当合理的方式和频次，对取得认证的产品及其生产企业实施有效的跟踪检查，控制并验证取得认证的产品持续符合认证要求。

对于不能持续符合认证要求的，认证机构应当根据相应情形作出暂停或者撤销认证证书的处理，并予公布。

第二十条　认证机构应当依法公开节能低碳产品认证收费标准、产品获证情况等相关信息，并定期将节能低碳产品认证结果采信等有关数据和工作情况，报告国家认监委。

第二十一条　国家认监委和国家发展改革委组建节能低碳认证技术委员会，对涉及认证技术的重大问题进行研究和审议。

认证技术委员会为非常设机构，由国务院相关部门、行业协会、认证机构、企业代表以及相关专家担任委员。

第二十二条　认证机构应当建立风险防范机制，采取设立风险基金或者投保等合理、有效的防范措施，防范节能低碳产品认证活动可能引发的风险和责任。

第三章　认证证书和认证标志

第二十三条　节能、低碳产品认证证书的格式、内容由国家认监委统一制定发布。

第二十四条　认证证书应当包括以下基本内容：

（一）认证委托人名称、地址；

（二）产品生产者（制造商）名称、地址；

（三）被委托生产企业名称、地址（需要时）；

（四）产品名称和产品系列、规格 / 型号；

（五）认证依据；

（六）认证模式；

（七）发证日期和有效期限；

（八）发证机构；

（九）证书编号；

（十）产品碳排放清单及其附件；

（十一）其他需要标注的内容。

第二十五条 认证证书有效期为3年。

认证机构应当根据其对取得认证的产品及其生产企业的跟踪检查情况，在认证证书上注明年度检查有效状态的查询网址和电话。

第二十六条 认证机构应当按照认证规则的规定，针对不同情形，及时作出认证证书的变更、扩展、注销、暂停或者撤销的处理决定。

第二十七条 节能产品认证标志的式样由基本图案、认证机构识别信息组成，基本图案如下图所示，其中ABCDE代表认证机构简称：

ABCDE

低碳产品认证标志的式样由基本图案、认证机构识别信息组成，基本图案如下图所示，其中ABCDE代表认证机构简称：

CO_2

ABCDE

第二十八条 取得节能低碳产品认证的认证委托人，应当建立认证证书和认证标志使用管理制度，对认证标志的使用情况如实记录和存档，并在产品或者其包装物、广告、产品介绍等宣传材料中正确标注和使用认证标志。

认证机构应当采取有效措施，监督获证产品的认证委托人正确使用认证证书和认证标志。

第二十九条 任何组织和个人不得伪造、变造、冒用、非法买卖和转让节能、低碳产品认证证书和认证标志。

第四章 监督管理

第三十条 国家质检总局、国家认监委对节能低碳产品认证机构和检验检测机构开展定期或者不定期的专项监督检查，发现违法违规行为的，依法进行查处。

第三十一条 地方质检两局按照各自职责，依法对所辖区域内的节能低碳产品认证活动实施监督检查，对违法行为进行查处。

第三十二条 认证委托人对认证机构的认证活动以及认证结论有异议的，可以向认证机构提出申诉，对认证机构处理结果仍有异议的，可以向国家认监委申诉。

第三十三条 任何组织和个人对节能低碳产品认证活动中的违法违规行为，有权向国家认监委或者地方质检两局举报，国家认监委或者地方质检两局应当及时调查处理，并为举报人保密。

第三十四条 伪造、变造、冒用、非法买卖或者转让节能、低碳产品认证证书的，由地方质检两局责令改正，并处3万元罚款。

第三十五条 伪造、变造、冒用、非法买卖节能、低碳产品认证标志的，依照《中华人民共和国进出口商品检验法》、《中华人民共和国产品质量法》的规定处罚。

转让节能、低碳产品认证标志的，由地方质检两局责令改正，并处3万元以下的罚款。

第三十六条 对于节能低碳产品认证活动中的其他违法行为，依照相关法律、行政法规和部门规章的规定予以处罚。

第三十七条 国家发展改革委、国家质检总局、国家认监委对节能低碳产品认证相关主体的违法违规行为建立信用记录，并纳入全国统一的信用信息共享交换平台。

第五章 附 则

第三十八条 认证机构可以根据市场需求，在国家尚未制定认证规则的节能低碳产品认证新领域，自行开展相关产品认证业务，自行制定的认证规则应当向国家认监委备案。

第三十九条 节能低碳产品认证应当依照国家有关规定收取费用。

第四十条 本办法由国家质检总局、国家发展改革委在各自职权范围内负责解释。

第四十一条 本办法自2015年11月1日起施行。国家发展改革委、国家认监委于2013年2月18日制定发布的《低碳产品认证管理暂行办法》同时废止。

关于深入推进民航绿色发展的实施意见

（民航发〔2018〕115号）

民航绿色发展是美丽中国建设的重要组成部分，是民航强国建设的重要任务，是民航高质量发展的必然要求，深入推进民航绿色发展具有重要意义。近年来，全民航高度重视民航绿色发展工作，行业绿色发展初见成效，特别是节能减排、油改电、生物燃油等方面工作取得一定成绩。但从总体上看，民航绿色发展仍面临不少困难和挑战，还存在认识不到位、基础不坚实、体制机制不健全、政策标准不完善等突出问题。随着人民对优美生态环境的需求不断提高，绿色发展将成为社会共识和必然趋势，如果不能妥善处理绿色与发展的关系，必将严重制约民航未来发展。民航业要按照高质量发展要求，以“一加快、两实现”民航强国战略为目标，坚决破除束缚民航绿色发展的各种瓶颈，不断提升和发展民航绿色发展水平，努力使中国民航走在世界民航和我国各行业绿色发展前列。

一、总体要求

（一）指导思想

以习近平新时代中国特色社会主义思想为指导，全面贯彻党的十九大精神，认真落实党中央、国务院决策部署和全国生态环保大会要求，坚持新发展理念，正确处理好绿色发展与民航安全、效益、服务的关系，把绿色发展理念融入民航强国建设的各领域和全过程。牢固树立“发展为了人民”的理念，聚焦人民群众绿色出行需求，以航空器节能减碳为核心、以提高空管效率为抓手、以绿色机场建设为保障，形成从地面到空中、从场内到场外、从生产到管理、从行业到产业的绿色发展新模式。坚持强化政府引导，运用市场手段，不断激发行业绿色发展内生动力，大力培育民航绿色发展产业，实现环境效益、经济效益和社会效益多赢发展新局面。

（二）基本原则

转变理念，绿色发展。将绿色发展摆在更加突出的位置，加大宣传教育力度，提高行业绿色发展意识，使绿色发展理念深入人心。构建起多元参与、系统完整、权责清晰的绿色发展制度体系，实现民航全领域、全主体、全要素、全周期绿色发展模式。

创新驱动，标准引领。坚持民航绿色发展的科技创新、管理创新和商业模式创新，有效提升民航绿色发展整体水平。建立健全与民航绿色发展相关的生产、建设、运行、管理、考核等标准，引导行业绿色发展。

整体推进，重点突破。加强顶层设计，强化协同联动，提高民航绿色发展的全局性和系统性。坚持抓重点、补短板、强弱项，针对制约民航绿色发展的突出问题，集中发力解决。选择具有示范效应的项目、领域、技术和产品重点突破，充分发挥试点示范的带动作用，推进民航绿色发展。

共建共治，成果共享。行业各主体各尽其责、共同发力，发挥好政府的主导作用，突出航空公司、机场、空管的主体责任，提升科研院所和行业协会的支撑作用，鼓励社会力量积极参与，形成民航绿色发展共建共治新格局，最终绿色发展成果惠及更多人民群众。

深化拓展，久久为功。以深化民航改革为契机，坚持供给侧结构性改革主线，不断增加民航绿色发展有效供给，进一步拓展民航绿色发展的广度和深度，瞄准民航绿色发展总体目标，保持战略定力和发展韧性，坚持稳中求进，持之以恒全面推进民航绿色发展。

（三）总体目标

到2020年，绿色发展理念得到普及，初步建成绿色民航政策体系、标准体系、考评体系，逐步开展绿色民航适航审定研究，民航绿色化、低碳化运行水平显著提高，绿色管理水平有效提升，在资源节约、环境保护、新技术应用、绿色产业发展和应对气候变化等方面取得明显成效。

到2035年，绿色发展理念深入全行业，民航绿色发展政策体系、标准体系、考核评价体系成熟完备，绿色发展产业体系形成规模，绿色管理水平大幅提升，基本建成与民航强国建设相契合的民航绿色发展模式。

到本世纪中叶，民航绿色发展方式和绿色出行方式全面形成，绿色管理水平实现国际领先。

二、主要任务

（一）坚持提升行业治理能力，建立健全绿色民航政策管理体系

加强顶层设计、完善政策管理体系是民航绿色发展的重要基础。

加快构建绿色民航规划体系。针对民航绿色发展主要任务，制定民航绿色发展关键指标体系，细化明确各项工作的重点和目标。研究制定民航绿色发展中长期发展战略，将生态文明建设目标纳入民航规划体系，把绿色发展理念贯穿到全生命周期当中，建立分层级、分类别、分主体的民航绿色发展规划体系和实施方案，形成规划滚动调整和实施效果评估机制，提高规划的前瞻性、战略性和科学性，推构建绿色循环低碳民航发展体系。

尽快建成绿色民航标准体系。根据飞机性能和安全运行保障能力，逐步建立航空公司绿色运行与管理标准体系。完善以机场航站楼设计与建设、机场空气质量及机场周边区域航空噪声监控为主体框架的绿色机场标准体系。按照军民融合发展要求，形成保安全、提效率、促发展绿色空域标准体系。加强与国际标准对接，完善民航适航审定相适应的各类标准体系。建立行业能效与能耗的监测、报告和核查标准体系，支撑行业参与碳排放权交易市场。

健全绿色民航政策支撑体系。树立法治思维，在制定完善民航法规政策过程中贯彻绿色发展的相关要求。加强政策间的协调衔接，加强相关法律法规的贯彻落实。建立符合市场经济规律的激励政策和制度安排，激发行业绿色发展的自觉性和主动性。研究建立与财政资金管理规定相适应的支持政策，以推进绿色发展重大项目为重点，强化财政资金绩效管理，支持引导各单位加大绿色发展投入。完善行业绿色发展的投资政策。加大生物航煤、煤基喷气燃料等航空替代燃料的政策支撑力度，鼓励航空运输业积极使用航空替代燃料。

构建绿色民航考核评价体系。完善民航绿色发展统计、监测、考核体系，研究建立民航企业能耗与排放预警机制，建立行业绿色发展评价体系。探索建立与民航相适宜的能源与资源消耗考核机制，制定约束性指标和引导性指标。加强民航绿色发展工作的监督检查，将绿色绩效纳入行业主体考核体系，鼓励行业主体建立绿色发展内部考核激励机制。建立民航行业绿色发展蓝皮书发布机制。鼓励民航科研院所、行业协会等单位发挥自身作用，加快推动第三方核查等制度建设，构建民航绿色发展考评体系。

（二）坚持提质增效目标导向，大力提升生产运行节能减排水平

整合全行业力量，减少航空器油耗和碳排放是民航绿色发展的核心任务。

提升航空公司运行效率和燃油效率。要结合行业发展规划，合理制定机队节油、燃效目标，持续推进节能提效工作。通过优化燃油政策、优化飞行程序、深化二次放行、油量精准化管理、飞机性能监控等手段，有效降低机队燃油消耗。通过完善飞机的引进和退出机制、引进节能环保机型、升级改造发动机、加装节油设备装置、推广电子飞行包、飞机减重等技术手段，提升机队燃油效率。通过采取提升腹舱载运率等提高产出效率的管理措施，提高飞行运载效率，有效提升飞机能效。建立完善多部门联运管理架构，利用大数据等新技术，对飞行、性能、市场等数据的分析研究，开展全链条、全过程的精细化管理。优化分、子公司布局和机队结构，提升运力匹配度。

提升空管部门运行管理和保障效率。推进国家空域管理体制改革，加快推进国家空域分类工作，增加空域有效供给。优化航路网规划布局，加快推进空域优化工作。采取大通道、双循环、“截弯取直”、缩小运行间隔等手段，减少绕航率，缩短飞行距离，全面提升空域资源精细化管理。建立基于航迹的现代化流量管理体系，提高气象和情报服务水平，强化运行协同，实现空域管理、流量管理、管制服务一体化运行。建设智慧空管，加快广播式自动相关监视（ADS-B）、基于性能的导航（PBN）、连续爬升 / 下降（CCO/CDO）、空管协同决策（CDM）、数字化放行（DCL）等新技术的应用，有效提升空管效率。

提升机场地面服务和运行效率。提升规划设计水平，充分利用仿真模拟等技术，优化跑—滑构型、站坪的设计，优化飞行区运行、航空器地面运行流程，提升远近机位、组合机位及可转换机位的合理设计。改进运行管理方式，建立高效的地面保障系统，加强协同运行管理模式，形成机场运行的协同决策和保障机制，实现航空器的安全、高效运行。加大基础设施方面的投入，建设智慧机场，加强设备互联、信息互通、资源共享，使用高级场面活动引导控制系统（A-SMGCS）、机场协同决策（A-CDM）等新技术和MOTOTOK、TAXIBOT飞机牵引车等新设备，配置适宜容量和数量的地面电源装置（GPU）、飞机地面空调（PCA）和车载式电源，满足不同航空器的多样化需求。

提升绿色民航适航审定能力。以“三个一流”为目标，全面强化适航国际合作，完善对航空产品（包括航空器、发动机、螺旋桨）及其航空材料、零部件、机载设备和民用航空油料、化学产品的“绿色”审定管理体系。严格航空产品设计和制造的“绿色”标准，提升航空器节油减碳水平。大力推进具有自主知识产权的国产民用航空器的型号合格审定、生产合格审定和适航审定。积极推进生物航煤、煤基喷气燃料以及乙醇燃料等航空可替代燃料的适航审定，促进清洁高效的绿色航空燃料在民航业的使用。加强沟通协调，推动国产航油航化添加剂的研发和生产。

（三）坚持资源良性循环，有效提升机场降耗治污能力

有效降低机场能源消耗、减少污染物排放是民航绿色发展的重要任务。

提升飞行区能源使用效率。优化机场运行方案，通过航班联动、旅客（货物）流控制等方式，动态调整不同区域设备的使用，提高飞行区整体用能效率。要降低飞行区化石能源的使用量，加强主动式节能设备与系统的使用，应用节能减排新技术、新产品，减少能源浪费和资源消耗。全面推进“油改电”工作进程，根据机场整体布局合理规划相关基础设施，飞行区内应尽可能使用利用新能源驱动的设备和车辆。

加强航站楼节能管理工作。合理制定航站楼能源消耗控制目标，达到国际同类机场航站楼能耗指标的先进值。要加强航站楼能源的精细化管理，通过建立一体化、智能化的机场能源管理系统，提升航站楼能源计量和统计工作，合理规划各类资源的使用。要遵循被动节能优先原则，实施机场综合性节能减排改造项目与工程，降低建筑用能需求。通过污水源热泵、空气源热泵、光伏发电等方式，合理使用太阳能、风能、地热能等可再生能源和中水、雨水等非传统水源。

提升污染防治工作能力。采用污染排放水平低的设备，减少有害污染物的排放。加强机场垃圾、污水、废气及化学制剂等污染物的集中、分类处理和循环利用，推进机场污染物无害化、减量化、资源化处理。加强机场污染物管理，对垃圾收集站和垃圾转运过程的管理，避免二次污染。加强机场除冰管理，建设相应的除冰液收集设施和处理设施，推进环保型除冰液的使用。采取各类扬尘防控手段，减少扬尘污染。采取隔音降噪措施，减少机场施工和设备运行产生的噪声污染。加强对航站楼内餐饮店面排污情况的检查和管理。大力倡导使用可降解材料，逐步实现对机场商业、航食配餐、机上服务、货邮包装等领域全覆盖。

（四）坚持发展与环境和谐共生，构建场内场外生命共同体

民航绿色发展具有鲜明的社会性特征，改善机场环境是民航绿色发展的重要内容，也是落实生态文明建设要求的重要体现。

降低机场对周边环境的影响。将机场规划纳入城市总体规划当中，在机场选址或扩建前充分考虑机场建设后的环境影响，避开自然保护区、风景名胜、世界文化和自然遗产等敏感区。优化机场跑道设计和使用策略，优化飞机进离场程序，打造海绵机场，加强净空保护，降低噪声对周边区域的影响，降低起降航线对候鸟主要迁徙路线的影响，减少机场建设和运行过程中对周边生态环境的破坏。机场建筑物应尽可能选择使用绿色环保材料。

加强机场周边地区的大气污染物检测和治理。加强空管新建雷达站周边地区辐射危害的监测与管控。

实现机场用地的高效使用。充分利用专业仿真模拟手段，提高新建、改扩建机场规划设计的合理性。航站楼建设应按照功能优先的原则，重点从功能流程、节能环保、工程造价、运行效率等方面进行比选，优先选择综合水平高的建筑方案。飞行区设计应综合考虑场地条件、空域环境、生态环境等因素，在满足相应技术标准的前提下做到土地资源的节约使用。机场建设过程要加强土壤管理，实现耕植土零废弃。

加强机场内外绿化景观建设。开展机场绿化规划，发挥绿化对促进节能减排、调节生态环境、阻隔噪声污染的作用。结合城市历史文化和运行流程，打造文化景观、生态景观和人文景观。合理选择植物种类，加大绿化投入和有效养护，提升机场绿化价值。树立"机场社区"理念，机场绿化景尽量向社会公众开放。

开展"绿色机关"专项行动。开展"绿色办公"，减少"一次性"用品使用。做好行政机关及企事业单位办公场所节能降耗。明确办公区域的节能指标，积极采取节能降耗措施，严格控制水、电、油、气消费总量。积极采用合同能源管理方式加快节能改造项目实施，重点抓好空调、采暖、照明、信息机房等耗能设施设备的节能改造。

（五）坚持改善旅客出行体验，持续提升民航绿色服务水平

提升航班正常率水平、便捷机场服务流程、改善旅客出行体验是民航绿色发展的重要体现。

有效提升航班正常率。航班正常率是民航运行效率的集中体现，航班正常率的提升能大幅降低资源空耗，这也是民航绿色发展的重要内容。以航班正常为抓手，在运行总量、运行标准、运行管理上精准发力。综合评估机场、空管部门保障能力，对繁忙机场容量实施动态调控，为提升运行效率提供空间。提升大面积航班延误情况下的快速响应能力、运行决策效率、资源调配力度和整体联运水平。机场管理机构及驻场各单位共同建立大面积航班延误联动协调机制，包括信息共享、航班放行协调、旅客服务协调等机制。

着力优化民航绿色服务流程。坚持以人为本，加强民航绿色服务体系建设，优化机场服务流程，持续改进服务质量。推进机场便捷出行项目，通过优化完善值机服务流程，升级改造安检与离港系统，探索引入自助安检、自助登机技术，实现乘机全流程无纸化、便捷化。推广电子货运服务，通过推进电子运单操作标准化，优化系统无纸化操作能力，加快推广电子运单实施范围，逐步实现空运全过程无纸化。推广一站式值机和行李托运服务，使旅客同步自助完成值机和托运行李，为旅客出行提供更多便利。

大力倡导优先公共交通出行。合理规划机场交通布局，优先保障和使用公共交通。鼓励和支持大型枢纽机场规划以机场为核心的综合交通枢纽，实现机场与铁路、高速公路、城市轨道交通、公共交通等多种交通方式有效衔接。中小型机场应依托机场周边现有设施和条件，合理构建快捷环保、经济适用的绿色交通体系。进离场交通线路与市内交通有效衔接、便捷换乘。

（六）坚持开放创新，培育民航绿色发展产业体系

构建民航绿色产业体系、服务现代化经济体系是民航绿色发展的重要领域。

夯实民航绿色产业的理论基础。加快民航局新型智库建设，加快高端专业人才和国际性领军人才的引进和培养，形成强有力的民航绿色发展专业人才队伍。重视民航绿色发展基础性研究，针对民航绿色发展的本质和存在的问题，加强联合攻关和协同攻关，为相关政策制定和产业良性发展提供强有力的支撑。重视民航绿色发展前瞻性研究，加强民航绿色产业的规划、咨询和服务，做好政策储备、决策咨询和政策解读，建设基于云计算、大数据等新技术的碳排放信息统计系统和绿色民航服务信息平台，为企业提供专业数据信息。

强化民航绿色产业的科技基础。支持行业院校开展绿色民航领域学科建设，构建产学研用相结合的科研产业联盟。强化民航绿色发展科技研发，建立一批民航绿色重点实验室、工程技术研究中心和企业技术中心。完善成果评价与转化机制，先行先试，建立试错容错机制，大力推动绿色民航科研成果转化。加强与能源业、制造业等联系沟通，重视具备自主知识产权设备在能源能耗管理、环境污染治理、环保材料应用、噪声治理等方面的应用。促进合作共享，通过建立行业内部交流平台和常态化交流机制，推动示范项目、研究成果、数据信息等共享应用。

构建民航绿色产业的实体基础。大力推广国产节能设备，瞄准产业链、价值链高端，促进民航业与核心基础材料、关键技术装备、生物燃料、机场专用设备、噪声检测设备、环保除冰剂、新能源通用飞机等具有重大引领带动作用的绿色民航制造产业融合发展。着力培育民航专业节能服务、碳排放交易咨询服务、信息服务等绿色民航服务产业。根据民航设施设备更新换代快、废旧回收利用价值高、体量大的特点，支持和鼓励社会力量开展退役飞机、报废发动机、淘汰雷达等再生利用，培育民航循环利用产业。

拓展民航绿色产业的合作基础。加强国际交流合作，积极开展民航绿色发展对外战略对话，全面参与国际航空环境政策和规则的制定，提供中国智慧和中国方案，维护中国民航发展权益，逐步形成在国际航空环境标准修订和制定中的主导权和话语权。推进在行业绿色基础研究、运行实践、新技术研发等方面交流互鉴。加强与“一带一路”沿线国家和地区的合作，发挥中非航空合作、金砖国家合作机制的平台作用，重点推动绿色机场设计建设、航空公司绿色运营、国产装备与设施设备组团输出，促进中国民航绿色标准、管理、技术、产品、服务“走出去”。

三、保障措施

（一）加强组织领导

成立“民航绿色发展领导小组”，加强统筹协调，充分发挥行业主管部门在推进民航绿色发展中的主导作用。各单位主要负责同志对本单位绿色发展工作负总责，要做到重要工作亲自部署、重大问题亲自过问、重要环节亲自协调、重点工作亲自督办。各单位之间要理顺工作关系，加强沟通配合，协同推进各项任务落实，形成民航绿色发展的强大合力。

（二）严格责任落实

各单位要不断提升绿色发展能力，切实承担起民航绿色发展的责任。航空公司、机场、空管等部门要充分发挥主体作用，成立民航绿色发展专门机构，配备专业人员，加大投入，主动作为。科研院校要强化研究力量，加强与业内外相关单位交流合作，不断提高绿色科研成果转化率，加大对民航绿色发展的支撑力度。行业协会要大力加强理论研究、经验推广、典型引路、教育培训等方面工作，更好发挥协会桥梁纽带和辅助支持作用。

（三）加强督促检查

各单位要按照本意见要求，研究制定具体实施方案和工作计划，相关落实情况及时向民航局报告。各单位要把绿色发展落实情况纳入本单位领导班子和领导干部目标绩效考核，作为评定绩效的重要依据。民航局有关部门要加强对行业绿色发展的指导监督，把各单位落实情况纳入督查计划，并适时组织开展专项督查。

（四）抓好舆论宣传

加大民航绿色发展宣传力度，提升全行业对民航绿色发展重要性的认识。积极总结、推广民航绿色发展的先进做法和成功经验，提升行业从业人员的绿色民航意识和工作能力。充分发挥新媒体作用，加大绿色民航宣传力度，营造良好舆论氛围，调动企业和社会积极性，实现民航绿色高质量发展。

五、部分省市

地方低碳示范与探索创新相关政策文件汇总

为贯彻落实党中央和国务院关于碳达峰、碳中和的部署要求，深化绿色低碳理念，倡导绿色低碳生产生活方式，部分省市正在积极推动低碳（近零碳排放）示范建设工作。为加强市县（区）级温室气体清单编制能力建设，逐步摸清所辖市县（区）温室气体排放的家底以及趋势，完善温室气体排放统计核算制度，部分省市也正在开展市县（区）级温室气体清单编制工作。此外，为提升企业 ESG 管理水平，优化企业融资条件，助力“双碳”目标达成和高质量发展，中国（天津）自由贸易试验区管理委员会编制了《企业 ESG 评价指南（试行版）》；为引导机场行业绿色转型升级发展，规范运输机场碳排放管理评价相关工作，中国民用机场协会印发了《运输机场碳排放管理评价（“双碳机场”评价）管理办法（试行）》。上述相关政策文件整理、汇总如下表。

地方低碳示范与探索创新相关政策文件汇总表

分类	序号	政策文件名称	发布机构 / 部门	文号	发布时间
低碳示范	1	关于开展低碳（近零碳排放）示范建设工作的通知	天津市生态环境局	津环气候〔2021〕82 号	2021-10-26
	2	关于印发《上海市低碳示范创建工作方案》的函	上海市生态环境局	沪环气〔2021〕182 号	2021-08-09
	3	关于开展低碳示范创建工作的通知	上海市生态环境局	沪环气〔2022〕27 号	2022-01-27
	4	关于印发湖北省近零碳排放区示范工程实施方案的通知	湖北省生态环境厅	鄂环办〔2020〕39 号	2020-09-02
	5	关于开展近零碳排放园区试点工作的通知	四川省生态环境厅 四川省经济和信息化厅	川环函〔2022〕409 号	2022-04-24
	6	关于开展近零碳排放区试点申报的通知	深圳市生态环境局	/	2021-11-05
区县清单	7	关于印发《广东省市县（区）温室气体清单编制指南（试行）》的通知	广东省生态环境厅	/	2020-06-16
	8	关于印发《重庆市区县温室气体清单编制指南（试行）》的通知	重庆市生态环境局	渝环〔2021〕35 号	2021-03-25
ESG	9	关于发布《企业 ESG 评价指南（试行版）》的公告	中国（天津）自由贸易试验区	/	2021-12-30
碳评价	10	关于印发《运输机场碳排放管理评价（“双碳机场”评价）管理办法（试行）》的通知	中国民用机场协会	机场协会发〔2022〕7 号	2022-03-29

注：我国清单编制活动主要是指国家和省级温室气体清单编制，国家温室气体清单编制主要依据《2006 年 IPCC 国家温室气体清单指南》和《IPCC2006 年国家温室气体清单指南 2019 修订版》进行，省级温室气体清单编制主要依据《省级温室气体清单编制指南（试行）》（发改办气候〔2011〕1041 号）进行；此外，生态环境部印发了《省级二氧化碳排放达峰行动方案编制指南》（环办气候函〔2021〕85 号），用于指导各省（区、市）开展碳达峰行动方案编制工作。